"十三五" 江苏省高等学校重点教材

Armored Vehicle
Overall Design

装甲车辆
总体设计

张相炎　编著

北京理工大学出版社
BEIJING INSTITUTE OF TECHNOLOGY PRESS

内 容 简 介

《装甲车辆总体设计》在继承传统坦克装甲车辆总体设计理论和方法的基础上，针对未来战争的特点及其对现代装甲车辆的要求，考虑到现代装甲车辆的特点和发展趋势，融合现代设计理论和方法，站在装甲车辆总体设计角度，系统介绍了现代装甲车辆总体设计的基本概念、设计理论与方法。本书内容主要包括装甲车辆总体设计基础概念、战术技术要求及其功能设计，装甲车辆总体方案设计，武器系统、动力系统、传动系统、行走系统、防护系统、综合电子信息系统的配置与选型等。本书具有一定的通用性和适应范围，主要用作装甲车辆工程专业本科专业教材，也可作为研究生及科研工作者的参考资料。

图书在版编目（CIP）数据

装甲车辆总体设计/张相炎编著. —北京：北京理工大学出版社，2017.7
"十三五"江苏省高等学校重点教材
ISBN 978-7-5682-4378-0

Ⅰ.①装…　Ⅱ.①张…　Ⅲ.①装甲车–总体设计–高等学校–教材
Ⅳ.①TJ811

中国版本图书馆 CIP 数据核字（2017）第 173042 号

出版发行 / 北京理工大学出版社有限责任公司
社　　址 / 北京市海淀区中关村南大街 5 号
邮　　编 / 100081
电　　话 / (010)68914775(总编室)
　　　　　 82562903(教材售后服务热线)
　　　　　 68948351(其他图书服务热线)
网　　址 / http://www.bitpress.com.cn
经　　销 / 全国各地新华书店
印　　刷 / 保定市中画美凯印刷有限公司
开　　本 / 787 毫米×1092 毫米　1/16
印　　张 / 21.75　　　　　　　　　　　　　　　　责任编辑 / 张海丽
字　　数 / 512 千字　　　　　　　　　　　　　　　文案编辑 / 杜春英
版　　次 / 2017 年 7 月第 1 版　2017 年 7 月第 1 次印刷　责任校对 / 周瑞红
定　　价 / 56.00 元　　　　　　　　　　　　　　　责任印制 / 李志强

图书出现印装质量问题，请拨打售后服务热线，本社负责调换

　　《装甲车辆总体设计》是根据装甲车辆工程专业建设需要，依据"装甲车辆总体设计"课程大纲要求编写的，供"装甲车辆总体设计"课程教学用。本书被列为江苏省品牌专业建设项目和"十三五"江苏省高等学校重点教材建设项目。

　　《装甲车辆总体设计》重点介绍装甲车辆总体与主要分系统总体设计思想、原理、方法等方面的知识，以及一些新技术在装甲车辆上的应用。

　　《装甲车辆总体设计》分为9章，第1章绪论，主要介绍装甲车辆及其作用、运用原则、分类、基本构成、研制流程等基本概念，以及装甲车辆总体设计及其地位和作用、总体设计类型、总体设计的指导思想、主要内容与任务、设计原则、设计流程、设计方法等；第2章装甲车辆战术技术要求及其功能设计，主要介绍装甲车辆总体性能要求与战术技术指标概念、主要总体性能要求，以及火力系统性能、机动性能、防护性能、通信性能等要求及其设计；第3章装甲车辆总体方案设计，主要介绍装甲车辆总体方案设计基本概念，装甲车辆总体结构方案设计，关键技术及其分解，以及装甲车辆系统仿真与性能评估方法；第4章武器系统的配置与选型，主要介绍装甲车辆武器系统及其构成，车载火炮、车载机枪、车载弹药、车载火控系统的配置与选型；第5章动力系统的配置与选型，主要介绍装甲车辆动力系统及其组成、要求等基本概念，车用发动机和冷却系统、润滑系统、供油系统的配置与选型；第6章传动系统的配置与选型，主要介绍装甲车辆传动系统及其要求、构成及其特点、布置及其特点等基本概念，变速机构、转向机构与制动器、操纵机构的配置与选型；第7章行走系统的配置与选型，主要介绍装甲车辆行走系统及其要求，轮式行走系统和履带式行走系统，以及悬挂系统的配置与选型；第8章防护系统的配置与选型，主要介绍装甲车辆防护、防护系统及其构成、要求等基本概念，装甲防护系统、伪装与隐身防护系统、"三防"系统、主动防护系统的配置与选型；第9章电气、电子与信息系统的配置与选型，主要介绍装甲车辆综合电子信息系统有关概念，车载通信系统和车载通信系统的配置与选型。

　　《装甲车辆总体设计》是编著者在同名讲义经2年试用基础上修改而成的。在继承传统坦克装甲车辆总体设计理论与方法的基础上，力图根据未来战争的特点及其对现代装甲车辆的要求、现代装甲车辆的特点和发展趋势，结合近年来国内外取得的科研成果，站在装甲车辆总体设计角度，系统介绍现代装甲车辆总体设计的基本概念、设计理论与方法、设计特点、关键技术等，使本教材具有时代特色和先进性。《装甲车辆总体设计》以介绍应用原理和方法为主线，构建"以点带线促面"认知模式，具有较强的实用性，不仅可供高等院校本科以及研究生教学用，还可以作为从事装甲车辆科研人员的参考书。

南京理工大学机械学院的多位专家教授对本书提出了许多有益的修改意见，在编写中参考了许多专著和论文，江苏省品牌专业建设项目给予了出版资助，在此对以上为本书的出版付出心血的所有同人以及本书的编审专家一并表示衷心感谢。

由于编著者水平所限，难免有遗误和不妥之处，恳请读者批评指正。

张相炎

2017 年 4 月于南京

目　录
CONTENTS

第 1 章

绪　　论

1.1　装甲车辆及其研制过程

1.1.1　装甲车辆及其作用

1. 装甲车辆及其特点

1）装甲车辆的含义

装甲车辆，是指拥有防护装甲的一种军用车辆，是具有装甲防护的战斗车辆及保障车辆的统称，是用于地面突击与反突击作战的集强大火力、快速机动力、综合防护力和信息力于一体的武器系统。它以坦克为主要代表，常称之为坦克装甲车辆，是现代陆军的重要装备。

装甲车辆在科学技术的推动下，在实战的考验中不断发展，形成了包括坦克、步兵战车、装甲输送车等在内的装甲车辆战斗系列，成为现代陆军的主要突击装备。

2）装甲车辆的特点

火力、机动力和防护力是现代装甲车辆战斗力的三大要素。装甲车辆具有三大性能高度结合的特点。它的火力强大、装甲坚实，又能较好地越野机动，因而是地面战争中的优良武器系统，是陆军的主要突击力量，也有些是很好的机动勤务等力量。

坦克作为战场上主要进行近距离战斗的装甲车辆，主要任务是对付敌方坦克，因此其火力无疑是装甲车辆中很强的。自行火炮更是以火力强著称。其他装甲车辆主要是对付有生力量或自卫，其火力相对较弱。坦克炮的命中精度和导弹相差不大，且穿甲、破甲和碎甲威力大大优于导弹，所以各国主战坦克仍以火炮为主要攻击武器。

坦克作为战场上主要进行近距离战斗的装甲车辆，直接面对的是敌方坦克，因此其防护能力无疑是装甲车辆中最强的，其他装甲车辆主要是对付有生力量或自卫，其防护能力相对较弱。坦克的防护系统，在车体和炮塔前部多采用复合装甲，车体两侧挂装屏蔽装甲，有的坦克在钢装甲表面挂装了反应装甲，有效地提高了抗弹能力，特别是防破甲弹穿透能力。坦克正面通常可防御垂直穿甲能力为 500~600 mm 的反坦克弹丸攻击。

具备较强的机动能力是装甲车辆的主要特点。动力多采用涡轮增压、中冷、多种燃料发动机，有的采用了电子控制技术。发动机功率多为 883~1 103 kW。传动装置多采用电液操纵、静液转向的双功率流动液行星式，将液力变矩器、行星变速箱、静液或动静液转向机构、减速制动器等部件综合成一体。行动装置多采用带液压减振器的扭杆式悬挂装置，有的采用液气式或液气-扭杆混合式悬挂装置。最大速度为 55~72 km/h，越野速度为 30~55 km/h，最大行程为 300~650 km。通行能力：最大爬坡度约 30°，越壕宽 2.70~3.15 m，过垂直墙高 0.9~1.2 m，涉水深 1.0~1.4 m。多数装有导航装置等。

2. 装甲车辆在现代战争中的作用

在装甲车辆的发展历程中，装甲兵在第一次世界大战后期"初出茅庐"，一鸣惊人，在第二次世界大战中使用装甲机械化兵团的大纵深机动作战所向披靡，取得了辉煌战果，也奠定了装甲兵的地位和作用。但随着现代科学技术的不断进步，战争的形态也在不断演变，科技发展使"火力与机动"的天平再次向"火力"一方倾斜，反坦克武器的精确制导化使战场火力效能剧增，而远程投射手段的发展又大幅度地提高了战场火力的覆盖范围，使装甲机动战受到了火力战的严峻挑战。突击进攻从来都是一种主要战斗手段，有效的防御也需要反突击而不能只死守。进攻时容易暴露在敌人火力之下，在飞机、火炮等许多支援力量的帮助下，装甲车辆能在相当远的距离范围内击毁包括敌人最坚强的坦克在内的所有重要目标，以小的伤亡代价"进"和"攻"，和步兵一起彻底击溃和歼灭敌人并占领阵地，或高速推进，大纵深地扩大战果，达到作战的最后目的。

虽然在未来战场上装有轻装甲的武器直升机的作用越来越大，但它不能扼守阵地，不便于保护地面力量，也不能全天候持续长期突击，因此不能代替装甲车辆与地面的各种力量的密切配合。而它们之间的优势互补，地空配合，坦克、步兵战车、自行火炮等地面突击武器与直升机协同作战将会成为未来战场进攻的先锋和核心力量。在合成兵种战斗中，装甲车辆主要是支援或配属步兵作战，也可在其他军（兵）种协同下独立执行战斗任务。

在未来数字化战场上，对装甲兵的要求不再仅仅局限于传统的"战术机动作战能力"的强化，而需要它在整个战区范围内都具有高度的"战役机动作战能力"，甚至还需具有较高的跨战区"战略机动作战能力"。

要实现以上目标，需借助空中机动手段，将单一的地面机动变为"空-地"结合的主体机动。也就是说，装甲兵必须有一支用于实施战略、战役机动作战的轻型装甲兵（空中机动），和一支用于实施战术机动作战的重型装甲兵（地面机动）。轻型装甲兵可为后续装甲兵部队的"兵力投入"和"进入交战"赢得时间和创造条件，但它也离不开重型装甲兵近战机动突击的有力配合，可以预见，传统的"地面重骑兵"经过战场数字化的洗礼，必将拥有更强大的火力，机动、防护和信息作战能力，在未来的战场上将发挥更大的作用。

在未来战场上，装甲车辆通常具有以下作用：

（1）突击进攻——快速勇猛冲击，歼灭防御之敌。

（2）防御防护——歼灭突入之敌，保护自己免受伤害。

（3）运动运输——快速机动，进攻突然灵活，撤退销声匿迹，战场人员和物资的快速输送。

（4）协同作战——兵种协同、空间协同、时间协同，发挥系统优势。

（5）压制歼毁——强大火力支援，远程打击与歼毁。

1.1.2 装甲车辆的分类

装甲车辆分为履带式装甲车辆和轮式装甲车辆两大类。履带式装甲车辆是以闭合式链条状的履带行走；轮式装甲车辆是以轮胎行走。

装甲车辆按作战使用可分为装甲战斗车辆和装甲保障车辆两大类。装甲战斗车辆装有武器系统，直接用于战斗。装甲保障车辆装有专用设备和装置，用来保障装甲机械化部队执行任务或完成其他作战保障任务。

装甲战斗车辆分为地面突击车辆、火力支援车辆和电子信息车辆三小类。地面突击车辆在进攻和防御战斗中担负一线突击和反突击任务，是装甲机械化部队战斗行动的主要攻防武器，包括坦克、自行突击炮、步兵战车和装甲输送车等。火力支援车辆以车载火力系统支援、掩护地面突击车辆的作战行动，共同完成战役、战斗任务，是装甲机械化部队战斗行动的火力战武器，包括各类自行压制武器和自行防空武器，如自行榴弹炮、自行高炮、自行火箭炮、导弹发射车等。电子信息车辆在装甲机械化部队体系中，以电子信息技术为主，对部队和武器系统实施指挥与控制，包括侦察、指挥、通信、电子对抗和情报处理等装甲车辆，如装甲侦察车、装甲指挥车、装甲通信车和装甲电子干扰车等。

装甲保障车辆分为工程保障车辆、技术保障车辆和后勤保障车辆三小类。工程保障车辆执行克服沟渠障碍、运动保障、阵地作业和扫雷及布雷等工程保障任务，包括架桥、布雷、扫雷、工程作业等装甲车辆。技术保障车辆在野战条件下执行抢救、修理、技术救援等保障任务，包括抢救、抢修、保养等装甲车辆。后勤保障车辆执行野战救护和输送等任务，包括救护、供弹、补给等装甲车辆。

装甲车辆的种类如表 1.1 所示。

表 1.1　装甲车辆的种类

		坦克
装甲车辆	装甲战斗车辆	地面突击车辆	坦克
			自行突击炮
			步兵战车
			装甲输送车
		火力支援车辆	自行榴弹炮
			自行高炮
			自行火箭炮
			导弹发射车
		电子信息车辆	装甲侦察车
			装甲指挥车
			装甲通信车
			装甲电子干扰车
	装甲保障车辆	工程保障车辆	装甲架桥车
			装甲工程作业车
			装甲扫雷车
			装甲布雷车
		技术保障车辆	装甲抢救车
			装甲抢修车
			装甲保养车
		后勤保障车辆	装甲救护车
			装甲供弹车
			装甲补给车

　　俄罗斯和东欧国家的装甲车辆，分为战斗车辆和辅助车辆两大类。战斗车辆包括坦克兵战斗车辆、炮兵战斗车辆、防空兵战斗车辆和导弹部队战斗车辆等。辅助车辆有工程保障车辆、技术保障车辆、炮兵战斗保障车辆、防化车辆和后勤保障车辆等。

　　北约军队将装甲车辆分为以下五类：主战装甲战斗车辆（指直接参加第一线战斗的车辆，如主战坦克、步兵战车、装甲人员输送车、坦克歼击车、空降战车等）、装甲战斗支援车辆（一种装备火炮或导弹的薄装甲车辆，是以间瞄射击为主的野战炮兵及高射炮兵的主要装备）、特殊用途装甲车辆（根据不同用途，装载各种特殊设备的轻型装甲车辆，如装甲指挥车、装甲通信车、装甲救护车、装甲救援车等）、装甲兵器运输车辆（用以运载迫击炮、火箭、导弹等的履带式或轮式装甲车辆）和两栖装甲车辆（装备在海军陆战队中，是一种具有海上和陆上两用性能的装甲车辆）。

　　坦克是装甲车辆的主要代表，是装甲部队的主要武器装备，是一种同时具有强大直射火力、高度越野机动性和坚强装甲防护力的履带式装甲战斗车辆。在 20 世纪 60 年代以前，坦克多数按战斗全质量和火炮口径分为轻、中、重型三种。通常轻型坦克全质量 10~20 t，火炮口径不超过 85 mm，主要用于侦察、警戒，也可用于特定条件下作战。中型坦克全质量 20~40 t，火炮口径最大为 105 mm，用于遂行装甲兵的主要作战任务。重型坦克全质量 40~60 t，火炮口径最大为 120 mm，主要用于支援中型坦克战斗。英国一度将坦克分为步兵坦克和巡洋坦克。步兵坦克装甲厚，机动性差，用于伴随步兵作战；巡洋坦克装甲薄，机动性强，用于机动作战。20 世纪 60 年代以后，多数国家不再把全质量作为划分坦克类型的标志，而是按坦克的用途将其划分为主战坦克和特种坦克两种。主战坦克取代了传统的中型和重型坦克。除主战坦克以外，另一部分是特种坦克，它是装有特殊设备，担负专门任务的坦克，如侦察坦克、空降坦克、水陆坦克和喷火坦克等，多数为轻型坦克。

　　由于地面战场最终还是离不开步兵来解决战斗，所以步兵必须跟上。为使步兵跟上坦克速度，并避免敌人火力威胁造成大量伤亡，在装甲部队和机械化部队还要配备大量的装甲输送车，以便步兵搭载，快速越野机动到作战地点，并迅速下车投入各种战斗任务。装甲输送车是一种设有乘载室的轻型装甲车辆，具有高度的机动性，一定的防护力和火力。车上通常只装有机枪和小口径机关炮，载员 8~13 人，乘员 2~3 人，除用于输送步兵外，也可输送物资器材，必要时还可用于战斗。在机械化步兵（摩托化步兵）部队中，装备到步兵班。利用装甲输送车的底盘，还可改装成装甲指挥车、侦察车、自行火炮、反坦克导弹或防空导弹发射车、修理工程车和装甲救护车等多种变型车。

　　为了改变装甲输送车以输送步兵为主的单一局面，20 世纪 60 年代后期各国都在装甲输送车基础上改装和研制了不同型号的步兵战车，它主要用于协同坦克作战，也可独立遂行任务。在机械化步兵部队中也装备到步兵班，步兵既可乘车战斗，也可下车战斗，步兵下车战斗时，乘员还可用车上的武器支援其战斗。它的火力较装甲输送车强，一般装有炮塔，还可发射反坦克导弹。

　　另一类常用于伴随步兵和坦克作战，提供强大火力的装甲车辆是自行火炮，它可以自行，而不再需要牵引车牵引，可以缩短射击准备时间，迅速变换阵地，并能到达原来火炮不能到达的困难而有利的地形。作为支援火力使用的自行火炮，它的火力比坦克更强大，安装的长管加榴炮的口径常大于坦克炮。因为它的战斗位置通常在坦克和步兵之后，所以其方向射界只需 10°~30°，炮塔也不需要 360°回转，后部的防护性要求较低，甚至后部可做成开放式的。

1.1.3　装甲车辆的构成

装甲车辆是集火力、机动、防护和信息于一体的武器系统。虽然装甲车辆的种类繁多，但其主要战斗车辆主要由三大系统两大设备（武器系统、推进系统、防护系统、通信设备、电气设备）组成。某些车辆还有一些特种设备和装置。以坦克为例，其组成如图 1.1 所示。

图 1.1　坦克的组成

1. 武器系统

装甲车辆的武器系统是构成装甲车辆火力的武器及火控系统的综合体，用以迅速、准确地发现、瞄准和摧毁目标。

1）武器

武器包括火炮、机枪、弹药（包括导弹）以及为乘员配备的自卫武器等。火炮是装甲车辆的主要武器。为保证坦克具有强大的火力，坦克上大都装备 1 门大口径加农炮。现代坦克炮口径已达 120 mm 以上，同时配备几十发不同类型的炮弹。机枪是装甲车辆的辅助武器，通常有并列机枪（装在火炮摇架上）和高射机枪（装在炮塔门上），有的还装有航向机枪，用以射击坦克正前方的敌步兵。现代坦克上装备 1 挺并列机枪，并配备几千发机枪子弹。为对付敌机的攻击，坦克上还装备 1 挺高射机枪和几百发子弹。

对于其他装甲车辆，根据不同的作战任务和火力要求，配备相应武器。例如步兵战车，通常配备 1 门小口径机关炮和 1 挺并列机枪，有的还配备有反坦克导弹。装甲输送车多不装备火炮，只装备 1 挺机枪。为了必要时坦克装甲车辆乘员下车作战，坦克内配备有冲锋枪、手枪、手榴弹等。

2）火控系统

装甲车辆的火控系统，用以搜索目标和控制武器瞄准和射击，缩短射击反应时间，提高射击精度。一般包括观察瞄准仪器、测距仪、计算机、稳定器和操纵机构等。

第二次世界大战中，坦克的火控系统仅配备有光学瞄准镜。现代坦克装备有测距仪、火炮双向稳定器、弹道计算机和多种传感器，能将环境温度、炮膛磨损、炮耳轴倾斜角度、横向风力等影响火炮射击精度的数据输入弹道计算机，计算机可迅速精确地计算出火炮射击诸元，并可自动装定瞄准镜标尺，缩短瞄准目标时间，提高瞄准精度，使坦克具有行进间瞄准、射击的能力。为了进一步提高坦克火力机动性，坦克车长能超越一炮手直接操纵火炮和炮塔进行瞄准和射击。控制火炮瞄准和射击，通常采用电气或液压火力控制装置，此外还有手动机械控制装置。火炮的高低俯仰角用高低机来控制，水平方向角度的改变是通过炮塔方向机回转整个炮塔来实现的。

为保证安全，使乘员能观察外界情况，配备有乘员潜望镜；为了适应夜间作战需要，还装备有夜视仪、夜瞄镜等。

2. 推进系统

装甲车辆推进系统是将燃料燃烧产生的热能转变为机械能，经过传输、控制，使车辆获得机动性能的联合装置。装甲车辆推进系统包括动力系统、传动系统、行走系统等。水陆两用车辆还配有水上推进装置。

1）动力系统

动力系统是将化学能、电能等转化为机械能的能量转化系统，其主要功用是给装甲车辆行驶提供所需原动力。此外，动力系统还要为发电机、冷却风扇、液压油泵、空气压缩机等提供能源。动力系统由发动机和保障其工作的冷却、加温、润滑、空气供给和排气、燃料供给、起动等辅助系统组成。现代装甲车辆大多采用柴油机作为动力，也有的用燃气轮机作动力。有的还装有辅助动力装置，主要用以起动主发动机、发电、充电、取暖或作其他辅助动力源。

2）传动系统

传动系统是一种实现装甲车辆各种行驶及使用状态的各装置的组合。其功用是将发动机发出的功率传递到行驶装置，根据行驶地面条件来改变牵引力和行驶速度，向转向装置提供转向时所需要的功率等，使装甲车辆具有发动机空载起动、直线行驶、左右转向、倒向行驶、坡道驻车以及随时切断动力等项功能。同时，也可以输出部分功率去拖动空气压缩机、冷却风扇、水上推进器和各种用途的油泵等辅助设备。传动系统包括变速箱、离合器、转向器、制动器等及其操纵系统。装甲车辆的传动系统有机械传动、液力机械传动、液压传动等类型。按转向性能分，有单流传动、双流传动和双流无级转向等类型。中国和俄罗斯的装甲车辆多采用机械传动系统，由传动箱、主离合器、变速箱、转向机构、侧减速器等组成，采用机械式操纵装置。西方国家的装甲车辆传动系统多装有带闭锁离合器的液力变矩器、具有自动变速的行星变速机构和液压无级转向的双流传动，使履带式装甲车辆的转向性能大为改善。

3）行走系统

行走系统，也称行动系统，是保证装甲车辆行驶、支撑车体、减小装甲车辆在各种地面行驶中颠簸与振动的机构与零件的总称。装甲车辆行走系统有轮式和履带式两类。以车轮行驶的称为轮式装甲车辆，以履带行驶的称为履带式装甲车辆。目前在装甲车辆中，轮式约占3/4，履带式约占1/4。履带式装甲车单位压力小，承载能力大，可进行零半径转向，转向灵活，突出的优点是越野性能好；但其转向时阻力大，对路面破坏也大，推进效率低，噪声大，寿命短，成本及使用维修费用高。履带式装甲车辆适于在各种复杂的环境和条件下使用。轮式装甲车辆行驶阻力与转向阻力小，转向对路面破坏小，公路行驶速度快，油耗低，噪声小，寿命长，制造成本低，使用经济，维修简便，乘坐舒适，突出的优点是公路机动性好；但其单位压力大，承载能力小，转向半径大，越野通行能力和承载能力均不如履带式装甲车辆。轮式装甲车辆适于在公路网发达的地区高速长途机动。目前，主战坦克、步兵战车等主要为履带式，但是轮式装甲车辆也日益受到各国的重视，地位不断提高。这两类装甲车辆处于共同发展时期。在履带式装甲车辆上已采用履带挂胶、动静液传动、液气悬挂等技术提高性能。轮式装甲车辆上采用调压防弹轮胎，驱动方式从 6×6 增至 8×8，甚至 10×10。

行走系统由推进装置和悬挂装置组成。履带式推进装置由履带、主动轮、负重轮、托带轮、诱导轮和履带调整器组成。履带由履带板和履带销连接而成，履带板有金属履带板和橡胶金属履带板两种；主动轮带动履带做卷绕运动；负重轮用来支撑车辆并在两条履带上滚动；托带轮用来支托起履带的上半部；诱导轮用来诱导履带卷绕方向；履带调整器用来调整履带松紧程度。轮式推进装置主要由车轮等构成。车轮由轮胎、轮毂、轮辐和轮辋组成。轮胎按胎体结构可分为实心轮胎、海绵轮胎和充气轮胎。实心轮胎结构简单，但缓冲性能差，现已很少采用。海绵轮胎的优点是缓冲性能较实心轮胎有较大的提高，当被弹片和子弹等击中后不会很快丧失作用；其缺点是质量大（和充气轮胎比较），行军时由于内摩擦生热大，可能将海绵熔化。充气轮胎弹性好，故缓冲性能优于前两种轮胎，散热性能好，质量小为其主要优点，其缺点是轮胎被弹片等击中后不能继续使用。目前已有一种在轮胎内加有支撑物的充气轮胎（内支撑轮胎）。另外，充气轮胎弹性大，有可能影响射击精度。悬挂装置包括弹簧、减振器、限制器、平衡肘等。现代装甲车辆大多采用扭杆弹簧或油气弹簧独立悬挂；限制器用来限制负重轮向上的行程以限制弹簧的最大变形量；减振器用来衰减车体的振动，以保证坦克行驶的平稳性。

3. 防护系统

装甲车辆防护系统是指装甲壳体和其他防护装置、器材的总称，用以保护车辆自身和内部乘员与机件、设备。装甲车辆的防护系统由装甲防护、伪装与隐身、三防、综合防御和二次效应防护构成。

装甲防护是由坚强装甲的车体和炮塔来保证的。车体由前部装甲、侧部装甲、后部装甲、顶部装甲和底部装甲组成。根据各部分被炮弹命中的概率不同，一般做成不同厚度和倾斜度的装甲。炮塔内有坦克的主要武器，通过炮塔座圈可使炮塔内武器具有环形的方向射界。

现代装甲车辆涂有吸收红外、激光、雷达波的伪装与隐身涂层；配备有能防核武器、防化学毒剂、防细菌生物武器的三防装置；为综合防御，配有红外干扰装置和烟幕释放装置等。装甲车辆还配备有灭火、抑爆装置。自动或半自动灭火设备可以及时扑灭车内的火灾；抑爆装置用来防止车内弹药和燃油箱爆炸。

4. 通信设备

装甲车辆通信设备是乘员进行车内外联络的通信工具的总称。装甲车辆通信设备一般包括天线、电台、车内车际通话器（车通）以及信号枪和信号旗等。装甲车辆传统的通信系统包括车内和车际两部分。乘员之间用车内通话器互相联络，为了使乘员能与外部通信联系，车内装备 1~2 部无线电台。随着电子技术的发展，现代高技术条件下的战场将是信息化战场，要求装甲车辆具有指挥、控制、通信、侦察的能力。在西方出现了车辆综合电子系统，这种系统以多路传输数据总线为核心，将车内原有通信设备、电气设备和新增的指挥、控制、计算机、情报监视、侦察等设备综合成一个系统，实现车内、车际信息共享和以单车为基础的指挥自动化，进而构成装甲车辆综合电子信息系统。

5. 电气设备

装甲车辆的电气设备指车上供电、耗电装置、器件和仪表的总称。装甲车辆的电气设备包括电源装置、用电设备、辅助器件、检测仪表和全车电路等。为了向用电设备提供电源，装甲车辆上装有大容量的蓄电池组和由发动机驱动的发电机。用电设备有发动机的起动电动机、电台与车内通话器、火控系统、"三防"设备、车内外照明、信号灯等。在电源和用电设备之间，通过开关、继电器、熔断器、导线等连成复杂的电路系统。装甲车辆电气设备的特点是低压（电源电压多为 24 V）、直流、负极搭铁单线制、并联负载、两个电源。

6. 其他特种设备和装置

装甲车辆除上述各系统和设备外，为保障在野战条件下完成遂行特殊任务，还装备各种专用制式辅助设备和装置。例如，潜渡装置、浮渡设备、扫雷装置、架桥车装备的桥体及架桥与收桥设备、抢救牵引车装备的起吊装置及铰盘、推土装置和导航装置等。

装甲车辆上除了上述装备之外，还应在车内外装备随车工具、备品和附件等。

1.1.4 装甲车辆的研制流程

装甲车辆是一种综合技术的复杂武器系统，其总体战术技术性能要求至少有几十项，一辆坦克主要的图纸文件一般在万张以上。装甲车辆的研制开发直接涉及的制造厂、协作厂和单位有数百家之多。装甲车辆的复杂性决定了研制周期比较漫长，要使一辆新型装甲车辆完成产品设计定型（技术过关）和生产定型（质量过关），甚至需要十年以上的时间。对于某些利用基型底盘设计变型车或推进系统布置方案基本不变的情况下，则所需时间要短一些。

研制一种新型装甲车辆的程序也是较为复杂的，会牵涉到许多工作和相关部门，其工作程序随国家和军队编制体制不同也略有变化，但其研制生产的五个阶段是基本不变的。

1. 论证阶段

论证阶段主要是对战术技术指标的可行性进行论证。根据国防政治形势、战略和技术观点、地理气候条件、科技水平和制造能力、国防费用开支、部队素质和后勤供应特点等，列入装甲车辆型谱规划和装备发展计划。最后提出对该车的战术技术要求，明确具体性能指标数据及相关条件，并经过标准程序审定和批准，作为设计研制的依据。

2. 方案阶段

该阶段主要是对方案论证，原理分析与研究。此时根据论证的战术技术要求，在参考已有装甲车辆和预研成果及可能的技术应用的基础上，可开始总体设计，最后提交出可行的总体方案（往往不止一个，进行多方案选择）。同时，有针对性地进行研究和试验，证实其技术可行性，并对一些技术和结构取得必要的数据和经验，为正式设计工作打好基础。

3. 工程研制阶段

此阶段的工作是零部件设计，试制、鉴定，提供初样车。根据最终审定批准的总体方案进行设计、计算，完成工程图纸设计任务。根据设计图纸和技术文件，试制几台重要部件和少数初样车。分工承担任务的厂家提交样品给总装厂，一般也以这个时间进度为准。有时也同时试制一种以上方案的不同部件和样车。重要部件常先进行台架试验，排除问题后才装车试验。通过试制和试验，可以检验设计、工艺、协作品等各方面的合理性、可能性和经济性，特别是能否达到战术技术要求指标，暴露可能存在的各种问题，以便进行修改，有时甚至大改。

4. 设计定型阶段

该阶段的主要工作是设计定型、试验和鉴定。此时一般在初样车的基础上试制正样车，常以较多的台数由军方与工厂及协作方会同进行比较全面的试验。例如几台或十几台，包括进行几千公里以上的可靠性试验等。当进一步排除一些结构问题或生产问题，基本满足性能要求，并且图纸、技术文件都齐全以后，才能设计定型。

5. 生产定型阶段

该阶段的主要工作是生产定型、相关试验和鉴定。在工厂根据样车预行工艺技术准备的基础上，正式根据设计图纸和技术文件进行生产准备，主要是生产定线、协作定点，包括设计或改进生产线，设计、制造或采购新的工艺装备，研究和掌握新的工艺技术，同时安排协作和材料供应，组织生产。首先试行小批生产，产品质量基本达到要求，经过全面试验，包括热区、寒区及一些地区的试车合格以后，才能批准产品定型，进入正式成批生产，并陆续装备部队。

部队要经过一系列的组织训练和准备后，新车才可能投入战斗使用。即使产品已经定型生产，也有一些经常性的产品图纸修改工作，这一般以工艺性小修改为主。除非到停止生产之日，才能彻底结束修改工作，通常称之为产品图纸的管理工作。

在设计定型以后的成批生产和使用过程中，设计人员抽空进行一些细微的研究工作，也会累积一些平时没有彻底解决的问题，或提出新的或更高的要求来加以解决。同时，又可能有了一些可供采用的新部件、新元件和新材料，技术发展也提供一些新的条件，可以组织进行一批不太大的修改，成为原车的改进型。

此外，还常常根据任务需求，以现役车型底盘作为基准型底盘，进行改变局部设计，特别是改变战斗室或工作室的内容，来得到新用途的变型车。若干种变型车和原来的基准型，共同成为一个型号系列，或称为一个车族。

如果不变动底盘就不能达到要求的性能，有时就利用基准车型的部件，重新改变总体布置，或添加或改变少数部件，成为一种新型号来满足新的用途。例如，动力传动装置后置的坦克，改设计成为动力传动装置前置、战斗室在后的自行火炮等。这与原型号有部件通用化的关系，仍属于同一系列或同一车族。

1.2　装甲车辆总体设计概述

1.2.1　装甲车辆总体设计及其地位和作用

1. 装甲车辆总体设计的基本概念

装甲车辆总体设计，是运用系统工程理论和技术，以装甲车辆内部封闭式系统以及装甲车辆内外开放式系统为对象，根据装甲车辆战术技术要求，研究武器与作战使用环境条件之间、有关火力、机动与防护三大性能之间，各分系统之间的结合优化匹配中带有全局性、综合性、边缘性的定性和定量关系，确定装甲车辆的概念、构成原理、结构方案，以及主要性能参数、结构参数等重要参数。

装甲车辆总体设计，是系统工程技术在装甲车辆研究、设计、布置、试验各个阶段的具体应用。

2. 装甲车辆总体设计的地位

装甲车辆总体设计是装甲车辆设计的基础与前提，它在很大程度上决定了装甲车辆的性能和成本，影响到研制开发的成败以及运用。

（1）装甲车辆总体设计是设计的第一道工序和最后一道工序，设计从总体出发，最终回到总体。

（2）装甲车辆总体设计在设计过程中始终处于不可动摇的统帅地位。

（3）装甲车辆总体设计在设计过程中始终处于核心位置，是不断变化的。所有设计围绕总体进行，由简到繁，由粗到细，逐步完善。

3. 装甲车辆总体设计的主要作用

1）总体设计具有承上启下的作用

装甲车辆设计是瞄准打赢未来局部战争，跟踪国内外装甲车辆发展思想，以汽车技术、装甲技术、武器技术等高新技术及其研究成果为基础，研制高性能装甲车辆。装甲车辆总体设计是装甲车辆的顶层设计，始终把握着设计全过程，控制着设计过程进展，并以此指导和指挥过程设计，具有承上启下的作用。装甲车辆总体设计从技术上按科学体系及需求，在一定继承性上创新。

2）总体设计具有驾驭全局的作用

总体设计，从"量"的方面研究"系统大于各部分之和"，从"质"的方面研究"系统获得新质的升华所需结构关系有机性"。装甲车辆总体设计是保证整体设计质量的关键，包括保证产品性能、质量、可靠性、可信性，以及经济性、进度等。装甲车辆总体设计是装甲车辆设计的保障技术，包括把握研制的重点、难点、研制风险和进程，以及把握冻结技术状态时机。

3）分解综合技术的作用

装甲车辆总体设计是实现战术技术指标的主要保证。装甲车辆战术技术指标往往是若干分系统、部件共同协作才能实现的。装甲车辆总体设计的主要作用之一就是将战术技术指标以及研制过程中可能出现的问题分解到各系统，并以研制计划和技术措施形式对研制工作以及参研单位进行明确分工，落实责任制，组织对技术难点和重点的联合攻关。装甲车辆设计是一个整体，总体设计肩负着分系统、部件之间"量"的结合优化和"质"的转化升华的任务，最终完成装甲车辆战术技术指标。

4）优化决策的作用

装甲车辆总体设计负责监管装甲车辆各分系统及零部件的设计与研制，要求装甲车辆各分系统及零部件的设计与研制尽可能做到局部优化。装甲车辆设计最终实现战术技术指标，总体设计必须站在总体高度，保证装甲车辆各分系统及零部件的设计与研制符合整体利益，所有设计都必须有利于提高总体性能。装甲车辆的战术技术指标以及设计方案许多都是相互矛盾的，装甲车辆总体设计主要是进行优化决策，调和矛盾，扬长避短，有利者取其重，有弊者择其轻。

5）匹配协调的作用

装甲车辆设计是一项极其复杂的工作，涉及的技术较多，涉及的单位和人员较多，工作头绪也较多，总体设计实际上有很大一部分工作是系统管理工作，管理和协调设计工作中涉及的方方面面。装甲车辆总体设计适时采用各个分系统所涉及的各学科的研究成果，将它们优化地汇总到一个装甲车辆设计中，充分发挥总体独有的开拓作用。装甲车辆总体设计具有涉及全系统综合和协调的职责，指挥协调研制工作，组织系统评审，其主要作用之一是技术匹配与协调，尤其是接口技术的匹配与协调。

1.2.2　装甲车辆总体设计类型

装甲车辆的设计类型主要有三种：基准车型的变型设计、基准车型的改进设计和新车型设计。其中基准车型，一般是指现役中性能较好、具有拓展前景的标准型装甲车辆，以此作为基准，通过对其改进，形成序列装甲车族。

1. 基准车型的变型设计

基准车型的变型设计是指利用基准车型的部件，通过重新改变基准车型的总体布置，添加或改变少数部件，成为一种新型号来满足新的需求。

根据任务要求，常以原来车型为基准型，利用其底盘改变局部设计，特别是通过改变总体布置、主要武器、火控系统及战斗室的布置，增加或改变少数部件，来得到新用途的变型车。若干种变型车和原来的基准型共同成为一个产品系列，或称为一个车族。实际上就是满足不同用途的同一底盘，各有不同的作业装备，就各有不同的型号或名称，这样给生产或使用都带来了方便，也比较经济。

2. 基准车型的改进设计

基准车型的改进设计是渐进式发展的，是产品改进而不是产品更新。

在设计定型以后的成批生产和使用过程中，设计人员可以根据生产和使用过程中出现的一些工艺问题、结构问题和质量问题等进行进一步的研究工作，不断完善产品的性能，提高产品的质量，除非到停止生产之日，才能彻底结束修改工作，通常称之为产品图纸的管理工作。同时，又可能有了一些可供采用的新部件、新元件和新材料，技术发展也提供一些新的条件，特别是针对主要武器及火控系统、动力传动及其控制系统、装甲防护系统等进行改进设计，成为原车的改进型，例如原来叫Ⅰ型，改进以后就区别为Ⅱ型或ⅠA型，以致将来再改进为Ⅲ型或ⅠB型等。

基准车型的改进设计所能达到的性能水平是有限的，所解决的使用和生产之间的矛盾是暂时的。随着技术水平（包括潜在敌军装备的水平）的不断提高，原车型越来越不能满足发展的需要，而技术水平又提供了比较彻底地改变旧结构来提高战术技术性能的可能，这就需要设计新一代的车型。

3. 新车型设计

基准车型的变型设计和改进设计这两种设计方法，因为整个底盘或主要部件已得到考验，设计和生产已有基础，所以设计、试制、试验和投产都较迅速而简便，成功的把握大，出现的问题少，得到新车既快又经济。特别是使用原型车和变型车部队的行军速度、适用范围和条件相同，因此，对于使用变型车辆，无论训练、作战甚至后勤和技术保障都得到了简化。这种设计方法的缺点主要是基准型车难以满足各种变型车的需要，特别是车重不符合需要，使变型车的一些性能受到限制。

只有当车重相差悬殊，或变型设计会使车辆性能很不合理，而新车的需求总数量又相当大的时候，才适于另外设计新的车型。新车型的设计工作量较大，得到新车的时间较长，但性能上的迁就和限制较少，能达到更高的水平。当然，这时仍应尽量使部件、零件和一些装置通用化或系列化。

旧一代车型发展为新一代车型，是较低水平的矛盾统一让位于较高水平的矛盾统一。新一代车型也将改进，也将发展成新系列。新一代车型投产，旧一代车型停产以后还要供应修理时更换用的部件和零件，直到旧一代车型完全被淘汰撤出装备为止。同时，在新一代车型设计和试制周期中，已开始酝酿更新一代车型。

新一代车型若以旧一代车型为基础来进行研制，在提高性能水平时较容易达到定型。凡不是必须改变的地方，尽量保持继承性，这样新车型的设计试制周期就可以比较短，也比较经济。这种渐进式发展方法，在一定的阶段为各国所采用。

渐进式发展是一种较可靠但发展较缓慢的方法，不是完全的产品更新，有一部分部件是在原有部件的基础上进行改进得到的。由于长期渐进中的改进潜力渐尽，旧结构会限制性能的改进，必然越来越落后于发展的需要。到一定时间后，为摆脱落后的困境和争取先进装备，不得不重新进行总体设计，采用新的先进部件，改变大量的结构，较全面地设计新的型号以谋求较彻底的更新和提高。但这并不排斥固有的运用观点、技术特长、工业条件和设计风格，使新车型仍具有一定的继承性，包括采用原有的一些零件、元件或部件。这样发展的成果显著，但难度比渐进式要大。若希望提高的性能幅度过大，或发展新技术的难度太大，往往导致成本过高或可靠性较差。产品更新往往涉及增加新的生产技术和改建生产线的问题，由于组织合作或经济等原因，常导致设计失败，或研制后不生产。

为了降低难度，过去有些新设计是分成两步来完成的。第一步是采用新发动机等部件来设计新底盘，战斗部分暂用已有的炮塔或较小的火炮；第二步是在成功的底盘上设计新的战斗部分，有时甚至再次改进战斗部分仍保留底盘基本不动。

从开始设计的时间算起，一代装甲车辆的正常寿命在 20 年以上，甚至超过 30 年。装甲车辆的更新换代既费钱又需时间，是一件很不容易进行的事。设计之初，不能不作长远的考虑。例如，有的专家主张设计主战坦克前的论证应针对 20 年后的战场。所设计装甲车辆的战术技术性能，不但应超过敌人若干年前开始设计的现装备，还应争取在试制、生产和大量装备部队的若干年后，压倒那时在战场上出现的敌人新型装甲车辆。这对设计者和有关人员而言是一项相当艰巨的任务。

1.2.3 装甲车辆总体设计的指导思想

1. 独立自主

针对本国国情、军情、战略、理论、工业、经济发展，设计具有本国特色的装甲车辆，走独立自主的发展道路是我国装甲车辆设计的客观要求和必然结果。盲目跟从外国先进技术的发展，往往只是机械式叠加，会带来"水土不服"，不能充分发挥总体作用的结果。何况军工技术具有国家性质，保密性强，真正的核心和关键技术是不可能从别人那里得到的，必须坚持立足于独立自主、自力更生发展我国装甲车辆。

2. 适合国情

（1）适应我国的地形条件和气候条件。我国有平原、丘陵、山地、高原、沙漠、海岸、岛屿和水网地区等多种地形，地表情况复杂，海拔和气压悬殊。我国辽阔的领土南部在热带，北部接近寒带，温差一般从 40 ℃到-40 ℃，干湿状况悬殊。在长江以北，平原、丘陵、山地、沙漠较多，适用于较重型装甲车辆作战，但要考虑其越野机动性和严寒季节作战的性能；在长江以南，水网稻田、丘陵、山地多，适合于较轻型装甲车辆和水陆两栖装甲车辆作战，应多考虑降温、防潮、防霉、防锈等问题。

（2）适应我国和我军的运输条件。装甲车辆的战斗全质量和外形尺寸要考虑我国的道路、桥梁和铁路运输的有关规定。特种装甲车辆的海上和空中运输还要考虑登击舰和运输机的货舱尺寸、载重量及其他特殊要求。

（3）适应我军技术情况。便于部队掌握、维修、保养，尽量延长保养周期，能够快速更换易损零部件。

（4）符合我军标准。无论是具体的结构设计还是人机环方面的设计，都要满足国军标的要求。

3. 性能协调

装甲车辆是多方面复杂矛盾结合为一体的武器系统，它是由武器系统、推进系统、防护系统以及通信设备和电气设备等组成的。其三大系统代表的火力、机动和防护三大性能则体现出装甲车辆的综合性能水平。但三大性能之间是相互矛盾的。如为提高速度，要加大发动机功率和减小战斗全质量。加大发动机体积使战斗空间减小，就只能安装较小的火炮，而减小战斗全质量就只能采用较薄的装甲。如果用大发动机，也用大火炮和厚装甲，会使战斗全质量大幅增大，可能反而会使机动性降低，耗油量增加也会引起最大行程减小。然而，这些矛盾有时又是统一的，如加强火力压制敌人，有利于保护自己，同时也能获得更大的行动自由；又如加强机动性，可以更好地发挥火力，也较不容易被敌人击毁。

一种表示矛盾的三角坐标图形如图 1.2 所示。三角形的三边分别代表三大性能的零轴，而火力 f、机动 m 和防护 p 的性能量，分别沿相应零轴的对角方向表示，以三角形的高为 100% 的最高性能。等边三角形的一个特点是三角形内任何一点到三边的垂直距离之和不变，这个和代表当代能达到的总的技术水平，可以随技术的发展而增大，即三角形增大。三角形的正中一点，距各边约为 33%，代表三大性能平衡的设计，适用于多用途。$m = 0$ 轴上的一点，可能代表一个固定堡垒的性能，而 $p = 0$ 轴上的一点则代表无装甲的自行炮架，等等。

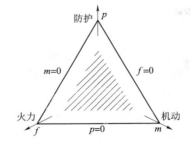

图 1.2 三大性能的矛盾三角形

利用这个矛盾三角形来分析，可以坦克为例来大体表示各国不同指导思想下的不同设计结果，因而在三角形中各有其概约的位置。由图 1.2 可以明显看出，突出某一方面性能就要削弱其他方面的性能，或突出某两方面性能，要更大程度地牺牲第三方面的性能。这种有所得必有所失的关系，还表现在许多方面，但已难以用图形来说明。要求的方向越多和越高，所需代价也越多和越高。这是复杂矛盾的统一体的性质所决定的，也是提出要求时容易忽略的。例如，要求换装另一种发动机，或另一火炮或某一部件，就不能忘记在车体或炮塔的尺寸和质量上应付出的代价。又如要求质量小以便通过某种困难地面和桥梁，可能要牺牲一些装甲防护，或不得不采用较小的火炮和发动机，也就是要以降低三大性能为代价。

不同类别的装甲车辆可以有各自的矛盾三角形，而未能用图形来表达的矛盾更多。

重视战斗性能、可靠性、经济性之间的协调，提高装甲车辆的效费比。装甲车辆作为武器系统，我们对其可靠性应有充分的认识，而这些认识主要来自战场实战结果的总结。装甲车辆作为大量生产和使用的产品，要求充分重视降低成本和提高经济性，解决有效性和价格之间矛盾的办法是提高效费比。

4. 合理的继承和有效的创新相结合

创新是持续发展的根本，不断提高装甲车辆的性能是研制新型装甲车辆的出发点。但是创新往往带来风险。因此，装甲车辆研制过程中，应将合理的继承与有效创新相结合，既有效提高效能又有效降低风险。装甲车辆研制过程中，通常大部分仍沿用国内已定型生产的技术成熟的零部件，只是在某些关键部位采用突破性高新技术或新技术成果，但后者必须严格控制数量，一般不超过 1/3，大部分成熟可靠和少量创新突破相结合是装甲车辆既先进又可靠的主要保证。

1.2.4 装甲车辆总体设计的任务与主要内容

装甲车辆总体设计，始于新装甲车辆的方案阶段并贯穿于装甲车辆研制的全程。它侧重处理装甲车辆全局性的问题。在方案阶段，根据上级下达的战术技术指标，分析可行的技术途径和技术难点，进行总体论证，对形成的若干个总体初步方案进行对比、评价决策和遴选；在工程研制阶段，运用参数分析、系统数值仿真、融合技术等方法，指导部件设计，侧重解决部件之间的接口、人机工程、可靠性、可维修性、预留发展、系统优化和可生产性等问题；在设计定型阶段，要考核装甲车辆各项性能，还要继续处理新发现的问题。部件设计侧重解决具体技术问题，以保证布局、结构、性能满足总体的要求。

装甲车辆研制的技术依据是军方（或需方）的战术技术指标，战术技术指标是对装甲车辆功能与战术性能的要求。

1. 总体设计的任务

装甲车辆的研制过程分成五个密切联系的阶段。在方案阶段，对新型装甲车辆进行包括功能组成、结构与布局等总体和重要组成部分的多方案论证和评价，并经上级决策选择一个方案转入工程研制。因此，可以说装甲车辆的总体与全局性设计主要是在方案阶段完成的，也是总体工作最为复杂和繁重的阶段，将决定工程研制阶段的技术进展与风险大小，决定产品的技术品质。方案论证和评价工作的深入与翔实，结论的可信度以及决策的准确性是十分关键的，是整个产品研制中的关键阶段。这个阶段形成的方案与设计是产品研制最早期的设计，在新技术采用较多以及经验相对不足时，设计者经常看不清设计系统中一些功能与所采取措施间的函数关系或必然联系，特别复杂的产品更是如此，方案论证中以及后续研制阶段必然要反复协调修改与逐次迭代。

在分析研究战术技术指标的基础上，总体设计的任务是：

（1）提出装甲车辆的（功能）组成方案和工作原理。

（2）分解战术技术指标，拟定和下达各组成部分的设计参数，确定各组成部分的软、硬界面，软、硬接口形式与要求。

（3）确定系统内物质、能量、信息的传递或流动路线与转换关系和要求。

（4）建立系统运行和工作的逻辑及时序关系，对有关模型和软件提出设计要求。

（5）进行总体布局设计，协调有关组成部分的结构设计，确定系统形体尺寸、质量、活动范围等界限以及安装、连接方式。

（6）组织和指导编制标准化、可靠性、维修及后勤保障、人机工程等专用大纲和专用规范等设计文件。

（7）组织关键技术、技术创新点的专题研究或试验验证，对关键配套产品、器件、材料进行调研落实，对关键工艺与技术措施进行可行性调研与分析并提出落实的建议。

（8）提出工厂鉴定试验的方案与大纲，组织编写试验实施计划，组织装甲车辆的试验技术工作。

（9）编制装甲车辆总体设计、试验、论证等技术资料。

（10）负责研制全过程的技术管理。

2. 装甲车辆总体设计的主要内容

1）方案论证

方案论证对后续工作有重要影响，方案论证充分则事半功倍，否则后患无穷。方案论证主要包括以下内容：

（1）技术指标，可以分为可以达到的技术指标、经努力可能达到的技术指标、可能达不到的技术指标、不可能达到的技术指标。

（2）关键技术，包括需采取的技术措施和需专项攻关的问题。

（3）必要的实物论证，包括弹道、供输弹系统、反后坐装置、总体布置、随动系统、火控系统、探测系统、动力系统、传动系统、行走系统等考核性试验。

2）样车方案设计

样车主要有原理样车、初样车、正样车、定型样车等。样车方案设计主要包括：

（1）系统组成原理（框图），采用黑匣子设计原理，串行设计与并行设计相结合，合理管理。

（2）性能指标的分解与分配。

（3）结构总图（由粗到精）。

（4）各子系统的界面、接口的划定及技术协调、仲裁；装甲车辆参数是多维的（三维空间、时间、质量、环境条件、电、磁等），接口技术原则是适配、协调、安全、可用、标准；接口界面有物理参数（相关作用、匹配管理）、结构适配（干涉）、时序分配、电磁屏蔽、软件（可靠性、兼容性、稳定性等）。

（5）减重设计，包括采用新型轻质材料、节能设计、集成化与一体化优化设计、减载设计等。

（6）人-机环境设计，包括提高机器的技术水平，减少对人和环境的影响，优化总体布置，提高操作性和舒适性等。

（7）电磁兼容性设计，包括抑制干扰源、保护敏感单元和切断耦合途径。

（8）隐身防护设计，降低整车的红外和热像特征，提高防护能力。

（9）整车智能化设计，提高战场感知能力和操作自动化水平等。

3）组织实施系统试验

策划全系统的以及关系重大的各种试验，并组织实施，获取多种有用的试验数据，进行处理分析，对试验结果进行评估。

4）系统设计规范化，保证技术状态一致性

适时地下达设计技术规格书，确保技术状态一致性和可追溯性。

5）组织设计评审

组织和主持全系统和下一层次的设计评审。

6）技术文件及管理

拟定各类技术管理文件，并具体落实到位，实施管理。

3. 装甲车辆总体设计要解决的主要问题

1）选定系统组成

战术技术指标大体上确定了装甲车辆组成的基本框架。但由于某些功能可以合并或分解，因而可以设计或选择为一个或两个功能部件，又由于许多功能部件或产品有多种不同的形式或结构，加上设计者可以根据需要进行创新，如功能合并或分解、结构形式或工作原理不同等，所以可以有不同的组成方案。只有针对具体的组成方案才能进行战术技术指标的分解，并对具体组成件提出为保证对应指标实现的具体设计参数。

不同国家的许多同类装甲车辆，功能和指标相近，但具体组成件的数目不尽相同，同功能件的结构形式也不同，因而在总体结构与外观上有十分显著的区别。在它们之间性能相近时，体现了一种设计风格；如果性能指标有高低之别，则体现了设计水平。所以选定系统组成时，在实现战术技术指标的前提下，应从总体与组成件，各组成件之间的结构、工作协调以及经济性、工艺性等各个方面综合权衡。在满足功能和指标要求下，尽量选用成熟部件或设计，经加权处理后，一般新研制部件以不超过 30% 为宜。

选定系统组成是总体工作的初始工作，它与指标分解、设计参数拟定、总体结构和布局与接口关系等一系列总体工作有关，是一个反复协调的过程。

2）分解战术技术指标与确定设计参数

把战术技术指标转化为装甲车辆组成部分的设计参数，是满足战术技术指标、提出系统组成及有关技术方案的重要工作。例如火炮的远射性指标有最大射程、直射距离、有效射高等，这项战术技术指标通过外弹道设计将转化为弹丸的初速，内弹道设计则把初速转化为身管长度、药室尺寸以及发射药品号、药形、装药量等一系列身管、发射装药的设计参数。对一定质量的弹丸，要达到一定初速，可以有不同的内弹道方案，所以战术技术指标分解为有关设计参数，形成技术措施时是多方案的。一项战术技术指标转化成各层次相应的设计参数时，有些参数还受其他战术技术指标的制约，如弹形不仅与射程有关也与散布有关，这种相互制约表示了装甲车辆各组成部分的依从和制约关系。因此，分解转化战术技术指标必须全面分析，注意保证装甲车辆的综合性能，而不能只从一项指标考虑。

在实际工作中，战术技术指标有可分配和不可分配两类。如系统的质量，在经过分析或类比有关设计后，可向低层次逐层分配，为可分配参数。而如贯彻标准化、通用化、系列化、组合化的要求将直接用于有关组成部分，并不分配或不可分配。可分配战术技术指标还分为直接分配类和间接分配类。前者如装甲车辆从接到战斗命令到完成一切射击准备的反应时间，可直接按一定比例分到有关组成环节上；后者如射程、环境条件，要通过各种可能措施的分析，选定有关组成的设计参数。战术技术指标的分解、转化都将从分析、分配过程中找出实现战术技术指标的关键和薄弱环节。

战术技术指标分解、设计参数的确定与系统组成的选定是密切相关的，实际上是对组成方案的分析和论证，并在各组成的软、硬特征上进一步细化和确定。这项工作是由总设计师统一组织，在组成系统的各层次，由各级设计师同时进行的，是装甲车辆方案设计、总体设计的重要环节。

战术技术指标分解与转化后应形成一个装甲车辆按组成层次形成的技术设计参数体系，它将反映指标分配与方案论证的过程，是装甲车辆设计的基础，也是制定各层次设计规格书的基础。

3）装甲车辆的原理设计

与装甲车辆组成和战术技术指标转化工作同时进行的工作是原理设计，主要解决：

（1）装甲车辆各功能组成间能量、物质、信息传递的方向和转换，各功能组成间的界限与接口关系。

（2）系统的逻辑与时序关系。

（3）模型或软件的总体设计。

装甲车辆的各功能结构在工作时要按一定的顺序，有一定的持续时间，与其前行或后继的功能结构间有能量、物质、信息等的传递和转换。在功能组成设计、战术技术指标分解的同时，必须将各功能组成的上述关系一一弄清，才能形成完整的装甲车辆功能，包括各种工作方式的设计。

以现代自行加农榴弹炮为例，它由火力、火控、底盘三个主要分系统和有关装置组成，包含信息接收与发送装置、观察与瞄准镜、导航定位装置、装甲车辆姿态测量装置、火控计算机、随动系统、全自动供输弹装置、弹丸初速测量与发射药温测量等传感器、引信装定装置、能源站、"三防"装置、灭火抑爆装置、战斗舱空调装置，等等。在原理设计时要解决：

（1）在全自动、半自动、手动三种工作方式时各有哪些功能机构参加工作，具有什么样的转换方式。

（2）在各种工作方式下，包括信息传递、能源供应等在内的各功能机构工作的顺序及时间分配。

（3）有关信息的转换关系，如依据大地坐标求解目标射击诸元，构建何种模型，由何种途径变为火炮对射击平台的装定量。

（4）装甲车辆各功能机构与仪器用电体制的协调、器件选择、能源分配设计。

（5）火控计算机工作内容、模型与软件设计原则。

（6）功能结构件的软、硬接口。

装甲车辆原理设计主要以方块图表示，在各方块之间有表明传递性质或要求的连线，此外有流程或逻辑框图来表明工作逻辑关系。时序图是协调处理时间分配的主要手段。

4）总体布置与结构设计

确定装甲车辆的总体布置是各种装甲车辆设计的重要环节，与装甲车辆中主要装置或部件的结构、布局直接相关，应从火力部分以及一些最主要的关键装置或部件的结构选择开始。对自行装甲车辆而言，首先是装甲车辆及炮塔结构与布局，其次是发动机布局与底盘结构设计。如多管自行高炮炮塔是按中炮还是边炮布局，容纳几名炮手，给整个装甲车辆形式与有关仪器设备的布局与连接均带来很大的不同。

装甲车辆的总体布置要做到全系统的部件、装置在空间、尺寸与质量分布上满足装甲车辆射击时的稳定，各部件受力合理等有关要求，还应使勤务操作方便，动力与控制信号传输路程短，安装、调试、维修方便并减少分解结合工作，减少不安全因素等。

要做到上述要求是不容易的，因为总体布局与有关结构设计是在有空间、质量等各种限制条件下进行的，许多要求之间是矛盾的。

在总体布置中各个装置或部件要考虑：各装置或部件的功能及相关部件的适配性、相容性；温度、湿度、污物、振动、摇摆等引起的影响；可靠性；安装方式与空间；动力供应；控制方式与施控件联系；向外施放的力、热、电磁波等；操作、维修、检测要求。

5）装甲车辆总体性能检验、试验方法及规程、规范的制定

装甲车辆设计中对于人机工程、操作勤务、维修保养、安全与防护各方面要求，应有详细的设计规范或参考资料。

在结构设计时除使用计算机辅助手段设计平面布置图、各种剖视图、三维实体与运动图外，对难以布置或特别重要的结构布置，采用按比例或同尺寸实体模型进行辅助设计是必要的。

1.2.5　装甲车辆总体设计的原则

总体设计的原则是以低成本获得装甲车辆的较佳综合性能，获得较高的效费比。为达到此目的，在系统构成选择、总体构型与布局、设计参数确定等方面有以下一些原则：

（1）着眼于系统综合性能的先进性。在总体方案设计、选择功能组成时不只是着眼于单个组成性能的先进性，更注意组成系统综合性能的先进性。应抓住主要矛盾和主要矛盾方面，有所为有所不为。

（2）在继承的基础上创新。他山之石可攻玉，充分利用和借鉴装甲车辆技术发展中的成熟技术和结构，但一定要做到知其然知其所以然。在满足战术技术指标的前提下，优先采用成熟技术和已有的产品、部件。结合实际情况，充分利用和借鉴现有相关技术的最新研究成果。在继承的基础上，积极开拓思路，进行技术创新，改进现有产品或进行创新设计。但是，一般采用新技术和新研制部件应控制在一定的比例内，比例过大将会增加风险和加长研制周期。

（3）避免从未经生产或试验验证的技术或产品系统中获取关键数据。

（4）从设计、制造、使用全过程来研究技术措施和方案的选取。综合考虑实现战术技术指标，并满足可生产性、可靠性、可维修性、训练与储存等各有关要求，从初始设计起就将上述问题纳入设计大纲和设计规格书之中，例如新装甲车辆设计不但要考虑可维修性，而且要尽量利用已有的维修保养设施。可维修性考虑不周，问题积累多，可能造成装备实际上不可用的严重后果。

（5）注意标准化、通用化、系列化与组合化设计。在总体设计时，应当与使用方和生产企业充分研究标准化、通用化、系列化的实施，对必须贯彻执行的有关国家和军用标准，应列出明细统一下发，对只需部分贯彻执行的，则进行剪裁或拟定具体的大纲。此外，应充分重视组合化设计。

（6）尽量缩短有关能量、物质和信息的传递路线，减少传递线路中的转接装置数量。

（7）重视软件设计。软件是装甲车辆的重要组成部分，对它的功能要求、设计参数拟定、输入与输出、与有关组成的接口关系、检测与试验设计，应按系统组成要求进行。

（8）注重相关学科的理论及其技术发展以寻求创造性思维。武器装备总体设计的许多技术突破也是来自于相关学科理论的交叉应用，长期从事同一专业往往容易形成固定的设计思维模式，从而抑制了创造力的发挥。注重相关学科的理论及其技术发展，是寻求创造性思维的一个好方法。

（9）充分利用有效的现代设计手段。现代设计手段可以大大提高设计效率，如虚拟样机技术在装甲车辆研制中的应用使研制样机能够实现一次成功，提高了设计效率，缩短了研制周期。

1.2.6　装甲车辆总体设计流程

新型装甲车辆的总体设计流程，因战术技术要求、设计环境、设计方案、设计思路以及不同阶段的总体设计（原理样车、初样车、定型车等设计）的基础和要解决的矛盾不同而有所变化，但其主要环节基本不变。总体设计主要流程大致如图 1.3 所示。

1. 明确战术技术指标和设计任务

装甲车辆使用部门根据其未来作战作用、科学技术发展、国家经济能力等诸因素的调研，对新型装甲车辆提出了各项性能量和质的目标要求，其中包括总体、火力、机动、防护、可靠性、使用性能、环境、特性等目标，这些目标反映了未来新型装甲车辆的基本特征。战术技术要求是装甲车辆总体设计的基本依据，是总体设计的出发点又是其归宿点，因此，在总体设计之前，设计人员首先要明确和细致分析各项战术技术指标，从而对新型装甲车辆总体系统的组成，新部件、新材料、新工艺要求水平，技术实现的可能性等，作出具有远见卓识的判断和估计。

图 1.3　总体设计主要流程

2. 总体方案设计

1）技术方案设计

（1）总体概念设计。在分析装甲车辆战术技术指标的基础上，根据战术技术指标，划分装甲车辆功能组成，初步设计工作原理与主要部件的大体结构，确定能达到目标的装甲车辆组成层次，并且分解战术技术指标，拟定下属层次组成的设计参数和要求。在对国外部件发展方向、国内新技术成果储备、工艺水平等充分调研分析的基础上，对新型部件（包括现行的产品，科研成果、预研的方案等部件）的选择作出不同层次的安排。装甲车辆部件选型主要包括火力方面（如火炮类型、口径、火控类型、组成、精度分配等）、动力方面（如动力装置类型、性能和动力系统组成），以及传动、行动、操纵、防护等方面部件的分析、选择。通过主要部件的选型分配，设计人员从中产生了新型装甲车辆总体方案轮廓的构想。设计人员在选型分析中，不但要有装甲车辆总体组成的知识，还要有部件选型分析知识。

（2）理论设计。在方案设计过程中，常需进行一些基本设计计算来判断与三大性能有关的部件是否匹配。即，进行牵引计算——确定发动机；对敌进行穿甲计算——确定火炮；用敌炮进行穿甲计算——决定装甲配置。

2）总体布置设计

总体布置设计是指总体方案的布置（驾驶室、战斗室、动力室等在整车的安排与划分）和各舱、室内部的布置。最后确定主要采用部件的大体结构及其布置，决定全车外形尺寸，估算质量和重心位置等。在设计过程中，需要采用必要的设计根据和考虑及措施等说明文件，有时还准备实体模型及必要的辅助图纸和资料来说明或证明一些问题。

3）总体方案分析

通常提出多个总体方案来分析和比较。总体设计需要及时配合进行总布置，把握总体性能，协调各部件设计，进行修改弥补和解决矛盾。同时以总方案图为基础，逐步绘出部件外形，明确一些结构运动的范围，决定位置尺寸基准，并考虑制造总装配问题，以及计算和控制全车质量及重心等。

4）总体方案评估

在上述总体方案分析基础上，通过计算、估计、模拟、仿真各总体方案所能达到的全部或局部战术技术性能及与敌对抗的效果，对各总体方案满足战术技术指标程度和优缺点作出估计，评估出各方案的优劣顺序。

5）总体方案决策

组织专门的讨论和按国军标要求进行设计评审，给出最佳备选方案。领导机关通过对备选方案的审查，选出满足战术技术指标的最佳方案。

6）编制总体设计文件

最终编制完成总体方案相关的计算、图纸、表格等设计文件，将用于指导下一阶段的工程研制工作。通常，在上述设计过程中，包括试制或试验，都会暴露出一些问题，需反复修改设计，甚至大改，直到问题解决，性能达到预期要求，并且图纸和技术文件都齐全，才能设计定型。

由于装甲车辆的特殊性和设计要求，总体设计任务贯穿在研制的各阶段，并且根据需要设置若干评审决策点，以确保研制工作正常进行。

1.2.7　装甲车辆总体设计的方法与技术

装甲车辆总体设计的方法与技术是以基础理论、通用技术为基础，结合装甲车辆的特点应用而形成的。

1. 系统工程理论与方法

系统工程用于装甲车辆设计，其基本思想是将设计对象看成系统，确定系统目的和功能组成，并对组成结构进行优化，制订计划予以实施（制造）并进行现代化管理。系统工程有几个重点，一是对设计系统的分析，明确设计要求；二是通过功能分析提出多个方案；三是对方案进行优化与综合评价决策。

系统分析是系统工程的重要组成部分，目的是"对设计对象从系统观点进行分析与综合，找出各种方案供决策"。其步骤是：

（1）总体分析：确定系统范围与限制条件。

（2）任务与要求分析：要实现的系统范围及要完成的任务。

（3）功能分析：提出功能组成部分。

（4）指标分配：确定各功能组成要求及设计参数。

（5）提出各种可能方案。

（6）分析模拟：分析有关因素变化对系统的影响。

（7）推荐方案。

（8）评价决策。

系统分析是运用系统概念对装甲车辆设计问题进行分析，为总体设计确定科学的逻辑程序，也为技术管理提供协调控制的节点。

2. 优化技术

优化技术的应用，主要是根据装甲车辆战术技术指标建立优化目标，根据实际可能情况建立约束条件，应用最优化理论和计算技术进行最优设计。

装甲车辆的总体设计优化有两类不同性质的问题，一是根据战术技术指标设计原理方案时的优化；二是主要技术参数的优化。

原理方案的优化一般不易运用数学方法。而装甲车辆的参数优化，由于战术技术指标的多目标性，设计参数众多而且参数与目标之间难以有确定的数学模型描述，当前一般采用综合优化方法。

综合优化方法包括：

（1）制定明确的设计指导原则。从装甲车辆综合性能的先进性出发，提出方案设计的指导原则，例如重点部分全新设计，非主要部分用已有的方案设计，关键部分相对独立以便改进或更新等指导性原则。

（2）对研制过程实行系统管理。从系统工程对研制全过程实施动态控制，制定严格的研制程序，对关键研制点进行方案评审、筛选，对反馈信息迅速判定并设计更改；严格技术状态管理。

（3）重视信息和专家的作用。方案论证和设计过程中以各种方式收集、识别、利用有关信息；采取各种方法充分利用专家经验。

（4）进行定量分析与试验。对总体方案论证、参数设计中涉及的问题，根据实际状况采用各种定量择优分析方法，包括数学规划法，总体动力学分析与设计、仿真，模型试验等。

（5）应用先进设计手段与理论。优化设计可以说是对设计的过程控制。这与单纯的类比设计、经验设计有本质的不同。它已经把装甲车辆设计从思想方法到过程控制纳入现代设计方法学上来。

目前装甲车辆某些重要部件或涉及总体的部分参数设计已在可能条件下应用了数学优化方法，主要使用非线性有约束离散优化方法，此方法在装甲车辆设计上的运用在逐步扩展。

试验优化方法主要用在新产品或新组成研制中，因机理不完全清楚或设计经验不足，各参数对设计指标影响的灵敏度难以确定，其一般做法是制造样机或模拟装置，经过多次试验、修改而确定方案；或者按试验数据构造一个函数，求该函数的极值。所以，装甲车辆的优化设计在全过程中仍然是多种途径并行的综合过程，目前仍在进一步的研究和探索。

多学科设计优化方法是一种通过充分探索和利用工程系统中相互作用的协同机制来设计复杂系统和子系统的方法论，其主要思想是在复杂系统的设计过程中，充分考虑复杂系统中互相耦合的子系统之间相互作用所产生的协同效应，利用分布式计算机网络技术来集成各个学科的知识，应用有效的设计优化策略，组织和管理设计过程，定量评估参数的变化对系统总体、子系统的影响，将设计与分析紧密结合，寻求复杂系统的整体最优性能。多学科优化设计不是传统优化设计的单向延伸，也不是任何一种具体算法，它是将优化方法、寻优策略和数据分析及管理等集成在一起，来考虑如何对复杂的、由相互作用或耦合的子系统组成的系统进行优化设计的技术。多学科设计优化的突出特点是适合分析由多个耦合学科或子系统组成的复杂系统，既能够得到整体的优化又保持各系统一定的自主性。

装甲车辆设计主要涉及结构、材料、运动学、气体动力学、结构动力学、热力学、生物力学、弹道学、装甲车辆设计理论等多个学科的知识。传统的设计是设计人员根据要求在某一学科领域进行设计、优化，再交给总体设计人员去分析，总体设计人员在总的战术技术要求下，凭经验在各个领域之间进行反复权衡、协调，得出设计方案。这样虽然可以得到装甲车辆的一个局部满意解，但不能使其达到全系统、全性能和全过程的最优化，设计效率也较低。随着对装甲车辆综合性能的不断追求，这种方法已不能满足现代装甲车辆设计的要求，装甲车辆设计需要向多学科融合的并行协同设计与总体最优设计发展。

建立优化数学模型是求解优化问题的基础，有了正确合理的模型，才能参照选择适当的方法来求解。目标函数、设计变量和约束条件是优化设计问题数学模型的三个基本要素。包含 n 个学科的多学科设计优化问题可以用数学模型表达如下：

$$\min \quad f = f(f_1(X_1, Y_{j1}), \cdots, f_i(X_i, Y_{ji}), \cdots, f_n(X_n, Y_{jn}))$$
$$\text{s. t.} \quad h_i(X_i, Y_{ji}) = 0$$
$$g_i(X_i, Y_{ji}) \leqslant 0 \quad (i, j = 1, 2, \cdots, n; i \neq j)$$

式中，f 为多学科设计优化问题的目标函数；$X_1, \cdots, X_n$ 为 n 个学科的设计变量；Y_{ji} 为 j 学科与 i 学科的耦合变量；$f_i(X_i, Y_{ji})$ 为 i 学科的表达式；h_i, g_i 分别为 i 学科的等式和不等式约束。

多学科设计优化方法也称为多学科设计优化过程，是针对具体问题而采用的优化计算框架及组织过程，主要用来解决多学科设计优化中各子学科之间以及子学科与系统之间信息交换的组织和管理，它是多学科设计优化技术的核心部分。目前，多学科设计优化方法主要分为单级优化方法和两级优化方法。单级优化方法只在系统级进行优化，子系统级只进行各子学科的分析和计算。单级优化方法主要包括单学科可行方法和多学科可行方法等；两级优化方法则在子系统级对各学科分别进行优化，而在系统级进行各学科优化之间的协调和全局设计变量的更新。两级优化方法主要包括协同优化方法、并行子空间优化方法和两级集成系统综合方法等。

3. 计算机辅助设计

计算机辅助设计（CAD）是现代装甲车辆研制开发的重要手段。随着计算机的日益普及，有关软件、硬件支撑系统的不断升级与扩充，目前装甲车辆研制中广泛地采用了 CAD 技术，基本实现了无纸化设计。

装甲车辆 CAD 技术应用的主要内容是，建立装甲车辆图形库、数据库，利用计算机进行装甲车辆总体结构设计（造型）和装甲车辆结构设计，以及系统评估。

CAD 技术在装甲车辆中应用的关键技术主要有，装甲车辆设计、装甲车辆动力学分析、装甲车辆系统评估等应用程序与图形软件的接口技术，装甲车辆三维实体建模与造型技术，装甲车辆参数设计技术（装甲车辆结构设计标准化，保留设计过程，用若干组参数代表结构，即结构参数化），以及图形库与模型库的保护与管理技术等。

当前在装甲车辆的总体方案论证和结构方案设计上，开发研制了一大批适用的软件包，如自行火炮发射动力学分析及仿真，装甲车辆结构动态设计，装甲车辆重要部件的计算分析与优化设计，三维实体建模，专家系统和应用程序，装甲车辆效能分析、评价，等等，并相继建立了配套的数据库和图形库。这不但提高了装甲车辆研究和设计工作的效率与质量，也给装甲车辆设计、研究工作的进一步现代化提供了良好的条件。

4. 轻量化技术

装甲车辆的火力与机动性是一对相互制约的矛盾，随着火力的不断提高，装甲车辆质量和体积都会增加，从而降低机动性。装甲车辆总体设计中，解决装甲车辆火力与机动性之间的矛盾是其永恒的主题。

装甲车辆总体设计时不可避免地要受到一些限制，尤其是对装甲车辆的尺寸和质量以及防护性能的限制。当前，我国对装甲车辆的尺寸和质量的限制主要是由于装甲车辆常常需要经铁路和公路输送。铁路上的限制主要指桥梁和隧道的高度、平板车的宽度以及正常的两列火车错车时的限制。公路输送时的主要限制来自装甲车辆自身的质量，限制装甲车辆质量的因素是公路桥梁的负载强度。在战区内，装甲车辆能通过的桥梁越多，其机动力越强。装甲车辆越重，它需要工程保障部队提供的架桥设备就会越强越重。在铁路和公路输送的尺寸限制之内，要最大限度地降低装甲车辆的高度，使其侧影尽可能低、目标尽可能小。这一点具有重要战术意义。此外，装甲车辆质量也是越小越好，这样有利于将装甲车辆运动体承受的压力降到最低，对提高装甲车辆的通行能力有重要影响。装甲车辆的战略机动性能，主要取决于铁路和公路运输对装甲车辆外部尺寸的限制。装甲车辆的战术机动性能，主要指装甲车辆在战区内靠自己的动力，在一定的距离上行驶的能力。战场机动力是很容易理解的，它包括灵活地进入和撤出发射阵地，快速地跃进和敏捷地更换掩蔽地。很明显，装甲车辆暴露于敌人火力之下的时间长短与它的战场机动力密切相关。决定机动性能的主要因素首先是发动机输出功率与质量之间的关系，被称作功率质量比；其次是悬挂系统的减振性能和保证越野平稳，使乘员不致过于疲劳的能力；再次是履带或车轮的设计，它决定着对地面的附着力以及对地面的压力；最后是通过壕沟、坡道和断崖的能力。为获得最佳战术机动性能，设计人员要求履带或车轮能经受长距离的道路行驶，而又不破坏路面和阻碍后续部队的行动。还要求它不破坏传动比，以保证持久的高速度。为获得最佳战场机动力，设计人员又要求传动比高，以便能提供良好的加速性能和爬坡性能。这都是战场上不可缺少的条件。悬挂系统高度精密的控制能力，对其装甲车辆的瞄准是必不可少的。保证乘员能够经受高速越野行驶的性能仍是十分重要的，这对持久地越野行驶仍然是个决定因素。

当前，对于我国的空降兵所需求的装甲车辆，要满足空降的要求。若干年后，随着国防现代化的发展，无论是战略机动还是战区机动，都不仅仅是铁路和公路输送，也要进行空运、空吊和海运等方式，对装甲车辆的轻量化将提出新的要求。

轻量化技术就是在满足一定的威力需求下，解决使用方对装甲车辆的质量和体积的要求，并取得良好的作战效果。轻量化技术是装甲车辆总体设计中自始至终必须考虑的主要技术之一。

装甲车辆设计，也像一般机械产品设计一样，是始于结构终于结构的设计。轻量化技术中一个十分重要的途径就是创新的结构设计，如新颖的多功能零部件的构思，一件多用，紧凑、合理的结构布局，符合力学原理的构件外形、断面、支撑部位及力的传递路径等。采用新结构原理，如下架落地、新型炮口制退器、前冲原理、新型反后坐装置、减小后坐力等。一个开放的系统，结构方案无穷多，可以在规定的约束条件下进行多方案的优化。由于仿真技术、可视化技术和虚拟现实技术的发展，创新的结构设计完全可以少做乃至不做实物模型，而用计算机进行各种分析与试验，从而经过优化与权衡，选取较优的方案。结构优化设计，尤其是基于应力流的结构拓扑优化设计和基于结构刚度的结构优化设计，在结构轻量化中将起到积极作用。

装甲车辆的各种构件都要承受火炮发射时火药燃气产生的作用力，或经过各类缓冲装置减载后传递下来的力。减小后坐力是轻量化技术的一个主要方面，尤其是自动炮设计，始终将减小后坐力作为一项关键技术，目前普遍采用浮动原理来减小后坐力。当前装甲车辆火炮普遍采用反后坐技术，由此引起装甲车辆结构的一系列变化，发明了许多新结构、新装置。同时普遍采用炮口制退器，且效率有增大的趋势，随着效率的增大，噪声和冲击波的超压值对炮手和暴露的装置、设备的有害影响一直困扰着装甲车辆的设计，需要研制新的防护装置和寻求减少、抑制负面影响的新原理、新结构。对于有运动体的装甲车辆，除了承受发射的载荷以外，还要承受运动时不同路面、不同运动速度产生的载荷，它一方面影响运动体的刚度和强度，另一方面还影响到装在装甲车辆上的仪器、仪表、装置、设备的正常工作和连接。

轻量化技术中具有举足轻重的一项技术是材料技术。合理选择优质高强度合金钢、轻合金材料、非金属材料、复合材料、功能材料和纳米技术材料是有效的技术途径。美国、苏联以及西方发达国家早就采用了铝合金、钛合金，一些装甲车辆构件上还采用工程塑料和复合材料，我国在轻武器和迫击炮上也成功地应用材料技术来达到减重的目的。关注材料科学的发展，发挥材料科学技术的推动作用，研究新型材料的应用和它的加工工艺，是一项十分重要的工作。

5. 虚拟样机技术

虚拟样机技术是一门综合多学科的技术，它是在制造第一台物理样机之前，以机械系统运动学、多体动力学、有限元分析和控制理论为核心，运用成熟的计算机图形技术，将产品各零部件的设计和分析集成在一起，从而为产品的设计、研究、优化提供基于计算机虚拟现实的研究平台。因此虚拟样机亦被称为数字化功能样机。

虚拟样机技术不仅是计算机技术在工程领域的成功应用，更是一种全新的机械产品设计理念。一方面，与传统的仿真分析相比，传统的仿真一般是针对单个子系统的仿真，而虚拟样机技术则是强调整体的优化，它通过虚拟整机与虚拟环境的耦合，对产品多种设计方案进行测试、评估，并不断改进设计方案，直到获得最优的整机性能；另一方面，传统的产品设计方法是一个串行的过程，各子系统的设计都是独立的，忽略了各子系统之间的动态交互与协同求解，因此设计的不足往往到产品开发的后期才被发现，造成严重浪费。运用虚拟样机技术可以快速地建立多体动力学虚拟样机，实现产品的并行设计，可在产品设计初期及时发现问题、解决问题，把系统的测试分析作为整个产品设计过程的驱动。

装甲车辆虚拟样机技术是虚拟样机在装甲车辆设计中的应用技术。装甲车辆虚拟样机更强调在装甲车辆实物样机制造之前，从系统层面上对装甲车辆的发射过程、性能/功能、几何等进行与真实样机尽量一致的建模与仿真分析，利用虚拟现实"沉浸、交互、想象"等优点让设计人员、管理人员和用户直观形象地对装甲车辆设计方案进行评估分析，这样实现了在装甲车辆研制的早期就可对装甲车辆进行设计优化、性能测试、制造和使用仿真，对启迪设计创新、减少设计错误、缩短研发周期、降低产品研制成本有着重要的意义。

装甲车辆虚拟样机技术的核心是如何在装甲车辆实物样机制造之前，依据装甲车辆设计方案建立装甲车辆运行与发射时的各种功能/性能虚拟样机模型，对装甲车辆的功能/性能进行仿真分析与评估，找出装甲车辆主要性能和设计参数之间内在的联系和规律，为装甲车辆的设计、制造、试验等提供理论和技术依据。装甲车辆的运行与发射是一个十分复杂的瞬态力学过程，为了正确描述装甲车辆运行与发射时的各种物理场，需要建立装甲车辆多体系统动力学、装甲车辆非线性动态有限元、装甲车辆总体结构参数灵敏度分析与优化等多种虚拟样机模型，为装甲车辆的稳定性、刚强度、射击密集度等关键性能指标的预测与评估分析提供定性和定量依据。

利用虚拟样机开发平台的三维 CAD 模块构建装甲车辆的三维实体模型，并通过系统的转换接口生成三维实时模型。借助于虚拟现实系统，研制人员和使用方可真实地感受所设计装甲车辆的外形、结构布置以及操作方便性，便于及时提出改进措施。设计人员利用精确的三维实体模型可以计算所有零部件和系统的质量、惯性张量和质心位置，准确地分析各关键点所承担的载荷。在此基础上，利用虚拟样机系统的多柔体动力学分析模块对装甲车辆的射击稳定性与炮口扰动进行分析与评估，提出更改措施和修改方案。

1.3　本课程的学习

1.3.1　本课程的地位与作用

装甲车辆设计理论是装甲车辆设计中基本概念、理论、方法及过程的高度概括，它贯穿于装甲车辆工程实践的全过程，在装甲车辆工程实践中有意或无意、自觉与不自觉地随时都要用到。装甲车辆设计理论与其他理论一样，来源于实践，经总结、提炼、抽象，再服务于工程实践和指导工程实践，并不断修改、完善理论。装甲车辆设计理论是装甲车辆工程实践的理论依据。理论是实践经验的高层次，是工程实践理论的提炼和抽象，具有通用性和先进性。装甲车辆设计理论是通用理论和技术与专业工程实践相结合的产物，装甲车辆设计理论的自身发展，通过不断采用、借鉴、融合先进的通用技术和理论，而不断修改、提高、完善自身。装甲车辆设计理论及技术向民用方向拓宽与转移，具有比较广阔的前景。装甲车辆设计理论是装甲车辆工程技术人员必须掌握的基础，它包含装甲车辆设计中的基本概念、基本知识、基本思路和基本方法。只有在充分认识、理解、掌握基本概念、基本知识、基本思路和基本方法的基础上，才能充分发挥个人主观能动性和创造性。

装甲车辆总体设计是装甲车辆设计理论的重要组成部分，统领装甲车辆设计。

装甲车辆总体设计是装甲车辆专业的必修专业课。对装甲车辆专业的学生而言，装甲车辆总体设计教给你的是装甲车辆总体设计中的基本概念、基本知识、基本思路和基本方法，至少将你由"外行"培养成长为不说外行话的"内行"，并指导今后工作。实际上，从本质上来说，装甲车辆是一种特殊机械，装甲车辆总体设计以装甲车辆为对象，站在系统高度，处理特殊状态和特殊条件下的机、电、液、气等相关问题，学习装甲车辆总体设计，就是学习解决问题的思路和方法，学会处理特殊状态下特殊环境里的特殊问题的方法，对常规状态下常规环境里的常规问题的处理就简单和容易得多。

1.3.2　本课程的主要内容

装甲车辆总体设计，主要介绍装甲车辆及其作用、运用原则、分类、基本构成、研制流程等基本概念，以及装甲车辆总体设计及其地位和作用、总体设计类型、总体设计的指导思想、主要内容与任务、设计原则、设计流程、设计方法等；介绍装甲车辆总体性能要求与战术技术指标概念、主要总体性能要求，以及火力系统性能、机动性能、防护性能、通信性能等要求及其设计；介绍装甲车辆总体方案设计基本概念、装甲车辆总体结构方案设计、关键技术及其分解，以及装甲车辆系统仿真与性能评估方法；介绍装甲车辆武器系统、动力系统、传动系统、行走系统、防护系统、综合电子信息系统的配置与选型方法。

1.3.3　本课程的学习方法与要求

学习装甲车辆总体设计，从内容上，要求掌握装甲车辆的基本分析方法（包括强度分析、运动学分析、动力学分析），即建模、求解、分析、模拟（仿真），以及装甲车辆总体方案的基本设计方法（设计原则、设计方法、设计技巧）；要求熟悉装甲车辆分析与设计的一般过程及程序和应用计算机解决装甲车辆问题的思路；要求了解装甲车辆设计与装甲车辆系统其他子系统的接口、装甲车辆战术技术指标理论、装甲车辆研制程序，以及新理论、新技术在装甲车辆中应用的思路。

装甲车辆总体设计是一门专业课程，具有工程性强、实用性强、专业性强的特点。学习装甲车辆总体设计，要紧紧抓住这些特点，注意学习方法。学习方法得当，可以事半功倍；否则，事倍功半。学习中应注意以下几点：

（1）树立工程思想，培养务实精神。主要包括两个方面的含义，一是"古为今用""洋为中用"，充分移植、借鉴、融合他人的、已有的成果，以及新理论、新思想、新技术，这里的移植、借鉴不是简单的生搬硬套，更不是抄袭剽窃，而是一种在理解的基础上的"吸其精华，去其糟粕"；另一方面是力求简明扼要，该精则精，能粗则粗，尽可能做到工作量与精度的有机统一。

（2）突出分析思路。树立系统工程思想，利用系统工程方法，从整体上，全面、系统分析问题，要抓主要矛盾和主要矛盾方面。在学习中，要重点注意从总体上把握发现问题、分析问题和解决问题的思路。

（3）重视解决问题的方法。方法是经验的总结，在理解的基础上，只有举一反三，才能创新。

（4）注意特殊技巧。技巧是捷径，熟能生巧。

第 2 章
装甲车辆战术技术要求及其功能设计

2.1 装甲车辆总体要求

2.1.1 装甲车辆性能要求与战术技术指标概念

装甲车辆的总体性能是其本身所具有的作战使用特性和技术性能的总和。它包括装甲车辆的各种性能，如火力及火力机动性能、机动性能、防护性能、观察通信和电子信息性能、可靠性与维修保障性能，此外，还有经济性能、电气性能和环境适应性能等。对于一些具有特殊用途的专用装甲车辆，还包含一些特殊性能，如装甲侦察车有侦察距离、情报传输距离和定位精度等；架桥车有架设宽度、桥体承载质量和架桥时间等。在这些性能中，火力及火力机动性能、机动性能和防护性能是装甲车辆总体性能的基本内容，三者的结合和统一构成了装甲车辆的基本特征。随着技术的不断发展和作战需求的不断变化，高新技术在装甲车辆上的应用也越来越多，其总体性能在不断提升，性能内涵也在不断发生变化。例如，随着电子技术和计算机技术的应用和发展，综合电子信息性能就成为现代装甲车辆的主要性能之一。另外，现代战争中精密制导武器和武装直升机的使用，使装甲车辆的战损率空前加大；技术密集度高和结构复杂，使装甲车辆维修难度明显增加；全方位立体化作战模式，使装甲兵后勤补给和技术保障困难，迫切要求提高装甲车辆的可靠性、维修性和保障性。可靠性、维修性和保障性是充分发挥作战效能的重要质量特性，是影响其寿命周期、费用的重要因素，已成为重要的战术技术性能。

装甲车辆的战术技术要求，是从作战使用和技术方面对准备研制的装甲车辆提出的各项性能的"质"和"量"的目标要求。战术技术要求可分为定性要求和定量要求。定量战术技术要求往往用特征参数来表述，要求战术技术特征参数的具体数值称为战术技术指标，简称战技指标，它是进行研究设计、试制试验的基本依据。对于已研制完成的装甲车辆来说，战术技术特征参数所能达到的具体数值代表装甲车辆的性能水平，则称之为战术技术性能。

战术技术要求的形式、内容以及提出和确定的程序，在不同国家和不同情况下，不尽相同。通常根据军事参谋部门按照军事理论、作战经验及敌我条件等方面制定的未来作战的设想和对武器装备的总要求，由专门的技术部门根据战术运用，结合科学技术、生产水平、具体使用条件和经济能力等因素，进行调查研究、系统分析、评比选择、模拟对抗、理论计算和试验验证等工作，最后制定出战技指标，这就是战技指标的论证工作。参加论证的主要是装备论证部门、使用部门以及科研和生产部门等。其过程可能需要多次反复，视战技指标水平、复杂程度，特别是条件成熟程度等而定。战技指标经过批准后，一般以文件形式下达给参加研制的部门。

由使用部门提出装甲车辆的战术技术要求后，委托工业部门完成设计，并在试制、试验合格之后投入生产。有的则是工业公司根据需要和可能，自行决定战术技术要求，研制出样车，再在市场上特别是外贸市场上销售。有些第三世界国家没有设计、生产装甲车辆的能力，他们提出要求，由工业化国家的公司设计和协助建立生产。更多的方式是在选择采购订货时提出一些修改性意见。

较全面的战术技术要求，一般包括三个方面的内容。首先是对作战指导思想和用途目的的说明，包括应该起的作用、典型使用方法、作战对象、作战地区等。其次是具体的战技指标，一般可分为总体、火力、防护、机动等几个方面。这些一般属于定量要求，所给出的往往是极限值或数值范围。随着近年来技术水平的进步和装甲车辆的复杂和精密化，战术技术要求的内容和范围也有发展变化，例如首发反应时间、首发命中率、行驶加速度参数、潜渡导航能力、防红外探测、可靠性等。原来一些定性的要求也逐渐变为定量的要求，例如勤务和经济等方面的要求等。在战术技术要求的最后，有时列出一些补充性说明，例如对一些部件或技术的倾向性或否定性意见，对进度、步骤或一些问题的说明等。战术技术要求有时只用简单的原则性方式表达，不对研制创新作过多的限制。

制定装甲车辆的战技指标，是对作战经验的总结，是适应时代军事战略战术思想的部分体现，也是对技术发展和工业生产的正确估计，它不规定将来的产品具体是什么样子，也不规定应该怎样制造，但在一定条件下基本决定了产品的方向和特征。装甲车辆的战术技术性能是否符合正确的发展方向，往往要在若干年后，甚至于实战中才能得到证明。而在这个方向上性能水平的高低，更多应由研究、设计和制造的水平决定。适当的战技指标应能发挥研究设计和制造的积极性和创造性。如果战技指标是用已有的方案来表达，就缺乏了生命力和超前性，难以满足未来战争的需求。提出合理的战技指标，需要具有军事、战术、科学、技术、生产、经济和使用等多方面的知识和能力。战技指标过低，会直接影响一代装备的水平或部队的战斗能力。战技指标过高或缺乏根据，可能与客观实际不符或不能实现。没有抓住未来的主要发展方向，研制成功部署部队之后也经不住较长时间的考验。装备建设的偏向和失误不但经济损失大，而且若干年后即使发现了问题也难以补救。比较容易出现的是战技指标过高过急，导致欲速则不达，长期研制不成，或带来成本、使用上的许多问题。此外，要争取基本战技指标能长期不变。发展一代装甲车辆常需几年或十几年，改变一次往往就带来几年时间和相当的经费和人力的浪费。只有成熟的战技指标，才能保持稳定。战技指标包含的内容很多，履带式装甲车辆常用的战技指标有 100 多项，对于不同种类的装甲车辆，其战技指标的构成也有所不同。装甲车辆战技指标的制定应遵循以下原则：

（1）必要性原则：根据大的战略方针、作战原则、作战对象论证武器在战术上的必要性。

（2）先进性原则：从战术角度出发，预测未来武器的发展，跟踪研究国外的同类技术发展，提出至少在国内体现先进性的战术技术指标要求。

（3）可行性原则：从技术角度考虑，论证实现的可能性和现实性。

（4）系统性原则：武器装备的发展由过去的单一品种、简单装置，演变为当今复杂的武器系统，已经成为庞大的系统工程，必须全盘考虑，成套论证，成套研制，成套装备，系统配套，继承性配套，通用技术应用。

（5）经济性原则：少花钱多办事，计算作战效能与费用之比，即效费比。

（6）择优对比原则：多方案论证，引进竞争机制，反对垄断，综合评价，择优选用。

2.1.2　总体性能要求

一般性能反映坦克装甲车辆的概况或总面貌，不属于某一部件、某一系统或个别方面，通常列于战技指标之首，包括战斗全质量、乘（载）员人数、外廓尺寸、车底距地高、履带中心距及履带接地长等。

1. 战斗全质量

战斗全质量，原称战斗全重，指装有额定数量的乘员和载员（包括随身制式装备），加满规定数量的各种油、脂、冷却液等，配齐一个基数的弹药，并且携带全部随车附件、配件、工具和装载额定货物时的车辆总质量。

战斗全质量与车辆通过桥梁和利用车、船、飞机等运输性有关，也影响车辆的行驶速度、转向、通过等机动性，是最重要的战术技术要求和性能之一，通常希望小一些。对装甲输送车、步兵战车、载员或载物较多的车辆来说，还应列出其空载时的战斗全质量。

战斗全质量影响车辆的通过性，较重要的限制是公路桥梁的承载能力和车辆对地面的单位压力。当自身较重时，则有相当部分桥梁不能通过，此时只能利用车辆本身的潜渡和涉水能力，或依靠工程兵和特种架桥车支援。除桥梁限制外，车辆对地面的单位压力也是重要因素。例如，履带对地面的单位压力 p 大于 $80\sim90$ kPa 后，履带式车辆较难通过沼泽、水田、深雪等松软地面。

履带式装甲车辆战斗全质量极限可以由式（2.1）估算：

$$m=2b\left[\frac{L}{B}(W-b)\right]\frac{p}{g} \tag{2.1}$$

式中，p 为履带对地面的平均单位压力，Pa；b 为履带板宽度，m；L 为履带接地长度，m；B 为履带中心距，m；W 为车宽，m；g 为重力加速度，m/s^2。p 受车辆通过沼泽、水田、松沙、深雪等松软地面的限制，一般小于 90 kPa。车宽 W 受铁道运输限制，一般不大于 3.4 m。履带板宽度 b 受可用车体的宽度限制，一般不超过 0.7 m。根据转向要求，$L/B\leq1.8$，否则转向困难。可以得到履带式装甲车辆战斗全质量极限为 60 t 左右。

轻型装甲车辆比较轻快灵活，可用于在中/重型装甲车辆难以展开的水网地区、山地等支援步兵战斗，但更广泛地用来完成装甲部队的侦察任务。轻型装甲车辆可以水陆两用，也可以空运和空降。

从保证机动性能角度分析，战斗全质量每增加 1 t，发动机就必须提高 $20\sim25$ kW 的功率。随着发动机功率的提高，发动机的质量、体积就会相应增加，油耗也随之提高，形成恶性循环。在主要指标相同的前提下，如果所设计的装甲车辆战斗全质量比较小，就表明性能水平较高，因而战斗全质量是装甲车辆最重要的评价指标之一。

战斗全质量影响车辆各种矛盾性能的取舍处理，形成用途不同的战斗车辆。例如，轻型装甲车辆受战斗全质量限制，火炮的口径较小、装甲较薄，但机动性较好，比较适于侦察和在复杂地形使用；重型装甲车辆可以装备口径较大的火炮、较厚的装甲，更适于作突击攻坚用。许多性能的提高都是以增加质量为代价的。在第二次世界大战之前，装甲车辆战斗全质量一般不超过 30 t。第二次世界大战中，装甲车辆战斗全质量迅速增加。战后一些主要的装甲车辆战斗全质量发展情况如图 2.1 所示。现代主战坦克中战斗全质量较小的正逐渐增加到 45 t 左右，较重的已发展到 50.0~62.5 t。现代轻型坦克、装甲输送车及步兵战车的战斗全质量为 10~28 t。如何在提高性能的同时控制战斗全质量不再增加甚至降低，轻量化技术将是装甲车辆研制中的关键技术。

图 2.1 装甲车辆战斗全质量发展情况

(a) 主战坦克；(b) 步兵战车和装甲输送车

2. 乘（载）员人数

乘员指每辆车上的额定操作人员，一般包括驾驶员和战斗人员或作业人员。载员是指不编制在车上操作，需要离车去执行任务的额定携载人员。在车上没有设置固定位置的临时额外搭乘人员不算乘（载）员。

乘员人数影响作战任务的分工、保养操作和部队的编制，另外也影响车内空间的大小、装甲防护设置及战斗全质量的大小。

坦克乘员人数一般为 4 人，包括车长、炮长、二炮手（装填手）和驾驶员。20 世纪 70 年代前后，部分车辆装备了自动装弹机，取代了二炮手，乘员人数减少为 3 人，即车长、炮长和驾驶员。随着科学技术的不断发展及自动化技术、计算机技术的深入应用，采用综合指挥与信息系统后，乘员人数会进一步减少为 2 人或 1 人。

自行火炮的乘员通常比坦克多，主要是增加了装填手。装甲输送车和步兵战车的乘员只有 2~3 人，其他属于载员，通常是一个步兵班。坦克和自行火炮一般没有载员。

载员人数主要影响所需车厢面积、车内空间或装甲车的大小和部队的编制。其所占面积或空间一般不能安装其他战斗或作业设备。

3. 外廓尺寸

外廓尺寸是指车辆在长、宽、高方向的最大轮廓尺寸。每个方向的外廓尺寸都有多种算法，其原因是受影响的因素很多，例如随炮塔回转的外伸炮管、可俯仰或卸下的高射机枪，以及一些可卸装置如侧面的屏蔽装甲板等。图 2.2 所示的坦克外廓尺寸，适用于不同场合，如行驶、运输及库存等。

1）车长

车长是指在战斗全质量状态下，装甲车辆停在水平地面时车辆的最大纵向尺寸。当火炮可以回转时，车辆的车长可分为车长（炮向前）、车长（炮向后）、车体长（不计外伸火炮）。两栖车辆按照车前防浪板打开或收回两种情况计算车长。一些特殊作业车辆按照作业机械的不同状态来计算车长。车长影响车辆在居民区、森林和山区等地域的机动性及运输装载空间和车库大小。

图 2.2　坦克外廓尺寸

车体长是车辆的基本实体尺寸，主要由驾驶室、战斗室、动力-传动室 3 个长度环节组成，包括在炮塔回转到最小半径方位时不干涉吊装动力-传动装置所需的间距，有时也不计焊在车体前后的附座、支架、牵引钩和叶子板等。车长是外廓尺寸中受限制较小、变化幅度较大的一个尺寸。现代大多数主战坦克的车长：车体长为 6~7 m，炮向前车长为 9.0~10.5 m，炮向后车长为 8.5~9.5 m。大多数轻型坦克的车长为 4.5~8.5 m。

2）车宽

车宽是车辆的最大横向尺寸，一般有包括和不包括侧面可卸屏蔽装甲板两种计算方法，各适用于战斗和运输等状况。车宽影响车辆的通过性和转向性。为了通过窄道，希望车宽小些；为利于通过松软地面，则希望加大车宽以加宽履带。车宽不能超过铁道运输宽度限制标准，否则会受到桥梁、隧道、月台、信号设施等的阻碍，给运输造成困难。我国铁道运输标准宽度为 3.4 m，如图 2.3 所示。不同国家的铁道标准限制不同，在欧洲大陆，多数国家符合伯尔尼国际轨距标准规定的最大宽度 3.15 m。按 TZ 轨距标准则为 3.54 m。不少国家有自己的规定，如苏联为 3.414 m，英国为 2.74 m，美国为 3.25 m 等。然而车宽也不能受到铁道运输的绝对限制，有的坦克采用专用履带来运输（德国虎Ⅰ、虎Ⅱ等坦克），有的在装车以后拆掉一半行走装置（美国 T-28 坦克等），但这些措施给部队带来不便。另外，车宽还受汽车拖车运输及空中运输、舰船运输的限制。

目前主战坦克的车宽在 3.1~3.6 m 内，其中不少属于轻度超铁道标准宽度级别。轻型坦克车宽最小为 2 m，履带式装甲输送车和步兵战车的车宽为 2.5~3.2 m。

3）车高

车高是指车辆在战斗全质量状态下，停在水平坚硬的地面上，车底距地高为额定值时，由地面到顶点的高度。对不同车辆或同一车辆的不同顶点，车高有不同的计算方法。例如具有炮塔的车辆，计算到炮塔体顶、指挥塔顶、瞄准镜顶、高射机枪支座顶、高射机枪在水平位置或最大仰角时的最高点等，分别适用于计算命中率、比较车高、进入库房门及通过立交桥下等不同情况，

图 2.3　我国铁道运输标准宽度限
1—固定设施限；2—车辆限；3—信号限；4—轨面

其中常用的是地面到炮塔顶的高度。无线电台的天线一般不计入车高。车高是最重要的外廓尺寸。车高也受到铁道运输、汽车拖车运输及空中运输、舰船运输的限制。

车高较高，目标显著，防护性差。不同车高的命中率与该高度的车体或塔宽之乘积，代表该高度的命中发数。当车高减小约1/10时，整个车体炮塔的总命中发数可减少1/4~1/3。

车辆在长、宽、高度方向的装甲厚度不同，根据现有坦克的统计数据，单位长度、宽度、高度的车体的质量比为1：(2~3)：(5.5~7.0)，车体高度每降低100 mm，可减小质量约1 000 kg；长度每缩短100 mm，可减小质量约200 kg。由此可见，车高对战斗全质量的影响较大。

降低车高受到车底距地高、人体身材、发动机和火炮外形及布置等限制。过去的战斗车辆比较高，突出的例如美国20世纪40—50年代的坦克，至炮塔顶高为2.7~3.0 m。现代主战坦克至炮塔顶车高一般在2.2~2.5 m。履带式和轮式步兵战车及装甲输送车的车高为1.7~2.7 m，其中较低的数值属于无炮塔或小炮塔的情况。

为了缩小目标和减小质量，在满足车内各部件布置和乘员工作需要的条件下，应该普遍减小坦克的外廓尺寸，特别是降低车高。

4. 其他主要尺寸

1）车底距地高

车底距地高是指车辆在战斗全质量状态下，停在水平坚硬地面上时车体底部最低的基本平面或最低点到地面的距离。但不考虑接近两侧履带或轮子的向下突出物，如平衡肘支座等。车底距地高表示车辆克服各种突出于地面上的障碍物（如纵向埂坎和岩层、石块、树桩、反坦克障碍物等）的能力。车底距地高较小时，车辆在深耕水田、沼泽、松雪、松沙地行驶时会下陷造成托底及履带打滑。越野车辆的距地高一般较大，现代主战坦克为0.40~0.55 m。轻型坦克和装甲输送车有的低到0.35 m左右。

2）履带中心距

履带中心距是指履带式车辆两侧履带中心线之间的距离。它代表车辆在地面运动两轨迹即车辙的平均间隔，与车辆的通过性和转向性能等有关。履带中心距越大，车辆在侧倾和急转弯时防止倾覆的稳定性越好，转向也更容易。增大履带中心距受车宽限制。现代主战坦克的履带中心距一般为2.5~2.9 m，装甲输送车和步兵战车的履带中心距一般为1.7~2.7 m。由于叶子板一般稍横向突出于履带板，这个数值通常比车宽减去一个履带板宽度再稍小一点。

对轮式车辆，一般用辙距来表达。辙距是指轮式车辆在行军状态下，在水平坚硬地面上，左右两侧车轮中心线之间的平均距离。

3）履带接地长

履带接地长是指履带式车辆在战斗全质量状态下，停在水平坚硬地面上的履带支持段长度。一般按车辆在静平衡状态下同侧的第一和最后一个负重轮的中心距再加一块履带板的长度来简便计算履带接地长。

实际履带接地长是一个变化值，其原因是多方面的。例如，一块履带板有相当的长度，它在负重轮下有不同的位置，带来对地面的不同压力，在各种松软地面还有不同的下陷量；车辆行驶中的纵向角振动使第一和最后一个负重轮的平衡肘转动，也会造成接地长度的变化。这些因素都会造成实际履带接地长度的变化。

现代主战坦克的履带接地长一般为 3.8~5.0 m，相当于车体长的 55%~65%，主要受第一和最后一个负重轮位置的限制。

履带接地长是构成履带式车辆行驶性能显著不同于轮式车辆的根本因素。它使车辆对地面的单位压力显著降低，利于越野、通过松软地面，也使得履带车辆易于跨越壕沟。由此带来与轮式车辆完全不同的转向方式，传动机构及转向操纵也就不同。履带接地长越大，车辆直线行驶时的稳定性越好，但转向较困难，克服转向阻力所需要的转向功率也较大。因此，需保持适当的履带接地长对履带中心距的比值。现代坦克的 *L/B* 值在 1.03~1.92，多数在 1.40~1.65。

对轮式车辆，一般用轴距（轮距）来表达。轴距是指轮式车辆在行军状态下，在水平坚硬地面上，前后车轮转动中心之间的距离。

4）火线高

火线高是指车辆在战斗全质量状态下，停在水平坚硬地面上，射角为 0°时，炮膛轴线到地面的垂直距离。

5. 可靠性与维修性

装甲车辆的可靠性是装甲车辆质量的重要特征和标志，是装甲车辆的固有属性，贯穿着装甲车辆全寿命周期。装甲车辆的可靠性要求包括可靠性、维修性和安全性。

装甲车辆可靠性是指装甲车辆在规定的条件下及预定的时间内完成规定的战斗任务的能力。装甲车辆可靠性指标常按火力系统、底盘系统和信息系统的特点分别给出，如火力系统可靠性指标通常为平均无故障间隔发数或平均致命故障间隔发数，寿命，储存期限等；底盘系统可靠性指标通常为平均无故障行驶里程等；信息系统可靠性指标通常为故障率等。

装甲车辆维修性是指在给定的条件下和时间内，按规定的方式和方法维修，能保持或恢复其规定状态的能力。维修性指标常用平均修复时间、预防维修周期、维修时间和保养时间等表示。

装甲车辆安全性包括操作安全性和设备安全性等。

1）平均寿命

平均寿命是指在战斗全质量状态下，装甲车辆的某些装置或设备在使用中两次相邻损坏间的平均行驶里程或使用时间。它标志着使用的经济性和可靠性。在正常情况下，平均寿命取决于装置和设备中的磨损零件或易损件，与工作条件、使用情况、结构和生产技术等有关。不同装置和设备具有不同的正常平均寿命，理想的情况是它们为等寿命。

2）大修期

大修期是指在一般正常使用情况下，从新车（或大修车）开始，到需要进行各大系统的大修（全面检查修复）的预定间隔摩托小时或里程。大修期随坦克装甲车辆技术和产品质量水平的不同而发生变化，一般为 300~500 h 或 6 000~10 000 km。

3）平均故障时间

平均故障时间是指影响装甲车辆正常执行任务的两次相邻技术故障间的平均行驶时间。这是车辆使用可靠程度的一种标志。平均故障间隔太短，表明技术不够成熟，或试验改进工作不够，难以发挥使用性能。

6. 勤务性能

武器装备部署到部队后，应该要求故障少、易维护、可保障，才能充分发挥其固有性能及作用。在紧急军事任务关键时刻的故障，其严重后果甚至可能超出本身存亡的范围。同时，装甲车辆的结构复杂，质量和功率大，工作条件和环境恶劣，维修保养工作量大，耐久性或寿命问题也突出。装甲车辆的勤务性能，可以概约地用车辆在一定条件操作使用中不出现故障完成预定任务的时间水平来衡量。一般用平均寿命、大修期、平均故障时间、战斗准备时间、主要部件更换时间、自救能力、储存性能和经济性能等指标来衡量装甲车辆的勤务性能。

1）储存性能

装甲车辆在一定环境条件下存储的可能性，对储存技术和保管条件的要求，以及保持一定的无故障坦克装甲车辆概率的储存时间、费用等，统称为储存性能。

2）自救能力

自救能力是指车辆利用自救器材和工具可以自行脱离行驶中陷入的困境或危险地形，恢复正常行驶的能力。常用所装设的动力绞盘、钢丝绳、圆木等自救装置和器材来表示。

3）战斗准备时间

战斗准备时间是指在一定环境条件下，装甲车辆由战斗间隙停放的状态到可以起步和投入战斗状态所需要的时间，包括解除停放和固定状态、进入战斗岗位、预热起动和正常运转有关装置等必要的时间。但是不包括较长期停放不用后再使用时，所需要预先进行的工作时间或者不是临时准备的工作时间。战斗准备时间反映装甲车辆迅速应战或投入使用的能力。

4）相对可用时间

装甲车辆在两次大修间隔期间的使用时间与使用维修总时间的比值称为相对可用时间。使用时间等于使用维修总时间减去规定的保养和修理总时间。非可用时间是指修理作业和保养作业占用的两部分时间，这两部分时间对使用维修总时间之比分别称为修理系数和保养系数。相对可用时间与装甲车辆各部件和装置的不易损坏、无须保养、易于拆装、易于调整等技术成熟性及所需要的备件能否及时供应等有关。

5）主要部件更换时间

主要部件更换时间是指在一定环境条件下，利用一定工具设备拆卸和安装（包括调整）该部件所需要的时间。部件更换时间，与部件的整体装配性、工具和设备的有效性、更换部件的供应、环境条件、工作人数和技术熟练程度等有关。

7. 经济性能

经济性能是指发展（或购买）、装备和使用一定数量的一种装甲车辆所花费的寿命周期总费用，包括研制费用、生产费用和使用维修费用。由于装甲车辆越来越先进和复杂，并且一般不是流水线生产，只能达到中、小批量生产，这样就带来各种费用的迅速增长。生产的经济性取决于大量生产及各种工艺、材料等，如材料要能本国自给，零件及机构设计、制造的标准化和系列化，广泛采用自动化生产过程，结构简单，工艺性好等。现代装甲车辆是一种昂贵的装备，一种车辆能否发展，往往不只取决于技术水平及其能否成功，也常取决于经济性。

2.2　火力性能及其设计

火力是指车辆全部武器的威力，是指战斗车辆武器在战斗中压制和摧毁各种目标的能力。对于主战坦克来说，它的主要武器是火炮，火力主要取决于火炮威力。

火力机动性能是指战斗车辆根据战场出现的情况和变化，快速、准确地捕捉和跟踪目标，及时灵活改变火力使用的方向和高低射界，迅速发射的能力。它包括火力机动的范围、速度、观瞄装置和火力控制装置的性能等。

火力及火力机动性能代表装甲战斗车辆的武器在战斗中对目标构成的毁伤能力，是车辆战斗能力的主要体现。火力及火力机动性能包含火力威力、射击精度和火力机动性，由主要武器、辅助武器及其弹药和观瞄、控制系统等的装备情况和性能决定。它们反映战斗车辆及早发现、迅速捕捉、精确命中、有效消灭、摧毁或压制各种主要目标的能力。

火力及火力机动性能随着战斗车辆的种类不同而不同，影响它们的因素是多方面和复杂的。除战术技术性能中列出的以外，武器、弹药和装备的产品质量，车辆悬挂系统性能，战斗室的布置，乘员操作和环境条件，都与火力及火力机动性能的发挥有关。

2.2.1　主要武器性能

主要武器性能是装甲车辆装备的主要武器的类型、口径、主要弹种及其初速和穿甲能力等性能的总称。它们大体代表装甲车辆的主要火力特点和威力。

不同战斗车辆的作战重点对象不同，目标一般可有敌坦克和各种装甲车辆、步兵和炮兵及其武器、火箭及导弹武器发射点、空中目标、各种野战工事、各种建筑物、交通设施等。多数情况需要在不同距离上对直接观察到的目标进行直接瞄准射击，有些则需要间接射击。有的着重要求能够穿透日益加强的装甲防护，有的只要求能摧毁轻装甲和一般目标。有的以在短暂时间内捕捉住高速的空中目标为主，有的偏重面积摧毁或远程射击。各种战斗车辆可能要求具有各种不同的武器，以输送或作业为主的非战斗车辆往往只要求具有自卫武器。

现代装甲车辆的主要武器一般是指装甲车辆装备的火炮及弹药。主战坦克一般要求采用长身管的加农炮，20 世纪 70 年代以来大多由线膛炮改用滑膛坦克炮。自行火炮的主要武器种类很多，如加农炮、加榴炮、小口径多管高射炮、大口径远程炮及迫击炮等。近年来，各种反坦克导弹、地对空导弹、地对地导弹等也多趋于自行化。步兵战车常要求装备 20 ~ 25 mm口径的自动炮，并有继续增大口径的趋势。输送车、牵引车、指挥车、工程车等则通常只装备高射和平射两用的 12.7 mm 口径的机枪。弹药品种与作战对象有直接关系，主要有爆破杀伤用的榴弹和各种穿甲弹、破甲弹、碎甲弹。近年来对付装甲目标的弹种越来越多，目前其配备量常达半数以上。有的要求安装反坦克导弹，作为远距离使用的补充武器。有的装甲车辆还用火炮来发射炮射炮弹和末制导炮弹。

火炮的总体性能主要包括火炮威力、火力机动性、使用方便性、可靠性与维修性等几个方面。

选择武器的外形尺寸、质量参数、总体性能的最佳结合是一个复杂的多参数优化问题，应根据保证装甲车辆最大战斗效果条件实现。

1. 火炮威力

火炮威力是指在规定距离上火炮发射的弹丸命中目标或落入目标附近一定范围内，对目标的毁伤能力，也称火炮在战斗中能迅速而准确地歼灭、毁伤和压制目标的能力。火炮威力由弹丸威力、远射性、速射性、射击精度、命中概率等主要性能构成。威力是车载火炮，尤其是坦克炮的重要战术技术性能指标，威力大则对目标的毁伤概率高。在使用动能弹时，威力大的车载炮可以在较远的距离上开火，有利于提高自身的生存率。但是提高威力往往会产生车辆载体体积和质量增加、弹药携带量减少和射速下降、火炮后坐阻力增大等不利影响。

火炮威力的确定方法：首先，应根据作战需要，分析在该火炮服役期间目标的特性，如装甲目标的装甲材料性能、结构特点、抗弹机理和抗弹能力，以及经常遇到的作战距离等来确定威力指标，其下限应能够在某一作战距离上毁伤敌方某一装甲目标，并能产生一定的后效；其次，应分析现有炮弹的性能水平，及时采用新原理、新结构、新材料和新工艺；最后，在选择火炮口径等参数时，应优先在炮兵火炮口径系列中选择，也可参考其他各国的口径系列。

1）弹丸威力

弹丸威力是指弹丸对目标杀伤或破坏的能力，也称弹丸对目标的毁伤效能。弹丸在目标区或对目标作用时，通过直接高速碰撞、装填物的特性或其自身反应，产生或释放具有机械、热、化学、生物、电磁、核、光学、声学等效应的毁伤元，如实心弹丸、破片、爆炸冲击波、聚能射流、热辐射、高能粒子束、激光、次声、生物及化学战剂气溶胶等，使目标处于极端状态的环境中，暂时或永久地、局部或全部丧失其正常功能。对不同用途的弹丸有不同的威力要求，例如，对杀伤榴弹要求杀伤半径大、杀伤破片多，对穿（破）甲弹要求在规定距离上对装甲目标的穿透（破坏）能力大等。弹丸威力常用指标包括口径、初速、弹重、杀伤半径，等等。对目标的杀伤破坏力取决于下列因素：

（1）命中角。敌方坦克装甲倾斜度越大越不易穿透，甚至会产生跳弹。

（2）口径。口径越大，穿甲力或杀伤作用越大。

（3）穿甲能力（动能弹与破甲弹穿甲机理不同）。

（4）内效应（穿透装甲目标后，在内部能起多大杀伤破坏作用）。

（5）弹种（动能弹、破甲弹、碎甲弹有不同的破坏作用）。

此外，对动能弹来说，希望初速大，穿甲动能大；对破甲弹、碎甲弹要求适当的初速；破甲弹则希望旋转速度不要太高。

口径是火炮最重要特征参数，弹丸体积与火炮口径的 3 次方成正比。口径大，弹丸体积大，装填的炸药量大，弹丸作用威力就大。因此，口径决定了火炮威力。现代主战坦克的火炮一般口径为 105～125 mm；现代自行加农炮（榴弹炮、加榴炮）的口径一般为 100～155 mm；步兵战车炮的口径一般为 20～50 mm；自行高射炮的口径一般为 20～40 mm，有的可达 76 mm。

初速是指弹丸出炮口时的速度，它对各种穿甲弹的穿甲能力有重要影响。火炮的弹丸初速一般在 1 000 m/s 左右。高膛压坦克炮的初速比较大，如现代坦克滑膛炮用尾翼稳定的长杆式超速脱壳穿甲弹已达到 1 800 m/s 以上。研制中的新概念火炮，如电热化学炮、电磁炮等，初速可达 2 000 m/s 以上。

身管长是决定弹丸初速的另一个重要特征参数。一般身管越长，膛内火药气体做功时间越长，弹丸获得的初速越高。榴弹炮的身管长一般在 24～40 倍口径，加农炮的身管长一般在 40 倍口径以上。现在加榴炮兼有加农炮和榴弹炮的功能，身管长度可达口径的 50 倍以上，有的甚至可达 70 倍以上。炮身长很大程度决定了火炮的外形尺寸，尤其是火炮在战斗部炮塔内所占有的空间和起落半径。在选择炮身长度时应根据下述矛盾的要求进行：一方面需要有最大的弹丸初速；另一方面需要满足火炮在炮塔内的配置可能性和较高的射击精度。如 125 mm 火炮的身管长度增加 1 m 可以提高次口径弹初速 60 m/s，但是这时炮身质量增加 80~100 kg，而要平衡延长 1 m 的炮身，需要给炮尾增加 4~6 倍的质量，结果火炮总质量将增加。

弹丸是依靠膛内火药气体做功获得速度的，膛内火药气体的最大压力是决定弹丸初速的另一个重要特征参数。一般火炮膛内最大压力约为 300 MPa，高膛压火炮的膛内最大压力可达 700 MPa 以上。膛内火药气体作用于炮身在炮膛轴线方向向后的合力称为炮膛合力。膛内最大压力乘以炮膛面积近似等于最大炮膛合力，该力非常大，例如 155 mm 火炮最大炮膛合力可达 6 000 kN 以上。

火炮发射过程中，火药气体推动弹丸的同时，还要作用于火炮本身，通过炮架逐步传到地面。作用于炮架在炮膛轴线方向向后的合力称为后坐力。最大后坐力是火炮射击过程中作用于装甲车辆的最大载荷，是影响装甲车辆结构尺寸和机动性的重要因素。合理解决提高初速和减小后坐力之间的矛盾，是火炮设计中的主要问题。如果炮身与炮架刚性连接，则后坐力就等于炮膛合力；如果炮身与炮架弹性连接（通过反后坐装置连接），则最大后坐力可以降到最大炮膛合力的 1/40~1/10。

2）远射性

远射性是指火炮能够毁坏、杀伤远距离目标的能力。远射性反映了火炮在不变换阵地情况下的火力机动性，以及在较大的地域内迅速集中火力，给敌方以突然打击或压制射击的能力。远射性通常用最大射程表示。一般将弹丸发射起点（射出点）至落点（炸点）的水平距离称为射程或射击距离。

对于自行压制火炮（主要承担压制任务的加农炮、榴弹炮和加农榴弹炮等），用最大射程来衡量其远射性具有直接重要意义，有时也用有效射程来衡量其远射性。最大射程就是弹丸发射起点（通常以炮口中心为基准）至落点的最大水平距离。目前大口径地面压制火炮的最大射程一般为 30 km，采用增程技术可以达到 50~70 km，超远程火炮的最大射程可以达到 120 km。据有关报道，美国正在研制最大射程可以达到 160 km 的超远程火炮。有效距离是指在给定目标条件和射击条件下射弹能够达到给定毁伤概率的最大射击距离。

对于自行高射炮，通常以有效射高和最大射高来描述其高射性。高射性是指火炮能够毁伤高空目标的能力。高射性是高射炮的重要特征量。最大射高是指火炮以最大射角射击时弹丸能够达到的最大高度。有效射高是指在规定的目标条件和射击条件下，弹丸达到预定效力时的最大射高。

对于坦克炮和自行反坦克火炮（自行突击炮），通常以直射距离和有效（穿/破甲）距离来描述。直射距离是指射弹的最大弹道高等于给定目标高（一般为 2 m）时的射击距离（在直射距离内，只要方位不偏，直射一般都能命中目标）。影响直射距离的主要因素有目标高（目标高是影响直射距离的最主要因素，对于坦克炮及其他反坦克直射武器，攻击的主要对象是坦克或其他装甲车辆，其车高即目标高，不同的装甲车辆的车高是不相同的，对坦克炮通常目标可以取 2 m，而对地面射击的枪械，目标高可取 0.65 m 以下）和弹道参数（弹丸的初速和弹道系数）。在目标高确定之后，直射距离越大，则弹道越低伸，也就越容易命中目标。在直射距离范围内，射手可以不改变表尺分划，而只用一个固定的直射距离表尺就能连续瞄准射击，所以直射距离大的武器可以争取更多的战机，先敌开火。现代坦克滑膛炮用尾翼稳定的长杆式超速脱壳穿甲弹的直射距离达到 1 800~2 200 m。

3）速射性

速射性是指火炮快速发射弹丸的能力。单位时间内火炮单元发射弹丸的数量称为火炮的火力密度。火力密度大，对目标毁伤的概率和开火的突然性大，既增加了命中目标的可能性，也使敌方来不及采取机动的防御措施，从而增大了对目标毁伤的效果。一般用发射速度来描述单门火炮的火力密度。发射速度，简称射速，是指火炮在单位时间内可能发射的弹数。发射速度的高低取决于火炮工作的自动化和机械化程度，与装填、发射等机构的性能和弹药的结构有关。发射速度可分为理论射速和实际射速。理论射速是指单位时间（一般 1 min）内可能的射击循环次数。对小口径自动武器，有时将理论射速称为射击频率，简称射频。实际射速，也称战斗射速，是指在战斗条件下按规定的环境和射击方式单位时间内能发射的平均弹数。实际射速又分为最大射速、爆发射速（也称突击射速）和持续射速（也称极限射速和额定射速）。最大射速是指在正常操作和射击条件下在单位时间（一般 1 min）内能发射的最大弹数。爆发射速是指在最有利条件下在给定的短时间（一般 10~30 s）内能发射的最大弹数。持续射速是指在给定的较长时间（一般 1 h）内火炮不超过温升极限时可以发射的最大弹数。爆发射速远大于正常的射速。例如某 155 mm 榴弹炮的最大射速为 6 r/min，爆发射速为 6 r/13 s，持续平均射速为 2 r/min（1 h 内）。小口径自动炮的发射速度比大口径地面压制火炮的发射速度高 2~3 个数量级。如美国 20 mm 转管自动炮的理论射速可以达到 6 000 r/min，我国 30 mm 11 管转管自动炮的理论射速可以达到 10 000 r/min。

每发射弹通常包括搜索及选择目标、火力机动、装弹和装定射击诸元、瞄准、击发等动作。影响战斗射速的主要因素除理论射速外，还有战术使用要求、装弹方式、射击方式和火控系统的反应时间等。战斗射速是战斗车辆的重要指标之一，战斗射速的高低亦是火力猛烈程度的标志，高的战斗射速有利于捕捉战机。根据作战对象的火力快速性、运动速度等特点确定战斗射速。当车载主要武器有攻击直升机任务时，则应根据直升机的飞行速度和火力快速性确定较高的战斗射速。通常坦克火炮战斗射速要满足能有效地压制地面敌反坦克武器的威胁，因此其战斗射速应不低于同时期敌反坦克武器的战斗射速。

4）射击精度

射击精度是指射弹落点对预期目标点的偏离程度，是射弹弹着点对目标偏差的概率表征值，是火炮对目标命中能力的度量。射击精度越高，对目标毁伤的概率就越大。精确制导弹药就是通过在弹药系统中引入制导技术，排除了人工操作和射弹散布的偏差，极大地提高了火炮的射击精度。射击精度的定量量度是射击误差。射击误差的示性函数是数学期望值和均方差或中间偏差。射击误差来源于射击过程中各种实际射击条件与理论条件的偏差。射击精度与武器和弹药的选择有关，也与它在车辆上的安装和环境气候等条件有关。一般而言，射弹越密集，平均弹着点越靠近目标预期命中点，射击精度越好。一般对于多发射击，射击精度是射击（弹）密集度和射击准确度的总称。

射击密集度，是指在相同的条件下（气象、弹重、装药、射击诸元），用同一火炮发射的多发弹丸，其弹着点（落点）相对于平均弹着点的密集程度，是表征射弹散布误差的量，因此也称为射击散布精度，它是由一系列随机误差引起的。火炮以相同的射击诸元对目标射击，弹着点将围绕平均弹着点形成一定的有统计规律的散布，通常用射弹散布面积的大小来表示，即用两个方向的标准偏差或公算偏差（或然误差）表示。除气象诸元的随机变化之外，射弹散布现象主要与火炮自身的弹道和结构性能、振动情况有关。它主要反映火炮射击时，射弹发与发之间的随机微小变化因素引起的射弹弹道的偶然变化现象，主要包括火炮（每次发射时炮身的温度等方面的微小差异，炮身振动，药室及炮膛的磨损，底盘与火炮上部的连接，底盘与地面的接触状态，弹炮的相互作用等）、弹药（发射药质量、组分、温度和湿度，装药结构、点火、传火与燃烧规律，装药几何尺寸、密度、理化性能，弹丸几何尺寸、质量、质量分布，弹带理化性能、几何尺寸、闭气环的性能等的微小变化）、炮手操作与阵地放列（装定射击诸元、瞄准，排除空回，装填力、拉力（击发力）和装填方法，火炮轮胎、履带、坐盘、驻锄放列与土地接触等的微小差异）、气象（每次发射弹丸飞行过程中在地面和空中的气温、气压、风速、风向，气象数据处理的随机误差等）、弹着点测量（观测弹着点的方法，计算弹着点的方法，观察人员的误差）等方面的随机因素变化，引起跳角散布、初速散布和弹道系数散布。

对大口径压制火炮，射击密集度一般用地面密集度来度量。地面密集度分为纵向密集度和横向密集度。纵向密集度一般用距离概率偏差 B_x（也称公算偏差或中间偏差）与最大射程 X 的比值的百分数（通常将分子化为 1，而称作多少分之一）表示。横向密集度一般用方向概率偏差 B_z（也称公算偏差或中间偏差）与最大射程 X 的比值的密位数表示。有时也用标准偏差 σ（也称均方差）代替概率偏差 B（$B = 0.674\,5\sigma$）。有时直接称概率偏差 B 为密集度。

设射击 n 发炮弹，各发弹着点相对目标点的坐标分别为 x_i、y_i、z_i（$i = 1, 2, \cdots, n$），平均弹着点相对目标点的坐标（纵向、横向或水平、高低偏差的数学期望值的统计值 m_x、m_z、m_y）为

$$m_x = \frac{1}{n} \sum_{i=1}^{n} x_i, \quad m_z = \frac{1}{n} \sum_{i=1}^{n} z_i, \quad m_y = \frac{1}{n} \sum_{i=1}^{n} y_i \tag{2.2}$$

弹着点相对平均弹着点的纵向、横向或水平、高低偏差的均方差统计值 σ_x、σ_z、σ_y 为

$$\sigma_x = \sqrt{\frac{1}{n-1} \sum_{i=1}^{n} (x_i - m_x)^2}, \quad \sigma_z = \sqrt{\frac{1}{n-1} \sum_{i=1}^{n} (z_i - m_z)^2}, \quad \sigma_y = \sqrt{\frac{1}{n-1} \sum_{i=1}^{n} (y_i - m_y)^2} \tag{2.3}$$

设射击距离为 X，地面纵向密集度为

$$\frac{B_x}{X} = \frac{0.674\,5}{X} \sqrt{\frac{1}{n-1} \sum_{i=1}^{n} (x_i - m_x)^2} \tag{2.4}$$

地面横向密集度为

$$\frac{B_z}{X} = \frac{0.674\,5}{X} \sqrt{\frac{1}{n-1} \sum_{i=1}^{n} (z_i - m_z)^2} \tag{2.5}$$

立靶高低密集度为

$$\frac{B_y}{X} = \frac{0.674\,5}{X} \sqrt{\frac{1}{n-1} \sum_{i=1}^{n} (y_i - m_y)^2} \tag{2.6}$$

立靶侧向密集度为

$$\frac{B_z}{X} = \frac{0.674\,5}{X} \sqrt{\frac{1}{n-1} \sum_{i=1}^{n} (z_i - m_z)^2} \tag{2.7}$$

目前，大口径压制火炮发射非精确制导弹药的纵向密集度可以达到 3‰ 左右，横向密集度可以达到 1 密位左右。对以直瞄射击为主的火炮，射击密集度一般用立靶密集度来度量。立靶按距离设置有 100 m 立靶、200 m 立靶、1 000 m 立靶等。立靶密集度分为高低密集度和方向密集度。高低密集度一般用高低标准偏差（公算偏差）与立靶距离的比值的密位数表示。方向密集度一般用方向标准偏差（或然误差）与立靶距离的比值的密位数表示。目前，小口径自动炮的 200 m 立靶密集度为 1.5 密位左右。

射击准确度是指平均弹着点对预期命中点的偏离程度，表征射击诸元误差，在射击学中称为射击诸元误差，是由一系列系统误差引起的。对射击准确度产生影响的误差主要是，火炮武器系统从射击准备到射击实施的全过程中，计算弹道所用平均参数（起始诸元）与实际参数直接的误差，以及操瞄过程所用平均参数（瞄准诸元）与实际参数直接的误差，主要包括测地准备误差、目标位置误差、弹道准备误差、气象准备误差、弹道计算模型误差、技术准备与操瞄误差等。

5）命中概率

命中概率是武器系统效能的主要指标之一，是指在一定条件下（如目标距离、车辆行驶速度等）射击，命中一定目标的可能性，定量表示为射弹命中预期目标的概率，一般用百分比表示。坦克炮通常在 2 000 m 作战距离内具有较高的命中概率，静止坦克对固定目标的首发命中概率为 85% ~ 90%，行进间对运动目标的首发命中概率为 65% ~ 85%。除武器本身的射击精度外，不同的测距和火控装置，以及乘员操作熟练程度等对命中概率的影响较大。现代的先进火控装置，已使坦克炮的命中概率接近理论极限。

一般目标命中概率取决于总的射击误差和目标尺寸。对于某一组弹中的每一发弹来说，均按照射击过程中误差的出现（重复）性质把误差分为重复性误差和非重复性误差两类。射击准确度是由一组弹的散布中心（平均弹道）与瞄准点的重合度描述的重复性误差，可以用平均弹着点相对于瞄准点的纵向和横向偏差的数学期望值 m_x、m_z 来度量，或者用高低和方向偏差的数学期望值 m_y、m_z 来度量。射击密集度是由各发弹相对于散布中心的偏差描述的非重复性误差，可以用纵向和横向偏差的均方差 σ_x、σ_z 来度量，或者用高低和方向偏差的均方差 σ_y、σ_z 来度量。

一般标准目标为矩形，记地面目标长度及宽度的一半为 x、z，或者立面目标高度及宽度的一半为 y、z。对于外形复杂的目标，可以用目标的形状系数 K_ϕ 来修正：

$$K_\phi = S_n / S_{np} \tag{2.8}$$

式中，S_n 为目标的实际面积；S_{np} 为边长等于目标外形尺寸的矩形的面积。表 2.1 给出了典型目标及靶的外形尺寸。

表 2.1　典型目标及靶的外形尺寸

目标（靶）	外形尺寸		
	H_{np}/m	B_{np}/m	S_n/m^2
胸靶（6 号靶）	0.5	0.5	0.2
半身靶（7 号靶）	1.0	0.5	0.45
反坦克火箭筒（8 号靶）	1.0	1.0	0.7

目标（靶）	外形尺寸		
	H_{np}/m	B_{np}/m	S_n/m^2
反坦克手榴弹（9 号靶）	0.55	1.0	0.44
机枪（10a 号靶）	0.75	1.0	0.56
反坦克炮、步兵反坦克导弹（11 号靶）	1.1	1.5	1.58
坦克正面投影（12 号靶）	2.8	3.6	9.2
坦克侧面投影（12a 号靶）	2.8	6.9	13.9
掩体中的坦克（12b 号靶）	1.1	2.5	2.48
装甲输送车的正面投影（13 号靶）	2.0	3.2	5.46
装甲输送车的侧面投影（13a 号靶）	2.0	4.0	6.74
装在汽车上的反坦克导弹（18 号靶）	2.2	2.0	3.35
T-55 坦克	2.35	3.27	5.95
北约标准靶（2.3 m×2.3 m）	2.3	2.3	5.29
M60A1 坦克	2.75	3.63	8.1

注：H_{np}、B_{np} 及 S_n 分别为目标和靶的高度、宽度及面积，$S_{np}=H_{np}B_{np}$。

假设射击误差服从正态分布，立靶高低和方向的误差相互独立，则发射 1 发炮弹的命中概率 P 可以用式（2.9）近似求出：

$$P=\Phi\left[\left(y\sqrt{K_\phi}-m_y\right)/\sigma_y\right]\Phi\left[\left(z\sqrt{K_\phi}-m_z\right)/\sigma_z\right] \qquad (2.9)$$

地面纵向和横向的误差相互独立，则发射 1 发炮弹的命中概率 P 可以用式（2.10）近似求出：

$$P=\Phi\left[\left(x\sqrt{K_\phi}-m_x\right)/\sigma_x\right]\Phi\left[\left(z\sqrt{K_\phi}-m_z\right)/\sigma_z\right] \qquad (2.10)$$

式中，$\Phi(\cdot)$ 为正态分布函数；m_y，m_z 为平均弹着点相对于目标点的高低和方向偏差的数学期望值；m_x，m_z 为平均弹着点相对于目标点的纵向和横向偏差的数学期望值；σ_y，σ_z 为高低和方向偏差的均方差；σ_x，σ_z 为纵向和横向偏差的均方差；y，z 为立面目标高度及宽度的一半；x，z 为地面目标长度及宽度的一半。对目标进行 n 发射击，假设单发命中概率为 P，各次射击误差相互独立，则至少命中 1 发的概率为

$$P_n=1-(1-P)^n \qquad (2.11)$$

首发命中概率是装甲车辆的重要指标之一。首发命中概率（%）是指装甲车辆在规定条件下射击某一距离上的目标，第一发炮弹命中目标的概率。首发命中概率测定试验的射击方式有 4 种：停止间射击静止目标、停止间射击运动目标、行进间射击静止目标、行进间射击运动目标。误差源是影响首发命中概率的主要因素，可以归纳为火炮弹药弹着点散布、装药温度、炮管磨损、炮管弯曲、跳角、偏流、车辆如悬挂装置质量、火炮和瞄准镜安装的精

度及瞄准线校准精度、气象、地形、射手操作误差以及火控系统等。高的首发命中概率可提高攻击能力，减少弹药消耗量，提高作战效能。其论证工作通常从车辆整体要求出发，参考以往射击经验数据和理论计算来确定首发命中概率数值。火炮的首发命中概率的高低取决于下列因素：

(1) 战斗距离和对距离的测量误差。距离越远，命中率越低。

(2) 射弹散布。火炮射弹密集度良好，公算偏差值要小。

(3) 提前量误差。

(4) 风的效应（特别对低速弹丸影响大）。

(5) 武器稳定系统的精度（通常为0~01密位）。

(6) 武器装定的准确性。

(7) 身管由于温度不均匀引起的弯曲变形（可采用隔热套身管）。

(8) 炮耳轴倾斜（5°以上，对低初速火炮影响更明显）。

2. 火力机动性

火力机动性，是指火炮在同一个阵地或射击位置上，迅速而准确地捕捉目标和跟踪目标并转移火力的能力，包括火力灵活性和快速反应能力。火力灵活性是指火炮迅速而准确地转移火力的能力，可以看作火力在空间的机动性，即指火力在方向上和射程上的变化范围（在同一阵地上），从一个目标到另一个目标转移火力的快速性和同一目标可用不同射角射击的性能（同时可变换装药）。一般分为方向上的（水平的）和距离上的（垂直的）火力机动性。方向上的火力机动性，取决于火炮的方向射界和方向瞄准速度。距离上的火力机动性，取决于火炮的高低射界、装药号数和高低瞄准速度。快速反应能力是指火炮系统在发现目标后迅速对目标实施火力打击的能力，可以看作火力在时间方面的机动性，即指迅速而准确地捕捉目标和跟踪目标，改变发射速度等方面的性能。通常用从发现目标时刻起到发射出首发弹丸时止所需的时间，即系统反应时间表示。多发同时弹着是火炮火力机动性的一种综合性能。

1) 火炮系统反应时间

火炮系统反应时间是指火炮系统工作时由首先发现目标到火炮系统能开始发射第一发炮弹之间的时间。火炮从受领任务开始到开火为止所需的时间，是衡量火炮快速反应能力的标志。在战场上反应快的一方必占优势。火炮的反应能力主要取决于火炮行军与战斗状态相互转换的时间，火炮进入战斗状态时对阵地选择和设置的难易，对目标的发现、探测和跟踪能力，射击诸元求解与传输速度，射击准备（含弹药准备、供输弹、瞄准操作）的速度等。科学合理的结构设计，采用先进的侦察通信设备和火控系统、随动系统，是提高火炮反应能力的有效技术途径。

2) 火炮射界

车载武器高低俯仰和水平回转（方向）的最大允许范围就是射界（°），包括方向射界和高低射界。方向射界是指武器相对于车体水平回转的最大允许角度范围。高低射界是指武器相对于车体俯仰运动的最大允许角度范围，包括最大仰角和最大俯角，以从水平位置算起的正、负度数表示。射界的大小，直接影响车辆的外廓尺寸和战斗全质量，尤其以高低射界更甚。车载武器所用平台的类型及其任务是影响射界的主要因素。车载武器的方向射界范围是其在战场上对敌目标实施火力反应时间的重要指标，越接近车体正前方，越是重要的射击方向，向后的射界的大小，随装甲车辆的用途不同而不同。在战场上战术位置前出的装甲车辆，如作突击使用的坦克、自行突击炮和步兵战车等，要求方向射界为 360°，而在战场上位置不太前出、跟进的装甲车辆，如自行火炮等，只要求具有向左、右的有限转角的方向射界，其方向射界有的为 360°，而有的只有几十度。高低射界范围表示了车载武器在任意地形上，对战场上所有位置的敌目标的射击能力。对同样高差 H 的目标射击时，由于武器的俯角不同，射击的死界也不同。俯角越大，射击的死界就越小；俯角越小，则射击死界越大。坦克炮的仰角将影响火炮的最小射击距离。对同样高差 H 位置上的目标射击时，火炮的仰角越大，最小射击距离越小；仰角越小，则最小射击距离越大。最大仰角可以保证向山坡上、高层建筑或远距离射击。最大俯角可以保证向山谷、低地或在隆起地形后面隐蔽射击的需要。现代坦克炮高低射界一般分别为 17°～20° 和 -10°～-5°。各国对装甲车辆总体设计的指导思想差异直接影响着高低射界的范围，如西方各国设计的坦克外形高大，其坦克武器的高低射界较大，一般为 -10°～20°；俄罗斯设计的坦克，外形低矮，坦克武器的高低射界较小，一般为 -5°～18°。

3）装药号数

对于自行压制火炮而言，为了提高距离上的火力机动性，多数炮弹采取弹丸和发射药筒分装式，装药量可以通过药包（或装药模块）形式分级变化，从而得到不同的弹丸初速，实现不同的射击距离。装药号数是指根据一定的标准装填不同数量的药包（模块）数。装药号有顺序和反序两种。对顺序装药号，同一门火炮发射药号数越大，装填的药包越多；在同等射角时，装药号越大，炮弹的初速越大，发射的距离就越远。对反序装药号则相反。以 82 mm 迫击炮为例，其装药号分别为 0、1、2、3，其中 0 号装药为使用基本药管，不附加发射药包，而 1、2、3 号装药，分别为在使用基本药管的基础上，分别对应地附加 1、2、3 个发射药包，因此可知，在同等射击条件下，0 号装药射程最近，3 号装药射程最远。

4）火炮旋转速度

火炮旋转的目的是赋予火炮身管以确定的空间位置，以保证射击时炮弹的平均弹道通过目标的瞄准点。火炮依靠高低机、动力驱动装置或高低向稳定器进行高低向旋转，赋予炮身一定的仰（俯）角；依靠方向机、动力驱动装置或水平向稳定器进行水平向旋转，赋予炮身一定的方位角。当火炮稳定系统或动力驱动装置开动时，在符合精度要求的条件下，火炮在高低和水平两个方向的旋转速度就是火炮旋转速度（mrad/s）。在垂直于炮耳轴线的平面内的旋转速度称为火炮高低旋转速度，炮塔的旋转速度称为火炮水平旋转速度。精度一般是指火炮旋转的不均匀度以及超回量或超出量。从作战使用要求分析，水平最大旋转速度应满足火力机动性的要求。一般认为，当发现敌反坦克武器在我侧后方向准备向我射击时，应能迅速调转火炮将其消灭；最小旋转速度要满足对活动目标的跟踪和瞄准射击精度要求。火炮旋转速度和加速性能主要与火炮、炮塔的转动惯量及摩擦力矩、不平衡力矩有关；同时受所选择的伺服系统和驱动装置的形式、功率、执行电机特性等制约，执行电机的最大及最小稳定转速直接影响火炮旋转速度。驱动装置是采用电液式还是全电式，国际上普遍认为全电式占优势，其主要优点是体积和质量明显减小，且较为安全。水平向旋转速度应能对运动目标跟踪射击，水平最大旋转速度应能保证火炮迅速调转火力，它受到视场角的限制。现代坦克都在力求缩短火控系统射击反应时间，以提高火炮水平旋转速度。近年来最大水平旋转速度大多不低于 500 mrad/s，有些坦克更高一些。为了使水平稳定器不丢失目标,炮塔也必须有较高的旋转速度。例如,车辆在转向时,若低速履带制动,高速履带速度为 10 km/h,为了在使用水平向稳定器时不丢失目标,所需的最大水平调炮速度约 107.2 mrad/s。有些战斗车辆要求火炮水平旋转速度与瞄准镜、视场角匹配,当目标进入视场后乘员来得及反应和迅速制动炮塔,使目标不跑出视界,这样可方便地修正瞄准点迅速射击。火炮高低旋转速度应能满足对纵向运动目标跟踪和赋予射角的作战要求。火炮的旋转速度一般采用秒表和炮口板进行测试,具体方法可按国家靶场的有关规定实施。

5) 自动装弹机

装甲车辆火炮的装弹方式共两种,分别是人工装弹和自动装弹机装弹。

随着火炮口径的增大,炮弹的质量也越来越大。单纯采用人工方式装弹将可能产生一些不利的影响。首先,随着反装甲技术的迅速发展,装甲车辆在战场上的生存能力问题日益为人们所重视。显而易见,装填炮手的身高是决定装甲车辆高度的重要因素之一,而装甲车辆的车高又是影响其战场生存能力的主要因素。因此,某些型号的车型为了降低被命中的概率,在设计中已经考虑了装填炮手的身高和采用非直立姿势进行装填操作等因素来降低车高。但这毕竟是以牺牲装填炮手的工作舒适性为代价,而且效果有限。若采用机械自动装填操作,降低车高的可能性将进一步增加。其次,人工装弹会增大装填炮手的操作强度。随着激烈战斗的进行和炮手体力的消耗,会逐渐降低装弹和火炮射击的速度,导致先敌开火时机的丧失。尤其采用分装式炮弹时,这个问题就更加突出。总之,装甲车辆的高度尺寸和人为降低火炮的发射速度这两个影响因素将危及装甲车辆的战场生存能力。针对这两个问题,诞生了装甲车辆用自动装弹机。1957 年,瑞典在 “S” 坦克上最先采用了自动装弹机。20 世纪 60 年代初,苏联 T-64 坦克也开始采用自动装弹机。近年来,世界上许多主战坦克和其他装甲车辆也相继安装了自动装弹机。

使用自动装弹机的主要优点有:可以有效地降低车高,节约内部空间约 0.9 m³,减轻车重约 4 t,减少乘员一名,同时可以提高乘员的作战效率,缩小炮塔或车辆外廓尺寸,易于实现炮塔隔舱化设计,保持火炮发射速度等。它产生的不利影响:一是自动装弹机使用可靠性不稳定;二是明显增大了乘员的维修保养时间。美国对自动装弹机的研制、试验经历了 20 年,最终因为它的可靠性和中弹后的安全性不那么令人满意而没有在坦克上采用。

目前在主战坦克上使用的自动装弹机有车体弹仓式和炮塔尾仓弹仓式两种类型。车体弹仓式的特点是:弹仓不易被敌反坦克弹药命中,适合采用分装式炮弹,但输弹时间较长(仅 8 发/min)。炮塔尾仓弹仓式的特点与上述相反,理论射速可达 15 发/min。

自动装弹机的性能要求:

(1) 装弹方式:可以是分装式弹或者定角装填。

(2) 装填操作:可以是自动装弹、半自动装弹、补弹、卸弹、单独抛壳、人工装弹。

(3) 装弹条件:车辆在前、后、左、右倾斜 15° 条件下或在 15~25 km/h 速度、中等起伏地行驶可自动装弹。

(4) 自动性能:可以自动选择装填弹种,弹种数量任意,满足弹药基数要求,补弹时间 5~6 min。

(5) 自动装弹速度:6~8 发/min。

（6）大修寿命：1 000 发。

6）多发同时弹着

单炮多发同时弹着，是指利用同一距离上的不同弹道的射弹飞行时间之差，用同一门火炮装定不同的诸元各发射一发射弹，使其同时落达同一目标的射击方法。单炮多发同时弹着，在不增加兵力的条件下，大大提高了炮火的突然性、猛烈性和毁伤效果，又缩短了射击持续时间，还可减少弹药消耗。主要是用于对暴露的无掩盖掩体内有生力量一类面积目标实施直接效力射。对其他目标，视情况，效力射开始也力求进行单炮多发同时弹着法射击。单炮多发同时弹着应具备条件：

（1）射速要求：对同一射击距离，相邻两弹道的射弹飞行时间差不小于最小发射间隔。

（2）诸元精度要求：诸元精度应保证能对目标直接效力射，一般采用精密法决定射击开始诸元，最好用自动化指挥系统保障。

3. 使用方便性

操纵轻便和使用方便由下列因素决定：

（1）战斗室内武器系统及其他装置布置紧凑合理和乘员工作的方便程度。

（2）火炮俯仰、转动以及其他装置动作平稳灵活、稳定精度高、反应速度快。

（3）驾驶操纵装置及武器瞄准机应布置合理和作用力适宜。

（4）火炮装填和击发轻便。

（5）具有保证工作安全的保险机构。

（6）战斗室内空气清洁。

（7）自车内向外观察的视界大。

（8）维护保养方便，调整修理部位要易于接近，能快速在野外进行更换总成，例如"豹"2 坦克的动力和传动部分能在野外 20 min 内更换完毕。

2.2.2　炮弹及弹药基数

1. 主要弹种

装甲车辆主要武器所配用的弹药种类，称为主要弹种。对付装甲目标，火炮配备的主要弹种是穿甲弹和破甲弹，尤其是现代坦克滑膛炮配备的主要弹种是尾翼稳定的长杆式超速脱壳穿甲弹。对付大量的非装甲目标的主要弹种是爆破（榴）弹。现在常要求的是破甲弹和爆破（榴）弹合二为一的所谓多用途弹，这样可以减少弹种，对实现自动装填也有意义。为了延伸装甲突击车辆在战斗中攻击对方装甲车辆的作战距离，也就是扩大其反装甲作战火力范围和提高远距离打击的精确度，现代装甲车辆普遍采用反坦克导弹，主要有普通反坦克导弹和炮射导弹。目前，坦克炮主要配备穿甲弹、破甲弹、碎甲弹和杀伤爆破弹；步兵战车主要配用穿甲弹和杀伤爆破弹；装备小口径速射炮的各种轻型装甲车辆，通常是伴随坦克作战，它的任务是攻击敌轻型装甲目标、空中目标和第二类目标（防御工事、武器、炮兵阵地、人员以及非装甲车辆），因此一般配备穿甲弹和杀伤爆破弹；自行火炮通常配备杀伤爆破弹、子母弹和布雷弹等。

影响主要弹种的因素主要有两点：

（1）目标和任务。装甲车辆配备的主要弹种由其所负担的任务和需要打击的目标来决定，如自行榴弹炮的主要任务是压制和毁伤地面目标，所以它配备杀伤爆破弹；步兵战车的主要任务是打击轻型装甲目标和空中目标以及杀伤和压制敌步兵，所以主要配备穿甲弹和杀伤爆破弹；而主战坦克所处的战场环境很复杂，需要打击的目标种类很多，所配备的弹种就较多。

（2）后勤保障工作。弹药的生产、储存和战时的运输供给能力也影响弹药种类的确定，弹种少有利于后勤保障工作。

主要弹种对总体性能存在重要影响。坦克要攻击多种目标，如果使用有针对性的炮弹去打击不同类型的目标，其毁伤效果较好。但是装甲战斗车辆的质量和容积限制了携带弹药的种类和数量，所以在载弹量有限的情况下，弹种多了往往会在战场上出现尽管在车上还剩有不少弹药，但需要的弹种已经用完的情况；配用弹种少则往往需要用一种弹对付不同特性的多种目标，如美国和德国的多用途弹。为了兼顾各种目标的特性，就得牺牲弹药的某些性能，因此多用途弹的毁伤效果不如单一用途弹的效果好。但是配用弹种少，能使车辆携带的有限的弹药得到充分利用，所以装甲车辆配备的弹种和比例应根据不同的作战条件和对象，临时作适当的调整，以提高不同弹种的作战效果。

为装甲车辆配备弹种要从赋予武器装备的作战任务出发。坦克和自行反坦克炮的首要任务是打击敌人的坦克和其他装甲目标，并能杀伤有生力量和消灭敌火力点，因此它们均备有反装甲弹药和杀伤爆破弹，在反装甲弹药中，有动能弹和化学能弹。至于在化学能弹中是选用空心装药破甲弹还是碎甲弹，则是个比较复杂的问题，它与各国的装备体制、生产技术及传统有关。从目前的发展趋势来看，由于特种装甲的出现，碎甲弹逐渐被淘汰，而以多用途弹代替破甲弹和杀伤爆破弹。单从破甲弹和碎甲弹本身来比较，有以下几点差别：

（1）破甲弹的反装甲效果随甲板倾角增大而下降，而碎甲弹则不受影响。

（2）生产碎甲弹比生产破甲弹经济性好。

（3）碎甲弹比破甲弹质量小。

（4）碎甲弹反装甲的二次效应比较理想。

（5）碎甲弹对第二类目标也有效，破甲弹则较差。

（6）在很宽的车速范围内，不能使用碎甲弹，而破甲弹无此限制。

（7）由于速度限制，碎甲弹的命中率略低于破甲弹。

（8）碎甲弹的崩落效应易被不规则表面破坏。

2. 弹数基数与配比

1）弹药基数与配比的概念

单车一次携带的炮弹等弹药额定数量称为弹药基数，它对作战持久能力影响很大。现代主战坦克和自行突击炮的炮弹基数为 40~60 发。机枪弹药基数现在一般为几千发，有的可达到一万发。高射机枪弹常为几百发到一千多发。步兵战车自动炮的弹药基数为 300~1 250 发。携带反坦克导弹为辅助武器时，一般只要求几发。多管自行高炮由于射速很高，一般要求弹药基数较大，对 20~40 mm 口径武器常达 500~2 200 发，口径越大基数越小。57 mm 口径高炮约为 100 发。一般的压制和支援性自行火炮的弹药基数要求比坦克大，有些则由随行的输送车供应。

车辆的弹药基数内，各种炮弹额定数量的比例称为弹药配比。这是按弹药效能随作战对象预定，并随弹药技术的发展而改变的。当代坦克弹药配比中，超速脱壳穿甲弹和爆破

（榴）弹的比例一般较大，破甲弹的比例较小。有的用多效能弹兼代爆破弹和破甲弹，或配备少数碎甲弹、烟幕弹等。随着直升机攻击的增加，也可能将来会配备防空的弹种。各种机枪弹通常不表示配比，但实际在弹盒或弹链上也是按配比依次排列装好的，例如间隔几发有一发曳光弹或燃烧弹等。由于不同炮弹的尺寸形状有差异，不同的配比对弹药的储存和自动装弹机的设计可能带来影响。

2）弹药基数与配比的影响

影响弹药基数与配比的主要因素有：

（1）战斗任务。包括敌目标、数量、持续战斗时间、作战纵深大小等。

（2）车辆携带能力。车辆的总体布局、战斗全质量、炮径、车内有效空间、其他部件的位置和形状、乘员人数、是否有自动供弹系统等都会影响车辆携带弹药的能力。

（3）军队装备的体制。其他军兵种的装备情况，如空军和炮兵支援能力、后勤保障补给的能力以及各国军队作战思想。

弹药基数与配比对总体性能有重大影响。弹药基数与配比影响装甲车辆持续作战能力。显然有足够且适用的弹药是保证车辆发挥火力进行战斗的必要条件，但是要多带弹药就会增加车重或减少其他器材和燃料等材料的携带量，从而降低车辆的储备行程，也就可能降低车辆的持续作战能力；或者在其他器材、燃料等材料携带量不变的情况下，则需要增加车内有效容积，从而加大了战斗全质量和车辆外形尺寸；而如果弹药配比不当，就会出现车内虽还有弹药，但需要的弹种已经用完的情况。

3）确定方法与取值范围

弹药基数与配比的确定方法：

（1）装甲车辆的携弹量应根据该车赋予的作战任务、在战斗过程中可能遇到的目标种类及数量、火力运用方式、火力性能（命中概率、射率）等提出要求。

（2）应服从总体性能要求（车重、车内布置等）。

（3）参考同期同类车的携弹量配比参数。

（4）分析合成部队内其他军（兵）种的弹药配备情况以及后勤保障能力。

主战坦克弹药基数为 35~60 发。步兵战车机关炮弹药基数为 300~1 250 发，自行高炮（口径在 20~42 mm）基数常达 500~2 200 发。一般坦克炮配备的穿甲弹、破甲弹、杀伤爆破弹的比例为 4∶3∶3。

3. 穿甲和破甲厚度

穿甲和破甲能力可以直接表示火力的破坏效果，一般用穿甲和破甲厚度表示。穿甲厚度，是指利用动能破坏装甲的穿甲弹在一定距离等条件下，能够穿透一定材料装甲靶板的最大厚度。破甲厚度是利用空心锥形装药来聚能破坏装甲的破甲弹所能击穿一定材料装甲靶板的最大厚度。二者是用来表示对付装甲的主要武器的威力性能的指标，代表装甲车辆摧毁敌方装甲目标的能力水平。现代尾翼稳定超速脱壳穿甲弹在 1 000 m 距离上的垂直穿甲厚度达 500 mm 以上，破甲厚度达 800 mm。目前，炮射导弹的最大射程为 4 000 m，破甲厚度约为 700 mm，命中概率约为 90%。

2.2.3　辅助武器性能

装甲车辆上除主要武器火炮外，其他武器总称为辅助武器。辅助武器通常以机枪为主，它是装甲车辆火力的组成部分，是对主要武器火力的补充和完善。要求装辅助武器主要是为了对付较分散的有生力量，消灭和压制敌人的近战反坦克兵器和轻装甲的各种目标，以及对低速的空中目标射击等。车载机枪一般包括并列机枪、航向机枪和高射机枪。并列机枪（又称同轴机枪）由炮长使用，射界和俯仰运动与主要火炮完全同步，密切配合主要武器的使用，主要用于消灭、压制 400 m 以内的敌有生力量和简易火力点，发挥作用较大，其口径一般为 7.62 mm。高平两用高射机枪由装填手或车长使用，可以开窗手控射击或在指挥塔内电控射击，是装甲车辆对空自卫的武器，也可用于压制、消灭和摧毁 1 000 m 距离范围内的地面目标，包括有生力量、火力点和轻型车辆等，口径一般为 12.7 mm，也有用 7.62 mm 或 14 mm 口径的。航向机枪由驾驶员使用，主要用于对车辆前方 400 m 以内的有生力量实施射击。英国坦克过去常用与火炮并列安装的测距机枪，按它的实际射击弹道来装定和修正火炮的射击。随着武器装备的不断发展、完善，车载机枪将产生某些变化，7.62 mm 并列机枪可能被更小口径的机枪所替代；航向机枪将逐渐被淘汰；高射机枪的口径也已呈现出进一步改进的趋势，甚至突破枪械口径的范围而代之以小口径机关炮。现代坦克常在炮塔前侧装备若干烟幕发射筒，要求能在几十米距离内构成弧形的烟幕墙。

自行火炮、步兵战车和歼击车等的辅助武器一般要求不如坦克多，通常只有一挺机枪或小口径火炮。轻型装甲车辆的火炮口径较小，不足以与敌坦克相抗衡，可用反坦克导弹为辅助武器以加强对付厚装甲目标的能力。输送车、牵引车等辅助车辆和部分工程车辆一般不要求装设火炮，有的装一挺可以环射的高平两用机枪以便自卫，载员下车后也可以提供火力支援。

各种车辆的乘员一般都配备步兵轻武器，包括自动步枪、手枪、手榴弹、信号枪等。

步兵战车为载员携带的武器备有射击孔。

1. 车载机枪的主要战术技术性能指标

车载机枪的总体性能指标与火炮基本相同，只是个别指标的含义略有差异。例如，评价机枪的远射性，常以有效射程表示。评价机枪的运动性时，主要考虑携带和运行是否方便。评价机枪的火力机动性时，虽然也考虑机枪的迅速开火及转移火力的能力，但没有明确的"反应时间"的定义。评定机枪的可靠性，通常以"使用寿命"为指标，它是指机枪所能承受的而不失去主要战斗性能的最大发射弹数。评定机枪的维修性，主要看其分解、结合、保管、保养是否方便等。

与同类步兵机枪相比，车载机枪的战术技术性能指标在下述一些指标的要求上可能有所差异。一般射击精度要求：7.62 mm 口径机枪 100 m 散布密集界，方向为 10~12 cm，高低为 11~12 cm；12.7 mm 口径机枪 100 m 的圆概率偏差 $R_{50} \leqslant 20$ cm。击发方式一般要求手动和电动两种。供弹一般要求采用弹链和弹箱供弹。故障率一般小于 0.2%。除航向机枪外，其他机枪方向射界一般为 360°，对于高低射界，并列机枪为 −5°~18°，高射机枪为 −5°~80°。开闩方式一般要求手动和自动两种。

1）高射机枪的性能

口径 12.7 mm，发射 12.7 mm×108 mm 枪弹，枪身长 1 591 mm，全枪平射状态长 2 328 mm，枪身重 34 kg，双轮三脚架重 102 kg（不含防盾），全枪带防盾重 180 kg，不带防盾重 157 kg。初速 830~850 m/s，理论射速 540~600 发/min，战斗射速 80 发/min。有效射程

1 500 m（对地）、1 600 m（对空）、800 m（对装甲目标），70 发开式弹链供弹。该枪的战斗性能和结构与"德什卡"M38/46 高射机枪相同，采用导气式自动原理、鱼鳃式卡铁撑开式闭锁机构。气冷式枪管内有 8 条右旋膛线，枪口装有制退器。机械瞄准具采用柱形准星、半圆形照门、立框式表尺，还配有机械式简易环形高射瞄准具。

2）并列机枪的性能

并列机枪多选用通用机枪，有轻机枪和中型机枪。轻机枪多为班用机枪，口径一般为 5.45~8.00 mm，质量较小（5~10 kg），发射步枪弹，有效射程 500~800 m，战斗射速 80~150 发/min。以两脚架支撑，抵肩射击，主要用于杀伤有生目标。中型机枪，口径多在 6.5~8.0 mm，枪身重 7~15 kg，枪架重 5~20 kg，平射有效射程 800~1 000 m，高射有效射程 500 m，战斗射速 200~300 发/min。

3）乘员携带武器性能

步枪包括半自动步枪和全自动步枪两种。半自动步枪，只能自动装填（第一发子弹需要手工装填），但不能自动发射，只能进行单发射击（每扣一次扳机射出一发子弹）。全自动步枪（简称自动步枪），除能自动装填外，还能自动发射，可以连发射击（只要射手扣住扳机不放，就可以连续射完供弹具里的所有子弹），并可通过调整快慢机进行单发、连发或点射射击。自动步枪是以火药燃气为能源完成装弹、闭锁、击发、开锁、退壳等基本发射动作的，大多采用导气式自动方式，枪机回转式闭锁机构，弹匣式容弹具，击锤式击发方式。自动步枪解决了连续射击过程中的装填问题，减少了装填时间，能使射手集中精力瞄准，有利于提高射击精度和战斗射速。口径通常小于 8 mm，枪长 1 m 左右，枪重约 4 kg，弹匣容量 10~30 发，初速 700~1 000 m/s，有效射程多为 400 m 左右。

冲锋枪的构造与手枪和步枪大体相同，一般由枪管、机匣、枪机、容弹具、击发机构、发射机构、瞄准装置和枪托等组成。现代冲锋枪的口径多为 9 mm，但也有 7.62 mm 和 11.43 mm 的，全枪重 3 kg 左右。多采用折叠枪托，枪托打开时全长 550~750 mm，枪托折叠时全长 450~650 mm。自动方式多为枪机后坐式，由于枪机较重，射击时撞击力较大，影响射击精度。弹匣容量较大，一般为 30~40 发，有的可达 70 发，以连发射击为主，有的可单、连发射击，战斗射速 40~100 发/min，长点射时 100~120 发/min。

手枪主要是以单手发射的小型枪械。它短小轻便，隐蔽性好，便于迅速装弹和开火，在 50 m 内有良好的杀伤效力。人体被命中后可迅速丧失战斗力。口径多为 5.45~11.43 mm，以 9 mm 和 7.62 mm 最为常见，多数空枪重约 1 kg，枪长约 200 mm，容弹量 5~20 发。

4）弹药

高射机枪枪弹常为 12.7 mm×108 mm 枪弹，一般为几百发到 1 000 发配量。并列机枪弹为常用枪，枪弹配置为几千发不等。自动步枪、冲锋枪与手枪的枪弹配置在几百发左右。

2. 车载机枪的选型与改进

车载机枪在装甲车辆火力构成中处于相对次要地位，且就用途、基本原理和结构而言与同类步兵机枪基本一致，即装甲车载机枪本身并不构成独立的武器类别。因此，一般不专门研制、发展车载机枪，而是根据使用和安装的需要从同类机枪中进行选择并作适当的改动。这就意味着车载机枪主要是选型和改进，至于车载机枪的弹药更是直接从制式枪弹中选用。

1）车载机枪的选型原则

（1）更好地满足使用要求。

（2）立足制式装备。

（3）适应装甲车辆的使用环境和条件。

（4）便于装甲车辆总体布置和机枪自身的安装及调校。

（5）经济性好。

2）选型后的改进要求

从现有装备中选择车载机枪并非意味着可以原封不动地直接使用。在使用要求和使用条件上，步兵机枪和装甲车载机枪毕竟有所不同，必须作适当的改进方可满足装甲车辆的需要，这些改进归纳起来包括以下几个方面：

（1）枪架、安装结构的改进。步兵用机枪被选作车载机枪时，原配枪架一般不再适用，而是根据装甲车辆的布置和安装要求重新研制新的枪架和安装结构，枪身的局部结构和尺寸亦可能要作适当变动。如选用装甲车辆已有的车载机枪，则一般不存在上述改动。

（2）击发装置的改进。由于空间等原因，并列机枪通常要求采用电动击发，而步兵用机枪基本为手动击发，这就需要改装为电扣机并配设相应的击发线路和装置。当然，击发电源要求必须符合车辆电源标准。若选用现有的并列机枪，则不存在这个问题。装甲车辆上高射机枪若要求由车内遥控操作（这已经是一种发展方向），则不论是选用步兵用高射机枪还是装甲车辆上现装的高射机枪，都必须改进其击发装置，变手动机械击发为电动击发。

（3）供弹系统的布置和改进。车载机枪供弹装置和线路需要合理的安排布置，以保证在射击过程中供、排弹及弹链的可靠通畅，这就可能需要增设某些新的辅助装置，甚至引起局部的改动。

（4）开闩装置的改进。另外，还要注意车载机枪不应过于突出装甲板之外，以免被轻武器火力和炮兵火力毁坏。它也不应该缩入炮塔内太深，因为那里的空间很小。此外，当枪管发热时，还要易于更换枪管，并能向后方缩回。枪膛内的烟不应排入炮塔。

（5）高射机枪遥控化改进。高射机枪作为装甲车辆对空的主要武器，长期以来一直存在着需要操作人员在车外操作，失去装甲保护的弊端，严重降低了生存性能。可以结合无人炮塔和遥控武器站的思想对高射机枪进行遥控改造，通过添加高低机、方向机、电击发器、观瞄和控制等装置，使乘员可以在车内进行操作，这样就大大提高了装甲车辆的整体性能。

2.2.4　火控系统性能

1. 火控系统的类型和性能要求

装甲车辆火控系统是火力系统的一个重要组成部分，主要用于搜索、发现目标，是操纵武器进行跟踪、瞄准和发射的自动化或半自动化装置。

按工作方式，火控系统可分为扰动式、非扰动式和指挥仪式三种。装甲车辆的火力威力不仅取决于武器，而且在更大程度上取决于完善的火控系统。现代火控系统可极大地提高命中概率，但其成本也很高，达到了整车成本的1/3。

火控系统的主要性能包括瞄准、测距、稳定、反应时间、精度、修正功能和速度特性等。这些性能直接关系到迅速和准确地发挥火力，达到作战的目的。

现代战争对火控系统的主要要求有：满足武器系统的基本要求；抢先发现敌方目标；对目标进行停止和行进间射击；首发命中概率高；具有夜战能力；各种气候环境适应性等。

火炮操控性能要求：

（1）在一定行驶速度（有的要求 20~25 km/h 或更高）时，对敌装甲车辆进行直接射击要有较高的命中率。要求稳定精度在 1.0~1.5 密位内，方向稳定的精度可稍低些，在 3 密位内。稳定器的漂移量应较小，从瞄准位置偏离目标的速度不大于 25 密位/min。

（2）要能用操纵台进行瞄准，车长可以调炮。瞄准速度要求：高低为 0.02~5.00°/s，方向为 0.02~15.00°/s，在此范围内速度可以连续变换。

（3）战斗准备速度要快，一般要求在不超过 2 min 的时间内转入战斗状态。

（4）在各种环境条件下工作都要可靠。要求在 -40~50 ℃气温间连续工作几小时，保险期应在 250 h 以上。

（5）为使装填手能方便安全地装弹，以及在火炮接近极限射界时防止撞击损坏，稳定器必须有自动闭锁装置，使火炮与炮塔刚性连接。

（6）尺寸小，质量小，结构不太复杂，耗电少，成本低，保修方便等。

观瞄装置性能是指为装甲车辆各乘员配备的各种潜望镜、指挥镜、瞄准镜等光学仪器的型号、数量、昼夜视界、夜视距离、倍率、瞄准精度等性能。它们对观察外界、搜索敌情、发现和识别目标、跟踪和瞄准目标等具有重要意义。现代坦克装甲车辆应用了红外或微光夜视、激光测距等新技术，实现了昼夜观瞄一体化。火控观瞄系统的发展经历了普通可见光观瞄系统、主动式昼夜瞄准镜和多功能综合瞄准镜三个阶段。简易火控观瞄系统按照结构和控制方式的不同，可以分为扰动式和非扰动式。简易火控观瞄系统主要是一些相对较早的装备，系统组成简单，对射击精度的要求不是很高，主要对付集群有生力量或大面积阵地工事。另外就是一些中小口径的武器控制系统中，采取连发速射方式对敌进行火力压制等作战。稳像式（指挥仪式）火控观瞄系统是指炮手在装甲车辆行进间从观瞄系统向外搜索、跟踪目标时，目标和背景几乎是稳定不动的。根据稳定反射镜位置不同，又可以分为上反光镜稳定和下反光镜稳定两种模式。稳像式观瞄系统瞄准精度高，提高了战场条件下对目标的打击能力，但是该系统比较复杂，造价较高，可靠性有待提高，维修维护相对较难。车长周视指挥观瞄系统是装甲车辆观瞄系统的重要组成部分，它为车长提供了 360°旋转独立的观察、瞄准通道，使车长能够实时观察、搜索战场上的目标，提供给车长进行超越炮长射击的功能，完成战场的分工合作。周视指挥观瞄系统有镜体固定而头部旋转周视指挥观瞄系统，也有可升降式周视稳定观瞄系统。

现有观瞄系统主流高端瞄准具都具备稳像功能，根据国家工业水平，车载瞄准具分为"下反"和"上反"两大系列。"下反"采用了一个双自由度大动量矩的框架陀螺直接稳定小反光镜的方式，具有稳定精度高、成本低的优点，但存在被稳定光路复杂，镜体和目镜与火炮同步摆动造成观察不适的缺点。当车速提高时，框架陀螺由于其章动性会导致图像不清晰稳定。普通"上反"瞄准镜采用了两个单自由度全液浮速率积分陀螺作为平台一倍轴上的角度敏感元件，通过随动系统和 1/2 机构来间接稳定 1/2 倍轴上的大反光镜，从而同时实现白光、激光和热像等光路的稳定。由于 1/2 倍轴上负载较大，在高机动条件下对 1 倍轴的扰动会很大，因此稳像精度较低，机动条件会有所降低。另外，全液浮速率积分陀螺需要加温处理，系统起动时间较长。

2. 火控系统主要性能及其设计

1）火控系统的精度

火控系统的精度是指在规定条件下火控系统赋予武器的射角对预定射角产生的偏离范围。

影响火控系统精度的主要因素有：

（1）瞄准控制方式。车载火控系统有扰动式、非扰动式和指挥仪式三种方式，国外坦克出现了大闭环式控制方式。瞄准控制方式对火控系统动态精度有明显影响，对静态影响小，但影响命中率和反应时间。

（2）火控系统的各种误差。在火控系统的误差因素中有两部分，一部分是系统本身的各种误差对输出诸元的直接影响，造成误差的主要因素有数学模型、弹道模型、镜炮伺服、计算机解算；另一部分是系统的各种传感器的误差通过系统反映到射击诸元上。

（3）射击方式和射击条件。不同的射击方式和射击条件都会引入不同的误差，对精度产生不同的影响，通常有 4 种射击方式（停止对静止、停止对活动、行进对静止、行进对活动目标射击）和两种不同的射击条件（检验性和准备战斗）可供选择。

火控系统精度对装甲车辆总体性能存在重要影响。火控系统精度是直接影响火力系统命中概率的主要因素之一。一般来说，系统精度高其命中概率也高。如英国 IFCS 改进型火控系统瞄准线的控制误差为 0.2 mrad，在 2 000 m 处，对固定目标和运动目标的命中概率分别为 90% 和 70%。

确定火控系统精度的一般方法：

（1）根据安装该种火控系统的装甲车辆的战术技术要求，以及在行进间对活动目标进行射击（这是战场上经常使用的工作方式）的能力提出火控的初值。

（2）根据当时同类型火控系统的水平和发展趋势，所提出的精度要求能在一段时间内保持一定的先进性，并满足装甲车辆系列发展的要求。

（3）在良好的效费比下对初值进行修正。

（4）根据火控形式和误差分配、弹道修正，绘制出各种弹种在检验和准备战斗两种情况下的停止间和行进间对静止目标和活动目标的命中率曲线，以验证该火控系统可能达到的精度，然后提出合理而较先进的火控系统精度指标。

国产火控系统瞄准线的控制精度要求在 0.20 mrad，个别为 0.15 mrad。火控系统精度的一般经验取值范围：简易火控系统一般为 0.1~0.3 mrad 或 σ 值在 0.15 mrad 以内，指挥仪式火控系统的一般为 0.1~0.3 mrad（中值误差）。

2）火控系统反应时间

火控系统反应时间（一般用 s 表示），即装甲车辆的乘员从其观察装置视场中发现目标到火炮击发的时间间隔。火控系统反应时间一般包括对目标识别、跟踪、瞄准、确定弹种、测距、装定射击诸元、赋予火炮射角（方向和高低）及击发等时间。若火控系统不具备车长超越炮长调炮和瞄准射击的功能，反应时间还应包括车长向炮长指示目标的时间和炮长观察到车长所指示的目标后判断目标性质的时间。

影响火控系统反应时间的因素有：观察识别目标，包括观察者方面的影响、目标方面的影响、装备性能的影响、自然环境的影响；弹药的布置及装填方式；火控系统的结构和性能。火控系统的结构形式及其性能的优劣是系统反应时间的决定性因素，不同结构形式之间，其系统反应时间相差很大，系统采用性能优良的元器件，可提高自动化程度，有助于缩短系统反应时间。三种不同结构形式的火控系统，其首发射弹的平均反应时间及各乘员战斗动作所占用的时间各不相同。

若装填手装填炮弹的时间超过炮长瞄准、跟踪、测距、精瞄、射击的时间总和，自动装弹机构就显示出它对综合系统反应时间的优越性。

火控系统的射击反应时间是总体性能中的重要指标。火控系统反应时间较短的一方，可以先敌开火和提高战斗射速，能赢得较高的命中概率和击毁对方的概率，同时亦提高了自身的生存概率。但是具有反应时间较短的先进火控系统，造价昂贵，从而提高了单车价格和全寿命周期费用。

火控系统反应时间的确定方法：

（1）满足先敌开火的要求。要根据作战对象火控系统的反应时间来确定自己的反应时间的初值。

（2）对现有装甲战斗车辆的火控水平、火力系统总体布置方案、弹药形式等进行分析，并通过试验或使用经验求得最快的装填速度，据此对反应时间初值进行修正。

（3）对各种类型火控系统的性能进行综合分析，在总体性能优化的前提下，确定采用的火控系统的基本类型，并估计反应时间。

（4）力争良好的效费比。

（5）根据国内水平、发展方向、生产能力以及引进国外技术的可能性等制约因素，最后确定合理而又先进的系统反应时间。

火控系统的反应时间取值范围：对简易火控系统，停止间（包括短停）对静止目标射击时系统反应时间不超过 5 s，停止间（包括短停）对活动目标射击时应不超过 10 s；对指挥仪式火控系统，与简易火控系统取值时条件相同的情况下时间不超过 4 s，行驶间对活动目标射击时间不超过 7 s。

火控系统反应时间，是包含人体工程因素的综合指标，在考核之前，应对操作人员进行严格培训。对不具备行驶间射击功能的火控系统，以停止间（包括短停）对活动目标的射击反应时间为主；对具备行驶间射击功能的火控系统，以行驶间对活动目标的射击反应时间为主。

2.2.5　车载反坦克导弹性能

车载反坦克导弹是指在装甲车辆上发射的反坦克导弹，它是一种有效的反坦克武器。运用它可对坦克、机械化部队进行火力支援，消灭敌坦克和其他装甲目标；安装在步战车上，可使其具有反坦克能力；与坦克火力配合起来，形成较强的反坦克火力体系。红箭-8 车载反坦克导弹是目前列装的车载反坦克导弹之一。目前车载反坦克导弹的发展趋势是提高破甲威力、夜战能力、抗干扰能力，并注意发展远距离攻击集群坦克的反坦克导弹。

1. 主要战术技术性能

车载反坦克导弹性能包括导弹型号、最大射程、发射速度、命中率、破甲威力、车内带弹数、发射装置形式（单联或多联）、射界（高低、方向射界，基本与车上主要武器射界一致）、可靠性（导弹可靠性和制导系统可靠性）、抗干扰能力（按制导方式决定）、装弹方式（人工或自动、半自动装填）、从发现目标到发射导弹所需时间、系统各部件外形尺寸及质量、系统用电要求（电压、电流等）、操作维修性、夜战性能（以夜战距离表示）、观瞄器材防霜要求、使用环境温度、相对湿度、特殊条件下的使用要求（包括能在高原、沙漠、雷雨天、大风等气候条件下正常发射导弹）等。

2. 设计方法

1）反坦克导弹型号的选择

选型时主要考虑该弹装车后的作战作用要求、装车技术可行性及改动工作量大小等。车载反坦克导弹型号选择的原则：

（1）选择能满足使用要求的导弹武器系统，如满足射程、破甲威力等要求。

（2）战术使用要求并非在技术上均能实现，例如夜战能力，有的反坦克导弹不具备这一性能。破甲威力、抗干扰能力等也有类似情况。从使用角度出发，希望破甲威力越大越好，抗干扰能力越强越好，但实际情况并非如此，在选型时应把需要与可能结合起来，提出合理的指标。

（3）反坦克导弹的选型并不是原封不动地将导弹直接装车，而是必须对武器系统作某些改进才能满足装车的使用要求。在论证过程中，应考虑新选用的导弹系统在满足使用要求的前提下改动量越小越好。

2）发射装置形式的选择

采用何种形式要根据不同车辆的特点和要求决定，考虑的主要因素包括：该车赋予导弹的作战任务、车辆可利用空间、总体布置方案特点。

3）装弹方式的选择

采用自动装填，占用空间较大，且技术难度较大。采用人工装弹技术上简单，但装弹时间较长，且需要增加一名装填手。在选择装弹方式时应考虑的主要因素包括：本武器与其他武器在车上所处的地位和作用；车上载员数及其他设备的数量；车内可利用空间的大小；总体布置的特点。装弹方式应与其他指标综合考虑，以使总体性能达到较佳为原则。

4）武器系统各部件外形尺寸和质量

总体给武器系统的可用空间及载质量往往是有限的。这就要求在导弹选型时，应考虑体积和质量较小而火力性能又能满足作战使用要求的武器。当选用的武器体积较大时，可以考虑武器系统各部件采用分离式，各部件相对独立分散布置在车内不同部件上，同样可以充分利用车内不同部位的空间。

5）操作维修方便性

导弹的操作要简便。手工操纵有线制导的第一代反坦克导弹操纵比较复杂。红外半自动有线制导的第二代反坦克导弹操纵比较简单。自动寻的（又称"打了就不用管"）的反坦克导弹操纵较为方便。

2.3　机动性能及其设计

广义上，装甲车辆的机动性是运行机动性和火力机动性的总称。狭义上，装甲车辆的机动性就是运行机动性，是指快速运动，进入阵地和转换阵地的能力，以及各种运输方式的适配能力。

从使用观点看，装甲车辆的机动性可以分为战役机动性和战术机动性。战役机动性指装甲车辆沿道路行军和移动时的快速性、最大行程，在较短时间内到达较远战场的移动能力，以及运输适配性，对装甲部队和机械化步兵部队战役计划方案的实施和成败起着重要作用，以平均速度及最大行程等性能为主。战术机动性指装甲车辆在各种气候、地形和光照条件下，在无道路战场上灵活运动和克服障碍的能力，以加速性、转向性、制动性和通过性等性能为主。

装甲车辆的机动性，主要取决于装在车辆底盘上的动力、传动、操纵及行走等系统的性能及其性能匹配，也受外廓尺寸、战斗全质量等因素的影响。

2.3.1　动力系统性能

提供车辆行驶所需原动力的动力系统，包括发动机及其辅助系统。在战术技术性能中，表示其特点和性能的重要项目有发动机类型、主要特征（如气缸直径、冲程数、缸数、气缸排列方式、冷却方式、燃料种类等）、主要工作特性（如额定功率、额定转速、燃油消耗率、最大转矩和相应转速等）、发动机外形尺寸和质量、燃料和润滑油箱容量、辅助系统的类型等。

发动机功率是发动机在单位时间内所做的功，反映发动机的做功能力。称在理想状态下发动机的功率为额定功率，也称发动机最大功率。主战坦克动力装置的额定功率近年来提高较快，现已达到 1 100 kW 以上，燃油消耗率在 230~260 g/(kW·h)。

单位功率是车辆发动机额定功率与车辆战斗全质量的比值，又称吨功率或比功率。它代表不同车辆间可比的主要动力性能。单位功率影响车辆的最大速度、加速度、爬坡速度及转向角速度等，一般单位功率越大，机动性就越好。单位功率在近年来提高较快，一般为 11~18 kW/t，较高的已接近 22 kW/t。

2.3.2　传动系统性能

传动系统是实现装甲车辆各种行驶及使用状态的各装置的组合。

对传动系统的性能要求包括：

（1）车辆速度应能从起步到需要的最大速度之间连续变化。

（2）车辆发出的牵引力，应能在满足良好道路到履带不打滑所能攀登的最大坡道的需要之间变化。

（3）能充分利用发动机功率。就是在任意路况下，发动机都要在额定功率点附近工作，这是对牵引力和速度的配合要求，也就是说，在良好道路上要达到最大速度，在攀登最大坡道时要低速行驶。

（4）外界阻力突然过大时，应不致引起发动机熄火或零部件的超负荷损坏，即传动系统应该有在超负荷下打滑的环节，包括在车辆起步和换挡中克服过大的惯性负荷的打滑。

（5）随不同弯曲道路和地形的需要，可以作适当的稳定半径的转向，包括高速行驶中准确的微调方向、低速行驶时的小半径转向及原地中心转向。

（6）传动效率高。效率低有用功率就少，损耗的功率使系统发热量增大，从而使系统温度过高，需要较大的散热装置，而散热装置又需要消耗动力和增加质量，占据有用空间和增加成本等。

（7）要能够倒驶，包括战斗中要求的高速倒驶，如射击后转换阵地等。

（8）要能切断动力，以满足空载起动发动机和非行驶工况的发动机工作等需要。

（9）能用发动机制动，以及拖车起动发动机。

2.3.3 行动系统及整车机动性能

1. 运动性

1）最大速度

最大速度是在一定路面和环境条件下，发动机达到最高的稳定转速时，车辆在最高挡时的最大行驶速度。理论上为在接近水平的良好沥青或水泥路面（摩擦系数 f 约为 0.05）上，发动机在额定转速时车辆最高挡的稳定车速。它是车辆快速性的重要标志。

随着单位功率的提高，传动装置和悬挂装置的发展，最大速度也在不断提高。目前，主战坦克的最大速度已达 75 km/h，轻型履带式装甲车辆和轮式装甲车辆的最大速度可达到 80 km/h 以上。

2）平均速度

平均速度是在一定比例的各种路面和环境条件下，车辆的行驶里程与行驶时间的比值。在各类公路上行驶的各平均速度的算术平均值，是公路平均速度。在各类野地行驶的各平均速度的算术平均值，是越野平均速度。它们代表在该类条件下车辆能够发挥的实际速度效果，是车辆机动性的重要综合指标。

影响平均速度的因素很多，有最大速度、转向性、加速性、平稳性和通过性等。平均速度需通过实车试验得到，公路平均速度一般按最大速度的 60%~70% 估算。第二次世界大战以后，履带式装甲车辆的公路平均速度有所提高，已从 30 km/h 提高到 50 km/h 的水平。越野平均速度比公路平均速度小，一般按最大速度的 30%~40% 估算。履带式装甲车辆的公路平均速度比轮式装甲车辆的低，但其越野平均速度比轮式装甲车辆的高。

不同的车辆在一起协同作战或编队行军，应该要求它们的平均速度都较高并相接近才能协调。否则，就只能以最慢车辆的性能来决定协同作战或行军的速度或节奏，其他车辆速度高也不能发挥出来。

3）加速性

加速性是指车辆在一定时间内加速至给定速度的能力。坦克加速性的评价指标有：加速过程的加速度大小，由原地起步或某一速度加速到预定速度所需要的时间或所经过的距离，由起步到达到一定距离所需要的时间等。车辆的加速性越好，在战场上运动越灵活，分散和集结越迅速，可以减少被敌人命中的机会，提高生存能力。

现在较常用的加速性指标是在规定路面和环境条件下，车辆从起步加速到 32 km/h 速度时所需要的时间（一般用 s 表示）。在 20 世纪 60 年代以前，加速时间一般大于 15 s，在 20

世纪 80 年代有的先进坦克已缩短到 6 s 左右，这主要与单位功率的提高和传动操纵装置的改进有极大关系。

4）转向性

转向性是指车辆改变或修正行驶方向的能力。转向性能对平均速度的影响较大，转向是否灵活也与规避反坦克导弹的命中有关。其评价内容包括转向半径、转向中心、准确稳定地无级变化、转向功率损失等。转向性与车辆结构、动力装置及转向机构等有关，常用具有一定性能特点的转向机构类型及其半径等来表示。

5）制动性

利用制动器或减速机构，从一定行驶速度降低车速或制动到停车的性能称为制动性。不包括实际可能使用的一些其他辅助制动方法，例如分离离合器利用地面阻力使车辆减速，或利用发动机制动等。

制动性常用制动机构的类型、一定车型的制动功率或制动距离来表示。

6）最大行程

最大行程是指装甲车辆在战斗全质量状态下，一次加满额定数量的燃料，在一定道路和环境条件下，以一定车速所能行驶的最大里程。它影响车辆的作战或执勤范围、持久能力和可能发展战果的大小，也影响长途行军的能力和依赖后勤供应、运输等的程度。现代坦克沿公路的最大行程为 300～600 km，沿土路的最大行程降低 30%～40%，沿越野地约降低 60%。

7）百公里耗油量

百公里耗油量是指对一定道路和环境条件，装甲车辆在战斗全质量状态下，用一定速度行驶 100 公里①所消耗的燃料的平均数量。它影响后勤供应和最大行程等，是车辆使用的重要经济性指标。百公里耗油量取决于发动机性能、道路和环境条件、传动系统效率以及驾驶技术等。

2. 通过性

通过性又称越障能力或越野能力，指车辆不用辅助装置克服各种天然和人工障碍的能力。它包括单位压力、最大爬坡度、最大侧倾行驶坡度、过垂直墙高度、越壕宽度、涉水深度、潜水深度等性能。

通过性往往决定车辆适用的范围，影响车辆发挥作用的大小，也影响到工程保障任务的规模和时间等许多方面。克服障碍的时间越短，机动性越有保证。通过性主要取决于车辆的动力传动性能、结构几何参数及正确的驾驶方法。

1）单位压力

装甲车辆的单位压力是指行走系统名义单位接地面积上的平均负荷。对履带式车辆，就是车辆在战斗全质量状态下的重力与履带名义接地面积的比值，又称平均单位压力或压强。

单位压力越大，在松软地面上下陷越深，车辆运动阻力也越大。单位压力影响车辆通过沼泽、泥泞、沙漠、雪地、水田和简易桥梁等，各负重轮下最大单位压力的平均值能较好地表征车辆对松软地面的通过性，称为平均最大单位压力。当不同车辆的单位压力相同时，平均最大单位压力一般也不相同。

履带式车辆的平均最大单位压力的估算式为

---

① 1 公里 = 1 千米。

$$p_{max} = \frac{1.26 m_z g}{2nbc\sqrt{ld}}$$

(2.12)

式中，m_z 为车辆重力，kg；n 为每侧负重轮数；b 为履带板宽度，m；c 为地面性质参数；l 为履带板节距，m；d 为负重轮直径，m。

现代坦克的平均最大单位压力为 2.0~2.5 kPa。

2) 最大爬坡度

最大爬坡度指对一定地面，车辆不利用惯性冲坡所能通过的坡道的最大纵向坡道角，又称最大上坡角。这是克服许多障碍地形和地物所必需的重要性能。当车辆的动力条件一定时，低挡车速越慢，最大爬坡度越大。车辆实际的最大爬坡度受坡道地面附着条件的限制。在一般地面附着条件下，履带式车辆的最大爬坡度为 30°~35°，相应车速为最低挡，通常在 10 km/h 以下。单位功率较大的车辆，可以设计具有较大的爬坡速度，但受地面附着条件的限制，不能攀登更大的上坡角。

3) 最大侧倾行驶坡度

最大侧倾行驶坡度是指侧滑量在一定范围内和能安全地侧倾直线行驶的最大横向坡度角，其影响车辆在复杂地形活动的能力。在车宽相差不太大的情况下，最大横向坡度角主要取决于车辆的重心高度、地面横向附着能力及车辆的操纵性等。一般履带式装甲车辆的最大侧倾行驶坡度为 25°~30°，而轮式装甲车辆为 15°~25°。

4) 过垂直墙高度

过垂直墙高度又称攀高或过垂直壁高，即车辆在不作特殊准备的情况下所能攀登的水平地面上坚实垂直壁的最大高度。它影响通过的地形或地物，如田埂、堤岸、岩坎、建筑物地基、残余墙基、台阶、月台和码头等。这个高度通常由前轮中心高度决定，也与地面附着力和车辆重心位置等有关，如图 2.4 所示。过垂直墙高度一般为 0.7~1.1 m。

5) 越壕宽度

越壕宽度是指车辆以低速行驶能跨越水平地面上硬边缘壕沟的最大宽度，约等于车辆重心到主动轮和诱导轮中心的两段距离中的较小一段长度，如图 2.5 所示。由于履带在车辆中段连续接地，越壕时起支撑作用比较方便，一般越壕宽度可达车体长度的 40%~45%。现代主战坦克的越壕宽度为 2.7~3.2 m，远宽于一般步兵战壕，也可以跨越许多农业沟渠。

图 2.4　过垂直墙高度的极限

图 2.5　越壕宽度的极限

6) 涉水深度

涉水深度通常指在不利用辅助设备、器材和不作特殊准备的情况下，车辆所能安全涉渡通过的最大水深。由装甲车体构成密封盒体的车辆，涉水深度一般取决于车体门窗、发动机排气管口和驾驶员受水浪影响等因素。现代坦克涉水深度一般为 1.1~1.4 m。有准备的涉水深度指用一些辅助器材进行一些专门准备，主要是密封车体门窗、保护发动机排气管口等以后能安全涉渡通过的最大水深。具有这种准备的现代坦克，可以经过炮塔门窗和隔板向发动机供气。这个深度主要取决于炮塔门窗受水浪影响的情况，一般为 2.2~2.4 m，随车高而定。

7）潜水深度

潜水深度是指利用潜渡辅助器材，经专门准备后，车辆沿水底行驶通过深于车顶的最大水深。潜渡辅助器材一般包括由若干段连成的进气管、不能密闭的门窗的附加密封装置、发动机排气单向活门、排水泵、航向仪及救生器材等。由于发动机排气受水压限制，潜水深度一般为 4.0~5.5 m。一般轻于 30 t 的车辆潜渡有困难，原因是不具有对水底足够大的单位压力，从而不能得到足够的牵引力，而增加配重又会造成出水困难。

3. 水上机动性

水上机动性（浮渡能力）是对本身具有浮性或加装少量漂浮器材后具有浮性的两栖装甲车辆，在水面上和出入水运动性能的总称。水陆两用装甲车辆一般以陆上为主，水上只要求能克服一般水障碍或越河战斗。对于登陆车辆，要求适用于沿海和岛屿，能登陆抢占滩头阵地或封锁水上要道等。装甲车辆构成密封车体比较方便，一般车辆质量在 16 t 以下，本身就具有足够的浮性。接近 20 t 的装甲车辆，需利用辅助的浮箱、中空的车轮等来增加浮力，才具有浮性。质量接近 30 t 及以上的装甲车辆，必须额外加装大量漂浮器材才具有浮性。

1）浮力储备

具备浮渡能力的装甲车辆，在战斗全质量状态下停在静水中，假设增加载荷使车辆水平下沉到窗口或甲板进水前所加载的质量，称为浮力储备。它表示在吃水线以上车体部分所提供的储备的浮力，一般用浮力储备与车辆战斗全质量的百分比，即浮力储备系数来表示。

$$浮力储备系数 = \frac{加载质量}{战斗全质量} \times 100\% = \frac{储备排水量}{实际排水量} \times 100\% \qquad (2.13)$$

浮力储备系数的大小取决于设计水线以上能密封不进水部分的容积，而水线则决定车辆质量和水下部分的容积。浮力储备较大时，可以保证车辆能较好地在风浪中行驶，水上战斗中车体有破损时下沉较慢，水上射击倾斜危险也比较小。一般要求浮力储备不小于 20%。

2）水上推进方式

目前，水上推进方式主要有划水推进、螺旋桨推进和喷水推进三种方式。划水推进，由于水上和陆上共用一个推进装置，不占用车内空间，因此结构最简单，是具有浮水性能的车辆应用最多的推进方式，通过改变两侧行走系统的速度进行转向；缺点是推进效率低，约为10%，速度慢，最大速度不大于 7 km/h，转向和倒车性能较差。螺旋桨推进，是通过螺旋桨的旋转产生推力，从而推动车辆在水上行驶。这种推进方式用方向舵来转向，结构简单，推进效率较高，行驶速度较快，最大速度可达 10 km/h；缺点是螺旋桨暴露在车外，安装困难，易损坏。喷水推进，是利用喷水装置产生的水的动量变化，形成车辆在水上行驶的动力。喷水推进防护性好，推进效率较高，速度快，水上倒车和转向性能较好，不影响陆上性能。因此，近代两栖装甲车辆广泛采用喷水推进方式。

3）最大航速

最大航速是指具有浮渡能力的装甲车辆，在战斗全质量状态下，按一定航行条件，在静水中直线航行的最大速度。由于在水中行驶的运动阻力随速度的增大而迅速增大,持续航行应该以发动机不超负荷过热为限。最大航速随车辆采用的水上推进方式及车体形状的不同而不同,一般只能达到 5~12 km/h,先进的两栖车辆可达到 40 km/h。

4) 最大航程

最大航程是指装甲车辆在战斗全质量状态下,一次加满额定数量的燃料,以一定速度在静水中航行的最大里程。

5) 水上倾角

水上倾角是指具有浮渡能力的装甲车辆,在静水中悬浮平衡情况下,由于重心偏离浮心,使车体纵横基线与水平面形成的角度。当重心偏前时,形成前倾,将会使车辆航行时前进阻力增大。重心偏后时,形成后倾,可使车辆前进时的阻力减小。适当的后倾角随航速而定。重心在横向偏向一侧时,形成侧倾,它对在风浪中航行和射击等的影响较大,应该尽量避免或减小。

6) 抗风浪能力

抗风浪能力是指具有浮渡性能的装甲车辆,在战斗全质量状态下,在水上抗御风浪、安全航行的能力,一般以保障安全航行条件下能抗御的最大风浪级别或浪高来表示。两栖车辆抗风浪能力一般应不小于 3 级风和约 1.3 m 浪高。

7) 入水角和出水角

入水角和出水角是指装甲车辆在战斗全质量状态下,能够安全地从坡岸进入水中和从水中攀登上坡岸的最大坡道角,如图 2.6 所示。入水角一般为 20°~25°,出水角一般为 25°~30°。

8) 水上稳定性

具有浮渡性能的装甲车辆不仅要有能浮在水面上的能力,而且还要求具有一定的水上稳定性(简称稳性)。水上稳定性是指装甲车辆在水中受到外力作用而离开平衡位置,当外力消除后能恢复到平衡位置的能力。水上稳定性是具有浮渡性能的装甲车辆的重要的水上性能之一。水上稳定性能保证装甲车辆在纵倾或横倾的情况下进入水中,在波浪中航行和保证乘员能在车内活动等。

水上稳定性包括纵向稳定性和横向稳定性,由于纵倾一般在小角度范围之内,因此一般只考虑横向稳定性。根据引起侧倾的性质,水上稳定性又分为静稳定性和动稳定性。静稳定性是指没有角速度或角速度很小的稳定性。动稳定性是指有角速度的稳定性。

4. 环境适应性

环境适应性表示车辆适用的环境条件,它一方面表明车辆能够机动的地域范围,另一方面也说明车辆能给乘员和载员提供的乘坐环境条件。

1) 使用环境气温范围

车辆的各种机构和设备等能正常工作的气温范围,包括寒冷地区的冬季最低温度和炎热地区的夏季最高地面温度,一般在 -40~50 ℃ 范围内。温度低,道路被冰雪覆盖,行动部分打滑,爬坡度约减

图 2.6　入水角和出水角

(a) 入水示意图;(b) 出水示意图

小一半，光学仪器及设备结霜结冰，油管、水管经常泄漏，橡胶变硬，金属变冷脆，油料过稠，电瓶冻坏，弹道变近，发动机难以起动，乘员易冻伤等；温度高，则发动机功率不足，容易过热，光学仪器和电器易生锈和发霉，橡胶老化变质，油料稀薄，容易漏油、漏水以及弹道变远等。要求适应的温度范围越大，技术和成本代价也越大。

2）特殊地区适应性

除一般平原、丘陵地区外，车辆还需要适应一些不同地区的气候、地理和地形等条件，要能克服一些可能遇到的问题。例如，在热带丛林地区，多雨、潮湿、易发霉，观察距离或范围小，水障碍和泥泞多，林木妨碍转向和妨碍火炮回转等。在沙漠地区，冬夏和昼夜温差大，水和液体蒸发快，干燥缺水，沙面松散，沙丘背风面坡陡，地面阻力大，易陷车和履带脱落，空气滤清器易堵塞，发动机易过热，行程和速度减小，不能爬陡坡和不能在侧倾坡行驶，风沙尘土大妨碍机件活动或使操作费力，甚至出现炮塔不能回转、枪炮不能射击或不能退壳等问题。在高山和高原地区，空气稀薄气压低，发动机功率降低，后燃严重，水的沸点低，易过热，速度和爬坡度降低等。在海边地区，海滩多污泥和坡道，风浪使车内进水，沾海水后盐层吸潮迅速锈蚀车体，盐雾腐蚀，光学仪器和电器发霉等。在水网稻田地区，泥泞厚而黏，阻力大易打滑，转向困难，水渠河流多，沟岸陡直，桥梁小，道路窄等。在山区，道路窄小、弯急、坡陡，各种地形障碍多，目标水平高度的差距悬殊等。

3）乘员环境条件

除影响乘员运动学和动力学的空间几何尺寸外，主要指温度、湿度、噪声、振动、空气污染等方面的情况。要求：

（1）温度和湿度。车内乘员和载员的密闭空间温度受车辆环境以及工作机械的影响很大。车内最好保持 18～25 ℃的温度和 40%～50%的相对湿度。

（2）空气污染。车内密闭空间的空气经常被严重污染，包括油料挥发蒸气、漏出的发动机废气，特别是枪炮射击所产生的火药气体，其中一氧化碳等的危害最大。为此，车内空气不但需要流通，使所产生的污染空气在较短的时间内得到清理，车外污染空气进入车内也需要滤毒。

（3）噪声。高速履带式车辆的噪声一般很大，其噪声源是动力传动系统，特别是高速行驶时履带对车轮和地面的碰击。为保护听力和能进行联系，需要采取措施治理噪声源。

（4）振动。振动影响乘员的工作能力和行进间射击的精确度。振动频率较高时会使乘员很快感到疲乏，但低频率又可能会引起乘员晕车。比较适当的频率是符合人的正常行走的节奏，即每分钟 50～120 步，相应振动周期为 0.5～1.2 s。振动加速度过大，可能影响人体器官。振动频率越高，人所能忍受的加速度便越小。

5. 运输适配性

当部队进行大范围或远距离、特殊的紧急调动时，需要用各种运输手段实施，如火车、飞机、船只的载运，直升机的吊运。按规定标准装甲车辆适用各种运输工具，例如铁道和公路车辆、航空和水上运输工具等运输的可能性，称为运输适配性。适于运输可以提高装甲车辆的机动能力，扩大装甲车辆的作战使用范围，增大发挥作用的机会，也使行驶里程和寿命有限的装甲车辆能够保留更多的有效战斗或作业能力。影响运输适配性的关键因素是质量、体积、外形尺寸、质心位置、固定或接合的接口。目前适于一般运输工具如载货汽车等的只是较轻较小的车辆。较困难的运输是重型装甲车辆的运输，需要有适当的大型运输机和机场等。

2.4 防护性能及其设计

防护，是为免受或减轻伤害而采取的防备和保护措施。防护分主动防护和被动防护。主动防护就是采取施放烟幕、诱骗、干扰或强行拦截等措施，来免受被瞄准或被击中。被动防护就是采取装甲等保护措施，来减轻伤害。装甲防护是被动防护的主要形式。

防护性是保护车辆、人员和各种装置，避免或减少受杀伤破坏的能力。需要防御的对象有各种枪弹及枪榴弹、炮弹及弹片、反坦克导弹和火箭、手雷、地雷、航弹、核武器、化学毒气、生物毒剂等。防护作用和防护性能是由多方面措施获得的，例如，不同厚度和倾角的各种材料的装甲的车体和炮塔、"三防"装置、烟幕和灭火抑爆装置等，其中最基本的是装甲防护。目前，对防护性能的要求有所扩充，提出了人员和车辆系统在战斗中能保持战斗状态的"生存能力"。防护性能层次为：防侦察、防探测、防命中、防击穿和防损伤。也就是不易被探测或发现，发现后不易被命中，命中后不易被击穿，击穿后不易发生二次效应损伤人员和主要设备。

2.4.1 装甲防护

1. 装甲防护的原则

装甲，是指用于抵消或减轻攻击，保护目标避免和减轻伤害的保护壳。装甲分主动装甲与被动装甲。主动装甲由自动化侦测、判别、攻击系统组成，通过对来袭弹头进行拦截起到防护作用。被动装甲，是通过提高装甲抗打击能力来达到防护目的的。被动装甲，包括均质装甲、复合装甲和反应装甲等。均质装甲是用单一材料制成的，如普通装甲（钢装甲）、陶瓷装甲、贫铀装甲等。复合装甲是由两层以上不同性能的防护材料组成的非均质装甲，依靠各个层次之间物理性能的差异来干扰来袭弹丸的穿透，最终达到阻止弹丸穿透的目的。反应装甲，是指装甲车辆受到反坦克武器攻击时，能针对攻击作出反应的装甲，最常见的是爆破反应装甲。爆破反应装甲，是在装甲车辆的装甲上安装惰性炸药，惰性炸药对小一点的冲击不会作出反应，当遇到可以击穿坦克主装甲的武器攻击坦克时，惰性炸药就会向外爆炸，可以有效地降低这些反坦克武器的破坏效果，达到保全坦克的目的。

装甲车辆面临的威胁来自三维空间的诸兵种战斗武器，防护的对象有：从正面、侧面和后面来的反坦克穿甲弹、破甲弹、碎甲弹、爆炸成型弹丸、火箭弹和导弹等；来自顶部的各种无制导弹药和遥感灵巧的攻顶弹药；针对底部的各种反坦克地雷，或是核武器和爆震武器；激光武器、粒子束和微波等新概念武器。

装甲防护的原则是：突出正面防护，兼顾侧面防护，加强顶部防护，考虑底部防护。

装甲防护能力的分配为：正面防护为 45%，侧面防护为 25%，顶部防护为 15%，尾部防护为 10%，底部防护为 5%。现代装甲车辆用于防护的质量约占战斗全质量的 45%。

2. 装甲防护的性能

1）装甲设置

装甲设置是指车体和炮塔用作防护的装甲的分布情况，包括车辆各方向和部位采用装甲的类别、厚度、连接形式、倾斜角以及对某些武器弹药的防护能力等。由于设置坚强的装甲，构成了装甲车辆不同于其他武器装备的最大特点。车体和炮塔前方的装甲防护能力要求最高，其次是两侧。现代主战坦克前方常设置较厚的装甲钢、复合装甲，具有相当于水平厚度 500 mm 以上钢质装甲的防护性能，倾斜较大，防弹能力和承受冲击能力都较好，足以在一定距离上对抗当代大口径超速穿甲弹，特别是能防不同距离的破甲弹和反坦克导弹的攻击。目前，主战坦克前上装甲对水平面的倾斜角都小于 45°，水平厚度一般为 200~300 mm，甚至可到 800 mm 以上。轻型车辆限于质量小，要求装甲较薄，可以防御命中机会最多的枪弹和弹片，达到大量减少伤亡和破坏的目的。

2）装甲防护系数

装甲的结构形式和所用的材料不同，其抗弹性能是不同的。以均质装甲为基准，用装甲防护系数来表征特种装甲（包括复合装甲、间隙装甲、间隙复合装甲、反应装甲和爆炸反应装甲等）的抗弹性能。在穿甲弹或破甲射流对装甲入射方向上，单位面积的装甲质量，称为防护面密度。当弹头击中靶板后，观测靶板周边的尺寸和状态，如无任何尺寸变化、裂纹和崩落物时，此种尺寸及质量的靶板称为"半无限靶"。防护系数 N 是标准均质装甲钢半无限靶面密度与对比特种装甲材料面密度的比。特种装甲材料的防护系数值，可按式（2.14）计算：

$$N = \frac{H_b \rho_b}{H_t \rho_t} \tag{2.14}$$

式中，H_b 为以标准弹种射击标准均质装甲钢半无限靶时的穿入深度；ρ_b 为标准均质装甲钢密度；$H_b \rho_b$ 为标准均质装甲钢半无限靶面密度，即以标准弹种射击时，对该靶有 50% 击穿概率时的面密度；H_t 为特种装甲半无限靶被同一标准弹种射击时的穿入深度；ρ_t 为特种装甲密度；$H_t \rho_t$ 为特种装甲面密度，即以同一弹种对靶具有 50% 击穿概率时的面密度。

有时也直接用防护厚度系数（也称为空间防护系数或体积防护系数）表征抗弹性能。防护厚度系数，为标准弹种射击标准均质装甲钢半无限靶时穿入深度与用同一标准弹种在射击特种装甲时的穿入深度之比。

3）抗穿甲能力

抗穿甲能力是指一定装甲能承受一定最大命中速度（称为着速）的穿甲弹而不被穿透的能力。当然，板越厚、材料越好时，需要着速越高才能穿透，表示一定装甲板抗不同口径弹丸的能力。只要在靶场试验出少数准确值，对不同的板厚、弹径和速度，可以按规律推算出抗穿甲能力。

4）防护距离

车体、炮塔的某一部分防护某一定武器，使车内不致受到杀伤和破坏时，该武器与车辆的最小距离称为防护距离。火炮武器中的动能穿甲弹的穿透能力是随弹丸飞行距离的增大而减弱的，所以防护距离通常主要用以表明某装甲能防某穿甲弹的最小距离。这个距离越小，说明装甲的防护能力越强。目前主战坦克的防护距离一般要求不大于 1 500 m。

5）抗破甲能力

抗破甲能力是指一定装甲能承受一定破甲弹而不被金属射流穿透或穿透后剩余金属射流能量不足以造成毁伤的能力。破甲弹的威力与弹丸着速没有多大关系。装甲抵抗破甲弹的破坏主要是破坏破甲弹金属射流，消耗破甲弹金属射流能量。复合装甲和反应装甲对破甲弹的防护系数可达 3~5。

2.4.2 伪装与隐身

伪装与隐身性能是指通过伪装与隐身，降低本身特征，使装甲车辆不易被发现的性能。伪装与隐身性能指标为被发现的概率，即在特定条件下，被发现的装甲车辆数量占被侦察的装甲车辆总数量的百分比。

装甲车辆本身的特征包括外形、噪声、光源及热源。装甲车辆上的热源有：运动及运动后的动力传动装置和行动装置、运转的电气设备、乘（载）员及射击后的火炮身管。装甲车辆运动时，发动机排气管出口部位的温度高达 800 ℃，其他部位的表面温度一般也高于环境温度 4~25 ℃。火炮每发射一发炮弹，温度即升高 5 ℃以上；一名乘员产生的热辐射能量约为 300 J。

1. 伪装防护

伪装防护是指装甲车辆上采取的隐蔽自己和欺骗、迷惑敌方的技术措施，通常包括普通烟幕、伪装涂层和伪装遮障。伪装涂层是指用涂料来改变装甲车辆表面的波谱特性，使敌方不易探测所实施的伪装措施。通常根据所使用的季节和地区，用不同颜色的涂料，按要求在装甲车辆表面涂刷成大小不一、互不对称的斑块和条带形图案，从而改变装甲车辆的视觉效果，增加光学和红外等观测器材探测和识别装甲车辆的难度。伪装遮障是一种设置在装甲车辆上或其附近的伪装器材，由线绳或合成纤维编织的网和支撑杆组成，网上有与背景颜色相近的图案和饰物。烟幕装置性能是指用以阻碍敌人视线掩护自己行动的烟幕施放装置的性能，通常用烟幕施放装置的种类或数量、形成时间、烟幕范围等来表示。

2. 隐身防护

隐身防护是在伪装防护基础上逐步形成的，是指为减小或抑制装甲车辆的目视、红外、激光、声响、热、雷达等观测特性而采取的技术措施，包括车辆外形设计技术、材料技术、涂层技术等，是一门新兴的综合技术。它与伪装防护既有密切的联系，又存在着明显的区别。伪装防护主要是采用制式器材进行隐蔽，减小目标的可探测性，隐身防护则是在设计时就采取减小车辆可探测性的技术措施。

隐身防护的主要要求：

（1）涂层要有三种以上不同的颜色，所构成的图案能在可见光、红外光谱区内分割车辆的外形。反射率应能适应不同作战地区、不同季节的需要。

（2）能干扰或模糊 3~5 μm 和 8~14 μm 的热成像系统的探测和观测。

（3）能干扰或减小 8 mm 雷达波信号。

2.4.3 后效防护

装甲车辆的装甲被击穿后，碎片造成的机件毁坏、乘（载）员损伤、车内起火和弹药爆炸，统称为二次效应，也就是"后效"。后效防护就是防止在车内引发"二次效应"的能力，包括隔舱化要求、多功能装甲内衬层和灭火抑爆装置。

隔舱化要求就是把动力舱与战斗室隔开，把战斗室的备用弹药用隔舱隔离，并在隔板上预设裂点，以便当压力达到一定限度时从裂点爆开排出压力。

多功能装甲内衬层是装在战斗室内的一种柔性的黏合或缝合的纤维织物，具有较高的抗拉强度，良好的耐疲劳能力，能防火，不易熔，质量小，易于加工成型。其主要作用是减少碎片的数量，降低碎片的速度，隔热防火，降低噪声，衰减中子以及 γ 射线的侵彻。

灭火抑爆装置是用于扑灭车内由于弹丸命中或其他原因引起的火焰，防止弹药爆炸和可燃物燃烧以保证乘员和车辆安全的装置，包括动力舱灭火抑爆装置和战斗室灭火抑爆装置。通常要求表明其类型、探测装置数量和位置、探测灵敏度、灭火时间、抑爆时间、灭火瓶数量和位置等。各国新一代坦克大都采用自动灭火抑爆装置，能在 5 ms 内作出反应，在 80~120 ms 内完成灭火。

2.4.4　核生化三防

三防能力是指对核武器、生物武器、化学武器（即核弹、细菌、毒气）的特殊防护。三者中以防核武器最重要，包括防冲击波、光辐射、早期核辐射，以及放射性沾染物质对乘（载）员的伤害。防沾染物质与防细菌和毒气基本是一致的，只是进入车内空气中需要滤清的毒物有区别。

"三防"装置分个人式和集体式两种。个人三防是在车内穿防毒衣并戴面具，设备简便，但工作不便，毒物也易沾染车内。集体三防包括车体炮塔密封、建立车内超压环境等。三防能力的指标常有滤清效率、滤毒通风装置风量、反应时间、车内超压值以及防毒持续时间等。对于现代装甲车辆来讲，滤毒通风装置风量一般在 $100 \sim 200$ m^3/h，车内超压值大都在 $300 \sim 600$ Pa，防毒持续时间不少于 12 min。

2.4.5　主动防护系统性能

主动防护系统是一个以计算机为基础的多功能智能化防御系统，可大幅度提高装甲车辆的战场生存能力，降低战斗全质量。

主动防护系统性能是装甲车辆的一种特殊防护性能，主要包括：激光、红外辐射、雷达波辐射告警性能，激光压制观瞄性能，红外、激光干扰性能，对来袭导弹的拦截性能以及特殊烟幕施放性能等。

1. 激光、红外辐射、雷达波辐射告警性能

对激光、红外辐射、雷达波辐射告警性能的具体要求如下：

（1）灵敏度要高，当接收到微弱电磁辐射时，即能迅速捕获。

（2）作用距离要远，视场要大。

（3）作用范围要广，能响应各种波长的激光、红外辐射、雷达波辐射。

（4）要能识别敌我，仅对敌方的电磁辐射进行告警。

（5）误警率要低，对灯光、爆炸闪光等能进行识别，不予告警。

2. 激光压制观瞄性能

对激光压制观瞄性能的具体要求如下：

（1）反应时间短，一般应在接到指令后 1~2 s 内即能开始工作。

（2）工作波段宽，以适应战场的需要。

（3）作用距离远，一般要能对 10 km 外的目标起作用。

（4）连续工作时间长（激光压制观瞄装置一般需间歇工作，战场上需要较长时间工作的激光器）。

（5）可靠性高，故障少，对环境的适应性强。

3. 红外、激光干扰性能

对红外、激光干扰性能的具体要求如下：

（1）干扰波段宽，应大于或等于制导弹药的工作波段。

（2）作用距离远，在制导弹药的全射程中都能有效地实施干扰。

（3）干扰空域大，应能对大范围的来袭弹药进行干扰。

（4）干扰成功率高，一旦实施干扰，成功率应达到合适的水平。

4. 反坦克导弹拦截装置性能

对反坦克导弹拦截装置性能的具体要求如下：

（1）拦截率高（拦截率是指成功拦截次数与来袭反坦克导弹总数之比）。

（2）通常情况下，误动率越低越好（误动率是指对不应拦截的来袭飞行物如枪弹、炮弹碎片等拦截的次数与该类飞行物总数之比）。

（3）附带损伤小（附带损伤是指拦截时，对车辆内外部件及乘员所造成的损伤）。

2.5　信息系统性能及其设计

在现代化战争中，信息系统性能已成为装甲车辆的一项重要性能，及时获取、正确处理、有效使用和交换战场信息成为装甲车辆指挥和控制以及发挥作战部队和武器系统的最大效能的基础。装甲车辆的观察装置、通信装置和电子信息系统性能，体现了装甲车辆在战场上获取、处理和使用信息的能力以及信息对抗的能力。

2.5.1　电气系统性能

装甲车辆的电气设备通常是指电源装置、用电设备、检测仪表和辅助器件的总称，主要由电源及其控制、用电设备及其管理、动力传动工况显示和故障诊断等分系统组成。现代装甲车辆电气系统特性要求，国内外均以军用标准的形式作出了明确而具体的规定，并作为装甲车辆研制和使用的依据。如美国军用标准 MIL-STD-1275A（AT），中国国家军用标准 GJB 298—1987《军用车辆 28 V 直流电气系统特性》。

2.5.2　通信系统性能

装甲车辆通信系统包括车载式无线电台和车内通话器。装甲车辆通信包括车内通信和车际通信。通信系统性能是车内人员之间，车内和车外人员之间，本车和其他车辆、指挥部门及协同作战的其他军、兵种之间的通信联络手段和能力的总称。通信系统性能包括通信工作方式与通道、通信距离、抗电磁干扰能力、保密通信、车内联络方式及辅助联络手段。

目前，在装甲车辆上采用的通信技术有调幅通信技术、调频通信技术、单边带通信技术、跳频通信技术、保密通信技术及主动降噪技术等。随着科学技术与兵器技术的发展，未来战争对军事通信的要求越来越高，加上计算机技术的发展和应用，已经或即将应用到车辆通信中的新技术有卫星通信，扩频通信，网络通信，时分、码分多路通信，以及自适应技术、闲置信道扫描、零位天线、模拟/数据信号自动识别与控制等技术。纵观国内外通信技术的现状与发展趋势，可以看出，多功能化、网络化和数字化是坦克装甲车辆通信技术发展的大方向。

1. 电台性能

无线电台是最主要的通信装置，电台的功能影响较大，要求电台具有较强的保密性、较高的抗干扰能力和远距离通信能力等。目前在微电子技术迅速发展、集成电路广泛应用的情况下，电台工作要求保密性强，能抗干扰，高度可靠和自动化，尽量减少乘员操作以便集中精力进行战斗。尤其是指挥和侦察车要求具备高性能的电台。无线电台最基本的性能是通信距离。

2. 车内联络方式

车内联络包括车内乘员之间、乘员和载员之间的通话和信号联系设备等。车内联络方式最主要的是通话器，要求能避免噪声的干扰，语音清晰不失真。此外，可能要求一些指示灯和音响信号设备等。

3. 辅助联络手段

除无线电台、车内通话器等常用的对外、对内主要通信联络工具外，车辆还应具有其他补充或辅助性联络手段，如信号枪、专用闪光指示灯、步兵电话、遥控电缆、音响信号设备、手旗等，各适用于不同的对象和情况，随不同车辆的用途需要而定。

2.5.3　电子信息性能

现代高技术条件下的战场将是信息化、数字化的战场。在信息化的战场上，战争的结果越来越取决于对战场信息的获取、传输、控制和有效利用。电子信息系统是一种综合性的人机交互系统，用数字技术来完成信息的收集、传输、控制、处理和利用，以发挥作战部队和武器系统的最大效能。

装甲车辆综合电子系统为开放体系结构，以数据总线为核心，将车内的电子、电气系统和指挥、控制、计算机、情报监视、侦察等设备或电子系统进行系统集成，形成一个分布式计算机网络系统，以单车为基点实现指挥自动化，并通过车际信息系统与上级电子信息系统相连，实现车内、车际信息共享。装甲车辆综合电子系统包含：定位导航、火力控制、综合防御、车际信息、电源分配及管理、动力传动集成控制、弹药管理、战场管理及故障诊断等分系统。

2.5.4　观察装置

观察装置主要用于观察和搜索目标，性能指标以视场、倍率及夜视视距表示。

由于现代战争的发展需求，还要求观察装置具备防强激光照射、防意外撞击及高密封性的能力。

2.5.5　电磁兼容性

装甲车辆的电磁兼容性是指装甲车辆上的不同装置、电器、仪器间的电磁兼容性能，主要包括通信系统、计算机系统、综合防御系统、火炮驱动与控制系统、动力传动控制系统及定位导航系统间的电磁兼容。

现代战争电磁环境十分复杂，电磁空间已成为与海、陆、空并列的第四维战场空间，装甲车辆在研制、试验和部队使用过程中，曾因电磁干扰而产生严重后果。例如，火控计算机工作干扰电台部分通话信道、电转炮塔导致电台遥控盒误动作，以及操作转换开关导致火炮误击发等。随着电子产品在装甲车辆上的广泛应用，电磁兼容性已成为影响装甲车辆性能及作战使用的重要因素。

装甲车辆的总体电磁兼容性要求如下：

（1）电线和电缆。布线必须根据电线或电缆的干扰与敏感度特性，把信号导线、电缆与强电路分开设置，并注意走线方式，尽量减少耦合现象产生。

（2）电源。电源在运行中的稳态、纹波和浪涌电压应符合电气系统特性规定，不得出现电源设备与用电不匹配造成的非稳态运行状态，更不允许产生用电设备敏感的浪涌电压。

（3）尖峰电压。电气系统运行中出现抛载或突然加载的瞬态过程时，系统产生的尖峰电压不得超过±250 V。当±250 V尖峰电压输入电气系统时，系统工作也不得出现异常。

（4）搭接和接地。搭接是指装甲车辆金属结构部件、设备、附件与车体之间有低阻抗通路的可靠连接；接地是指把设备的负线、壳体或结构部件连接到车体，为设备与车体之间提供低阻抗通路，以防止产生电磁干扰电平，也是防止电击、静电防护、雷电防护以及保证电台天线性能最佳的必要措施。

（5）雷电防护和静电防护。对人员、燃料、武器和军械分系统应采用雷电防护和静电泄放的措施。

（6）人体防护。为保证人员不受射频、电磁、静电荷电击危害，要求分系统和设备的设计必须满足对人体的安全规定。

（7）对军械分系统的电磁防护。系统设计中应包括对军械分系统的防护措施，避免由于任何形式的电磁或静电能量引起意外击发或击发失效。考虑的有关因素包括布线、敷设电缆、加载、运输、测试和预发射等。

（8）外界环境。系统设计应考虑到系统外部的电磁环境，因为外界电磁环境可能降低系统效能。

（9）抑制元件选型。应选择符合系统要求的、对电磁干扰抑制效果好的抑制元件。

2.6 特殊性能要求

2.6.1 战斗车辆的特殊性能

1. 装甲输送车性能

坦克不能离开步兵来最后结束战斗。为使步兵跟上坦克速度，并避免敌人火力威胁步兵和造成大量伤亡，需要用装甲输送车来护送坦克部队编制内的机械化步兵，以便快速越野到作战地点，并迅速下车投入各种战斗任务，达到密切配合协同歼灭敌人的目的。装甲输送车也用来在敌炮火威胁下输送武器、弹药、油料、给养等作战物资，及时保障充足的补给。此外，装甲输送车也大量用于机械化步兵部队。

装甲输送车要求装载质量，载员人数，装载面积，载物长、宽、高度极限尺寸，以及空载和满载时的不同行驶性能等。

装甲输送车一般要求有乘员1~3名，通常还要载运一个班的步兵，包括其背包、武器等。装甲输送车的机动性要求不低于坦克，而装甲只求防小口径武器和"三防"。由于装甲不厚，其质量一般为10~15 t，因此常要求水陆两用。它的火力一般只要求装备高射、平射两用的高射机枪。为使步兵在较长时间乘车以后仍能保持高度战斗力，要求车内空间环境比较好，这包括改善车内温度、通风、振动、声响、坐姿和对外观察等方面。步兵在发现敌情时应能迅速隐蔽地下车投入战斗。

2. 步兵战斗车性能

近年来对装甲输送车提出更高的要求，已发展成所谓的步兵战斗车。步兵战斗车保持和坦克基本相同的机动性，要求配合坦克作战，车上的步兵也要能用所携带的武器乘车战斗。这就要求把火力和防护性都提高到比装甲输送车更高的水平。一般要求它的装甲能防轻、重机枪或小口径炮的攻击。对火力，要求增设小型炮塔安装 20 mm 以上口径的自动炮或中口径火炮，或携带少数反坦克导弹以提高对付敌坦克的能力。它的质量可达 20 t 以上，对乘员和载员的其他要求基本与装甲输送车相同。

3. 自行火炮性能

自行火炮可以使炮兵进一步到第一线实施机动。火炮能自行，就不需要牵引，可以缩短射击准备时间，迅速变换射击阵地，并能达到原来火炮所不能达到的困难而有利的地形。由于自行火炮具备装甲防护和与坦克基本相同的机动性，所以也常用作伴随步兵和坦克的支援火力，大量地配属于坦克部队作战。但是，火炮的种类很多，使用性能又各不相同，因而对各种自行火炮（自行榴炮、自行高炮、自行迫击炮、自行远程炮等）的特殊要求难以一致。

作为支援火力使用的自行火炮，主要要求火力比坦克更强大。它安装的长管加农炮或榴炮的口径常大于坦克炮。因为它通常的战斗位置在坦克和步兵之后，火力机动性要求可以低一些，方向射界不一定 360° 回转，但至少应有 10°~30° 的方向射界。自行火炮在战场上的使用位置越靠后，防护力的要求越低。有些自行远程炮和自行迫击炮的车体甚至可以是半开式的。自行火炮的机动性应该与坦克基本相同。

自行高炮的火力机动性要求比坦克更高。高低射界的最大仰角既要求能大到 80° 左右以便于对空射击，也要求有一定俯角能保证平射。方向射界要求能作 360° 回转。调炮速度应能追踪高速的敌机。自行高炮的自动武器口径虽然一般较小，但数量上常并列安装双管或多管，以使射击时机很短的对空火力更猛烈。高射速的多管自动武器要求弹药基数很大，操纵火炮的乘员人数也可能比坦克多，所需炮塔和战斗部分也较大。

4. 侦察指挥车性能

侦察指挥车性能是指观测车辆上安装的观测器材的性能，包括高倍率望远镜或测距仪、方向仪、经纬仪、炮队镜和指挥镜，以及专用通信设备等的型号、数量及其性能。

侦察车辆所具有的特殊侦察设备及性能，包括装置的类型、牌号和性能，以及侦察人员及其分工等。指挥车辆的电台和接收机型号、电台接收机数量、电台和接收机性能、潜望镜型号及数量、高倍率潜望或指挥镜型号及性能、工作台面积、辅助发电设备性能、附加帐篷数量或面积，以及为指挥而设置的其他各种设备等。

2.6.2　工程车辆的特殊性能

工程车辆一般利用产量较大的主要坦克、步兵战车等的底盘，改变布置，在其上安装各种不同的武器、装备或专门作业装置，成为不同的战斗车辆或作业和辅助车辆。特种车辆底盘的基本性能项目一般不超出原车辆的性能指标项目，但随作业装置的尺寸、质量等不同，也可能带来对底盘基本性能的一些改变。

1. 起吊作业性能

装有起重吊车的工程车辆所具有的额定起吊质量、有效起吊幅度、额定起吊力矩、起吊高度、吊车回转角度、起吊速度、绞盘拉力、钢丝绳长度、驻锄驱动方式等。

2. 推土作业性能

安装有推土铲的工程车辆所具有的推土铲驱动方式、推土铲宽度、推土铲角度、推土能力（每小时土方量）等。

3. 扫雷作业性能

随不同种类扫雷作业装置而具有的扫雷器类型、扫雷器质量、扫雷宽度、未扫雷宽度、扫雷速度、装卸扫雷器时间、安全转向半径等。

4. 绞盘作业性能

装有钢丝绳绞盘的工程车辆或牵引车辆所具有的绞盘额定拉力、钢丝绳直径、钢丝绳有效长度、钢丝绳平均收绳速度、钢丝绳平均放绳速度等。

5. 维修作业性能

不同种类的维修工程车所具备的冷热机械加工、发电、充电等能力及设备数量、牌号等。这些维修作业车辆的设备及其性能，一般是根据所需服务的装甲部队的装备车型配套的。

6. 布雷作业性能

布雷车辆所具有的布雷操作人数、布雷设备、布雷种类、携雷数量、布雷区域尺寸面积、布雷密度、布雷速度等性能。

7. 架桥作业性能

架桥车辆所具备的架桥方式、桥长、桥宽、桥高、桥重、架设跨度、桥体承载质量、架桥时间、收桥时间等。

8. 救援作业性能

救援车辆具备的起重和拖曳为主的性能，具体项目参见绞盘和起吊作业性能。此外，还包括最大挂钩牵引力、牵引速度、牵引最大上坡度等。

9. 牵引车性能

军用牵引车主要用以牵引重型火炮来提高炮兵部队的机动性，同时也是炮兵和弹药的运输车。牵引车是用于二线的车辆，不要求装甲防护，一般也不要求具有火力，但为自卫，常需要配备高射、平射两用的高射机枪。突出要求牵引车的是牵引性能好，在转向、上坡等各种困难工况也应保证牵引力。转向应平稳，不许车尾甩动。牵引火炮下坡要求制动性好。牵引车行驶的道路条件和战斗车辆不同，约90%是公路。

牵引车的车厢容积应该尽量大，以便搭乘炮兵和装载弹药等。牵引车应具备自救和抢救其他车辆和装备的能力，要求有钢丝绳绞盘，最好有一定的起重设备。由于是炮兵使用，牵引车的易损器材应尽量与汽车通用。

第3章

装甲车辆总体方案设计

3.1 总体方案设计概述

3.1.1 方案设计及其内容

1. 方案设计的概念

方案设计，又称概念设计，是指按用户需求设计出具体的系统解决方案并进行规划。方案设计是对方案可行性的理论验证，可行还是不可行，首先考虑的是能不能满足用户的需求，方案合理性和可行性是放在方案设计的首位的。方案设计是设计过程中的一个阶段，所设计的方案先是满足空间功能需求，接下来就是满足系统其他需求。也就是主要确认系统结构及其组成，以及结构间主要断面及节点的相互关系。方案设计承前启后，是设计中的重要阶段，是一个极富创造性的过程，同时也是一个十分复杂的问题，它涉及设计者的知识水平、经验、灵感和想象力等。

装甲车辆是集机械、电子、液压、液力、光学、计算机及网络等技术的综合的复杂武器系统，技术密度大，结构复杂。装甲车辆方案设计，就是根据战术技术要求，结合国情，运用系统科学的理论与方法，在研究现代战争条件下装甲车辆的作用和发展方向以及现代科技水平的基础上，进行总体方案论证、综合技术集成，提出最佳总体方案，拟定各部件的类型和相互间的组成关系，设计出满足战术技术要求的装甲车辆总体方案。

总体方案标定一个项目设计的大方向，使一个大型、烦琐、复杂的工程相关设计工作可以有条理、有顺序、有效率地实施。尽最大可能降低工作过程中的返工、错误与偏差，使所生产出的产品能够很好地完成它所应完成的任务，达到它所应达到的功能。

装甲车辆总体方案，充分利用设计者深广的知识面，特别是对技术实质的把握判断能力和卓越的创新能力，通过综合技术集成，构建成满足战术技术要求的装甲车辆构成、各组成部件类型、布置、相互关系可行的方案。

2. 方案设计的内容

方案设计阶段主要是从分析需求出发，确定实现产品功能和性能所需要的总体对象（技术系统），决定技术系统，实现产品的功能与性能到技术系统的映像，并对技术系统进行初步的评价和优化。设计人员根据设计任务书的要求，运用自己掌握的知识和经验，选择合理的技术系统，构思满足设计要求的原理解答方案。

装甲车辆总体方案设计的主要内容包括：

（1）确定装甲车辆的功能及其构成。根据战术技术要求，明确确定装甲车辆的功能，构思实现这些功能的部件组成。

（2）选择装甲车辆各功能部件的结构类型。相同功能可以由不同类型的部件来实现，依据总体优化原则，选择并确定合理匹配的装甲车辆各功能部件的结构类型。

（3）结构空间分配与总体布置。在继承基础上创新，合理分配空间，合理布置装甲车辆各功能部件结构。

（4）总体尺寸和质量估算。按初步结构方案估算总体尺寸和质量，以满足总体要求。

（5）关键技术确定与分解。分析并确定关键技术，尤其是部件间接口技术、控制技术、减重技术、人机工程技术等，制定相关措施，降低风险。

（6）仿真分析与系统性能评估。建立系统仿真模型，进行性能仿真分析，评估系统性能，以满足总体战术技术要求。

3.1.2 总体方案设计原则

总体方案设计是装甲车辆的顶层设计，对整个设计、制造和性能具有决定意义。装甲车辆总体方案设计指导各部件设计而又取决于各部件设计，基于各局部而又高于各局部。总体方案设计要照顾到设计、制造和使用等方方面面，照顾到各项性能和各个部件，也涉及其他技术领域和各工业部门的协作、敌我战术使用、制造技术、生产管理、基础技术理论、专门知识、新技术应用、经济成本、市场供应等多方面。总体方案设计应遵循以下原则：

1. 从实战出发，以人为本的设计原则

（1）首先要在提高性能水平的基础上，做到机构切实可靠、操作简便迅速和便于掌握。乘员很关心各机构在各种工作条件下能保证使用可靠，不易损坏也不发生故障。否则性能再好也不中用，反而可能贻误战机，甚至在紧急时造成流血牺牲等无法弥补的损失。这不但直接影响作战，也是平时训练能否短期掌握、战时能否迅速使用的关键问题。

（2）设计中必须随时设身处地为战士着想，要尽量有利于发挥人的因素，为乘员创造良好的工作环境和条件。例如，在观察、照明、通信、通话、通风、取暖、降温、操作省力、避免振动影响和活动空间充裕等方面，都直接影响战斗力的发挥。

（3）尽量减少维护保养和修理的工作量。保养点要尽量少，保养周期尽量长，便于接近和在战场上排除故障。当有较易损坏的零件损坏时，也要容易更换或修理。

（4）要考虑装甲部队的后勤补给问题。零件和部件要争取"三化"（标准化、通用化、系列化）。弹药要能通用，要能使用多种燃料和润滑油，否则在战争条件下，就会带来困难，甚至影响坦克投入战斗。又如小至一件工具、灯泡、卡箍、开关、加油嘴等，若能与汽车、拖拉机或普通机械通用，就有可能省去很多麻烦。

2. 协调设计原则

正确处理装甲车辆的火力、机动、防护三大性能之间的关系。火力、机动、防护三大性能既是统一的，又是互相对立制约的。加强火力压制敌人，有利于保护自己，同时也能获得更大的行动自由；加强机动性，可以更好地发挥火力，也较不容易被敌人击毁。但是，为了提高速度，要加大发动机功率和减小质量；加大发动机体积使战斗空间减小，就只能安装较小的火炮，而减小质量就只能采用较薄的装甲；如果用大发动机，也用大火炮和厚装甲，会使坦克质量大幅增加，可能反而会使坦克的机动性降低，耗油量增加也会引起最大行程减小。矛盾处理不当就会引起恶性循环的影响，也是不能提高性能水平的重要原因。

3. 继承的基础上创新设计原则

正确处理先进性和现实性的关系，在继承的基础上创新。为战胜敌人而要求性能上先进，需要采用一些新部件和新技术，不断对原有车辆作较大的改进。现实性则要求现有工业技术条件能迅速方便地生产，包括尽量继承原有车辆的生产经验，以及通用化、系列化和标准化等问题。先进性与现实性在设计中既是对立的，又是必须统一的。仅强调现实性而忽略先进性，不但车辆水平不能很快发展，性能落后增加伤亡，也难以压倒敌人，费钱费事生产出来的作用也有限。仅强调先进性而不考虑现实性，制造难、数量少、成本高，未过关的技术导致使用不可靠，甚至根本不能投产。设计工作必须把二者统一起来，不能脱离实际，也不能因循保守，要把赶超精神和实事求是的科学态度结合起来。在满足战术技术指标的前提下，充分利用和借鉴装甲车辆技术发展中的成熟技术和结构，优先采用成熟技术和已有的产品、部件。结合实际情况，充分利用和借鉴现有相关技术的最新研究成果。在继承的基础上，积极开拓思路，进行技术创新，改进现有产品或进行创新设计。一般采用新技术和新研制部件应控制在一定的百分比之内，比例过大将会增加风险和加长研制周期，避免从未经生产或试验验证的技术或产品系统中获取关键数据。

4. 总体性能优先设计原则

正确处理总体和部件的关系，总体性能优先，兼顾部件性能。总体是有关全局的，部件是局部的。设计中，各方面都存在着大量矛盾，如部件性能与总体性能的矛盾，部件与部件之间的矛盾等。提高总体性能要求各部件先进，但先进部件也可能带来不利于总体性能、不利于其他部件的问题，这时就不一定采用。因此，部件设计一定要着重研究选用有利于总体主要性能的技术和方案，部件设计时应该胸有全局，部件性能要服从总体性能。总体设计要照顾全局，照顾到各部件。特别是要照顾对总体性能有决定意义的关键部件的性能，次要性能在有矛盾的时候要服从主要性能。必要时要牺牲一些次要性能，才能得到某些主要方面特别先进的装甲车辆。

3.2　装甲车辆总体结构设计

3.2.1　装甲车辆总体结构与布置方案

1. 主体结构组成

装甲战斗车辆一般由驾驶室、战斗室和动力传动室三部分组成。

1）驾驶室

驾驶室一般位于装甲车辆前部，便于驾驶员观察道路和驾驶车辆。驾驶室内一般布置有各种驾驶操纵装置、检测及指示仪表、报警信号装置、蓄电池组、弹架油箱、炮弹或燃油箱等。驾驶员的操作位置各国差异较大。驾驶员位置大多在车首左前部，也可在车首右前部或者在车首中央，除了考虑各国公路行驶习惯外，还应考虑除了总体设计可实现的难易程度。例如，驾驶员位于车首中央，两侧布置形式通常为燃油箱，由于装甲车辆一般装有性能优异的灭火抑爆装置，燃料已具有在装甲之后的第二道防护功能。炮弹最好不要布置在驾驶室内，以避免被命中后产生的第二次爆炸效应。

2）战斗室

战斗室位于装甲车辆的中后部，内有 2~3 名乘员，以及若干名载员。通常战斗室中装有火炮、火控、观瞄、通信、自动装弹机、"三防"、灭火抑爆、烟幕发射、弹药、电子对抗等设备和装置。战斗室有 3 名乘员时，他们的分工是：车长负责指挥、搜索、联络，炮长（又称一炮手）负责跟踪、瞄准、火炮射击，装填手（又称二炮手）负责装填炮弹和车外高射机枪的射击。

3）动力传动室

动力传动室位于装甲车辆的中后部，通常安装有动力和传动装置、进气和排气道、燃料和机油油箱、空气滤清器、冷却风扇及其传动装置、机油和水散热器、发动机起动装置、灭火抑爆装置操纵机件和支架、进出风百叶窗等。

除此以外，在装甲车辆外部还装有工具、备品、自救和潜渡设备、各种灯具、副油箱或油桶、炮塔上安装高射机枪和烟幕弹抛射装置、观瞄装置、主动防护系统或防护装甲等。

2. 总体结构布置及其设计思路

1）总体结构布置

装甲车辆总体结构布置是合理安排装甲车辆的武器系统、乘员、动力传动装置、装甲及专用防护元件、行动部分、辅助设备及其他子系统的相对位置，包括总体布置和局部布置。总体布置在原则上决定各部件的数量及其相互位置、车体和炮塔的结构，进而最终确定整体外形。局部布置确定各部分和各部件的设备。总体布置的选择是装甲车辆设计过程中最为重要的，在很大程度上决定设计成败的一个阶段。

总体布置的主要任务是在既定的质量和外廓尺寸范围内使装甲车辆获得最高的战斗性能指标。要完成这一任务，根本的布置方式在于，在满足总体布置要求的情况下，减小车内空间。这样紧缩出来的质量储备通常被用来提高主要战斗性能。

因此，可以将车内容积值看作布置的理想评判指标。例如，对于现代主战坦克来说，假设坦克装甲和坦克装备的质量比相同，那么坦克质量与其车内容积之比 m/V 将给出一个相对防护系数。当然，这一系数并不能精确地体现坦克的防护能力，因为所使用的质量值不是装甲质量，而是整车质量。例如，T-72 坦克，车重 41 t，车内容积 11.8 m³，则其防护系数为 3.47 t/m³；"艾布拉姆斯" M1 坦克，车重 53.4 t，车内容积 19.7 m³，则其防护系数为 2.71 t/m³。

2）设计思路

（1）最佳总体布置方案的主要特征。最佳总体布置方案的主要特征是：没有利用的车内容积最小；能量从发送机传递到行动装置的路径最短；液气管路的体积最小。

（2）确定合理的尺寸比例和车体形状。尺寸比例和车体形状会影响到整车质量，一般在不同部位采用不同厚度的装甲，车体正面、侧面和后部装甲板厚度的分配比例为 2.5：1：0.5，因此车体尺寸的变化会影响到车体质量。整车的长、宽、高对车体质量的影响比例为 1：3：7，缩减车体的长、宽、高可大幅度减小车内容积，从而可减小车体质量。对于既定的车内容积来说，矮而窄的车体质量最小。然而，车体高度的降低受一系列因素的制约，其中主要的制约因素是，要将驾驶员布置在车体前部，将发动机和机组布置在车体后部。车体的宽度取决于车体内净空宽度 B_c，该宽度要能够方便布置乘员，可设置必要直径的炮塔座圈，安装大功率动力装置及最可能选择的其他车内设备。

（3）减少乘员数量。在现代坦克内，乘员所占体积大约分别为：车长 0.35 m³，炮长 0.5 m³，驾驶员 0.8 m³，装填手 1 m³ 以下（在工作位置高度为 1.6~1.7 m 的情况下）。武器装填的自动化过程，使得坦克乘员中再也无须装填手，并且消除了对降低战斗室高度的限制。

（4）选用结构紧凑的武器、发动机、机构、部件、设备及仪表。在现代坦克中，广泛应用炮尾长度短、后坐行程小、炮尾结构紧凑的坦克炮。采用复杂立体形状的燃油箱能够最大限度地减小空闲体积。将发送机和传动系统主要机件组合在一起的整体式动力传动机组，使用发动机引射冷却系统，将操纵装置的机械式传动改为液压传动和电传动，使用兼具弹性元件和减振器功能的油气弹簧等，都是在相当大的程度上缩减占用的体积的措施。

（5）紧凑型布置。通过最大限度地缩小乘员工作空间（在保证乘员正常工作的情况下），将装甲车辆的所有装置以最小的间隙布置，缩减传动系统部件及其组合式齿式离合器的数量等能够使坦克获得紧凑的布置。

（6）将一些部件从装甲防护下的空间内挪出，包括外置火炮、外置空气滤清器、外置部分燃油箱和机油箱、外置全套备件箱，在车外安装悬挂装置，将侧减速器移至主动轮内，将烟幕弹布置在炮塔外表面等。

（7）应用轻型金属材料和聚合材料。应用各种塑料、复合材料及陶瓷，以减小装甲车体的质量。在防弹性能相同的情况下，铝合金装甲的质量要比钢装甲小。用钛制履带取代钢制履带，用铝合金制造炮塔座圈，用塑料制造滚动件，都是很有发展前途的措施。许多国家坦克的负重轮就是由铝镁合金制成的。

3）总体布置要求及主要技术途径

（1）装备威力最大的武器并保证其能有效使用。这一要求是装甲战斗车辆设计的出发点，主要通过战斗室布置、合理选择战斗室容积及采用大直径座圈来实现。战斗室布置应确保武器有足够的射界、最好的周视条件、最佳的发射载荷传递、最好的通过性能等。炮塔和车体内的战斗室容积应该能够确保方便布置乘员，安装大威力武器及各种伺服系统和仪表，存放足够多的弹药。具有代表性的现代坦克的战斗室容积在 6~10 m³，占车内总容积的 50%~60%。这是通过极其紧凑地布置其他舱室，并将坦克弹药移至这些舱室来实现的。采用大直径的炮塔座圈可确保能够在炮塔内安装大威力的火炮系统，为此需要尽可能地扩大车体的净宽。

（2）对各种威胁的可靠防护。通过相关的计算，采用车体和炮塔装甲的合理结构、合理的总体布置方案及"专用"防护系统来满足这一要求。在装甲质量不变的情况下，根据车体和炮塔不同部位弹着概率的不同，在不同部位采用不同厚度的装甲可显著降低装甲被击穿的概率，从而降低被毁伤的概率。同时，最不易受到攻击的防护装甲部位的厚度不应该降低整个车体的强度和硬度。减小外形尺寸，特别是降低其高度以及减少其正面面积，由于能够更好地利用地形的防护特性，可使车辆在战场上难以被发现，大大降低被命中的概率，并且能够提高抵抗核爆炸冲击波的能力。采用可调节车底距地高的悬挂装置是最重要的一个有效措施。提高抗弹能力，在中弹概率最高的方向上，通过增大来袭弹丸与装甲的弹着角来提高车体和炮塔的抗弹性能。大的弹着角，可以增大跳弹的概率，提高抗聚能射流的能力。通过采用防聚能射流保护层、反应装甲、装甲中加入各种填充物的膨胀装甲、复合装甲等来保证坦克的防聚能射流能力。也可以采用主动防护系统，来摧毁弹道飞行速度相对较低的聚能弹。提高行动部分的防护能力和车辆的地雷防护能力，通过降低履带的高度，将悬挂元件布置得更接近车底以便利用地形微起伏的防护特性，将部分悬挂部件布置在装甲车体内等措施来保证行动部分的防护能力和地雷防护能力。通过使用内外防护层来保证可靠的防生化能力，其措施包括给车辆使用含氢的物质和含铅量高的物质，喷涂能够提高贯穿辐射衰减系数的各种涂层。装备集体防护系统，以保证在穿越沾染区域时，依靠车体的密封和在乘员舱形成净化空气超压，保护乘员不受冲击波和放射性尘埃的伤害。确保抑燃抑爆能力，通过将燃油、机油和弹药布置在防护能力最强的区域，用自紧塑料制成燃油箱和机油箱，采用保证避免车载弹药伤及乘员的定向泄爆措施，装备有效的自动灭火设备，用密封防火隔板将坦克的其他舱室与动力传动舱分隔开，使用在受热分解时不释放有毒产物的防火结构物质等措施来确保抑燃抑爆能力。运用伪装手段，包括迷彩、烟幕榴弹、烟幕罐、烟幕炮弹、热烟幕施放设施，使热成像观瞄仪难以发现热辐射源，以及使用嵌入式自掘壕设备来降低被发现的概率。

（3）坦克的高度机动性。通过车辆的牵引计算和动力传动舱、驾驶舱和行动部分的布置来满足这一要求。能够满足这一要求的总体布置方面的措施是：安装大功率经济型发动机，这种发动机能够保证具有足够大的单位功率，与传动系统和行动部分的匹配能够保证车辆实现高的行驶速度，并且在使用各种等级燃油的情况下都能够持续工作；使用能够提高功率利用率、动力性和转向性能的传动系统；将可保证必要的行程储备指数的足够数量的车载燃油储备在有装甲防护的空间内。为了提高通过性能并增大越壕宽度，要降低质心的布置高度，质心的投影与履带支撑面的中心重合。为了降低车体纵向振动对乘员产生的影响，要将质量分配到坦克的前部和后部，以增大相对于穿越质心的横轴的惯性力矩。保证能够涉越水障或者借助于挂装的浮标实施浮渡。安装夜视仪和夜成像装置，以保证在夜间以及在能见度低的情况下能够进行战斗使用。限制外廓宽度使之适应铁路运输。

（4）电气系统与信息系统的布置要求与途径。各种仪表和操纵机构的布置应该保证乘员能够方便而轻松地操纵车辆、武器及各种设备，保证乘员之间能够相互往来、相互帮助及相互替换。若能如此，那么即使长时间坚守在车辆内，也能够保持乘员的工作能力。现代装甲车辆应该分别装备两套行驶操纵系统和火控系统；观瞄仪应该具有足够高的放大倍率和必要的视野。必须保证：最低的噪声和振动水平；将乘员与释放热能和热气的武器组件、动力装置和传动系统隔离开；乘员舱的通风并能进行空气调节；上下车方便，并且所有乘员都能够紧急撤离；个人物品和装备方便取用；能够保存必要数量的食物和水，并且能够准备热饮食；在行军和战斗状态下舒适的体态，并且能够任意改变姿势，以及轮流躺着休息；可靠的车外通信和车内通信。

此外，对装甲车辆的布置，会像对其任一机组、部件和机构一样提出以下一些总体设计要求：结构的工艺性及其是否适合批量生产；零件、部件及机组高度的统一化和标准化，生产费用低；最小的质量和外廓尺寸；在长时间行使战斗职能以及在使用的情况下具有高度的工作稳定性；工作量最小，定期保养的间隔时间长；使用军用维修工具可在战场环境下方便地进行拆装。

3. 总体布置的类型及其特点

在根据装甲车辆三大性能选择主要部件，初步形成轮廓的、原则的方案以后，需要进一步明确车内的布置和整车的外形，使方案逐步具体化。布置的原则是力求完善地实现战术技术要求，突出主要性能水平，而不出现重大的缺点。

1）按乘员人数及其分工布置方案

图 3.1（a）所示为现代大多数坦克所采用的乘员布置方案，即驾驶员位于车体内而其余的战斗员位于炮塔内。驾驶员在前，不随炮塔回转，便于观察前方道路。车长位于炮长后上方，便于环视战场，而炮长着重观察炮口所指前方。图 3.1（b）所示为英国坦克的布置，其实质与图 3.1（a）相同。西方火炮设计的装填手在炮左侧，开闩和送弹入膛需用右手。车长和炮长即在炮的右侧。英国坦克更因公路交通规则是靠路左行驶，因而驾驶员在车内右侧才便于超车和会车。图 3.1（c）所示为采用自动装填机构后又省去装填手的三个乘员时的布置方案，驾驶员居中，车长和炮长在后面分坐左右。图 3.1（d）所示为全部乘员集中在炮塔内的方案，驾驶员需要一个随炮塔旋转而反向回转的装置，以便固定面向前方。这种炮塔尺寸最大，曾为美德合作研制的 MBT-70 坦克所采用。在这种方案基础上，若采用自动装弹机，并继续简化火炮的瞄准、射击等操作，将乘员的工作尽量可靠地自动化，就可能减少全车乘员为 2 人，如图 3.1（e）所示。这是现在坦克的可能最少人数。图 3.1（f）所示为无炮塔、固定火炮的 Strv103B 坦克的方案，其中倒坐的乘员的职责已较少。图 3.1（g）、（h）、（i）所示为三种无炮塔方案的布置。

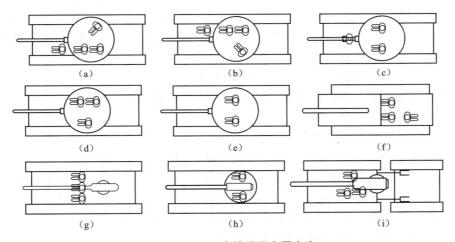

图 3.1　不同坦克的乘员布置方案

2）按内部空间来区分

一般装甲车辆内部大致可划分为驾驶室、战斗（或载员、作业）室、动力室、传动室共四个空间。驾驶室内主要有驾驶员、操纵装置和一些储存物等。战斗室内主要有战斗员、武器和火控装置等。动力室以发动机为主，传动室以传动及其操纵装置为主。这四个部分在车中有时并非截然分开，而可能交叉或合并。根据近代以来各车辆总布置的特点，大体可归纳成四类基本方案，如图 3.2 所示。

（1）发动机和传动后置。

发动机和传动后置又可分为发动机纵、横放等不同方向的方案。

图 3.2　各种总体布置基本方案

① 发动机和传动后置且发动机纵放，这是最典型的总布置形式，动力和传动装置在后比较集中，驾驶员在前较便于观察道路。战斗室约占车体长度的 1/4。驾驶员只需要驾驶室的部分宽度，其余空间可作为放置油箱、弹药、仪表、蓄电池等使用。这种方案有如下优点：为乘员创造了较好的工作条件，因为发动机和传动部件的温度、油料蒸气和废气、振动和噪声对乘员的影响较小，驾驶室可较宽敞和合理布置操纵机件；车体前部窗口少，车首没有传动部件，装甲可以较倾斜，有利于防护；在乘员与动力、传动装置之间的隔板最短，面积较小，较易于保证驾驶室、战斗室的密封，有利于"三防"；主动轮在后比较安全，被敌人击毁的机会少些，对保证行驶有利；当前面的诱导轮被击毁时，必要时还有可能用缩短履带（不绕过诱导轮）的方法撤离战场；动力和传动室足够宽大，较易满足装用日益增大的大功率发动机的需要。

② 发动机和传动后置且发动机横放。当采用气缸 V 型排列的发动机时，其宽度可能较窄，还可利用发动机侧下方凹入的空间，使传动装置与发动机在长度上有所重叠，缩短所占车体长度。这样，战斗室长度可以扩大到车长的 1/3 左右，可以允许安装较大的火炮来提高火力，还可以保持较小的车辆质量。但是，这种布置也带来一些问题：散热器的面积受到限制，冷却系统易于过热，对工作不利；增加传动箱的多次齿轮啮合，传动效率有所降低，传动部件质量增加；由于动力、传动部分布置紧凑，给拆装、调整和保修带来一些困难；冷却方案的风扇布置受限制，占去一段车体长度，并使车尾装甲较垂直，风扇传动机构较复杂，改用顶置轴流式风扇又增加高度。这些问题多半是技术性的不便问题，比起总体性能提高的优点来说是次要的，因此这种方案是一个较好的方案。

③ 发动机和传动后置且发动机斜放。这是介于以上二者之间的布置方案，只见到用于瑞典 IKV91 坦克。当采用汽车型变速箱与直列式发动机刚性相连所形成的窄而长的机组时，在后置的条件下利用对角线的最大长度布置，可以比纵放节省车长，而比横放也减少传动箱的多次齿轮啮合。

（2）发动机后置，传动前置。

这种方案曾被第二次世界大战时期德、美、日等国的一些坦克采用。其特点是操纵和传动部分在一个空间，传动轴穿过战斗室。该方案有如下优点：当车辆质量较小、前装甲不太重时，动力和传动装置分别布置在前后两端，整个车辆悬置于悬挂装置上容易得到纵向的平衡；驾驶室与传动室的长度重叠，可以缩短车长，减小车体质量，战斗室的长度可能扩大到车长的 2/5 左右；战斗部分的位置相对后移，炮口伸出车体的长度缩短，有利于改善通过性，同时在前顶甲板上开设驾驶窗比较方便；传动操纵拉杆或管道的距离短，甚至操纵装置可以直接伸向驾驶员而不必经过甲板上的支座，提高了操纵的可靠性，结构简化，便于调整；乘员可以从车内接近传动与操纵部分，在战场上不必到车外排除故障，提高了维修性；发动机和传动部件分置的前后端，车辆绕横轴的转动惯量较大，纵向角振动周期增长，有利于提高行进间射击的精度，改善乘员的工作条件，发挥乘员的工作效率。这种方案突出的严重缺点是传动轴穿过战斗室，使需要回转的战斗室部件位置被迫提高，因而使车体或整个坦克的高度加大，并引起车辆质量大量增加。

（3）发动机前置，传动后置。

它是用于一些非装甲的牵引车和越野车辆的方案。其最大的优点是风冷发动机本身或冷却水散热器的布置，便于在车辆前进时得到迎风冷却。这时的传动装置也可能前置或前后分置。传动后置即驱动轮在后，有利于越野轮式车辆上坡时发挥牵引力，原因是坡越陡时后轮分配的负重越大。这对履带式车辆的影响不大。但是，一般风冷却需要在前面开窗，这是防护所不允许的。传动轴穿过车辆中部，发动机占去驾驶员观察道路的前端位置，迫使乘员和驾驶员位置升高，这也不利于防护。有些履带式火炮牵引车和一些辅助和作业车辆采用这种方案。

（4）发动机和传动前置。

所有的履带武装甲输送车和步兵战车、多数现代自行火炮和轻型坦克，以及少数主战坦克采用这种方案。依据发动机和传动前置的相互关系，发动机和传动前置又可分为几种方案，有些车的发动机、传动部件不在车体中间布置，而偏于一侧，还有的发动机与变速箱并列布置，如图 3.2 所示。这类布置方案共有的优点是：驾驶、动力和传动部分在长度上重叠，进一步缩短了车长，减小了质量，扩大了战斗部分空间，也是最轻的车体和最大的可用空间，对履带式装甲输送车、自行火炮等比较有利；可用空间在后，宽敞完整，便于改装成各种变型车，成为系列车族；在车内易接近发动机、传动和操纵部件，战场排除故障可以不走出车外以减少危险；炮口伸出车体更短，有利于提高通过性。但是，这类方案带来的问题也比较多。除传动前置带来的主动轮前置易遭击毁、影响前装甲形状和开设窗口影响防护等一般问题外，还存在以下缺点：发动机和传动部件的温度、噪声、气体、振动等对乘员的影响较大；隔板长度大而曲折，不利于乘员空间的密封，采用集体"三防"装置较困难；较厚的前装甲和发动机及传动部件都集中在前部，车辆易于前重后轻不平衡；发动机和传动部件拆装不便，为拆装发动机和传动部件，必须在前装甲上开大窗口做成可卸甲板，冷却系统若也在前面布置，这都影响强度和防护；乘员在车尾，行进间的振幅较大，影响射击且易于疲劳；火炮向前时俯角受限制。由以上缺点可见，采用发动机和传动前置方案带来的得与失都较大，选用时应根据具体情况而定。对于装甲输送车和步兵战车，以及指挥车、救护车等辅助车辆，需要在靠近前沿的阵地迅速而隐蔽地上下车，即需要在车辆后部的装甲上开设出入门，因此，人员或战斗空间只能在车体后部。这些车辆现在全都采用发动机和传动前置的方案。为数众多的各类自行火炮，不是作突出冲锋而是处于支援位置，较注重火力强度，战斗人员可能比坦克稍多，需要的弹药基数多。战斗室在后的布置较适于人员活动，和由输送车不断地补充弹药。有些大口径自行火炮将后装甲板向下打开形成延伸的工作平台。此外，这种方案也有利于使大口径炮口伸出车体较少而便于通告。轻型战斗车辆要能做到质量小才能称其为轻型。在具有一定装甲防护的前提下，只能争取车体尽量小，才能达到这个难以达到的目标。因此采用动力和传动前置的方案比较有利。

各种布置方案的选用原则：

（1）驾驶操纵只能在前，动力部分最好在后。采用能回转的大口径火炮要求战斗部分空间宽大而且完整。

（2）方案的优点首先应体现在车辆的总体性能上。选择原则主要有：战斗部分最大而车辆最小最轻；大部件拆装方便而又不影响车体防护；乘员工作环境好和利于密封等。

（3）选定方案很大程度上取决于车辆的用途和要求。例如装甲输送车要求具有较大的空间来装载员，并要求载员上下车能迅速隐蔽，因此采用动力、传动前置方案比较合理。又如轻型，特别是超轻型坦克要求尺寸、质量小，还要质量能够平衡，也采用传动前置的方案。

（4）现代中型坦克的典型方案是动力、传动部分后置。至于发动机是纵放或横放，要根据发动机型式、尺寸、散热等要求来决定。美国过去采用传动前置的方案，现已放弃。

3.2.2　主要结构布置

1. 驾驶室布置

1）基本要求

驾驶室是驾驶员的活动空间。驾驶室布置的出发点在于，保证驾驶员在外形低矮且最具防弹能力的车体前部，能够方便地操纵车辆，并保证其具有良好的视野环境。驾驶室布置首先要考虑驾驶员的活动，包括观察、操纵等的要求，在此基础上考虑整车的布置和防护性要求。在装甲车辆特殊条件下的驾驶室布置的主要要求包括：

（1）适于大多数不同身材的驾驶员，能有调整的余地。

（2）在开窗和闭窗两种情况下，驾驶员对外视界要开阔，死角或盲区小；对内观察仪表方便。

（3）开窗和闭窗两种情况下，都要便于驾驶员操作。

（4）空间舒适，便于驾驶员持久工作。

（5）驾驶员进出方便迅速。

（6）关窗紧密且不太费力。

（7）有利于防护的车体外形。

总之，要便于充分发挥人的积极作用，布置驾驶部分应该要求：驾驶员操作方便，视界开阔，具有足够的活动空间，不易疲劳，出入迅速、方便等。

驾驶室布置的矛盾点在于，从外部要求装甲车辆的外廓尺寸要小且能密闭防护；从内部则要求空间舒适、方便且便于观察仪表和道路环境。而难点则在于，一套操纵装置的位置及操纵行程，要同时满足不同身材驾驶员在开窗和闭窗两种位置姿态都方便和持久驾驶的需要。

2）驾驶员的位置

（1）基本要求。

驾驶员应该有足够的视界，如果驾驶员的视界不广，闭窗驾驶转向时看不到将要转过去的方向，车体俯仰时只能望天和看地，这样即使发动机功率很大，传动、行动和操纵装置很先进，驾驶时也难以发挥机动性能。操作不及时容易发生故障，驾驶员往往被迫在复杂地形冒险开窗驾驶。

（2）位置布置。

为便于观察道路，驾驶室一般在前。几种常见的驾驶员位置如图 3.3 所示。现代装甲车辆一般是一名驾驶员，驾驶员位置有的偏于一侧，有的在车体中纵向中心线上。侧位便于观察在前或后面同方向行驶的其他车辆和道路情况，也便于发现后面来的车辆超车，以及在窄路上与对面来的车辆准确地会车，对倒车驾驶也有利。偏于左侧或右侧，常根据交通规则而定。规定沿道路右侧行驶的国家，驾驶座常偏左侧，中国、俄罗斯、美国、德国和法国等大多数国家如此。日本、英国等一些国家规定行车靠左，驾驶座在右侧。位置偏在前方的左侧，既便于在顶甲板上开设窗口和开窗驾驶（避开炮管），也便于按交通规则靠右行驶（容易看到对面来车和超车），习惯上右手也能担任较繁重的操作（变速手柄、机枪、仪表板等多在不靠侧甲板的一侧）。但日益加大的炮塔阻碍向后的视线，仍靠车长指挥帮助倒车。侧位驾驶向本侧转向时较容易观察和估计道路，向另一侧转向较难。有些现代车辆的驾驶位置在中部，便于兼顾两侧。这时驾驶员在向前的炮管的下方，开窗驾驶和出入不太方便，需要妥善布置。

图 3.3　几种驾驶部分的布置

为了便于观察道路，驾驶员应该位于前倾斜甲板之后、顶甲板的最前部，因为这里的盲区最小。如盲区大于 3~5 m，通过障碍时较难准确估计距离。

驾驶员通过潜望式观察镜观察战场地形时，垂直视域角度不小于 20°，观察不到的距离不超过 8 m，水平视域应该保证不小于车体宽。将驾驶员布置在便于其确定方向的中央位置被认为是最合理的。在行车过程中，驾驶员可以通过打开舱盖来直接观察地形。通过装备有源和无源夜视仪来保证夜间的地形观察。驾驶员观察镜装有吹洗装置和电热装置，以清除玻璃上的尘土、冰雪和水珠。

3）驾驶室活动空间的布置

（1）布置的基本要求。

驾驶员的活动空间，应该符合我国人体尺寸的需要。其头部的位置应该位于前倾斜甲板之后、顶甲板的最前端。在这里既可充分利用车内高度，获得较低的车体高和避免潜望镜孔削弱前装甲防护，又可以使驾驶员观察的盲区尽量小，视界尽量广。

（2）活动空间尺寸。

活动空间尺寸应符合我国人体尺寸的情况，同时应满足人机工程的标准要求。

空间高度：底甲板至驾驶窗内壁高度，应根据闭窗驾驶时座椅的高度、驾驶员的坐姿等来确定。对于一般的直立坐姿，当座椅高度低到 100 mm 时，为保证驾驶需要，车体的顶、底甲板之间的高度至少还需要 920~1 000 mm。操纵杆手把高度应在驾驶员的腰肩之间才便于施力。为降低车体高度，驾驶窗可以凸出于车体顶板，但受火炮俯角的限制，常只能凸出 40~80 mm。

宽度：驾驶员工作空间所需宽度为 0.75~0.90 m，一般应该不小于 800 mm。如果用两根操纵杆，杆间距离应保持在 400 mm 以上，以使驾驶员腿部能自由活动，便于踩踏板。踏板之间距离太大会使驾驶员脚的移动量大，操作不及时和不方便，但距离太小又易误踩踏板以致发生事故。脚制动器和油门踏板之间的适当距离为 150 mm，这是以鞋跟为支点的脚尖摆动范围，可使转换较方便而又有明显的位置区别。主离合器踏板和脚制动踏板之间的适当距离为 200 mm 左右。变速杆按习惯应放在右手位置，行程应较小，以便迅速换挡。变速杆的各种变速位置都不应妨碍拉操纵杆，也不能太远。所有的宽度布置都应该满足乘员穿着冬季服装的需要。

长度：主离合器和制动踏板行程应该在椅中心前 650~900 mm，防止踏踏板时腿太弯和踏不到底的现象。用脚掌中部踏踏板较为得力，踏板运动方向应大体平行于小腿。油门踏板应用足尖或脚掌内缘来踏，踏时最好能以脚跟为支点，这样才能保持在坦克颠簸时稳定供油。操纵杆等把手的活动范围则应在距椅中心 300~650 mm 内，以免出现乘员向前弯腰或反转手施力的现象。在开窗驾驶时，当驾驶椅升起 300 mm 以上高度时，驾驶员应该仍能方便地操纵杆和踏板，易于用力。

驾驶椅一般尺寸为：坐垫长 360~400 mm，宽 380~400 mm；靠背高 380~450 mm，宽 350~400 mm。座椅应该能够前后调整 100~150 mm，上下调整 100~130 mm，以适应不同的身材。椅背可调节角度，并且能折倒放平，以便于乘员互换位置。

（3）操纵杆布置。

操纵装置的结构对驾驶室的布置有着重大影响。操纵机件行程大并要求驾驶员用力操纵的普通机械式操纵装置，需要占用很多的空间。引入助力操纵装置及小行程自动操纵装置，能够明显减少操纵装置的体积以及操纵机件的数量。

当传动后置时，操纵杆如果从底甲板上通过，容易被落在底甲板上的杂物卡住而不能活动，或在冬季被泄漏的油、水所冻结。在扭杆上方交叉通过时，会影响到车内空间利用。底甲板较薄容易变形，支座如不在加强筋附近，将引起支座和杠杆的位置变化，产生转动不灵现象。另一种布置方法是使拉杆系统沿侧甲板通向车后，可以避免上述缺点，但这样的铰链点和杠杆数量增加，结构稍复杂些。当传动前置时，变速杆等最好直接从变速箱等部件上直接引出，不再经过底甲板上的支座，可简化结构。

当采用操纵杆转向时，手把高度应在驾驶员的腰、肩之间才便于施力。但驾驶员关窗和开窗两种姿态的头部升降距离至少需要约一个头长，即 200~250 mm，最好大于 300 mm，才便于在开窗时观察道路。当装甲越厚时，这个升降距离应该越大。因此，关窗姿态若拉杆手把接近肩高，开窗姿态的手把接近腰高。

操纵杆等把手的活动范围应该在距椅背 400~700 mm 内（垂直坐姿）。不允许出现乘员向前弯腰或到拉杆行程末端需要反转手向后施力的现象。当驾驶椅升起 300 mm 左右高度后，驾驶员应该仍能方便地拉操纵杆和踏踏板，并易于用力。

脚踏操纵时，小腿方向和高度随座高而不同，但比把手的工作范围变化大。

操纵拉杆和踏板的操纵行程的大小，是应该配合操纵力的大小来决定的。困难出现在车辆质量较大而又是机械式的主离合器和转向机操纵上。例如，主离合器的操纵功与车辆质量大体上成正比，30 t 的车辆约 40 N·m，50 t 的车辆约 70 N·m。即使经过助力弹簧等改进，其行程和操纵力往往也都超出满意的范围。采用液压或气助力以后，才能解决困难。

（4）驾驶部分的其他布置。

仪表应该布置在驾驶员的前方和侧前方，常用仪表要求驾驶员不转头就能看清读数，同时要兼顾开窗和闭窗驾驶时不同头部位置和方向都能看清。

通常利用驾驶部分的其余空间来布置油箱、弹药、阀门开关等。有时蓄电池也放在前部，要注意位置便于充电和出入搬运。

驾驶员通过车体装甲板上的舱盖进出车辆。驾驶室底板上的应急舱门用于乘员在敌人炮火下撤离车辆。这个门应该是向车内开启的，否则车底有障碍物就打不开。

2. 战斗室布置

战斗车辆的动力、传动、驾驶室在一定意义上是为战斗室服务的。在战斗室，战斗员在通信联络、指挥车辆前进、观察战场搜索目标以及测定目标距离等工作之外，关键是围绕武器进行供弹装填、瞄准修正射击等战斗活动。战斗室的主要布置方案也是由此决定的。

在保证最有效地使用武器的基础上，力求塔形小，质量小，防护力强，乘员操作活动方便，空间能合理地充分利用。

1）对战斗室中乘员布置的要求

装甲车辆设计过程中，一个主要的任务就是提高乘员的作战效率。完成这一任务的途径是：合理配置工作位置，优化操作动作，选择最好的自动控制系统，改善乘员舱的工作环境。众所周知，在武器和军事装备的生产和使用过程中，由于对工程心理方面的因素考虑不足，有时导致装备的效能只能实现 50%~70%。

在设计乘员工作位置的过程中，重点在于工位的空间结构。要求做到操作区域的最优化设计，并根据完成操作的特性来保证工作区域的布置。同时必须考虑到，重心距乘员身体的支撑点越远，感觉到的肌肉压力越大，疲劳感到来得也越快。必须保证有必要的活动范围和视域宽广度，以及稍事休息和长时间休息的环境。

工作位置设计的下一阶段是：根据用途、频率及使用顺序来组合控制装置和功能组信息影像设备；将告警信号设备布置在操作员视野内的最佳位置，并使其以主动方式发送信号；必要的操纵机构和显示器的数量最少；操纵机构及其相应的显示器的相互位置应布置合理；在保证能可靠读取信息的前提下，将显示器的尺寸做得最小。在乘员工作位置的设计过程中，最需要注意的是操纵机构的行程大小和施加其上的力的大小。用脚操纵的操纵机构的行程不应超过 150 mm，用手操纵的操纵机构的行程不应超过 300 mm。此时，施加在踏板上的力不应超过 300 N，而施加在拉杆上的力则不应超过 130 N。

以乘员发挥战斗作用为核心，结合技术可能性，考虑装甲车辆乘员人数及其分工来布置。

2）战斗室布置的基本要求

（1）保证武器的适装性。

确保能够将所选武器系统安装到新研制的或以前研制的车辆结构之中。将所选火炮安装到所设计的车辆炮塔上，客观上受到炮塔主要尺寸关系的限制：炮塔座圈内径 D_c、炮塔高度 h_6、火炮轴颈的布置高度 h、轴颈与炮塔转动轴线之间的距离 b、炮尾长度 R_n、后坐长度 L_{OT}、炮座半径 r_n、炮尾高度 h_k、弹药长度 L_B、药筒长度 L_r 等（见图 3.4）。根据皮法戈尔定理，通过带有斜画线的大三角形，可以为临界仰角 φ_k 确定炮尾端面与炮塔座圈截面之间的间距 A。为了射击安全，间距 A 显然应该最大限度地大于所允许的后坐长度（$A>L_{OT}$）；为了安全抛出弹壳，间距 A 还要大于药筒长度（$A>L_r$）；为了进行自动装填，对于整装式弹药来说，间距 A 要大于弹药长度（$A>L_B$），而对于分装式弹药来说，间距 A 要大于弹壳或者弹丸的最大长度。为了增大间距 A，最好选择回转半径 R_n 小而又相对于轴颈轴线稳定的火炮，没有什么会阻碍火炮在高低向的稳定；在保证火炮实现必要的俯仰角度的前提下，可以增大轴颈的伸出长度以及炮塔座圈内径 D_c。

图 3.4　炮塔、火炮及弹药的主要参数

（2）要求具有可靠的防护性和密封性。

炮塔上武器开口的尺寸应最小，保证能够方便地安装和拆除火炮系统及辅助武器（并列机枪和高射机枪）。

（3）确保快速射击。

这一点是由武器在方向和高低向的瞄准速度、是否具有足够大的瞄准角度、装填机构的动作速度、是否装备车长用武器控制系统、通信设备是否完善、是否使用自动火控系统、观瞄设备的数量和质量、乘员布置的舒适度等方面的因素所决定的。火炮的射速是由装填程序的自动化程度和弹药的结构（整装式、分装式）决定的。在使用手动装填方式时，为了提高装填速度，给装填手分配了大量空间，保证其工作位置具有足够的高度（1 600~1 700 mm）和宽度（500 mm），并安装易拆卸的座椅。合理布置第一列弹药，以缩短搬运装填弹药的距离。在采用可保证提高射速的机械式装填装置的情况下，战斗室的布置取决于所选装填机构的类型和机械式弹舱的结构。观瞄设备的数量和质量，以及自动化火控系统的使用，可保证坦克射击的精度。因此，需要安装最先进的昼夜瞄准具（可以安装组合式瞄准具），使用机械式或电子式弹道计算机、激光测距仪等。携带足够多的弹药基数具有极大的意义。实际上，为了布置尽可能多的弹药而利用乘员舱所有的空间，违背了将弹药布置在不易受攻击且方便手动装填位置的要求。增加火炮弹药基数的切实可行的办法在于提高布置密度。取消装填手，装备弹箱/架并采用自动装填装置就是这样一个具有代表性的例子。

制约战斗室布置的主要因素是车体宽度、炮塔座圈内径和炮塔最小尺寸等。

3）主要尺寸的确定

（1）车体宽度和炮塔座圈直径。

为了能在防护状态下向四周进行俯仰瞄准，机动地射击所有方位的目标，将火炮和机枪安装在位于车体顶部座圈上的回转炮塔上。为避免火炮射击后坐时座圈回转或方向机构承受大负荷，火炮常居于座圈中心线上，或偏一个小距离。这样，战斗人员位置常在炮塔下座圈内火炮两侧的空间处。这是至今一直采用的基本布置方案。在有限方位摆动一定角度的火炮安装方案，只在部分支援火力，如一些自行火炮、歼击坦克等上应用。这就不要求用座圈，而将火炮安装在车体前部可以在有限方位左右摆动的炮框上。这种方案现在已很少使用。

战斗室最基本的两个尺寸是车体宽度和座圈直径。火炮要在耳轴支点上前后平衡，炮尾在车内既要随俯仰而上下，又要随炮塔的回转而运动。炮尾有一个发射时的后坐距离，开闩装弹也需要长度空间，因此，车体宽度和座圈尺寸应该尽量允许在炮塔转向任何方向和火炮在任何俯仰角度时都能装弹和射击。座圈直径不但与火炮口径及其炮尾、后坐长度等有关，也与座圈内乘员人数有关。

（2）炮塔最小尺寸的确定。

决定车辆总体方案的外形尺寸需要炮塔基本尺寸，这也是设计炮塔的基本依据。为了加强防护和减小质量，炮塔应该在保证火炮高低射界和乘员观察及操作方便的条件下，力求外形矮小。在加大火炮口径的情况下，出现了一些铸造的接近半球形的较小炮塔。但间隙装甲、复合装甲等的应用，隐身外形设计，又形成一些焊接的、外形宽长的大方炮塔。近年来比较强调要求炮塔的正投影面积小，特别是火线以上的正投影面积要尽量减小。不管铸、焊或采用不同装甲等原因而将炮塔设计成什么外形，根据塔内需要的炮塔最小形状，大约确定炮塔最小基本尺寸，如图 3.5 所示。

需要确定的炮塔基本尺寸主要有：火炮耳轴的高度 h、耳轴到座圈中心的距离

图 3.5 　 炮塔的最小基本尺寸

L、炮塔座圈最小直径 D_{min}、座圈中心至塔前和塔后的长度 L_1 和 L_2、炮塔体的高度 H 和炮塔宽度 B、炮塔裙部最小回转半径 R_{min} 等。

① 确定炮塔基本尺寸的基本步骤。

以半球形炮塔为例，炮塔基本尺寸的确定工作可分三步进行。

a. 确定炮耳轴位置 (h, L) 和 D_{min}，并满足要求：为降低炮塔高度，h 尽可能小；D_{min} 应不过分大于车体内宽（当座圈大于车体内宽时，应该削去该部分的侧甲板，在外面焊上弧形托板，以扩大局部车体）；L 值应尽量大，但火炮最大仰角时摇架与座圈前沿不干涉；在任何射角位置都能装弹；火炮最大俯角时，炮管与车体前后端顶部有一定间隙，必要时车体顶部可局部降低；火炮最大俯角时，炮塔体的装炮开口下部连接部分有足够的高度，以保证塔体承受射击后坐力的强度；最大俯角时防盾下端不向下超出炮塔体下沿；L 和 D_{min} 等尺寸彼此密切联系，相互制约，在设计中要反复修改。有些坦克为了扩大炮长活动空间，火炮中心线稍偏离炮塔纵向中心线（如中偏右 30 mm），由于偏离距离不大，射击时不致产生很大的回转力矩。

b. 确定炮塔体的基本尺寸 L_1、L_2 和 H。塔顶高度应满足：最大俯角时塔顶内壁与火炮间至少有 20 mm 的间隙；车底旋转地板至炮塔顶内壁的高度便于装填手操作，一般应大于 1 550 mm（两脚分开半站立姿势）。车长和装填手门分别在火炮两侧，避免与火炮干涉。车长指挥塔应比炮塔体最高处稍高，才能保证环视战场，但太高又会影响流线。炮塔前部尽量接近耳轴位置，以保证俯仰角的装炮开口最小，同时炮塔前部要构成流线型的倾斜面，由此决定 L_1。L_2 应使塔后部适当扩大，便于平衡火炮在塔前部的质量。检查 L_1 与 L_2 在车体上的位置，前部应不妨碍开设驾驶窗，后部应不遮住动力部分进出气窗口。

② 炮塔基本尺寸的确定。

a. 耳轴位置和座圈最小直径的关系。确定炮塔尺寸时，已知条件应该是火炮尺寸及要求的高低射界。为了能得到尽可能低矮的炮塔，根据火炮绕耳轴俯仰起落的需要，座圈前端面理论上最好的相对位置应该在耳轴的下方。偏离这个位置之前，耳轴位置高度会增大到 h'。偏离到下后方，由于仰角大，h'' 会更快地加大，如图 3.6 所示。由于座圈与炮塔底板有螺钉等可拆装的连接结构，炮塔开口下缘的塔体也需要保证一定的高度，即保证一定的横向连接刚度和强度，来承受巨大的射击后坐力，因此，实际上需要在耳轴下方布置的是整个结构，由此可确定座圈前断面与耳轴的最佳相对位置。如果从耳轴到炮尾防危板俯仰圆弧最大半径为 r，据此可以得到理论上的座圈最小直径 D_{min}。当座圈中心线位于车体宽的中心线上时，若车内宽 b 不小于 D_{min}，这个耳轴位置及 D_{min} 可以采用。如果车内宽度 b' 小于 D_{min}，不能保证炮尾向下运动，就需要加大座圈直径 D_{min}，保持座圈中心位于车宽的中心线上，同时保持耳轴与座圈前断面的相对位置，耳轴位置就随 D_{min} 的加大而前移，直到炮尾运动圆弧离开侧装甲板为止。这样布置的结果，最小的 h 可以保证最低的炮塔。当然，最大俯角时炮管与车外车体顶部之间还应保持间隙，或在一定方位限制火炮的俯角。最小的 L 可以得到最小的整个回转体的重心偏心距（一般偏于座圈中心之前）。最小的 D_{min} 也可得到最小最轻的炮塔。当然，D_{min} 也应满足乘员和各种装置的布置要求。为了减小这些尺寸，还可以采取许多措施。例如，使坦克炮的后坐距离比一般火炮小；耳轴在炮身上尽量偏后，即耳轴后的炮尾尽量短。为此要尽量减小耳轴之前的质量，防盾尽量后移，炮尾增加配重等。有的车辆为扩大位于一侧的车长和炮长的活动空间，把火炮中心线布置得稍偏离炮塔座圈的纵向中心线，例如 T-54 坦克的火炮中心线偏左 20 mm，而座圈中心线又在炮塔体中心线之左 10 mm。凡不对称的布置，应分别检查火炮向左和向右俯仰时的不同情况。

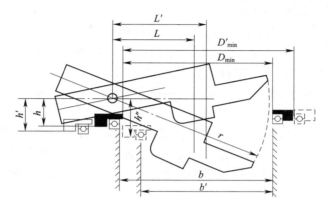

图 3.6　耳轴与座圈相对位置带来的影响

　　b. 确定炮塔体的基本长度和高度。从火炮出发，塔顶高度应满足最大俯角时塔顶内壁与火炮间至少留出 20 mm 的间隙。间隙不能太小，是因为要保证塔体等大件的较大制造公差。一些观点认为，塔顶应保证装填手有足够的站立高度以便于装弹操作，这个要求难以充分满足。考虑到装填手两脚在转盘上分开、身体向后斜靠在座圈上的非完全站直的姿态，塔顶高度一般也应该大于 1 550 mm。若要弹药布置位置便于取弹，有的观点较多考虑半坐姿装填。这个高度由炮塔高度和车体高度一起决定。塔顶之后的塔形有各种各样的设计。西方国家的坦克多数向后扩大成为一个大的平衡舱，用以相对平衡支撑在耳轴上的火炮质量；否则在坡道上时，炮塔难以向上坡方向转动。塔前越不向前凸出，保证火炮俯仰所需的炮塔开口越接近耳轴且开口尺寸越小，相应其防盾也小而轻，这也有利于耳轴相对于炮身后移，即减小炮尾运动圆弧半径。根据塔前塔后可以确定座圈中心之前的长度 L_1 和中心之后的长度 L_2。L_1 和 L_2 在车体上的位置，前部应不妨碍开设驾驶窗，后部应不遮住动力室的进出空气窗口。特别是在炮塔回转时所扫过的车体顶部需要妥善处理，处理方法包括让塔前和塔尾向上翘起。从正投影来看，在火炮背部两旁的塔顶可以迅速降低。但为保证炮长能环视战场，指挥塔顶还应比火炮背部的塔顶最高处高出一个适当距离。这个距离可由光学仪器以及指挥塔门等的设计而定。由此得到至指挥塔顶的高度 H。

　　c. 确定炮塔宽度 B 和炮塔最小回转半径 R_{min}。从顶视图上布置塔裙应适当地大于座圈，以便连接和保护座圈。炮塔顶视图往往不全呈圆形，最小半径不一定在横宽 B 处。有的炮塔的最小半径，小到难以安装座圈螺钉，在座圈整周中允许有些小段无连接螺钉。当炮塔的最小半径 R_{min} 处转到发动机位置方向时，车体的布置长度应该保证不先拆炮塔就能吊出发动机等部件。

　　以上是按照获得最小的炮塔来总结的布置原则，适当扩大任何部分都是可以的。例如，经常扩大的是塔后，成为使炮塔前后趋于平衡的平衡舱。又如采用夹层或复合装甲，可能在以上所定的塔的四周大幅度地扩大外廓，形成多面体。这时应该注意 R_{min} 的变动。缩小外廓尺寸的可能性也是存在的，如 M60A2 和梅卡瓦坦克采用的是称为"狭长炮塔"的外廓尺寸。除了保证火炮背部和指挥塔的高度外，炮塔两侧降得很低。这种塔体的 B 和 R_{min} 都很小，正投影面积也小，有利于防护。

4）战斗室内乘员和装置的布置

根据以上确定的战斗室空间，可以分为可回转的炮塔内空间和固定的车体内空间两部分。座圈以下的车体内空间，又可分为以座圈内径为直径的圆柱形回转用空间和这个圆柱形之外的四角空间。战斗室内主要有若干乘员、火炮、火控系统、电台和弹药等，装备多而复杂，它们一部分随火炮俯仰运动，多数还随炮塔在车体内回转。因此，布置是比较困难的。布置一般遵循以下原则：

（1）操作方便。常用设备应位于肘与肩之间，不常用和不重要的设备、仪表甚至开关可以布置得稍远些。凡平常不需要接触的装置，位置越远越不致妨碍平常的工作。

（2）尽量利用空间。凡是随同炮塔回转的装置，应尽量布置在塔的四壁，不要向下突出到座圈以下。

（3）较重的装置应尽量布置在塔的后部，以便于炮塔的平衡。

（4）保养和修理时便于接近。

（5）塔前尽量少开口、开小口，以提高防护性能。

在战斗中，乘员在体力和精神上都高度紧张地工作，体力消耗大，很容易疲劳。为了打好仗，保证乘员具有便于工作的位置和空间（包括观察、战斗操作、出入等），是发挥乘员作用的重要条件。在战斗室的平面布置中，如图 3.7 所示，每个乘员的活动范围应不小于 $\phi550$ mm。乘员着冬季服装后肩宽在 400 mm 以上，这个范围对抬肘姿势工作不算宽敞。车长、炮长同在一侧的前后距离最小为 450 mm。据统计，现代坦克乘员的工作空间大至为：驾驶员需 0.6 m³，车长、炮长各需 0.4 m³；装填手约 0.8 m³。现代大口径火炮的弹长达到900 mm以上，装填手需要的空间较大。若取弹以后要在手上颠倒炮弹的头尾才符合装弹入膛的方向，需要的空间就更大。

图 3.7 战斗室内布置

乘员的高度布置主要以头、眼适于观察为准。眼以上要计入坦克帽和头垫的高度。座位以上高度为950~980 mm（包括避免过障碍时头碰塔顶的距离）。常用设备应位于肘与肩之间。费力的高低机摇把到肩部的距离应该是400~650 mm，肘关节弯曲约成直角时使用摇把最得力。方向机手轮直径可做成 140~200 mm，过大容易碰手。握把尺寸约 $\phi35$ mm×90 mm。不常用和不重要的设备、仪表甚至开关可以布置得稍远些。

乘员座位直径或边长为300~380 mm，靠背宽为140~300 mm，长为350~650 mm，座高距脚最好为450~500 mm，其高低和方向要能够调整。座位的位置应便于观察光学仪器，并使身体保持自然稳定而不能依赖所设置的扶手。除坐姿外，开窗有三种站立高度，包括指挥塔门可以升起，然后再掀开。

装填手的位置需要随分散布置的炮弹和炮塔转动而移动，所以不能完全是坐姿工作。但是全站立又需要 1 750~1 800 mm 的高度，现在一般只保证半站半坐的姿态，最低高度在 1 450~1 550 mm 及以上，一般大于 1 600 mm。

为出入车辆迅速方便，门窗直径应不小于 500~600 mm，也有将装填手和车长门连成一个较大的出入门的。行进间和工作时应该有方便的专门扶手，使用观察仪器时身体应能保持自然稳定。

火炮高低机布置时应尽量靠近火炮固定。如果在火控或高低稳定系统中另有液压油缸的话，一般在塔顶上固定且尽量靠近耳轴以减小其长度，并且尽量靠近火线，这随火炮的摇架等结构而定。此外，火炮行军固定器、射角限制器等一般固定在炮耳支板上。

方向机应该布置在炮长侧前方，用手轮工作时，乘员前臂活动范围不能碰撞座圈等物体。方向机手柄和高低机手柄不得相互干涉。凡随炮塔回转的物体，在座圈上的部分应尽量靠近塔壁。在座圈以下的部分物体，在随炮塔回转时所扫过的面积应该越小越好，不得与车体内任何物体相互干涉。换言之，设计和布置物体应该减小径向和高度尺寸，但允许沿座圈圆周方向加大。

并列机枪一般布置在装填手一侧，由装填手装换弹盒。其位置靠近火炮，轴线一般在耳轴之上，以免仰角时与座圈干涉。火炮防盾很窄时，塔上机枪开口在防盾之外，呈长形以便俯仰，需要另外密封。机枪的压弹盖若在上方，不应碰到塔顶。枪管不能伸出塔体过多，以免密封困难和遭到破坏，也不宜使枪管缩回造成空间过多。

现代战斗车辆常设置枪炮的车内吸烟装置，并用软管排出车外。

根据塔内来布置塔顶时，首先应决定高平两用机枪是由车长还是由装填手来操作，然后布置指挥塔、出入门、光学仪器及风扇等。车长使用高平两用机枪的优点是能及时发挥较大的作用，可以利用已有座圈的指挥塔结构，不必另设机枪旋转架。但车长射击会对观察战场、联络及指挥战斗等任务造成影响。由装填手使用时，只能在行军和宿营地，或在火炮不射击时使用。多数高射机枪在支座上是可卸的，需要开窗直接瞄准射击。一些美国坦克曾采用车长的电动机枪塔，靠光学瞄准器瞄准，可闭窗射击，其结构高度较大，也较复杂，但乘员较安全。

光学仪器需要专门选择和布置。炮长瞄准镜一般要求有 7~10 倍的放大率才能辨认远处目标和提高瞄准精度。其潜望镜和装填手一样，常用 1 倍可周转的，以保持较大的视场。车长指挥塔上潜望镜的视界常受指挥塔旁的其他光学仪器的阻碍。设计时在平面视界上还常绘出一定布置高度的各潜望镜受炮塔顶或其他物体阻碍所形成各方位盲区距离图。布置要求盲区小、重要方位没有死角且指挥塔不过高。由于车长指挥仪在塔内向下有一个相当的长度，而指挥塔又可以回转，因此应注意不能与俯角状态的炮尾起落部分相干涉。各火控装置的布置按照乘员分工而定。

"三防"装置进风的滤毒增压风扇的位置应能造成较长的气流通道，以使排烟和冷却收到较好的效果。但它既不能在多尘土处，也不能妨碍观察，又不能与塔内的枪、炮等干涉。有时布置在炮塔尾舱处，在这里应向前吹风，尽量避免乘员空间有不能换气的死角。排风扇一般布置在发动机隔板上，向动力室排风。

为在炮塔回转过程中也能安全方便地工作，现代炮塔一般设置吊篮或转盘。尽管炮塔座圈最小直径可以超出车体侧甲板一些，转盘或吊篮以上、座圈以下的回转圆柱空间却不能超出车体内宽。在这个空间内，除火炮最大仰角和乘员活动所需外，还可以布置许多战斗和火控装置。

至于与驾驶、动力、传动室有管道或机电联系而不随炮塔回转的装置，就只能布置在这个圆柱空间之外的四角和前后位置。为了安全，乘员附近的圆柱外壁可以设置护板。转盘随炮塔回转，其转动惯量与炮塔为一体，但其上的重力由转盘下的滚轮支承，不由座圈支承。转盘较高不便于设置转轮时，由上座圈固定吊架支承盘体，称为吊篮。这时篮上重力由炮塔座圈支承，这些质量也参与回转体的质量平衡问题。因此，较重的东西就应该布置在后部。转盘下的空间可以利用，但需通过活动或可卸的盘板才能接近。

5）弹药的布置

由于车体内部空间很紧凑，现代坦克的炮弹又长又重，即使现在要求的弹药基数逐步减少，40~60 发炮弹及其存放或固定装置的体积仍需 $1.6 \sim 2.4 \ \mathrm{m^3}$，加上布置的要求较多，它们在车内的布置是一个突出的困难问题。

炮弹布置的要求如下：

（1）位置尽量低和不靠近车前，以免被命中后出现"二次效应"破坏。要能可靠安全地固定放置，不容易与其他物体碰撞。

（2）取弹方便、迅速、省力，距装填手最好在一手臂远处，炮塔转到不同方位时也能取到不同的弹种，取出后无须换手颠倒头尾就能装弹入膛。

（3）允许少部分炮弹布置在需要先搬动其他部件或设备才能取出的位置，这要求在战斗间隙中倒换一次位置。

（4）不妨碍火炮俯仰、战斗部分回转和人员的操作。

因此，当动力传动装置前置时，最好的炮弹布置位置是在战斗室之后的车尾，可能需要占用一定的车体长度。当动力传动装置后置时，最好的炮弹布置位置是战斗室和动力室之间，特别是其下部。

在以上两种情况下，战斗室的下部也可能储存炮弹，其次是装填手一侧。车内前部驾驶员侧不是很好的地方，但具有灵敏的防火抑爆装置和弹架油箱时，也常储存一些。炮塔后部平衡舱内储存炮弹很普遍，可以对炮塔起平衡作用，取用也最方便。但这里正是最不安全的地方，无论从正、侧面还是空中，被命中的机会都多，只宜于放置最初射击的少数炮弹。

射击后的药筒中的气体含有约 40% 的一氧化碳，在车内散发能危害乘员，应该有妥当的处理方法。药筒堆在车底既妨害乘员工作，也妨碍战斗部分回转，需要由装填手在战斗间歇时送回空出的原炮弹位置，或抛出车外。有的采用可燃药筒，射击时在膛中烧掉。这样处置较简便，可以节约金属和减小质量，但要求燃烧完全不留灰烬，最多只留下不能燃烧的金属筒底。

一些坦克的炮弹存储位置如图 3.8 所示。其中 M60 坦克在车体前端的炮弹不够安全。M1 坦克的炮弹大量集中布置在炮塔平衡舱内，但采用一种被命中爆炸时向外飞开的装甲窗，其目的是排放爆炸气浪，减弱压力来保证车内安全；塔内人员通过只能向外开的单方向装甲

图 3.8　一些坦克的炮弹存储位置

（a）M60（57 发）；（b）M1（55 发）；（c）T-55（43 发）；（d）T-62（40 发）

门从弹舱取弹，防止向塔内爆炸。图 3.8 中 T-62 在炮塔内和车前的炮弹已比 T-55 减少，而更多地集中布置在战斗室的后下方。车体前部所用的是弹架油箱。

6）自动装弹机的布置

自动装弹的优点是省去站姿工作的装填手，节省空间。车长和炮长可不在火炮一侧前后排列，要求的座圈较小，可以降低炮塔高度、缩小炮塔正面积和减小质量。它为乘员与密封弹舱分开创造了条件，增进了安全，也为取消炮塔、顶置火炮和将乘员降入车体内等改革创造了条件。理论上自动装弹速度快，可提高发射的速度和行进间射击的能力。但也有人反对，认为装填手还有其他工作，不能省去，人少时进行繁重的保养维修工作有困难，并对自动装弹机构在战斗中损坏不能装弹不放心，怀疑其可靠性。

自动装弹机构方案不只是一个部件设计问题，它也与总体布置密切相关，需要在总体设计时进行。

对自动装弹机的要求如下：

（1）连续自动装弹的发数多。例如，若不能全部基数自动，至少也应在 10 发或 20 发以上才有希望省去装填手。不省去装填手也应能连续几发，才能提高射速。并且自动装弹发射后，应能利用机械动力补充弹，以便再次连续自动装弹发射，至少比人工补弹方便。但弹舱位置应较安全，最好与乘员隔离。

（2）可以选择发射的弹种，至少两种。入膛后的弹未发射时应能退换，或退出废弹。弹壳应能处理，如抛出车外，不能严重影响"三防"。

（3）火炮在任意方位都能装弹。任意方位都能装弹，以避免因装弹而丢失目标，最好也能在任意俯仰角度下装弹。

（4）弹药输送路线短，结构简单。每发弹从弹舱到入膛的路线短，转换次数少，机构运动迅速，可靠和简便。损坏后可以人工装弹。

（5）结构紧凑。弹舱之外的装弹机构单独占用空间不大于装填手占用空间。

（6）动力简单易控。最好是电动，但不能耗电太大超过供应可能，例如不超过 5 ~ 10 kW。

自动装弹机的布置有下列一些可能方案，如图 3.9 所示。

图 3.9   各种自动装填弹舱布置及送弹方案示意图

(a) 炮身弹舱（自动坦克炮）；(b) 炮塔尾弹舱；(c) 分装弹的战斗室转盘弹舱；

(d) 竖身圆周排列的战斗室转盘弹舱；(e) 战斗室转盘上的平列弹舱；

(f) 战斗室转盘上侧面竖列弹舱；(g) 战斗室之后或之前的隔板外的弹舱；(h) 车体外的弹舱

图 3.9（a）为炮身弹舱方案，炮弹输送简单可靠并且迅速，在任何方位和俯仰角都可连续装填射击。但实现任选弹种和退换有困难，连续射击发数不太多，需要输弹机构或人力补充。图 3.9（b）为炮塔尾弹舱方案，弹舱内转动，中间位置取弹，推弹入膛，结构比较简单，可有效利用炮塔尾部空间，有利于提高弹药的装载密度和自动装弹速度，在自行炮中的应用较广。图 3.9（c）～图 3.9（f）为在战斗室吊篮或转盘上的弹舱的不同布置方案。在图 3.9（c）中，分装的弹药在转盘上作放射形排列，药筒在上，以免地雷引爆。按电子记忆装置选择弹种，转盘转动到位后，塔上的机构提弹再推弹入膛。T-72 坦克采用的是这种方案。由于弹舱的高度限制火炮仰角射击，T-72 不得不将通常 18°～20° 的最大仰角减小到 13.6°。它任何方位都可以自动装弹，但火炮射击后仍需回到一定的仰角装弹。限于车内宽不超过 2 m，这种放射形排列的弹长受限，大口径整装弹难以采用。图 3.9（d）为 БМП 步兵战车和 T-64 坦克所用方案。图 3.9（e）是弹舱平置于战斗室底部转盘上，位置较安全。图 3.9（f）为弹舱在转盘上竖放，这样将占去一侧空间，车长和炮长仍需前后排列于火炮的一侧，座圈将难以减小。图 3.9（g）为车体内、战斗室之后或之前的隔板外的弹舱，可以安全密闭，与乘员隔离。图 3.9（h）的弹舱更进一步布置在车外。输弹进入车体后，需要一个绕座圈中心的回转机构，将弹送到火炮所在方位，再提弹到入膛之前的位置。这种方案和图 3.9（g）的一样复杂，并且还增加了车体密封问题。

3. 动力舱布置

动力、传动部分布置的特点是部件多，而所占空间又应尽量缩小。这些部件（包括发动机）都是经常要调整保养，甚至拆装的，既需设置方便和足够大的门、窗，又应该尽量减少对车体的防护性和结构强度的影响。布置时应充分考虑保养接近方向。

1）基本要求

现代装甲车辆采用的总体布置方案中，动力室和传动室有时交错在一起不可简单区分，总称为动力舱。辅助系统就是保证动力装置和传动装置在各种气候条件和地域情况下安全可靠工作的各个分系统的总称。它主要包括动力装置和传动装置安装支架、冷却系统、空气供给系统、排气系统、润滑系统、燃油供给系统、压缩空气系统、风扇传动系统、加温系统、传动装置冷却系统等。具体来讲，就是进气道及空气滤清器、排气道及消声器、燃油箱及机油箱、油泵及过滤器、风扇及其传动、各种散热器、风道、进出气百叶窗、起动装置、加温器或辅助发动机、支架、操纵机构等。

对动力舱布置的基本要求是，在保证具有可靠的防护能力的前提下，能够方便地进行保养和拆装工作，结构紧凑，力求最大限度地减少动力舱的体积。动力装置和传动装置系统的设计越合理，它们的体积就越小，机件和连接装置（联轴节和轴）的数量也越少，布置也越紧凑，动力舱的体积也越小。因此，动力舱的布置重点是要将发动机、传动系统及其各个系统布置得最为紧凑，以求最大限度地减少动力舱的体积，但其前提是要保证具有可靠的防护能力，并能够方便地进行保养和拆装工作。

动力舱的容积与发动机和传动装置的类型及其设计简图有关，与其在车体内布置的方法有关，与发动机和传动装置连接的方式有关，也与动力装置各个系统的设计有关。同时，动力舱的主要外廓尺寸还与某些其他因素有关。两侧甲板之间的车内宽度，在很大程度上决定着动力舱的宽度，它与整车宽度和整车质量有关。军用履带式车辆的最大宽度受到铁路运输允许宽度的限制，这种限制对所有的车辆是一样的。

缩减动力舱体积的设计方法主要有：横置发动机（对于类似 V-2 或 V-6 的发动机来说）；通过整合为一个整体式动力传动机组或者通过功能整合来减少传动系统机件的数量；采用更紧凑的引射冷却系统；缩短空气管路的长度；通过利用机件的内腔和开孔来减少管道所占用的空间；将部分部件从车内空间挪出（如设置车外燃油箱）；发动机和传动系统采用伺服传动和电传动操纵装置；采用空间形状复杂且各种机件内置的燃油箱。上述每一个方法都有其各自的优缺点，例如，横置 V 型柴油机能够缩短动力舱的长度，但又不得不引入新的装置——输入端减速器（挂轮架）；为了动力舱的保养和装拆，装甲盖板要做成可拆卸式，坦克顶部和底板上的舱盖、舱门和开孔的设计是复杂的布置问题。

动力舱处的车体高度多取决于发动机的外廓，通常不超过车体其他舱室的高度，通常实际上是由驾驶员位置的布置来确定的。俄罗斯坦克车体高度，沿整个车长方向，约为 1 000 mm。国外坦克的车体高度，在放置动力舱的地方确实比较高，可达 1 400 mm。对于轻型浮渡的军用履带式车辆，车体最大高度是由保证足够的浮力储备和搭载人员的布置而确定的。

动力舱的长度由发动机相对于车辆纵轴线的布置方式，以及发动机与传动装置连接的方式来确定。

为保证动力装置和传动装置的各个大部件保养和拆装的方便性，除了合理布置以外，还采用可拆式的车体顶甲板（动力传动舱上方的顶甲板）和隔板上的检查口盖。该隔板是将动力舱与乘员舱从车体底甲板到顶甲板隔断开来。该隔板称作发动机隔板。

2）动力装置和传动装置的布置

通常，按照所采用的整车总布置原则，动力舱的总布置先从布置发动机和传动装置开始，而后在剩余的空间布置动力装置各个系统的组成大部件和布置在动力舱中的辅助系统的组成大部件。所有的组成大部件应尽量这样布置，以使动力舱的容积利用得最合理，而这还与各个系统的形式和它们的结构有关。

发动机对车体轴线横置可减小动力舱的长度。纵然，此时在动力装置和传动装置中通常要增加一个传动箱以使发动机与传动装置连接起来，但还是能使动力舱的长度和容积都减小。当然还应考虑到，由于动力装置组成大部件设计的改进，动力舱的外廓尺寸明显地减小。

发动机横置在两侧变速箱之间的总布置，毫无疑问是令人感兴趣的。在 T-64A 坦克上采用了这种布置，在柴油机功率为 515 kW 的条件下，动力舱的容积仅为 2.6 m³，这是世界坦克制造业的首创。这就出现了这样的可能性，即设计一种特种坦克发动机，发动机的气缸卧式布置，冷却系统和空气滤清系统直接布置在其上方。

若发动机的长度短于其宽度，甚至在发动机纵置的情况下，可以设计出外廓尺寸小的动力舱。例如，俄罗斯的 T-80，采用双侧变速箱，735 kW 燃气轮机纵置在其间，动力舱的容积为 2.8 m³（还包括 3 个燃油箱，其总储油量约 300 L，布置在动力舱中）。

当布置动力舱时，还应考虑装甲车辆散热和热隐蔽。在采用活塞发动机的动力装置的所有各个系统中，冷却系统占的容积最大，所以它的设计在很大程度上决定着动力舱的总布置。在具有燃气轮机的动力装置中，空气滤清系统占的容积最大，在总布置时必须考虑到。

由于采用整体吊装的动力装置和传动装置，故具有更紧凑的总布置（动力舱的容积可以减小 15% ~ 20%）；缩短在车上更换动力装置和传动装置的时间；可用在车外检查处于装配状态的动力传动装置的可能性；当拆出整体吊装的动力装置和传动装置后，便于修理和发现故障，易于更换部件。

3）冷却装置的布置

装甲车辆需要散热的项目主要有发动机冷却水、发动机机油、发动机燃油、综合传动装置润滑油、液力变矩器油、发动机增压中冷器、风扇传动及液压转向机等的液压油、空调或制冷装置、大功率电动机或其他辅助设备、发动机及传动箱体。

装甲车辆的工作环境非常恶劣，工作环境气温变化范围可达-50~50 ℃，动力舱处于半封闭状态，潜渡时处于全封闭状态，发动机除通常工作外，还经常在低速、重负荷下长时间工作，如爬坡、沙地、泥泞地等，这时发动机发热量很大，大多数装甲车辆都不同程度存在过热现象，这是设计中的难点。

冷却系统主要由水系统、换热装置和有关的通风装置组成。水系统用来将发动机的热量通过冷却液带给换热装置，换热装置完成冷却液向空气或空气-空气的散热，通风装置使冷却空气通过换热装置并带走热量。

冷却系统散出的热量由发动机和传动装置的热流量来确定，与发动机和传动装置的形式、发动机的功率及传动装置的效率等有关。一般情况下，对于往复活塞式发动机，进入冷却系统的热量为燃油燃烧时产生的热量的 15% ~ 31% ，传动装置进入冷却系统的热量为发动机热量的 20% ~ 25% 。

冷却系统工作的有效性用从动力传动装置出来的介质温度与周围空气温度的差值来表征，发动机或传动装置出来的介质温度达到许用极限时的环境温度称为系统的效能极限。对于往复活塞式发动机，传热介质允许极限温度范围为 115 ~ 125 ℃，机械传动装置润滑油的允许极限温度范围为 120 ~ 125 ℃，液力机械传动装置润滑油的允许极限温度范围为 130 ~ 140 ℃。对于燃气轮机，机油温度允许到 150 ℃。

当采用风扇式冷却系统时，散热器可放在吸入端，直接放在进气百叶窗下面，也可放在压缩端（风扇后面）。在系统中可采用一个、两个或几个风扇，这与动力装置的功率和动力舱的布置特点有关，而且工作叶轮的旋转平面可以是垂直的、水平的或倾斜的。当在引射冷却的系统中时，散热器只能放在吸入端。

风扇布置在动力室进风窗处鼓风，动力室内的气压高于环境大气压，称为正压动力室。风扇布置在动力室排风窗处抽风，动力室内的气压低于环境大气压，称为负压动力室。由于在"三防"状态下战斗室呼吸用气不允许污染，而动力室的燃烧和冷却用气量大，又不能"三防"滤毒，因此要求战斗室和动力室间完全密封，如果隔板在行驶中变形，或战斗中损坏，正压动力室中的气体就通过隔板向战斗室泄漏，给乘员造成威胁；而负压动力室较好，负压动力室的隔板上应该设置可开闭的窗，以保证战斗室平时通风和潜渡时发动机燃烧用气等。

风扇与主要散热器的布置可以相邻近，特别是静压头较高的鼓风风扇，其间的间隙应该较严，以减少旁通漏风（不通过散热器）。相距较远时，应该有密封的风道或隔板，保证空气有效经过散热器。这时气流经过散热器可以较均匀。

风扇最好在主要散热器之前，所扇的是冷风，效率较高。若在散热器之后，所扇的是升温膨胀后的空气，需要较大的风扇才能保证同样的风量。不同压力和温度的动力室布置形式如图 3.10 所示。

主要散热器如果在冷却空气的进口处，散热效果好，但进入动力室的是热空气，不利于其他低温部件热量的散发。理想的气流顺序为：先经过低温部件，再经过高温部件，最后流出车外，以充分发挥冷却的效果。另外，还要考虑发动机

图 3.10　不同压力和温度的动力室布置形式

的空气滤清器不能在热的动力室内吸气，必要时可在装甲上专门设窗和吸气道，以保证发动机具有较高的进气系数。

整个风道应该没有狭窄的断面、急拐弯和过长、过多的曲折，这样可以减少阻力，使风扇所需功率小而风量大。总体布置中要尽可能利用车辆前进时的自然气流帮助通风及防止冷却用气的再循环，即进风窗在前而出风窗在后，至少进风窗和出风窗并列，而不能后进前出。窗口最好在顶甲板上，出风窗口也可开设于后甲板或两侧，但应注意防护性和防尘土，进风窗口应选择在车辆前进时尘土少的位置。图 3.11 所示为一些车辆的风道的布置简图。

图 3.11 一些车辆的冷却方案示意图
(a) 伊朗狮；(b) T-72；(c) TAM；(d) 黄鼠狼步兵战车；
(e) "豹" 1；(f) 自行火炮；(g) AMX10P

对于装甲车辆所用水冷式发动机，其散热器的平均尺寸是：每平方米芯子表面积为 350~420 kW，每立方米芯子约为 3 400 kW，芯厚 75~175 mm。如果超过这些数值就会出现发动机过热，如 T-62 坦克，以 0.656 m^2 表面积负担 425 kW 发动机的散热需要，相当于 4 000 kW/m^3，在很多工况下都会过热。

散热器面积应该在一般的夏季温度满足上述数值要求。要求过高，散热器过大，又带来布置和尺寸等一系列问题，而多数时间用不上，得不偿失。

4）油箱布置

现代装甲车辆的动力装置功率在不断增大，作战半径也在日益增加，所需携带的燃油也就越来越多，其结果就是燃油箱容积不断加大，给设计布置带来困难。

装甲车辆的单位质量燃油储量一般在 20~30 L/t。公路最大行驶里程约由 400 km 提高到 600 km，为了满足这一指标，一般主战坦克应该布置 800~1 200 L 的燃油，50~100 L 的润滑油，其中，30%~40% 是装在车外的附加油箱，其他装在车内，所需体积为 0.7~1.0 m^3，占车内体积的 4%~7%。一般车辆配置多个油箱，如某军用履带式车辆整个燃油系统中，总共有 12 个油箱，在前组油箱中，左右前油箱相互串联在一起，置于车辆的驾驶室车体内，中组油箱在战斗室弹药架中，在战斗室内的左右后油箱构成后组油箱，第三组油箱是全部车外油箱。

油箱工作先从附加油箱开始，而后是车外油箱，先从有侧甲板的后油箱开始，最后是内部油箱。

油箱的形状可根据空间情况而变化，在布置工作中可以有一定的用以填充其他装置布置剩余空间的异形油箱，如弹架油箱。图 3.12 所示为一些坦克的油箱布置方案示意图。

图 3.12　一些坦克的油箱布置方案示意图

（a）"豹" 2；（b）T-62；（c）T-72；（d）M1

油箱布置应注意以下事项：

（1）油箱在平时不需要保养接近，应该尽量利用不容易接近的空间，包括离发动机较远的部位。

（2）在具有高灵敏度和高效率的防火抑爆装置的条件下，装有柴油的油箱是一种良好的补充防护体。反之，不能保证灭火，就应该避免布置在容易被命中的位置。

（3）油箱的高度应该较高，以避免偏平，以免在车体振动和倾斜时吸入空气，引起发动机熄火。加油口应该开设在顶装甲上。

（4）油箱下部要求有一定深度的"底油"以免吸入沉淀物。应该有从油箱最低点通向底装甲的放油口。

（5）油箱应该分组，以免一个油箱在战斗中损坏后全部油都漏损。

（6）最大行程所需油料尽量在车内储存，一般应不少于 60%。但设计时估计车内有效储油量比布置的空间小 20%～40%，随油箱大小而定。

为增加弹药基数，又增加储油量，弹架油箱节约车内空间是有效的。例如 T-62 坦克就采用了弹架与油箱一体化设计。

5）发动机和传动装置的连接、支承和保修接近

与动力、传动室布置紧密有关的是发动机和传动部件的连接和支承问题，它影响空间尺寸和部件选择等问题。

在传递动力的两个独立装配部件之间，常用万向联轴节或半刚性联轴节来连接。万向节允许被连接的两轴有较大的径向位移和角位移，花键又允许轴向位移，能保证传动正常运转。但万向节需要的空间尺寸大，特别是轴向尺寸往往太大，带来布置上的困难。更常用的连接件的是齿式半刚性联轴节，其轴向尺寸小，结构简单，但允许两部件的相对位移随轴向尺寸的减小而成比例地减小。

图 3.13（a）所示为 T–54/55/62 坦克的标准布置，动力、传动部件共分 5 件安装，其间用了 4 个齿式半刚性联轴节。因为每三个支点能确定一个平面，每个独立的装配部件应该有三个支点。每个支点实际上是一个不太大的支承面积，如图中狭长的传动箱，有两个面积足够的支点也就可以了。如果部件较大较重，也可以装在 4 个支点上，如图 3.13（a）中的发动机。另一种动力、传动部件的连接和支承方案如图 3.13（b）所示。发动机和综合传动箱的壳体相互固定连接在一起，可以省去联轴节，布置紧凑，节省车内空间。这时的支点也得到简化，可以形成大的三点支承。如果在向侧传动输出处采用抱轴式支座，图 3.13（b）的万向节也可以省去，这时整个动力传动装置可以绕侧传动轴作角位移而不妨碍传动工作。

图 3.13 动力、传动部件的支承
（a）分部件装配结构；（b）整体结构

传动装置的最后一环是侧传动。在车辆行驶时，传动部件，特别是履带主动轮啮合副和履带的振动将直接通过侧传动传到车体上。这是履带式车辆的一个重要噪声和振动源。一种改进的方法是弹性支承的侧传动，如图 3.14 所示。由于履带的牵引力及其动负荷所造成的侧传动负荷很大，因此橡胶垫的支承方向如图 3.14 所示。相应地，车内的变速箱或综合传动箱与侧传动之间的连接，至少应采用半刚性联轴节。

图 3.14 弹性支承的侧传动

布置动力、传动部件，应当注意它拆装出入装甲车体的可能性，在顶甲板上的门窗不允许中间有横梁等结构。必要的横梁也应是可拆卸的，但几个连接螺栓之类的固定结构对于沉重的装甲门窗及其在振动中的惯性负荷不能算是很牢固。

动力、传动部件是车辆上日常需要较频繁保养调整，以及加放油水等较多的部件。在这里的装甲上需要设置较多门窗孔口。为保养接近而开关大门大窗是不方便的。同时也考虑尽量不破坏重要厚装甲的防护性。布置的紧密程度越大，越能节省车内空间，从而减小车辆的外形尺寸和质量，但保修接近及互相妨碍的问题也越突出。

4. 行动部分和车外的布置

1）基本要求

行动部分布置的出发点是：要在保护最主要的行动部分部件不被损毁，以及保证具有保养和维修方便性的前提下，使车辆具有高机动性能。机动性能的主要评价参数是行驶速度和通过性能。

为了提高行驶性能，必须降低行动部分的损耗，故需要选择合理的结构。

通过性能受平均接地压力（对于主战坦克来说，这一压力值不应超过 80 kPa）的限制。为了提高通过性能，对履带式车辆来说，要增大履带宽度和支承面的长度 L；通过整车质心投影和支承面几何中心的重合，力求在两条履带上以及在每条履带的长度上平均分配载荷；最大限度地增大车辆的车底距地高，或者采用可调节车底距地高的油气悬挂。为了确保过垂直墙的能力，可将诱导轮轴升至距地高 0.8～1.0 m，车体头部不能超出斜支履带和诱导轮。为了提高行驶平稳性，将负重轮的总行程增大至 300 mm，甚至更大；采用具有渐进特性的弹簧，这种弹簧在负重轮行程小时刚性不大，而在负重轮行程大时刚性会增大；装备高效的减振器。履带式车辆的易操纵性可以取决于 L/B（B 为坦克的履带间距，即履带中心距）的值。这一比值越小，坦克在恶劣环境下的操作性能就越好。对于现代坦克来说，L/B 的值应该在 1.6～1.8。

　2）布置方案

行动部分和车外布置最重要的是决定履带环的形状，根据履带环形状就可以决定叶子板和其上各种物体的布置。图 3.15 所示为履带环和行动部分的布置。布置履带环主要应考虑坦克的通过性。

图 3.15　履带环和行动部分的布置

（1）主动轮和诱导轮的布置。

主动轮布置在车首还是车尾，主要依据车辆传动装置的布置位置确定。主动轮后置能减轻上支履带以及诱导轮和张紧装置的载荷，常为主战坦克采用。为提高车辆通过垂直墙的能力，前轮（主动轮或诱导轮）中心距地面高度应大些，一般大于 0.75 m。为增加越壕宽度和过障碍时不致触及车体，诱导轮和主动轮间的距离应大些，也就是二者尽可能往车体首尾两端布置，诱导轮和主动轮到车体重心的水平距离中的较小者一般应大于 2 m。

（2）负重轮的布置。

负重轮的大小、数量及布置位置，应满足平均最大压力小、运动阻力小、行程大、质量小，以及弹性悬置的车体基本上保持水平等多方面的要求。负重轮的数目随所选用的负重轮直径和车体长度而定。现代坦克倾向于采用小负重轮，当上面履带悬垂量过大时，应该考虑采用托带轮。根据履带接地长确定第一和最后负重轮的位置，并保证负重轮向上运动时不与主动轮或诱导轮发生干涉。中间负重轮的位置不一定等距，应使弹性悬置的车体基本上保持水平。为避免过障碍或车体振动时造成主动轮或诱导轮与地面发生刚性冲击，前支履带与地面的夹角（即接近角）应为30°~45°；后支履带与地面的夹角（即离去角）应不小于20°。

（3）平衡肘的布置。

平衡肘的布置应保证能完成战术技术要求的车底距地高和较大的负重轮行程。同时能可靠地连接减振器等部件，保证受力情况良好。

（4）履带宽度。

履带宽度应该尽可能宽一些，以保持对地面较低的压强。即使压强相同，宽履带的通过性也超过窄履带，但是受坦克总宽度和车体宽度的限制。履带距侧甲板距离至少应在20 mm以上。

（5）悬挂系统的布置。

现代装甲车辆多数采用扭杆悬挂，安置在车内底板上。车外的悬挂元件（如油气悬挂和减振器）应该布置在负重轮与侧甲板之间，以提高防护性。

（6）叶子板宽度。

叶子板宽度应比履带外缘稍宽一些，长度比履带前、后长一些，以防行驶中泥水飞溅和尘土飞扬。叶子板高度位置应不妨碍车辆高速行驶时履带的跳动。

（7）附件的布置。

工具箱、备品箱、车外油箱等一般固定在叶子板上，为减少油箱被打坏的机会，应靠坦克后部布置，但不应过分接近排气管。这些箱体的高度应不妨碍炮塔回转，也不应该妨碍火炮的最大俯角。其他较大的物品应尽量在车后携带以便保证防护性，在炮塔后面携带可以帮助炮塔质量前后平衡。

3.2.3　总体尺寸估算

在实际工作中，通常是在分配的空间、质量要求下进行各部分布置，然后又在各部分的部件设计基础上进行总的检查，反复进行调整和修改。实践证明，在设计中控制尺寸和质量，是需要全体人员共同努力完成的一个艰巨任务。目前在新型坦克设计中，通常是在总体方案布置的基础上，利用CAD软件，进行三维实体设计和虚拟装配，由此确定车辆的外廓尺寸、质量和质心位置，并完成总体方案的设计。

外廓尺寸为车辆在长、宽、高方向的最大轮廓尺寸，分高度、宽度、长度三个方向来说明。

1. 高度

车辆外廓高度一般为三个环节之和，即车底距地高、车体高和炮塔高。车底距地高按战术技术要求，一般为400~550 mm。由于现代坦克悬挂装置已改进，其行程加大，车速也有所提高，车底距地高常用以上范围中的较大值。车体高度由下面四个关键高度决定。

1）驾驶室高度

限于人的身材不可改变，驾驶室高度很难降到900 mm以下。半仰卧坐姿的潜力也有限。例如M1坦克的驾驶员处也不低于840 mm。除非像MBT-70那样将驾驶员移入炮塔，才可能较大幅度地降低高度。

2）发动机及冷却装置高度

由于发动机功率日益增大，降低其高度存在一定困难，现代西方国家坦克的动力传动室常局部向上突出，牺牲火炮向后时的俯角。与此相反，T-62 等坦克后顶甲板则向后倾斜约 3° 来降低动力室的高度（相应动力室底甲板也下降，该处车底距地高减小）。德国研制的大功率 MT883 发动机的高度降低到不足 2/3 m。这时，还应注意发动机上下的其他装置的高度，如悬挂装置的扭杆、顶置的风扇等。

3）战斗室车体高度

战斗室车体高度指当火炮在最大仰角、炮尾降到最低时，保证正常工作所需的高度，此高度将随火炮的加大、仰角的加大等而增大。

4）炮塔高度

炮塔高度应满足最大俯角时塔顶内壁与火炮间至少有 20 mm 以上的间隙。

2. 宽度

履带式车辆外廓宽度是车内宽度 b_0、侧装甲厚度 h、履带板宽度 b、履带与车体间的间隙 s 与叶子板外伸 y 之和，如图 3.16 所示。

图 3.16　车辆宽度的组成环节

车内的因素主要是：座圈直径要求车内宽度 b_0 较大，但决定全车宽 B_0 最主要的还是外部因素，即铁道运输限制。履带板宽度 b 一般在 $350 \sim 710$ mm，车辆越轻履带板越窄，而越重履带板越宽，它与单位压力有关。因此

$$B_0 = b_0 + 2b + 2h + 2s + 2y \tag{3.1}$$

当已知履带中心距 B 时

$$B_0 = B + b + 2y \tag{3.2}$$

车辆宽度受铁道运输限制，最好在 3.4 m 以内。除去履带宽度、侧装甲厚度和间隙等，即可决定车内宽度。现代坦克车内宽度在 2 m 以内。车辆重，需要履带较宽才能保证对地面的压强不过高，其侧装甲又较厚，因此车体宽度往往越小。车内布置要求车宽尽量大一些。战斗部分要求保证火炮在任何仰角能够 360° 环射，侧甲板应与火炮横向时的炮尾防危板有一定距离。现代坦克火炮增大，炮塔座圈突出于侧装甲，形成在座圈处局部加宽侧装甲的车体。传动部分横置的变速箱、转向机、侧传动要求车内宽度较大。

3. 长度

根据驾驶室、战斗室、动力和传动室的布置，车体长度由各长度环节之和构成，如图 3.17 所示。

1）驾驶部分长度 L_1

驾驶部分长度 L_1 主要取决于车首倾斜角度和驾驶员身材、坐姿。如果按上甲板倾斜 30°、下甲板倾斜 45°、车体高 950 mm 来估计，L_1 至少应保持 $1\,500 \sim 1\,600$ mm。另外，驾驶窗如开在顶甲板上，特别是驾驶座位置在车宽的正中，为保证开窗驾驶也要增大 L_1。

2）战斗部分长度 L_2 和 L_3

L_2 约等于座圈内径，随火炮口径大小而不同。L_3 为从座圈后部到发动机隔板的距离，这个长度应该保证不吊下炮塔就能吊出发动机（炮塔的最小半径处回转向后方）。通常在 L_3 处布置弹药、油箱、备品和操纵开关把手等。

图 3.17　车辆长度的组成环节
（a）动力传动后置（发动机纵置）；（b）动力传动后置（发动机横置）；
（c）动力传动前置（发动机纵置）

3）动力部分长度 L_4

这部分基本上是发动机的长度（包括其增压器、进气管、排气管、水管等附属系统所需占的长度）。

4）传动部分前段长度 L_5

由发动机到侧传动中心的距离，随传动形式、结构而定。

5）车尾长度 L_6

侧传动中心到车尾的长度随制动带外径、侧传动布置和车尾外形而定。

以上各尺寸随方案不同而不同，例如发动机横置时，L_4 可改为由发动机隔板到发动机中线的距离，L_5 为由曲轴中心线到侧传动中心的距离。

对不同的总体布置方案，这些构成环节有所不同。应注意发动机与战斗室之间往往有一段距离，至少应该保证在炮塔回转到最小半径方位时满足拆装发动机的需要。综合这些环节，现代轻型车辆车体长为 5 m 左右，主战坦克则为 6~7 m。

在车体长度已定的情况下，根据支座的极限位置决定诱导轮位置，以及根据侧传动形式决定主动轮的位置，再考虑适当向前和向后突出的叶子板，得到不带炮的全车长度。

随车辆质量增大，履带接地面积的比例迅速增大，而车体宽对全车宽的比例则迅速减小。

根据以上方法决定长度、宽度、高度时，已经形成总的方案外形。现代主战坦克车内的容积为 11.3~18.4 m³，平均约为 15.5 m³。其中炮塔容积为 2~4 m³，平均约为 3 m³。俄罗斯坦克车内容积保持较小，为 12 m³ 左右。美国坦克的容积较大，并已上升到 17~18 m³ 水平。这也是东西方坦克质量级别差异的重要原因。

3.2.4　总体质量与质心的估算

1. 战斗全质量的估算

战斗全质量控制是车辆设计中的一大问题。从提出要求、方案设计、部件设计、试验车、样车及批量生产，以至于改进和变型，战斗全质量经常有增无减已是一个客观的普遍规律。以战场竞争为目标的性能提高，往往都需要以一定的战斗全质量代价来换取，其结果是，质量经常超出预计，并且在性能越改越好的同时而越来越重。

装甲车辆的战斗全质量一般用试验方法决定，但这需要在装配完毕后才能进行。当只有设计方案时，不得不用估计和计算的方法来控制设计的战斗全质量。

在设计之前，参考已有装甲车辆各部分的质量比例，分配质量指标给各部件作为参考或控制目标。现代主战坦克的车体炮塔质量约占总质量的 48.5%，武器火控和弹药占 13.1%，动力装置占 8.5%，传动装置占 7.5%，行走装置占 22.4%。各部分的质量比例还随坦克的全质量大小而变，现代坦克的车体炮塔和武器火控装置所占质量比例还有继续上升的趋势。根据不同车辆的特点，可以在这个基础上估计增减。在部件设计的过程中，随部件的逐渐具体化，需要随时核对预计质量的实现情况，并采取改进措施。

总体方案设计中战斗全质量计算方法如下：

（1）利用虚拟样机技术，精确计算出车体装甲板质量、炮塔体质量、焊缝质量以及新设计部件的质量。

（2）得到精确的成品部件和设备的质量，如发动机、火炮、机枪、弹药、火控装置、蓄电池和电台等。

（3）利用虚拟样机技术，完成整车的虚拟装配，由此可以算出全车的战斗全质量。

当总质量超过战术技术要求指标的时候，就应该采取措施来改进，包括对部件设计提出控制要求，选用更轻更小的成品部件和设备，改进布置和减小外形尺寸等。如果更粗略估算，可按大的系统与相近类型的车辆进行比较。

车辆制造出后的实际质量经常会超过设计的质量，有时计算不准甚至超过 10%，其后果引起行动装置强度不足、发动机功率不足等一系列影响性能的问题。若采取补救加强的措施，又会引起质量的进一步增加，以致超过战术技术指标很多。这个问题从开始分配质量就应该紧紧掌握。新车的质量还应该为变型车、长远改进增加设备等留一定的余地。

2. 质心的估算

总体方案设计有时还需在质量计算的基础上进一步计算悬置部分的质心及其在悬挂装置上的平衡情况。

质量和质心一般用试验方法确定。设计方案只能用估计和计算的方法来控制质量和质心。

（1）逐块计算主要装甲板质量和质心位置，估算出炮塔的质量和质心位置。

（2）查出较重大的选用的成品部件和设备的质量，如发动机、火炮、机枪、弹药、蓄电池和电台等，根据布置估计其质心位置。

（3）新设计的部件质量和质心可参考同类型的部件估定。

在图 3.18 中，若以车尖为坐标原点，由 $\sum M = 0$ 可估算质心位置：

图 3.18　车辆质心位置估算

$$x_z = \frac{\sum\limits_{i=1}^{n} x_i m_i}{\sum\limits_{i=1}^{n} m_i} = \frac{1}{m_z}(x_a m_a + x_b m_b + x_c m_c + x_d m_d) \tag{3.3}$$

其中

$$m_z = m_a + m_b + m_c + m_d \tag{3.4}$$

式中，m_a，m_b，m_c，m_d 为各部件、装置、零件等的质量；x_a，x_b，x_c，x_d 为相应各部件、装置、零件质心或代表位置到车尖的距离。当计算质量 m_z 时，只算悬置部分的质量。因此，平衡肘常只算一半质量，有托带轮的履带算 3/4 圈，无托带轮的履带可算 1/2 质量。对于火炮向前与向后的质心变化较大时，可以分别计算。

质心位置不应该使弹性悬置的车体前低后高，车底应该基本水平，或后倾在 5° 以内。对具备浮渡性能的车辆，质心和浮心计算都应该尽量精确些。

当质心过偏的时候，就应该采取措施来改进，包括对部件设计提出控制要求、选用更轻更小的成品部件和设备、改进布置和减小外形尺寸等。如果更粗略估算，可按大的系统与相近类型的车辆进行比较。

3.3　关键技术及其分解

3.3.1　接口技术

装甲车辆是一种将机械、电子和信息等功能融为一体的复杂的机电一体化系统。装甲车辆系统中各组成部分（子系统）之间通过接口实现信息、能量、物质的传递和转换，因此，装甲车辆子系统之间的接口极为重要。从某种意义上说，装甲车辆总体设计就是接口的设计。装甲车辆总体设计必须以接口的设计为重点。

接口技术研究装甲车辆系统中各组成部分（子系统）和各组成技术之间的接口问题，

以便更有效地进行系统中信息、能量、物质的交互与控制，融合各种技术，实现总体性能最优化设计。

装甲车辆接口包括硬件和软件。硬件主要在子系统之间或人–机之间建立连接，为信息、能量、物质的输入/输出、传递和转换提供物理通道。软件主要是提供系统信息交互、转换、调整的方法和过程，协调和综合系统一体化组成技术，使各子系统集成并融合为一个整体，实现新的功能。

装甲车辆接口可分为人–机接口、动力接口、智能接口和机–电接口四类。

1. 人–机接口

人–机接口是人与装甲车辆系统之间的接口，通过此接口，可以监视车辆的运行状态，控制车辆运行过程，即通过人–机接口能够使车辆按照人的意志进行工作。人–机接口是双向的。硬件包括输入/输出设备，主要有显示屏、键盘、按钮和操纵器等。

2. 动力接口

动力接口是动力源连接到驱动系统的接口，为驱动系统提供相应的动力。根据系统所需的动力类型不同，如直流电、交流电、气动、液压等，动力接口的形式也有很大的不同。但动力接口有一个共同的特点，即能够通过较大的功率。

3. 智能接口

智能接口主要存在于三处：控制系统到驱动系统、驱动系统到传感器、传感器到控制系统。智能接口的应用情况相对比较复杂，但可以得出它的一些共性：智能接口主要传递和转换各种信息，按照不同技术的要求改变信息形式，使不同的子系统、不同的技术能够集成在一起，形成完整的系统。通常，智能接口是软件表现出的功能连接。

4. 机–电接口

机–电接口是执行机构与驱动系统和传感器之间的接口。将驱动信号转换成执行机构所需的信号，或将执行机构的机械信号转换成传感器所需的信号。

3.3.2　控制技术

装甲车辆总体设计与其他复杂的机电一体化系统设计一样，核心问题是控制物质、能量、信息的传递和转换。因此，装甲车辆总体设计必须紧紧围绕对物质流、能量流、信息流的控制展开。

1. 物质流控制

装甲车辆总体设计中的物质流主要包括弹药的输送、弹壳（包括未发射弹、废弹）的排出、燃油的供给、人员的进出、维修作业的移运等。总体设计时应以所涉及的物质为对象，实现对各种物质流的切实控制。例如，储弹器位置的确定，弹药输送路线的设计，弹药输送过程的确定性设计，弹药转运接口设计等，人员进出通道设计，维修作业接近方向设计，部件拆装通道设计等。

2. 能量流控制

装甲车辆总体设计中的能量流主要包括动力的传递、发射载荷的传递、操纵力的传递等。总体设计时应以所涉及的能量为对象，实现对各种能量流的切实控制。例如，发射载荷的确定，发射载荷传递路线设计，发射载荷影响分析，减载技术方案设计等。

3. 信息流控制

装甲车辆总体设计中的信息流主要包括目标、载体、火力、环境、操纵、效果等信息的获取、处理、传递、运用等。总体设计时应以所涉及的信息为对象，实现对各种信息流的切实控制。例如，目标探测、目标特征识别、目标跟踪、目标处理等。

3.3.3 轻量化技术

未来快速反应、机动部署需要高机动性、高可部署性的地面作战平台和武器系统。轻型化是提高常规武器系统机动性和可部署性的重要途径。各国正通过研制和选用新型轻质材料、改进武器系统设计和系统配置，实现武器系统轻量化和高机动性的目标。美国陆军积极发展的未来装甲侦察车、未来步兵战车和未来战斗系统，其主要特征之一就是机动性好。对于武器系统，轻量化技术就是在满足一定威力和取得良好射击效果的前提下，使武器的质量和体积尽可能小。

美国陆军发展的未来装甲侦察车、未来步兵战车和未来战斗系统，拟在未来取代主战坦克的未来战斗系统，质量将在 20 t 左右，与 M1 式坦克相比，质量减小 2/3，可由 C130 运输机进行空运。轻量化技术包括创新的结构设计技术、减载技术、轻型材料的选择与应用等方面。

1. 创新的结构设计技术

机械产品设计都是始于结构、终于结构的设计。轻量化技术中一个十分重要的途径就是创新结构设计，如新颖的多功能零部件的构思，紧凑、合理的结构布局，符合力学原理的构件外形、断面、支撑部位及力的传递路径等。

2. 减载技术

减载技术是通过技术措施减小作用对象上的载荷。作用于装甲车辆上的载荷最主要的是武器发射时对车体的作用力（发射时的后坐力），以及车辆运行时受到地面的冲击作用。减载最常用的技术是缓冲。减小后坐力的主要措施有：缓冲发射时火药燃气对车体的作用冲量（如采用反后坐装置）、抵消部分发射时火药燃气对火炮的作用冲量（如采用前冲原理）、减小发射时火药燃气对火炮的作用冲量（如采用膛口制退器、膨胀波技术）。减载技术现在已发展到一个新阶段，需要综合应用武器系统动力学、弹道学、人机工程学，结合结构设计，解决伴生的射击稳定性、可靠性和有害作用防范等问题。

3. 轻型材料的选择与应用

材料技术是轻量化技术中一项非常重要的技术。合理选择高强度合金钢、轻合金材料、非金属材料、复合材料、功能材料和纳米技术材料是实现轻量化的有效技术途径。美国、苏联以及西方发达国家早就在兵器上采用了铝合金、钛合金，一些枪炮构件上还采用工程塑料和复合材料，关注材料科学的发展，发挥材料科学技术的推动作用，研究新型材料的应用。

3.3.4 人机环工程设计

装甲车辆人-机-环境系统，是指在装甲车辆规定的约束条件下，由相互作用与依赖的人、机、环境三要素构成的具有特定功能的集合体。系统中的"人"，主要指经过选拔、训练的合格人员并作为系统中的主体要素；"机"，主要指装甲车辆中人所控制的部件、设备、装置、计算机等的总称；"环境"，主要指装甲车辆内部人、机共处的工作环境。广义而言，影响人机系统的环境条件也属于"机"的范围，如作业空间场所、物理及化学环境等。但为了研究方便，往往将环境单独分列出来称为人–机–环境系统，所以一般可以认为人机系统就是人–机–环境系统的简称。

现代战争中人的作用在增强，忽略了人，平时会导致事故发生，战时将导致重大军事损失。如果缺乏系统的观念，只注重抓装备的性能，忽视对人的因素主导作用的发挥，就难以发挥整个武器装备系统的最大效能。

在装甲车辆总体方案设计过程中，应坚持"以人为本"的原则，除完全达到战术技术指标的要求外，还要根据国军标（GJB 1835—1993）进行人–机–环境系统的总体设计。

1. 装甲车辆车内环境及其对乘（载）员的影响

环境是指影响乘（载）员身体健康和工作能力以及装备性能发挥的各种因素。环境因素作为一种主动的因素而不是一种被动的干扰因素引入系统，成为系统的一个重要环节。环境可分为外部环境和车内环境。外部环境主要指妨害机器系统功能完成的外部因素，一般包括现在的技术水平、自然环境、企业政策、经济条件、原材料、市场等。外部环境会影响整体决策，对此要进行认真的调查和检测。车内环境主要指妨害人机功能发挥的各种车内因素。车内环境对人的能力影响较大，主要有温热环境（包括体温调节、最舒适的温度带以及对温度的适应性训练等）、气压环境（低压环境下供氧不足及高原适应性训练，高压环境下氧中毒、氮中毒、潜伏病等）、重力环境（人体对加速度、减速度的反应及人体忍耐的限度等）、机械诱发环境（振动、噪声、过载等）、其他（如辐射环境；视觉与适应——适当的照度，明适应、暗适应等；衣服环境——衣服小气候，衣服材料等；居住环境及气候环境；粉尘环境及大气污染）等。车内因素对车内乘（载）员影响大，车辆设计中必须严格控制，尤其要注意对振动和噪声，以及环境温度的控制。

1）振动

装甲车辆振动来源于不平路面的激励及机械装置的振动传递。车内振动的大小与车辆行驶的路面、行驶速度、悬挂装置及发动机的工况有关，座椅振动的大小还与座椅的减振性能有关。在起伏路上行驶时，水平方向加速度增大，装甲车辆振动呈现强烈的三方向振动。对乘（载）员影响较大的振动主要是通过座椅和底甲板传导至人体的全身性振动。振动对人的影响是多方面的，如影响观察，使动作不协调、语言失真，甚至头晕、呕吐，容易疲劳，从而影响工作能力和效率，使车辆性能不能充分发挥，甚至影响健康，如乘（载）员的腰肌劳损。因此，车辆悬挂系统和座椅系统必须具有良好的减振性能，才能保证乘（载）员的乘坐舒适性，提高工作效率。

2）噪声

装甲车辆噪声主要来源于发动机排气噪声及其振动、车辆行驶时产生的振动以及履带车轮与车体相互撞击而产生的噪声。装甲车辆车内噪声，除影响车内通话的话音清晰度，造成一定的生理和心理影响，降低工作效率外，更重要的是引起听觉器官器质性病变，导致听力损失。从保护乘（载）员身体健康和提高工作效率出发，必须采取有效的措施降低车内噪声，同时乘（载）员应佩戴护耳器。

3）气候环境

我国幅员辽阔，装甲车辆可能在各种气候环境下使用，车内高低温环境均影响乘（载）员战斗力的发挥。

（1）低温环境。在严寒条件下，装甲车辆在发动或行驶过程中，发动机产生的热量一部分被车体吸收，因此车内温度略高于车外环境温度。严寒条件下装甲车辆乘（载）员工作十分辛苦，而且低温环境下乘（载）员穿着极厚，在狭窄的车内行动非常不便，四肢活动受到限制，同时由于低温导致某些操纵技术难度增大（如液压操纵装置的液压油变稠），致使完成同样的操作要比正常条件下付出更多的体能，故极易疲劳。为改善工作环境，提高战斗力，目前新装备部队的装甲输送车和步兵战车安装有空气加温的取暖装置。

（2）高温环境。装甲车内高温比低温对乘（载）员的影响更加严重。车内高温除受环境温度和太阳辐射影响较大外，车内设备及人体散热也放出大量的热量，尤其是闭窗状态，车内高温环境相当严重。高温环境下由于人体散热，身体大量出汗，导致车内湿度很高，更加重了乘（载）员的热负荷。尤其是在湿热气候环境下，乘（载）员很快就达到重度热负荷状态。

2. 装甲车辆人机环工程设计的一般要求

总体设计应在系统性能、寿命周期费用、安全保障、时间、进度等综合权衡基础上，把操作者作为主体要素有效地结合到人机交互系统设计中，以达到下述目标：

（1）通过设备、装置、软件和工作环境的妥善设计，使人员与设备（装置或软件）的组合满足系统的性能要求。

（2）在系统的操作、维护和控制过程中，使人员操作达到所要求的有效程度。

（3）对操作程序、工作方式和人员安全与健康提供符合规定的工作环境，而且这种工作环境应符合人的生理和心理特性，并使不舒适和任何其他降低人的能力或增强差错的因素减小到最低程度。

（4）尽量降低对人员数量、技能、训练和费用等方面的要求。

（5）操作者的工作负荷应与人的能力相适应。

国军标（GJB 1835—1993）给出了装甲车辆人机环工程设计的总体设计详细要求。

3. 装甲车辆人机环工程设计

1）设计要点

人机系统设计中，要注意以下四个要点：

（1）在人机系统中，人与机械的合理分工。

（2）人与机械的合理配合。

（3）在系统中做好仪器、空间及作业姿势的分析与设计。

（4）对全系统作出评价。

2）设计程序

要对复杂的人机系统进行全面、具体的分析和充分的调查研究，然后建立模型并进行评价。一般的人机系统设计程序简要说明如下：

（1）系统调研。分析人机系统的必要条件（包括系统功能及其目的；系统的使用条件，一般的环境条件；机动性；紧急时的安全性），分析系统的外部环境，分析车内部环境等。

（2）人机工程设计。人机系统分析（系统功能及其要素分析，机械分析，要素分配分析，权衡分析，设计优化分析，补给支援分析，人的性能评定及人的潜力分析，安全性、可靠性分析等），人机系统要素的机能、特性及制约条件分析（人的最小作业空间、人的最大施力、人的作业效率、人的疲劳、人的可靠度、费用、系统的输入与输出等），人机协作关系分析（人与机械的作业分工，操纵控制技术，安全保障技术，人体舒适性和使用方便性技术，人机共同作业的程度等），要素的决定（决定系统中人的功能，决定系统中机械的功能等），人机工程设计方案（人的作业方案，人处空间布置，人机协调设计等）。

（3）人机工程设计评价。评价方法的选定（参照人机系统评价法，考虑系统的可靠性、安全性等），评价实施（评价标准，评价，结果意见）。

3）人机工程设计原则

（1）综合性原则。综合考虑人的工作负荷、耐受限度以及影响人的能力的有关因素，主要包括：符合规定的车内微小气候条件，包括温度、压力、湿度与通风等；控制噪声、振动、冲击、碰撞力等的范围，包括防止因意外情况超过安全限度的安全措施；预防热、冷、毒物、辐射、电气、电磁、烟尘等对人体的危害；人员和装置、设备之间有适当的空间，以及人员在正常和紧急情况下所需的适当活动空间；人员之间、人员和装置、设备之间，在正常和紧急情况下应有身体的、视觉的、听觉的和其他通信方面的适当联系；为操作和维修工作空间以及设备、控制器和显示器提供有效布置；为进行操作、控制、训练和维护，提供适当的自然或人工照明；为在正常、不利和紧急情况下进出和通过提供安全和适当的舱口、舱门、扶把、脚蹬、通道以及其他有关设备；提供合适的人员舱室，包括身体的支撑和约束；提供使完成任务期间的心理、生理影响和疲劳减到最低限度的措施；保证在正常、不利和紧急维修环境下，进行迅速、安全、方便和经济的操作与维修；根据需要提供符合要求的遥控操作装置和工具；控制器、显示器、工作空间、乘载空间、维修通道等的设计、定位和布局，应与操作、乘坐和维修人员着装（不同季节）及个人装备具有相容性，作业分配和操作活动也应考虑着装与个人装备对人的能力的影响；控制器与显示器的界面和程序应与人的接受信息与信息处理能力、决策效率以及短期记忆、长期记忆和计算技巧的限度相容；在操作和维护时，特别在警戒和战斗情况下，应使可能的差错减少到最小。

（2）安全保护性原则。在故障发生能使系统失去功能或由于设备损坏、人员伤害或错误操作关键设备而引起大事故的那些部位，设计中应提供安全保护措施。

（3）设计简化原则。应在符合性能要求和预期使用条件基础上，体现最简单的设计，使操作、维修简易并降低对后勤保障、人员、训练等的要求。

（4）生命保障性原则。对饮水、口粮、急救药品等的提供和存放，以及有关排泄物的处理等，设计中应提供必要的措施。应有处理意外事故、自救、援救的适当应急系统和措施。

（5）标准化原则。控制器、显示器、标记、编码、标牌等及其在设备和仪表板上的布局的一般功能应符合标准化要求。系统和分系统的选择和设计应符合人-机-环境系统的有关设计标准及合同中规定的相应要求。

3.4　装甲车辆系统仿真与性能评估

3.4.1　装甲车辆系统分析概述

装甲车辆系统分析，就是用系统分析方法来分析装甲车辆系统，寻求最优方案。装甲车辆系统分析，是使用周密、可再现技术来确定装甲车辆系统各种方案的可比性能。

1. 装甲车辆系统分析的任务

（1）向装甲车辆系统设计决策者提供适当的资料和方法，帮助其选择能达到规定的战术技术指标的装甲车辆系统方案。

（2）对装甲车辆系统设计的不同层次进行分析，提供优化方案。

（3）对装甲车辆系统的发展、选择、修改、使用提出改进意见。

2. 装甲车辆系统分析的要素

系统分析者应该不带偏见，进行公正的技术评估。因此，在进行装甲车辆系统分析时，必须注意系统分析的要素：

（1）目标，系统分析的主要任务和目标必须明确。

（2）方案，系统分析的目的是选择优化方案，必须进行多方案比较。

（3）模型，系统分析确定的是各种方案的可比性能，必须建立抽象的模型并进行参数量化。

（4）准则，系统分析的过程是选优过程，必须实现制定优劣评判标准。

（5）结果，系统分析的结果是得到最优方案。

（6）建议，系统分析的最终结果是提出分析建议，作为决策者的参考意见。

3. 综合性能指标

系统分析是对系统可比性能进行分析，系统的性能一般应转化为数量指标。为了对武器进行系统分析，通常将装甲车辆的主要战术技术指标转化为系统综合性能指标。综合性能指标主要有效费比。

效费比（也称相对价值），是以基本装备为基准，经过规范化的，装甲车辆武器系统的相对战斗效能与相对寿命周期费用之比。即

$$W = \frac{E}{C} \tag{3.5}$$

式中，W 为相对价值；E 为以基本装备为基准经过规范化的相对效能；C 为以基本装备为基准经过规范化的相对费用。

效费比综合评定不同系统的性能，应用比较广泛。

4. 装甲车辆系统分析方法

装甲车辆系统分析方法主要包括系统技术预测和系统评估与决策两个方面。

1）系统技术预测

仿真的基本思想是利用物理的或数学的模型来类比模仿现实过程，以寻求对真实过程的认识。仿真所遵循的基本原则是相似性原理。因此，系统仿真可以理解为运用物理模型或数学模型代替实际系统进行实验和研究。

装甲车辆系统技术预测，是预测现有系统的特性及行为。装甲车辆系统技术预测方法主要有几何模拟法、物理模拟法、动力学数值仿真法和虚拟样机仿真法等。几何模拟法，是从结构尺寸上，用模型模拟实体，可以是实物几何模拟（如木模等），也可以是计算机实体造型，主要分析实体的造型、结构模式、连接关系等。物理模拟法，是根据量纲理论，用实物或缩尺模拟实物的动态特性。动力学数值仿真法，是应用动力学理论，建立数学模型，应用计算机求解、分析装甲车辆武器系统动态特性，并用动画技术进行动态演示。虚拟样机仿真法，是利用多媒体技术，造就和谐的人机环境，创造崭新的思维空间、逼真的现实气氛，模拟系统的使用环境及效能。目前应用较广泛的是武器动力学数值仿真和虚拟样机仿真。

2）系统评估与决策

装甲车辆系统的研制过程既是一个择优的动态设计过程，又是一个不断在主要研制环节上评价决策的过程。系统的评价决策与研制过程中结构优化设计的不同之处在于，它是对经过多种方法优化提出的多方案的评价；它是系统的高层次综合性能评估。决策的目的和任务是合理决定武器的战术技术指标，选择方案，以最经济的手段和最短的时间完成研制任务，因此要有评价方法。显然，评价方法应能对被评价系统做出综合估价（综合性），同时评价的结果应能反映客观实际并可度量（代表性和可测性），最后方法应简单可行（简易性）。

对装甲车辆系统全面评价（不再区分方案与产品），应是性能（或效能）、经济性（全寿命周期费用）两方面的综合评价，即通常所说的"效费比"。根据需要，性能和经济性评价也可分开进行。

评价作为一种方案的选优方法或者作为提供决策的参考依据，不可能是绝对的。但评价方法的研究会促使决策的科学化，使考虑的问题更加有层次和系统，减少盲目性和片面性。

3.4.2　系统建模与仿真

1. 装甲车辆动力学数值仿真

1）数值仿真及其流程

装甲车辆动力学数值仿真是在计算机和数值计算方法发展的条件下形成的一门新学科。目前装甲车辆的动力学分析、动力学设计、动态模拟和动力学仿真以及有关的试验、测试研究已具备了相当的水平，对装甲车辆的研制、开发起到积极的推动作用。

在总体与重要构件设计中，动力学数值仿真主要解决以下问题：已知载荷的作用规律和车辆的结构，求车辆一定部位的运动规律；已知载荷的作用规律和对车辆运动规律的特定要求，对车辆结构进行修改或动态设计；已知载荷的作用规律和车辆的结构，求载荷的传递和分布规律。如自行火炮行进间射击时，对路面的响应对射弹散布的影响进行分析；火炮动态特性优化设计；以减小火炮膛口动力响应为目标（跳动位移、速度，侧向位移、速度，转角及角速度等），找出主要影响因素，进行结构的动态修改。

装甲车辆动力学数值仿真的一般步骤：

（1）根据系统的结构特点和仿真要求确定基本仿真方案。

（2）建立基本假设，进行模型简化。

（3）对系统进行运动分析和动力学分析，建立动力学仿真数学模型，包括参数获取。

（4）编制和调试装甲车辆动力学数值仿真程序。

（5）针对典型装甲车辆进行动力学数值运算，求解结果。

（6）分析结果，验证模型、程序和方法的正确性。

（7）进行装甲车辆动力学数值仿真试验，预测其行为及其特性。

2）数学建模

装甲车辆动力学数值仿真最关键的是建立数学模型。一般在对研究对象深入理解和分析的基础上，用多刚体动力学方法建立武器动力学仿真数学模型。多刚体系统动力学是古典的刚体力学、分析力学与现在的计算机相结合的力学分支，它的研究对象是由多个刚体组成的系统。多刚体动力学方法是常见的动力学仿真方法，基本思想是把整个系统简化为多个忽略弹性变形的刚体，各个刚体之间利用铰链或带阻尼的弹性体连接，根据各刚体的位置、运动关系和受力情况建立相应的全系统动力学方程。装甲车辆动力学数值仿真常用的多刚体动力学方法有：拉格朗日方程法、凯恩法、牛顿-欧拉法、罗伯逊-维登伯格（R-W）法、力学中的变分法和速度矩阵法等。目前，已建立了各种装甲车辆多刚体动力学模型，利用这些模型仿真研究其动力特性，并把参数化技术和计算机自动化建模技术引入到多刚体建模与仿真中，研制参数化装甲车辆动力学仿真通用软件。

以4刚体15自由度自行火炮多刚体动力学模型为例，介绍建模过程。

（1）物理模型。

取自行火炮放置于水平地面上，停车状态，不闭锁悬挂，主动轮制动，建立全炮发射过程进行多刚体动力学分析。建模作以下假设：炮身、摇架、炮塔、车体等主要部件为刚体；土壤为弹塑性体；负重轮运动为随车体的前后滚动以及悬挂伸张到位后绕车体质心的转动；负重轮挂胶的非线性可视为车体悬挂的非线性。

根据基本假设，确定自行火炮多刚体系统模型的自由度为：车体由悬挂支撑，在火炮冲击载荷下表现为移动与摆动，具有空间6自由度的刚体，其中3个平动自由度用 x_a，y_a，z_a 表示，3个转动自由度用卡尔丹角 α_1，α_2，α_3 表示；炮塔通过座圈与车体相连接，炮塔相对车体有绕座圈回转轴的转动与炮塔相对车体的俯仰和左右摆动，有3个转动自由度，用卡尔丹角 β_1，β_2，β_3 表示；摇架通过耳轴、高低机、平衡机与炮塔相连，控制火炮高低射向，两者相对运动主要表现为绕耳轴相对炮塔的转动，其转动自由度用 φ 表示；炮身通过滑板（槽）与摇架相连，两者相对运动主要表现为沿滑板（槽）直线的后坐复进运动，两者连接一般有间隙存在，且炮身绕其射向的转动对炮口扰动影响较大，因而设其有3个平动自由度，用 x_1，x_2，x_3 表示，以及炮身的上下及左右摆动2个自由度，用卡尔丹角 γ_1，γ_2 表示。这样，自行火炮系统简化为由4个刚体组成的15个自由度的多刚体动力学模型。

（2）数学模型。

为了描述运动，需要建立惯性坐标系和刚体的固连坐标系。惯性坐标系为 $O_0x_0y_0z_0$，原点 O_0 与初始状态的车体质心位置重合，y_0 轴水平指向车体正前方，z_0 轴铅垂向上，x_0 轴与 y_0 轴和 z_0 轴组成正交右手系。车体固连坐标系 $O_ax_ay_az_a$，初始状态与 $O_0x_0y_0z_0$ 重合。炮塔固连坐标系 $O_bx_by_bz_b$，原点 O_b 为炮塔回转轴与座圈水平面的交点，x_b 轴位于座圈平面内指向炮塔侧向，y_b 轴位于座圈平面内指向车首方向，z_b 轴与 x_b 轴和 y_b 轴组成正交右手系。坐标系 $O_bx_by_bz_b$ 相对于 $O_ax_ay_az_a$ 有绕 z_b 轴的初始转动角 β_0，此转动角控制火炮方向射向。摇架固连坐标系 $O_cx_cy_cz_c$，原点 O_c 为耳轴轴线与炮膛轴线的交点，x_c 轴与耳轴轴线重合，y_c 轴与炮膛轴线重合，z_c 轴与 x_c 轴和 y_c 轴组成正交右手系。坐标系 $O_c x_c y_c z_c$ 相对于 $O_b x_b y_b z_b$ 有绕 x_c 轴的初始转动角 φ_0，此转动角控制火炮高低射向。炮身固连坐标系 $O_d x_d y_d z_d$，原点 O_d 为后坐部分质心位置，x_d 轴与耳轴轴线平行，y_d 轴通过 O_d 点的初始状态与炮膛轴线平行，z_d 轴与 x_d 轴和 y_d 轴组成正交右手系。物理模型及其坐标系如图3.19所示。

图 3.19　自行火炮多刚体动力学模型

确定了多刚体系统中各刚体的自由度，建立了系统的惯性坐标系及各刚体的固连坐标系后，可得到各坐标系之间的变换矩阵。随后对多刚体系统的运动和受力进行分析，获得各刚体惯性力系的主矢和主矩以及各刚体主动力系的主矢和主矩。根据凯恩方程即得系统控制方程，即

$$A\dot{u} = B \tag{3.6}$$

式中，A 为 15×15 的字数矩阵；B 为 15×1 的右函数列阵。

该方程组是关于广义速率一阶导数的矩阵形式的装甲车辆由 4 个刚体组成的 15 个自由度的多刚体动力学数学模型。

选取相应计算方法，编制相关仿真程序，结合实际工程情况给出初始条件，就可求解系统的运动和受力。应用此模型对某自行火炮进行数值仿真，仿真结果与试验结果符合较好。

2. 虚拟样机仿真

1）虚拟样机仿真及其流程

装甲车辆虚拟样机仿真是，结合装甲车辆动力学分析方法和运用有限元方法，运用三维计算机虚拟模型，对装甲车辆及其主要关键结构进行基于有限元的刚强度分析和基于刚体动力学的动力响应分析，预测装甲车辆及其主要关键结构的动态行为和特性。通过虚拟样机仿真可以预测装甲车辆的动态特性、系统精度以及系统动态刚强度等直接影响装甲车辆性能和状态的理论结果。

装甲车辆动力学虚拟样机仿真研究中关键是解决两个关键技术问题：模型的准确性和模型所需的原始参数的准确性。为此，在理论研究的同时，需要建立相应的试验条件来检验和校准动力学模型的准确性。

由于现代装甲车辆系统随着现代科学技术的发展变得越来越复杂，建立一个能考虑各种因素在内的精确的装甲车辆动力学虚拟样机几乎是不太可能的。为此，在建立装甲车辆动力学虚拟样机时应根据装甲车辆系统的特点，抓住要害，在前人研究的基础上，应重点考虑：系统的机电耦合问题、装甲车辆系统动力学中的非线性问题、装甲车辆系统的动态响应问题、装甲车辆结构的性能控制问题等。

装甲车辆动力学虚拟样机仿真的一般步骤：

（1）根据装甲车辆的结构特点和仿真要求确定基本仿真方案。

（2）建立基本假设，进行模型简化。

（3）建立装甲车辆三维实体模型。

（4）获取各种几何参数和动力参数，如质量、重心位置、转动惯量等。

（5）建立虚拟样机仿真模型，包括仿真方法、约束、边界条件、受力状态等，对于非标准型约束条件、边界条件及受力状态等，应开发嵌入式模块。

（6）选用适合的通用软件平台，进行装甲车辆动力学仿真运算，求解结果。

（7）分析结果，验证模型和方法的正确性。

（8）改进设计，进行装甲车辆动力学虚拟样机仿真试验，预测其行为及其特性。

2）虚拟样机的构建

以某自行火炮虚拟样机为例，介绍虚拟样机的构建方法。

（1）基本假设。虚拟样机可以是多刚体虚拟样机、刚柔体虚拟样机、多柔体虚拟样机。根据自行火炮的结构特点、射击过程中的已知客观规律和研究目标，在不影响样机合理性的前提下，为了便于理论分析，作出基本假设，在总体设计阶段，多以多刚体虚拟样机为主。

（2）几何建模。根据实际结构参数，在软件环境下建立自行火炮全部构件（将仿真过程不考虑其相对运动的几个零件合并成一个构件）的三维几何模型。在总体设计阶段，构件大多是子系统、部件等形式，随着时间进程，构件逐步细化。在软件环境下对构件进行装配，形成系统三维实体模型。装配位置是系统开始位置。装配过程中通常进行干涉检验，看其布置是否正确、合理，检验时可定义待检验的几何体，通过计算零部件占有的几何空间关系，显示其是否干涉及干涉情况，若干涉可返回到几何设计阶段修改零部件以避免干涉，这个过程可多次进行。某自行火炮的三维实体模型如图 3.20 所示，由以下几部分组成：后坐部分、起落部分、回转部分（炮塔）、底盘车体和行动部分（包括平衡肘、负重轮和履带）。系统中各零部件所处的装配位置就决定了该部件在系统动力学模型中所属的部分，因而，这就为模型中动力参数的计算划定了界限。通过几何实体可以输出系统设计结果，包括物性（质量、质心和惯性特性）、几何尺寸、图形（二维、三维工程图）。

（3）施加运动副和运动约束。系统的连接特性由实际结构的连接特性确定。对三维实体模型的各个构件之间施加运动副和约束，相对滑移的构件之间施加滑移副，相对转动的构件之间施加旋转副，相对固定的构件之间施加固定约束。某自行火炮的后坐部分通过反后坐装置与摇架相连接，它们之间的连接特性由反后坐装置的特性确定；起落部分通过高平机与炮塔顶部相联系，并通过耳轴与托架相联系；回转部分（炮塔）通过座圈与底盘相联系；底盘车体与行动部分通过悬挂系统相联系。

（4）施加载荷。弹簧使用软件自带的弹簧编辑器定义，弹簧参数按实际参数选取，小弹簧的质量忽略，质量较大的弹簧按弹簧总质量的 1/3 附加在运动构件上。对于相互有碰撞和有接触作用力的构件，在它们之间施加接触力。特殊力需要特殊处

图 3.20 某自行火炮的三维实体模型

理，如炮膛合力、制退机力等。根据火炮内膛和发射药的实际参数，运用火炮内弹道理论，建立膛压与弹丸运动微分方程，编写内弹道程序，求解各微分方程得到膛压-时间曲线，乘以炮膛面积得到炮膛合力-时间曲线，把炮膛合力通过一个单向力施加到后坐部分。根据制退机实际参数，运用制退机经典计算理论，建立制退机在后坐复进过程的液压阻力模型，制退机力通过一个单向力的形式施加在后坐部分上，反力施加在摇架上。

（5）虚拟样机的简化。根据仿真目的，对虚拟样机进行必要的合理简化。

3）仿真试验

以虚拟样机为基础，针对实际使用情况，进行虚拟样机的仿真试验，并分析试验结果。

（1）仿真试验。针对虚拟样机，进行仿真参数设置，构建仿真模型，包括构建特性设置、仿真时间设置、仿真方法设置、仿真方式设置等。利用仿真模型，进行虚拟样机的虚拟试验。

（2）虚拟样机的验证。从仿真结果中提取相关特征参数、曲线等，有条件时可以与相关真实试验数据对比分析，没有条件时可以通过相关特征参数、曲线的合理性分析，以此分析虚拟样机的正确性以及仿真条件的合理性。只有正确的虚拟样机，才可以利用该模型进行仿真分析。

（3）仿真分析。装甲车辆虚拟样机仿真的主要目的是了解、分析装甲车辆在运行、发射过程中各部件的响应，并由此计算相应的各部件的受力关系，为后续性能分析奠定基础。结合实际可能的工况，利用虚拟样机进行仿真试验，提取仿真试验结果的特征参数或曲线，分析虚拟样机所替代的装甲车辆的相关规律，包括运动规律、受力规律、动态响应规律、结构影响规律等。

4）参数化设计

装甲车辆结构主要由战斗舱、驾驶舱、动力舱及车外部分等既独立又相互联系的几个分系统组成。分析这些结构，在设计过程中，一般是由经常使用的若干图形元件、元素特征所组成。它们总可以归结为用若干几何参数描述的若干几何特征单元，这些几何参数便成了这些几何特征单元的特征参数。对于一些外形复杂的零件，可将其外形的毛坯建于特征库中，需要时再进行详细设计。

一个几何体按其功能或装配关系来看，总有几个尺寸是关键尺寸或功能尺寸，其他尺寸是辅助尺寸或牵连尺寸，如果关键尺寸或功能尺寸与辅助尺寸或牵连尺寸的关系比较明确，或者通过几个关键尺寸或功能尺寸便能描述出零件的几何构型，则可以利用特征的概念对物体进行参数化建模，形成参数化模型库和图形库。一般软件平台的几何模型库记录了建模的整个过程及建模结果，并存储了建模过程所需的数据。如果将建模过程结构化，并将所需数据参数化、存储结果规范化，即以特征的形式存储实体，则可实现参数化实体建模目的。这里的特征是指参数化建模的存储结果，特征库是由实体和控制尺寸的几何参数组成的。装甲车辆总体设计几何特征库中，可以分为车体、炮塔、火炮、发动机、传动装置、车轮、履带、座椅、乘员人体等几何特征单元。

参数化设计，是根据装甲车辆总体设计的需要，利用已建立了的车体、炮塔、发动机、乘员人体等部件的参数化模型库和图形库，通过改变特征参数来自动设计出相关构件。

在装甲车辆的总体结构中，某些装配尺寸是关键尺寸，它们一旦确定，其他尺寸便可确定，这些尺寸的确定和改变在很大程度上会改变装甲车辆的总体性能。根据零部件共轴或共面等定位装配关系，完成各零部件的分系统组装，依次生成各分系统并装入部件分系统后，再依定位装配关系完成各分系统向总系统组装，形成系统组装层次拓扑逻辑关系。

装甲车辆的各部分组装后，可以在图形终端上实施系统总布置分析，研究各部件的配合、干涉情况，确定总体重心的位置等，同时输出一些技术参数（主要是结构参数），从系统的角度为装甲车辆的总体方案设计提供很好的参考。

3.4.3 性能评估

装甲车辆评估与决策方法主要有效费比分析法、模糊评估法、专家评价法、试验评价法等。

1. 效费比分析法

效费比分析法，也称综合指标法，是对能满足既定要求的每一装甲车辆方案的战斗效能和寿命周期费用进行定量分析，给出评价准则，估计方案的相对价值，从中选择最佳方案。

效费比分析法主要用于三个方面：

（1）从众多方案中选择最佳方案。

（2）定量分析所选方案的相对价值。

（3）分析技术改进对系统的影响以及技术改进方向。

效费比分析的主要内容包括：任务需求分析，不足之处和可能范围分析，使用环境分析，约束条件分析，使用概念分析，具体功能目标分析，系统方案分析，系统特性、性能和效能分析，费用分析，不定性分析，最优方案分析，预演，简化模型，效能与费用分析报告等。

效费比分析的关键是模型的建立及其定量化描述。

效费比分析法的实质是建立一个能客观反映装甲车辆性能主要因素间关系的、可以量化的评价指标体系，用以评估装甲车辆的综合性能，并引入装甲车辆效能概念，在估算或已知有关费用（成本或全寿命周期费用）的条件下对装甲车辆进行效费分析。

装甲车辆的效能将火力、机动性能、防护能力、可靠性等综合在一起，建立起相关的数学模型，通过计算得到量化结果。目前尚未有适用于不同武器的通用方法（主要指评价指标体系的组成与有关能力的定义和所含因素等），因此分析模型也因产品而异。近来对自行高炮与自行加榴炮系统，有关单位经研究提出了评价指标体系的建立方法。把装甲车辆系统的效能视为火力、火控、运载、防护各分系统效能的总和，各分系统的效能均包括三项基本能力，分别求得这三项基本能力的加权系数，每项能力由若干层次相关的具体性能参数组成。利用有关模型逐步求得各基本能力。

全寿命周期费用估算模型：

$$C_0 = \sum C_i \tag{3.7}$$

式中，C_0 为全寿命周期总费用；C_i 为火炮全寿命周期中某个项目的费用。

效能的数学模型为

$$E = ADC_a \tag{3.8}$$

式中，E 为系统效能；A 为有效性（战备状态，即武器开始执行任务时，处于某种状态的能力）向量；D 为可信赖性（系统在完成某种特定任务时，处于某种状态并完成有关任务的能力）矩阵；C_a 为性能（即系统完成任务的能力）矩阵。

建立系统效能的数学模型的关键是 A、D、C_a 的量化。

设系统由 m 个子系统组成，系统状态有 n 种。有效度为系统在任务开始时处于 i 状态的概率。系统有效度向量为

$$A = (a_1, \ a_2, \ \cdots, \ a_n) \tag{3.9}$$

$$a_i = \prod_{j=1}^{m} R_{ij} \tag{3.10}$$

式中，R_{ij} 为第 j 个子系统在任务开始时处于 i 状态的概率。

可信赖性是系统执行任务过程中的特性。系统可信赖性矩阵为

$$D = \left[d_{ij} \right]_{n \times n} \tag{3.11}$$

式中，d_{ij} 为已知一个系统在 i 状态中开始执行任务，该系统在执行任务过程中处于 j 状态的概率。如 d_{11} 为系统的正常工作状态开始执行任务，该系统各部件一直处于正常工作状态的概率。

由于开始执行任务时，给定状态 i，必须使系统在全部有效状态之中完成任务，所以

$$\sum_{j=1}^{n} d_{ij} = 1 \qquad (i = 1, \ 2, \ \cdots, \ n) \tag{3.12}$$

对于系统完成任务的能力，由于每一种系统状态都对应诸多能力，因此能力表示成能力矩阵

$$C_a = \begin{pmatrix} C_1 \\ C_2 \\ \vdots \\ C_n \end{pmatrix} \tag{3.13}$$

其中

$$C_i = \prod_{j=1}^{k} P_{ij} \qquad (i = 1, \ 2, \ \cdots, \ n) \tag{3.14}$$

式中，P_{ij} 为各种能力概率，如毁伤概率、生存概率、可靠概率等，毁伤概率又包含命中概率、破坏概率等。

按系统效能模型式（3.8），可以计算出系统效能。按系统费用模型式（3.7），可以计算出系统费用。按系统效费比的定义式（3.5），可以计算出系统效费比。对不同方案的效费比进行比较，给出评估意见。

2. 模糊评估法

模糊评估法，是应用模糊理论对系统进行评估选择较优方案。武器中常有一部分定性要求如结构布局、外形、使用操作方便等无法定量，只能以好、较好等模糊概念评价。模糊数学评价实质是将这些模糊信息数值化进行评价的方法。这种方法在系统复杂、评估层次较多时也适用。

设有方案集 $V \in R^m$，因数集（性能集）$U \in R^n$，由 U 到 V 的关系（隶属度）$R \in R^m$。今要求的性能为 $X \in U$，进行模糊运算 XR，则可以得到对各方案的评估结果 $Y \in V$，即

$$Y = XR \tag{3.15}$$

模糊运算为隶属度运算，可以有各种运算法。可以按常规运算，可以按类的可靠度运算等，最常用的是求最小最大运算（交并运算）。即

$$y_j = \bigvee_{i=1}^{n} (x_i \wedge r_{ij}) \quad (j = 1, 2, \cdots, m) \tag{3.16}$$

其中

$$l_{ij} = (x_i \wedge r_{ij}) = \min(x_i, r_{ij}) \tag{3.17}$$

$$y_j = \bigvee_{i=1}^{n} (l_{ij}) = \max(l_{1j}, l_{2j}, \cdots, l_{nj}) \tag{3.18}$$

利用隶属度，将数量化的各方案的评价结果转化成用自然语言表述的各方案满足设计要求的情况。

模糊评估法的关键，是隶属度的确定，即将用自然语言表述的各方案的性能关系（模糊的）进行数量化（确定的）。确定各方案的性能关系，一般可以采用专家评价法（专家评价法也可以作为独立评估法使用）。

3. 专家评价法

专家评价法是一种以各种专业知识的专家学者主观判断为基础的评价方法。专家评价法是以专家作为获取信息的对象，依靠专家的知识和经验进行预测、评价的方法。此方法常在数据缺乏的情况下使用，如在技术问题的预测和评价、方案选择和相对重要性比较等方面经常使用专家评价法，可以较为简便和科学地得到正确的评价结果。专家评价法通常以分数、评价等级、序数等作为评价的量值。

1）名次计分法

名次计分法，是一组专家对 n 个方案进行评价，每人按方案优劣排序，按最好 n 分，最劣 1 分，依次排序给分，最后把各方案得分相加，总分最高者为最佳。对专家意见的一致性可用一致性（或收敛性）系数检验。系数是 1 到 0 之间的数，越接近 1 越一致。

2）分数评价法

分数评价法，是邀请若干专家对各评价方案的各评价指标（或评价因素）打分，对所有专家评价结果进行计算，得出各评价方案的综合分值，根据各评价方案所得分值相对评价各方案的优劣。

评分可按 10 分制，以不可用为 0，理想为 10，依次按类似于不能用、缺陷多、较差、勉强可用、可用、基本满意、良、好、很好、超出目标、理想等评价级别给分；或按不能用、勉强可用、可用、良好、很好级别以 5 分制给分；或按百分制，性能越好分值越高。如果评价各指标有指标要求值，则可按最低极限值、正常要求值、理想值给 0、8、10 分（5 分制给 0、4、5 分）之后，用三点定曲线的方法，从曲线上找出被评系统相应指标值的对应分数。为避免专家个人因素影响，常取各专家评分的平均值或去掉最高分和最低分后的平均值为对方案各指标的得分。对方案评价时，考虑到各指标重要性有差别时，采用加权方法。加权可由专家集体研讨确定各评价指标的权值，各评价指标权值之和为 1。或由专家议定判别表，计算各指标加权系数（权值），将各评价指标对应的方案分加权后求和得总分。

例如，假设有 n 种评价方案，m 个评价指标，请了 L 个专家。第 l 个专家对 j 方案的 i 指标的赋值是 a_{ij}^l（为方便起见，一般按百分制），则每一个指标的平均值为

$$a_{ij} = \frac{1}{L} \sum_{l=1}^{L} a_{ij}^l \quad (i = 1, 2, \cdots, m; j = 1, 2, \cdots, n) \tag{3.19}$$

考虑到各指标重要性有差别时，采用加权系数 w_i，则第 j 个方案综合评分结果为

$$a_j = \sum_{i=1}^{m} w_i a_{ij} \qquad (j = 1, 2, \cdots, n) \qquad (3.20)$$

按大小将 a_j 排列，a_j 最大对应方案最好，a_j 最小对应方案最差。

3）分级评价法

分级评价法，是对系统的定性评价，而非定量评价。对于评价体系中每一个评价因素，给出评价标准，对每个评价因素分为优秀、良好、一般、较差 4 个等级，用 A、B、C、D 表示。选择某匹配合理的理想装甲车辆为基准，即以该典型装甲车辆的各项评价因素为基准，其他被评价装甲车辆的各项评价因素都相对基准来评价。当被评价车载火炮系统的评价因素与基准相比时，误差在 10% 之内为 A 等级，在 30% 之内为 B 等级，在 50% 之内为 C 等级，在 50% 之外为 D 等级。

为了能够体现不同的评价指标对匹配性最优准则的影响程度，对 m 个评价指标引入权重系数 w_i（$i = 1, 2, \cdots, m$），各评价因素给出重要性系数 N_{ij}（$i = 1, 2, \cdots, m$；$j = 1, 2, \cdots, n$），在评价指标与评价因素之间引入权重比例系数 K_i（$i = 1, 2, \cdots, m$），K_i 是根据 w_i 与 N_{ij} 计算出来的，即

$$K_i = \frac{100 w_i}{\sum_{j=1}^{n} N_{ij}} \qquad (i = 1, 2, \cdots, m) \qquad (3.21)$$

式中，n 为第 i 个评价指标中的评价因素数；N_{ij} 为第 i 个评价指标的第 j 个评价因素的重要性系数（为方便起见，可以 $\sum_{j=1}^{n} N_{ij} = 1$）。

每一个评价指标的评价结果用下式计算：

$$V_i = K_i \sum_{j=1}^{n} N_{ij} D_{ij} = K_i (N_{ia}A + N_{ib}B + N_{ic}C + N_{id}D) \qquad (i = 1, 2, \cdots, m) \qquad (3.22)$$

式中，D_{ij} 为第 i 个评价指标的第 j 个评价因素的评价等级；N_{ia}，N_{ib}，N_{ic}，N_{id} 为第 i 个评价指标的评价等级分别为 A、B、C、D 的重要性系数之和。

最后评价结果为

$$V = \sum_{i=1}^{m} V_i = aA + bB + cC + dD \qquad (3.23)$$

式中，a，b，c，d 为评价等级分别为 A、B、C、D 的综合评价值。最终评价等级的确定标准如表 3.1 所示。

表 3.1　综合分级评价的一般标准

等级	优秀	良好	一般	较差
标准	$a > 80$ 且 $d < 4$	$a + b \geqslant 80$ 且 $d < 10$	介于良好与较差之间	$d \geqslant 20$

4. 试验评价法

在装甲车辆研制中，当某些技术、设计方案的最终产品必须通过试验后才能作出评价时，采用试验评价法。试验评价法大致可以分为鉴定试验、验证试验和攻关试验三种类型。

鉴定试验，是对最终产品的各项功能，按照经批准的有效的试验方法或试验规程进行试

验,根据试验结果,评价被鉴定产品与下达的战术技术指标的符合程度,并做出结论。鉴定试验,在设计定型和生产定型阶段是做出能否定型的主要依据,在方案阶段是带有总结性的重要工作,对重大的改进项目是决定取舍的依据。我国已制定了一系列作为国家和行业标准的试验法,是进行鉴定试验必须遵守的法规。

验证试验,是当一项新原理、新方案形成后,借助理论分析和计算仍不能完成评价和决策,而必须通过试验,取得结果才能评价、决策时所进行的试验。在方案构思和探索过程中,它是十分重要的工作。验证试验根据试验内容可以是实物、半实物或数字仿真试验,也可以是射击试验。验证试验一般需要有试验装置或技术载体。

攻关试验,是当研制工作碰到重大的技术难题,靠理论分析和计算难以或不可能进行定性,特别是定量分析而不得不借助试验时所进行的试验。进行攻关试验的关键是试验设计,合理的试验设计能迅捷地、经济地完成试验,达到预期的目的。攻关试验根据内容或运用现有的试验条件和措施,或部分,或全部更新;可以在实验室或厂房内,也可以在野外进行。

在装甲车辆的总体设计中,除了应用理论、方法和技术以外,还应重视贯彻和执行相关的技术标准,重视运用各类指导性的文件、资料、手册、通则。这是十分重要的。因为它们都是大量实践经验的总结,代表了相应时期的科学技术发展水平。对它们的执行和运用,可以避免个人经验的局限和水平的制约,还可以使设计人员把精力集中在关键问题的创造性劳动上,避免不必要的低水平重复劳动。

第 4 章
武器系统的配置与选型

4.1 武器系统概述

4.1.1 装甲车辆武器系统

自 1916 年坦克发明以来，现代战争发生了深刻的变化。以前单纯的兵器与运载车辆有机结合起来，形成了集高机动、强火力和好防护于一体的兵器系统。其后，在坦克的影响下，出现了多种车载式武器系统。特别是 20 世纪 90 年代以来，在高新技术的推动下，出现了种类繁多、性能优良的车载式武器系统。

火力是装甲战车最重要的战斗性能，其发展速度大大超过了其他性能的发展速度。现代装甲战车应能在白天和夜间、行走和原地进行射击，在发现目标和开火时必须超前敌人并有杀伤各种目标的足够有力的武器。

装甲车辆武器，是指以装甲车辆为运输载体的武器，简称车载武器。车载武器一般包括坦克炮、自行火炮、车载炮、车载小口径自动炮、车载机枪、车载反坦克导弹等。装备车载武器的装甲车辆也称装甲战车，包括坦克、步兵战车、装甲输送车、自行火炮、导弹发射车等。对装甲战车要求的多样性和目标的广泛性（既按对装甲战车危险程度又按目标保护级别），导致装甲战车必须装备各种武器。不同载体依据战术功能不同，所装备的车载武器配置也不同。对坦克而言，车载武器有坦克炮和机枪；对步兵战车，车载武器有小口径机关炮、机枪和反坦克导弹或炮射导弹；对装甲输送车，车载武器有外置机枪；对自行火炮，车载武器有加农炮、榴弹炮和迫击炮以及外置机枪。随着战场形势的变化，装甲车辆的车载武器配置也不是一成不变的，也在进行不断的调整。但不管配置如何调整，其基本组成还是各种口径的坦克炮及反坦克炮或一般火炮、机枪、小口径机关炮和反坦克导弹等。车载火炮（战车炮）是装甲战车的主要武器；车载机枪是装甲战车的辅助武器。此外，装甲车辆内还配有自卫用的轻武器。装甲战车武器的主要功能是压制并消灭敌方装甲车辆、反装甲兵器及其他火器，摧毁敌方野战工事，歼灭敌方有生力量。装甲战车配置的高射机枪还具有对付敌方低空目标的功能。

4.1.2 装甲车辆武器系统的组成及其功能

装甲战车武器系统由发射装置（也简称为武器）、弹药和火力控制系统等组成。发射装置包括火炮、机枪、导弹发射装置等。弹药包括各种炮弹、枪弹、导弹等。火力控制系统包括观察瞄准仪器、传动装置、火控计算机、定位定向装置、稳定器等。

作为装甲战车主要武器的火炮，主要用于摧毁敌方坦克、步兵战车、自行火炮、反坦克导弹系统等装甲车辆，以及火炮阵地、火箭武器发射台、各种野战工事（其中包括土木构筑的火力点、永久火力点和装甲护罩）等固定或移动目标，杀伤集结有生力量等。装甲战车炮射击的主要类型是用直接瞄准目标直观全射程进行射击，同样可采用隐蔽阵地进行射击的方法。

辅助武器一般是并列机枪（有时是小口径自动炮），用于消灭和扼制近战的敌方武器（步兵用的反坦克导弹系统装置、掷弹筒、无后坐力炮和其他武器）、轻型装甲车和专用车以及敌方有生力量。

补充武器用于解决一些特殊火力问题，这些问题用主要武器和辅助武器不能顺利完成，例如反击飞机和直升机的袭击。将高射机枪、小口径自动炮和其他武器用作补充武器。在某些情况下，高射机枪可以用作射击地面目标的辅助武器。

装甲战车弹药基数由各种武器的弹药组成。弹药编号由装甲战车杀伤的目标类型而定。主要武器采用下面的弹药：战车炮配用的弹药一般有用于摧毁装甲目标的适口径穿甲弹、次口径弹和聚能装药破甲弹；用于杀伤薄装甲和无装甲目标，以及各种地面工事和敌方有生力量的杀伤弹或杀伤爆破弹；有些配备炮射导弹。弹药对目标的作用威力由装甲战车炮能量特性、弹药的结构和材料决定。

装甲战车武器系统还包括保证弹药在装甲战车内分配给武器的装弹装置。保证弹药分配、弹药选择和装填的火炮装弹装置包括以下几种：手工装填时，弹药在弹药架内按规定分布，这就能在战斗情况下采用尽可能多的弹药，并考虑体力可能性、装填手的工作条件和减轻装填负荷的装置，如导弹槽、托弹板等；自动化装填时，利用自动装填机装填弹药，保证选择所需弹型，自动或半自动地按规定速度对火炮装弹，并发出各弹型自动化弹药存数的信息。有的火炮装弹装置还设置用于对自动装填机补充装填和在事故情况下用手工装填的补充性非自动化弹药架。

装甲战车火力控制系统，简称火控系统，一般包括观察瞄准仪器、瞄准传动装置、测距仪、火控计算机、传感器、战车炮稳定器和稳定传动装置、操纵机构、高低瞄准角和方向瞄准角修正装置等。它的功能是控制装甲战车武器的瞄准和射击，缩短从射击准备工作开始到实施射击之间的时间，提高对目标的命中概率。火控系统用以决定装甲战车火力的装甲战车武器系统主要性能指标有信息量、速率、射击精度和弹药对目标的作用威力。装甲战车射击由对目标搜索（搜索和识别）和对目标杀伤（准备和进行首次射击和往后射击）各阶段组成。信息能力表现为对目标搜索（侦察）的能力和指示目标的效率，主要由火控系统和其所属仪器的技术参数确定。装甲战车武器系统的反应能力表现为准备和实施射击的持续时间，它由火控系统和自动装填机的技术性能决定。射击精度由武器的构造参数和弹道参数以及火控系统的误差而定。

近年来，随着现代战争发生的深刻变化，在高新技术的推动下，装甲战车武器系统也发生了不小的改变，除常规火炮改进外，像装甲战车用电磁炮、电热炮、电化学炮以及液体火炮研究如火如荼，像炮射导弹、制导弹药、软杀伤弹等新型弹药，遥控武器站和自动装弹装置等已在现役装甲战车和新型装甲战车上得以配置。装甲战车火控系统发展更快，已呈现装备一代、储存一代、研制一代的良好局面。

4.1.3　装甲车辆武器的发展趋势

1. 装甲车辆武器的发展概况

1）坦克炮

坦克炮是坦克用来同敌方战斗的主要武器装备，也是坦克火力的象征，因此它既受到坦克发展的制约，又成为推动坦克性能改进提高的一种重要动力。

随着坦克性能和装甲防护能力的改进，坦克炮也经历了一个火炮口径由小到大、火炮技术由简单到复杂先进、火炮弹药由单一品种到多品种多功能的不断发展过程。尽管反坦克导弹在现代战争中发挥了较大威力，但并不能因此削弱坦克炮作为坦克互相抗衡的重要手段的作用，这一点已为实战所证实。

几十年来，现代科学技术的进步，促使火炮技术有了新的飞跃，坦克炮的威力已显著提高，新型坦克炮和新概念火炮如雨后春笋般迅猛发展。无疑，高新技术的发展和应用将会使坦克炮在未来地面战斗中的作用大大加强和扩大。

第二次世界大战后，坦克炮的发展由以线膛炮为主变为以滑膛炮为主，由地炮或高射炮移植改进发展到设计专门的坦克炮；反坦克弹药由普通穿甲弹、破甲弹转变为以尾翼稳定脱壳穿甲弹为主。一部分主战坦克还装有自动装弹机。坦克炮穿甲弹的初速甚至高达 1 900 m/s，直射距离提高到 2 200 m，侵彻厚度提高到 700 mm，首发命中率提高到行进间对运动目标的 65%～85%，反应时间缩短到 4 s。装备炮射导弹，使其具备在 5 000 m 距离上打击敌装甲目标的能力。坦克炮的一系列发展变化是装甲目标性能提高和各种新技术渗透应用的结果。

2）装甲车载炮

装甲车载炮是步兵战车、装甲输送车、侦察车、火力支援车及指挥、巡逻车的主要武器，可用来对付轻型装甲车、运输车、步兵阵地，也可对付强击机、武装直升机和运输直升机等空中目标。

在现代战争中，装甲车载炮作为陆军火力不可缺少的组成部分支援步兵和协同坦克作战，因此受到各国的普遍重视。特别是美国为了能在世界范围内对局部性冲突作出快速反应，需要用轻型装甲车载炮取代主战坦克，作为轻型部队执行特殊任务的主要武器，扩大了车载炮的战术使用范围。第三世界有些国家军队没有主战坦克，轻型装甲车载炮也就成为他们作战不可缺少的主要火力。随着战场上硬目标、半硬目标的增多和目标防护性能的提高，装甲车载炮的应用还在进一步扩大。

各国要求侦察部队完成的任务不同，有的要求能直接参与战斗，具备反直升机和一定程度的反坦克能力，有的只要求在执行任务中具有自卫反击火力，因此，装甲侦察车配用的火炮差异很大，口径从 20 mm 到 105 mm 不等。如今德国的装甲侦察车不倾向采用重武器。相反，法国采用较大口径火炮。近年来新研制成功的装甲侦察车普遍使用 90 mm 低膛压火炮，用于火力侦察以及对装甲目标作战。

现代车载炮具有高精度、大威力、快速反应的特点。武器系统质量小、尺寸小、后坐力低、有动力瞄准装置，对不同目标可以选择供弹，采用不同的射速，配用先进火控系统，可昼夜使用，能在恶劣环境条件下作战。车载炮配用弹种较多，有普通榴弹、燃烧榴弹、穿甲燃烧榴弹、预制破片弹、箭霰弹、破甲弹、碎甲弹、多用途破甲弹、普通脱壳穿甲弹、尾翼稳定脱壳穿甲弹、尾翼稳定破甲弹、火箭增程弹、发烟弹、照明弹等，因而能适应不同的作战需要。装甲车载炮的发展方向是增大口径，增加武器种类，提高武器效能，扩大使用范围，改进和提高弹药性能，增强火炮、弹药的适用性、灵活性、通用性和互换性。未来装甲车辆要能够承担对坦克作战、完成远距离侦察和为步兵提供强大火力支援的任务，这就必然要求具有强大的火力，并通过加大武器口径、增加反坦克导弹等途径来实现这一目标。目前在研的新一代轮式车载炮均进一步增大了口径，配备了更先进的弹药，并采取降低火炮后坐力等技术措施，使火力进一步提高。

3）自行火炮

自行火炮，是一种安装在各种车辆底盘上，无须外力牵引而能自行运动的火炮。这种火炮越野性能好，战场生存能力强，便于和坦克、步兵战车协同作战。自行火炮主要由武器系统、车辆底盘和防护装甲组成。现代自行火炮大多装有自动瞄准装置和射击指挥系统，有的自行榴弹炮还配有专门的弹药支援车。

自行高炮，堪称自行火炮中的贵族。一辆自行高炮的价格，往往相当于两辆主战坦克的价格。世界上现装备的自行高炮有一二十种，在当代自行高炮中，首屈一指的当属德国的"猎豹"自行高炮。它不仅生产数量和装备数量最大，而且开创了火力、火力指挥控制、电源供给这三大块综合到一起的"三位一体"自行高炮新时代。"猎豹"自行高炮采用"豹"1坦克底盘，便于实现底盘零部件的通用化和系列化。其战斗全质量由"豹"1的41.5 t提高到46.3 t，乘员有车长、炮长和驾驶员3人。"猎豹"自行高炮采用2门瑞士厄利孔公司的KDA型35 mm机关炮。这种机关炮射速高、威力大、可靠性高，是一种成熟的产品。其火控系统包括搜索雷达、跟踪雷达、火控计算机、光学瞄准具、红外跟踪装置和激光测距仪等。

迫击炮，本来是步兵支援武器。近几十年来，由于中口径、大口径迫击炮的发展，它已经可以起到部分榴弹炮的功能。加上迫击炮结构简单，携行方便，中小口径的迫击炮发展极为迅速。不过，中口径迫击炮的机动已不能靠肩背人扛，需要牵引或车载。于是，一批车载式的中口径自行迫击炮应运而生。由于自行迫击炮结构相对简单，造价低廉，各国研制了10余种自行迫击炮。自行迫击炮从结构上分为履带式、轮式、炮塔式、后开式、单管式和双管式等各种类型。

瑞典"先进迫击炮系统"120 mm双管履带式自行迫击炮采用瑞典CV90步兵战车的底盘，上半部分包括炮塔、双管120 mm迫击炮和后装式车内装弹机。这种自行迫击炮的最大特点是采用了双管120 mm迫击炮，能在15 s内发射6发弹，最大射程可达10 km，火力相当强大。

俄罗斯也相当重视自行迫击炮的发展，著名的2S31"维纳"120 mm自行迫榴炮，采用BMP-3战车的底盘，全封闭式炮塔。值得注意的是，它的炮管很长，被称为迫榴炮，可以完成迫击炮和榴弹炮的双重功用。迫击炮和榴弹炮的融合，可能代表着身管武器发展的一个新的动向。

在第二次世界大战期间，自行反坦克炮（坦克歼击车）是自行火炮的主流。虽然由于各种各样反坦克武器发展迅速，以及对支援火力的需求又促使自行榴弹炮迅猛发展，而导致自行反坦克炮的发展受限，但是一些国家仍然在发展一些以反坦克作战为主的自行反坦克炮，如德国的"美洲豹"反坦克炮等。自行反坦克炮穿甲威力强大，战斗全质量较小，机动性较好，装甲防护力一般，价格较低。综合这些优缺点，使得自行反坦克炮在装甲战车家族中也有一定的生存空间。另一方面，在各国现装备的自行反坦克炮中，有的只是以反坦克作战为主，但兼有武装侦察和追击等作战任务。自行反坦克炮的弹种有尾翼稳定脱壳穿甲弹、脱壳穿甲弹、破甲弹等；兼有其他作战任务的，还配有榴弹。

轮式自行火炮是以轮式车为底盘的自行火炮，又被称为轮式突击炮或轮式坦克歼击车。

各种轮式主战装备，特别是 155 mm 轮式自行火炮、120 mm 轮式自行迫击炮、装甲突击车（坦克歼击车）、轮式自行高炮和弹炮合一防空武器系统，以及多用途（中型）轮式装甲战车的发展势头非常强劲。瑞典"先进迫击炮系统" 120 mm 双管轮式自行迫击炮，采用芬兰 XA-203 6×6 轮式装甲车作为底盘，上半部分包括炮塔、双管 120 mm 迫击炮和后装式车内装弹机，能在 15 s 内发射 6 发弹，最大射程可达 10 km，火力相当强大。

4）车载机枪

车载机枪是指装甲车辆上安装的机枪。它是装甲车辆火力的组成部分，是对主要武器火力的补充和完善。坦克上的车载机枪一般包括并列机枪、航向机枪和高射机枪。装甲输送车上的车载机枪一般是高射机枪。

车载机枪在装甲车辆火力构成中处于相对次要地位，且就用途和基本原理、结构而言与同类步兵机枪基本一致，也就是说装甲车载机枪本身并不构成独立的武器类别。因此，一般不专门研制、发展车载机枪，而是根据使用和安装的需要从同类机枪中进行选择并做适当的改动。

目前，并列机枪和航向机枪的口径均为 7.62 mm，高射机枪口径多为 12.7 mm 和 14.5 mm，亦有少数高射机枪的口径为 7.62 mm。目前多数坦克装备的高射机枪均采用人工操作，射击时乘员必须打开炮塔舱门，探出身体。装甲车装备的武器绝大多数是 12.7 mm 机枪，保留了 12.7 mm 高射机枪枪塔，射手上方、前方无防护，呈立姿射击，且均为出舱人工操作。有些国家坦克高射机枪由车长在车内遥控射击。例如，法国 AMX "勒克莱尔"主战坦克 7.62 mm 高射机枪，可在车内由车长和炮长遥控射击。

5）车载反坦克导弹

车载反坦克导弹是指在装甲车辆上发射的反坦克导弹，它是一种效费比最佳的反坦克武器。运用它对坦克、机械化部队进行火力支援，消灭敌坦克和其他装甲目标；安装在步战车上，使其具有反坦克能力；与坦克火力配合起来，形成较强的反坦克火力体系。

目前，反坦克导弹技术已经发展到第三代。采用热成像、毫米波等先进制导技术，改用光纤导线，或取消这根"尾巴"，导弹射出去就不再需要射手控制，做到了"发射后不用管"，其典型产品有美国的"标枪"、以色列的"长钉"等。目前，车载反坦克导弹的发展趋势是提高破甲威力、夜战能力、抗干扰能力，并注意发展远距离攻击集群坦克的反坦克导弹。

6）炮射导弹

与常规炮弹相比，炮射导弹具有射程远、命中精度高、杀伤威力大等优点。炮射导弹是精确制导技术与常规坦克炮和反坦克炮发射技术的有机结合，它保留了坦克炮原系统反应快、火力猛的特点，且不改变其成员建制和分工，不过多地增加系统的复杂性，但却拓宽了坦克炮和反坦克炮的远距离对抗能力（作战距离由 2 km 提高到 4 km 以上），使坦克可以在野战中攻击武装直升机、防御坦克歼击车，以及在隐蔽阵地上对敌坦克实施远距离射击。

目前，俄罗斯炮射导弹的发展水平处于世界领先地位。经过多年的试验研制，俄罗斯共开发出了基于 3 种基本型号的 12 种以上的炮射导弹，10 多种反坦克导弹武器系统，20 多个类别的反坦克导弹。射程最短的只有 1.0~1.5 km，最远的达 10 km。导弹平均飞行速度最大已达 800 m/s。制导体制采用了毫米波、激光驾束、激光半主动等先进的制导方式。

俄罗斯研制的9M119"芦笛"（北约代号为AT-11"狙击手"）炮射导弹，分别装配于T-72和T-80坦克上，供2A46型125 mm滑膛炮发射。"芦笛"质量为17.2 kg，弹长450 mm，最大射击范围为5 km，平均飞行速度高达800 m/s，破甲厚度为带反应装甲770 mm。该导弹采用激光驾束制导，当射手使用这种导弹时，先用激光器发射出一束编码的激光束，并借助专用的瞄准镜校正它的方向。发射出的编码激光束在空中形成一个特殊的"光通道"，发射出的导弹就沿着这个"光通道"的中心向前飞行。激光束的频率在"光通道"的不同部位是不相同的，当导弹在飞行中偏离激光束的中心位置时，弹上的制导系统就会发出修正指令，引导导弹回到"光通道"的中心位置，使它始终保持在近似固定直径的光束内飞行。

2. 装甲车辆武器的发展趋势

1）进一步提高武器初速使其更具威力

随着主战坦克装甲防护能力的不断增强，要求坦克炮具有更大的威力。最直接的途径就是提高初速。但弹丸初速的提高受到了许多因素的制约，其中包括发射药、点传火系统、弹炮系统的承载能力、炮允许的质量和动力学特性、身管寿命、膛内燃气的动力学特性等。当科学技术发展到一定的阶段以后，这些制约因素就会在一定的需求下处于某种平衡状态，弹丸的初速就达到了新的水平。目前各国提出了多种增加火炮初速的方案，主要是采用135~140 mm大口径火炮、电热化学炮、电磁炮和定向能武器以及新型弹药等。

（1）采用大口径火炮。高膛压（最高可达1 000 MPa）、大药室、大装药量、高装填密度、长身管仍然是提高弹丸初速的技术措施，而且会迈上一个新台阶。研究表明，要击穿未来主战坦克的装甲，主战坦克炮发射尾翼稳定脱壳穿甲弹的炮口能量要达到18 MJ，而现有120 mm主战坦克炮弹的炮口能量仅为9~11 MJ。20世纪80年代以来，很多主战坦克生产国都在探索增大火炮口径的可能性。20世纪80年代初，美国的"未来近战车辆计划"就曾拟采用145 mm火炮；1988年，美、英、法、德四国一致同意把未来主战坦克炮口径定为140 mm。这几个国家以及以色列和瑞典都曾制造过140 mm试验性火炮。由于其药室是现有120 mm火炮的两倍，所以其炮口能量能达到18 MJ。但是，带来的问题是，弹药尺寸增大导致携弹量减少。从近期看，有效提高主战坦克的作战能力的技术途径依然是使用高能发射药和加长火炮身管提高炮口初速，靠提高弹丸初速来增大炮口能量。

（2）采用电热化学炮。电热炮又叫电热发射器，它是全部或部分利用电能来推进弹丸的一种发射装置。具体地说，它利用高功率脉冲电源输出的高电压和大电流放电，把电能转变成高温高压等离子体的热能，以此来直接或间接地推动弹丸。把普通固体发射药火炮发展成为固体发射药电热化学炮是提高火炮初速的又一有效手段。根据美国陆军研究试验室估计，采用固体发射药电热化学炮的炮口初速较现有固体发射药火炮可望提高40%，初速将达到2 500~3 000 m/s。其炮口能量将达到14~15 MJ，接近140 mm固体发射药火炮的能量水平，这对未来主战坦克极具吸引力。其实，早在1989年，美国就曾试图把120 mm坦克炮发展成为电热化学炮。但因当时的技术不过关，许多问题没有解决。如电力部件使坦克炮系统更加复杂，大脉冲电流带来一系列综合问题，120 mm固体发射药电热化学炮是否比140 mm固体发射药火炮的体积小还不能确定等，致使120 mm电热化学炮没有成功。此后，电热化学炮的发展出现了重大转折，并取得了重要进展。目前看来，电热化学炮是有希望最早用于工程的新概念火炮。

（3）采用电磁炮。电磁炮是一种利用电磁力发射弹丸的动能武器，当质量不大的弹丸被电磁力加速到超高声速后，就具有了足够的动能，一旦它与目标碰撞，就能把目标撞得四分五裂。这是另一种提高弹丸初速以获得较高炮口能量的重要手段，弹丸初速将远远超越以化学能作为发射能源时的不可逾越的极限速度。电磁炮分为轨道炮和线圈炮两种类型。轨道炮利用导轨加速器发射弹丸，需要把弹丸纵向设置在两个导电轨道之间。只有电流强度达到 200 MA 时，弹丸才有可能获得具有杀伤威力的终点弹道性能。线圈炮采用非接触方式加速弹丸，发射弹丸所需的线圈结构以及控制设备十分复杂。当线圈炮的炮口动能达到 20 MJ 时就具备了穿透未来主战坦克装甲的能力。研制电磁炮需要解决的关键技术是研制大容量储能装置、瞬时提供脉冲电能、研制超强电流导线。美国把电磁炮看作 2015 年研制成功的全电式未来作战系统（FCS）的主要武器。同样，英国也正在计划把电磁炮作为预计 2020 年投入使用的下一代主战坦克的主要武器。但目前尚不能研制出体积小到能装车的电能储存装置。因此，电磁炮还远未达到实际应用阶段。电磁发射技术同时拉动了实用化、小型化大功率脉冲电源技术，超高速飞行物和电磁发射器材料技术的发展。

（4）采用新型弹药。这是增强主战坦克火力威力的另一个发展方向。如美国正在研制的 120 mm "发射后不用管"的弹药，能打击常规主战坦克炮弹射程外的敌坦克和其他目标。它装有一个毫米波探测器，边飞行边对地面进行扫描搜索，一旦探测到目标，便向下发射爆炸成型穿甲弹芯予以攻击。另一种新型弹药是俄罗斯为 125 mm 坦克炮研制的聚束破片高爆榴弹。发射时坦克火控系统根据目标距离装定时间引信，弹丸接近目标时向目标射出众多子弹药进行攻击。因此，它能有效地攻击直升机，也能攻击反坦克导弹发射装置和轻型坦克，甚至可通过摧毁观察瞄准装置来打击坦克。

2）进一步提高并有效控制武器发射速度

（1）采用新结构技术。采用新结构技术进一步提高发射速度的途径有以下几种：通过创新的结构设计，以获得更大的"爆发射速"，从而更大地提高火炮与自动武器的火力突然性；进一步完善和提高变射速自动机结构技术（前 2~3 发射弹为高射速，如 1 500～2 000 发/min，后续射弹的射速降至 500 发/min 以下），可以确保枪械首发命中又不过分消耗弹药；转管和转膛结构技术仍然是提高整机射速、对付快速运动目标的有效技术途径。

（2）采用单炮多发同时弹着发射技术。为了充分发挥火炮的作用，现代加榴炮都要求具备多发同时弹着功能，即在 3~4 s 时间内至少 3 发炮弹到达目标区。这种利用火炮不同的初速、不同射角在同一射程上具有不同的空中飞行时间，进行组合发射的技术称为单炮多发同时弹着发射技术。

（3）采用"金属风暴"技术。在目前火药射击武器中，美国 M134 型速射机枪加特林 7.62 mm 速射机枪最高射速高达 6 000 发/min，被称为世界上射速最快的机枪。俄罗斯 AK-630M 速射炮是在现役武器系统中射速最高的，最大射速为 10 000 发/min。而澳大利亚金属风暴有限公司研制的 36 管 "金属风暴"试验系统的射速已达到 100 万发/min。这种武器没有传统机械式往复武器上的运动部件，却能从多根身管以超过 100 万发/min 的超高射速发射标准的小口径弹药。"金属风暴"技术属于一种新型弹道技术，使用电脑控制的点火装置来点燃最靠近发射管口的弹丸的发射药。虽然"金属风暴"武器系统使用的仍然是常规发射药，但其结构和原理与传统的机械式武器有着本质的差别，它既没有枪炮上的上膛装置和抽筒机构，也不需要制退机和复进机，唯一的机械部件只是一个能够容纳多发弹的身管。弹丸在前，发射药在后，依次在身管中排列。发射药的爆炸气体推动弹丸向前运动的同时，后坐力使后面的弹丸微微膨胀，起到保护发射管内其余弹丸和防止其余发射药提前点火的作用，并为发射下一枚弹丸做好准备。"金属风暴"的基本操作系统百分之百由电路控制，因此，"金属风暴"技术完全不像传统武器那样受到机械部分的束缚。身管既可以单管使用，也可以多管组合使用，为武器射速的提高提供了便利条件。因此，"金属风暴"武器系统的射速极高，而巨大动量和高密度弹幕产生的巨大杀伤威力能粉碎目前已知的所有武器系统。

3）采用全自动火控系统进一步提高武器首发命中率和反应速度

为了提高武器系统的性能，具有快速自动的目标搜索与跟踪、准确的目标识别功能的自动化火控系统是未来主战坦克火控系统的发展方向。这种自动化火控系统通过安装在主战坦克上的多探测器可实现对坦克目标的自动搜索，发现目标后可自动跟踪、识别和瞄准，并迅速准确地打击目标。无论是"豹"2、"勒克莱尔"和M1A2主战坦克装备的指挥仪/猎歼式火控系统，还是日本90式主战坦克、以色列"梅卡瓦"−3主战坦克安装的自动跟踪火控系统，尽管是目前现役坦克中最先进的，但均未实现完全的自动化。前者需由车长或炮长完成搜索、识别、跟踪目标，后者的目标捕捉和识别也需由车长或炮长来完成。美国国防部高级研究计划局曾组织研制未来主战坦克多探测器火控−瞄准/目标捕捉自动化火控系统。目前自动化火控系统仍处于研制阶段。

4）采用制导型或智能型炮弹以及弹炮结合提高远程精确打击能力

精确打击是未来战争的重要特征。提高射程、精度和威力，一向是车载武器发展中致力追求的战术技术性能指标。美国陆军的十字军战士自行榴弹炮（身管长54倍口径）采用XM982式复合增程炮弹，射程可增大到50 km。俄罗斯最新2C31式120 mm自行迫榴炮系统携带的弹种除一般炮弹外，还有激光制导炮弹和火箭增程弹，射程可达15~17 km。未来榴弹炮、迫击炮等不仅射程、威力将大幅度提高，而且使用的弹药将具有精确打击能力。随着精确制导弹药、子母弹、制导火箭弹、炮射导弹等技术的发展，一大批制导型或智能型炮弹已经研制出来，有的已经装备，有的已开始生产。例如，瑞典的Strix 120 mm反装甲末制导迫击炮弹和俄罗斯的120 mm半主动激光末制导迫击炮弹已经装备，德国Smart 155 mm等155 mm火炮使用的末敏弹已开始生产，俄罗斯已装备或可生产122 mm和152 mm自行榴弹炮用的半主动激光末制导炮弹，俄罗斯的100 mm、115 mm、125 mm火炮还可以发射炮射导弹。

未来低空野战防空，将对武器机动性、反应能力、自主作战和生存能力有更高的要求。防空火炮将在现有多管联装提高射速的基础上重点发展高炮反导和弹炮结合技术。例如，俄罗斯"通古斯卡"弹炮一体化自行防空系统采用两门30 mm双管自动炮和8枚9M311式防空导弹，火炮射程200~4 000 m，射高最大可达3 000 m，射速可达4 800发/min，导弹射程可达8 km，具有很好的防空反导能力，代表了低空防空武器发展的一种趋势。继"通古斯卡"之后，俄罗斯又推出性能更先进的"潘泽尔"C1弹炮一体防空武器系统；美国、斯洛伐克、波兰也相继研制出弹炮结合的防空系统。

5）减小武器的质量以提高机动性

轻型化是提高常规武器机动性的重要途径。武器轻量化技术包括创新的结构设计技术、减载技术、新材料技术等方面。

轻量化技术中一个十分重要的途径就是创新的结构设计，武器轻量化最重要的技术途径就是设计符合力学原理的新颖的结构，使武器结构布局紧凑、合理，零部件多功能化，构件外形、断面、支撑部位及力的传递路径直接、便捷等。

武器轻量化技术中一个十分重要的途径就是减载技术。长后坐、前冲、炮口制退器仍然是火炮的主要减载措施。减载技术现在需要综合应用武器系统动力学、弹道学、人机工程学，解决伴生的射击稳定性、可靠性和有害作用防范等问题。

材料技术是轻量化技术中一项非常重要的技术。武器轻量化，对主要承力件主要选择高强度合金钢，对一般承力件可以选择轻合金材料，对主要功能件可以选择非金属材料、复合材料、功能材料和纳米技术材料等。关注材料科学的发展，发挥材料科学技术的推动作用，研究新型材料的应用和其加工工艺，是武器轻量化中一项十分重要的工作。

6）顶置武器系统将在车载武器中广泛采用

顶置（或外置）武器系统一般是指在坦克装甲车辆等作战平台顶部（或外部）安置的武器系统。顶置武器系统根据配备武器的不同可分为两大类：第一类是装配 105 mm 和 125 mm 等大口径坦克炮的顶置火炮系统；第二类是装配各种口径机枪、小口径机关炮、榴弹发射器或战术导弹的遥控武器站。

近年来随着新技术的不断发展，特别是控制理论、系统理论、信息理论在武器装备研发中的普遍结合和应用，在炮塔设计和改造领域内出现了许多新变化。例如，随着自动装弹技术的应用，炮塔内乘员减少，火炮射速提高；伴随火控技术、观瞄技术的发展特别是可视化设计思想的出现，车炮长的战斗环境发生变化，提高了首发命中率和射击精度；由于新型遥控武器站的出现，除火炮以外各种装备，如各型轻重机枪、高射机枪、榴弹发射器等不用战斗人员出舱操作，提高了战场生存能力，改善了武器效能等。在这一系列的发展过程中，顶置（或外置）武器系统作为一种新的设计理念，由于结合了各种新结构，综合采用了多项新技术，集中实现了适应现代战场条件的要求，因而备受世界各国的青睐。作为一种坦克装甲车辆武器的新成员，顶置（或外置）武器系统的发展势头方兴未艾，它必将在未来战场上发挥不可替代的作用。

7）主动防护技术将在车载武器上广泛采用

发展主动防护系统，避免坦克被击中，是坦克防护长远的发展方向。它可主动探测威胁、识别威胁类型、发出报警，消灭威胁于主战坦克附近或者更远处。坦克主动防护技术（Tank Active Protection Technology）是采取施放烟幕、诱骗、干扰和强行拦截等措施以防止被瞄准和击中的技术。它是在电子对抗技术基础上发展起来的一种积极主动的防护技术。它能有效降低反坦克导弹的反装甲效能，并能在不明显增加装甲厚度和车重的情况下大幅度提高该系统平台的生存能力。它包括告警和对抗技术。基本工作过程是：利用雷达、激光、红外等告警设备探测目标信息，通过信息处理设备对目标信息进行处理，如确认为威胁信号，则进行报警，并按程序启动对抗装置进行对抗，避免被瞄准和击中。根据对抗技术不同，主动防护系统分为 4 种。

（1）烟幕遮障式主动防护系统。烟幕遮障式主动防护系统在告警后，控制系统通过安装在炮塔两侧的发射管发射烟幕弹或箔条，在距坦克一定的距离上形成烟雾，利用烟雾中包含的红外烟雾、金属微粒和气溶胶等成分，对可见光、红外、激光、毫米波等信号产生遮蔽和衰减，从而降低导弹的命中精度。烟幕凭借大量的烟粒，对激光、红外辐射、毫米波产生吸收和散射作用，把目标信号衰减到观瞄及探测系统不能可靠工作的程度，从而起到干扰作用。烟幕装置主要包括抛射式烟幕装置、热烟幕装置和烟幕筒3种。

（2）假目标诱骗式主动防护系统。假目标诱骗式主动防护系统在告警后，控制系统控制伪装投影仪工作，把本车的红外、激光光斑或雷达波影投影在距本车一定距离处，形成假目标，诱使来袭导弹对其攻击，避免坦克被击中。该系统由成像系统和投射系统组成。

（3）光电干扰式主动防护系统。光电干扰式主动防护系统告警后，控制系统利用探测到的目标信息，控制干扰机利用特殊的调制方式把辐射源调制成与制导系统接受频率相同或相近的干扰脉冲，发射相应的干扰信号，如红外线、激光光束等，使此信号与目标信号叠加，导致导弹的制导系统出现错误，使其偏离瞄准线，达到干扰目的。光电干扰式主动防护系统由发射器、控制机构和电源组成。

（4）拦截式主动防护系统。拦截式主动防护系统，是当雷达探测到规定速度范围内飞行的目标时，自动转换到跟踪工作状态，并向控制系统提供目标的各种信息，经威胁判断后，由计算机确定发射防御弹药的时机和弹药种类，通过发射防御弹药对来袭导弹进行拦截，将其摧毁或使其偏离射向。拦截式主动防护系统由威胁探测装置、中央决策装置和拦截装置组成。

8）武器平台将逐步数字化

在现代和未来战争中，信息优势和信息战占有十分重要的地位，它所产生的力量倍增器的作用将远远超过其他所有技术领域。因此，一体化信息支持能力已经越来越成为对武器系统的基本要求。对于武器平台则是实现数字化。例如，为了适应未来数字化部队的要求，美国整个"斯特赖克"车队都采用了许多数字化系统，网络化和系统集成化已经达到相当高的程度，车内系统能够为乘员提供总体态势感知能力；采用的21世纪部队旅及旅以下作战指挥系统，可使各车辆之间通过文本信息和地图网进行交流。"艾布拉姆斯"坦克、"布雷德利"战车等配以车长综合显示器、车长独立热像仪、改进型车长武器控制台、驾驶员综合显示器、车际通信系统、定位导航系统等。美国正在精心打造的"未来战斗系统"，其每个平台都将能侦察、监视、获取目标信息和接收上级的情报。在武器作战平台数字化的同时，一些新型的用于数字化作战的专用作战平台也将面世，如无人监控直瞄射击车、无人监控传感器车、无人监控间瞄射击车等。信息化装备及技术、先进信息系统的主要发展趋势是系统间互通联网，实现信息实时化、战场数字化。

4.2 车载火炮的配置

4.2.1 车载火炮

1. 火炮

1）火炮的基本概念

火炮是利用火药燃气压力等能源抛射弹丸，口径等于和大于 20 mm 的身管射击武器。

火炮自问世以来，就以其巨大的威力而成为地面战场的主要火力武器。在第二次世界大战期间，火炮被誉为"战争之神"，这充分体现了火炮在现代战争中的地位。火炮经过长期的发展，逐渐形成了多种具有不同特点和不同用途的火炮体系，成为战争中火力作战的重要手段，大量地装备了世界各国陆、海、空三军。

火炮属重型常规武器。火炮种类较多，配有多种弹药，可对地面、水上和空中目标射击，歼灭、压制有生力量和技术兵器，摧毁各种防御工事和其他设施，击毁各种装甲目标和完成其他特种射击任务。

2）火炮的特点

火炮发射过程是一个极其复杂的动态过程。一般发射过程极短（几毫秒至十几毫秒），经历高温（发射药燃烧温度高达 2 500～3 600 K）、高压（最大膛内压力高达 250～700 MPa）、高速（弹丸初速高达 200～2 000 m/s）、高加速度（弹丸直线加速度是重力加速度的 10 000～30 000 倍，发射装置的零件加速度也可高达重力加速度的 200～500 倍，零件撞击时的加速度可高达重力加速度的 15 000 倍）过程，并且发射过程以高频率重复进行（每分钟可高达 6 000 次循环）。

火炮发射过程伴随发生许多特殊的物理、化学现象。火炮发射过程中，对发射装置施加的是火药燃气的冲击载荷，在冲击载荷的激励下还会引发发射装置的振动。火炮发射过程中，身管的温升与内膛表面的烧蚀、磨损是一系列非常复杂的物理、化学现象。当弹丸飞离膛口时，膛内高温、高压的火药燃气在膛口外急剧膨胀，甚至产生二次燃烧或爆燃。特别是采用膛口制退器时，产生的冲击波、膛口噪声与膛口焰容易自我暴露而降低人和武器系统在战场上的生存能力，对阵地设施、火炮及载体上的仪器、仪表、设备和操作人员都会产生有害作用。

火炮发射的特点可以概括成：周期性（一发一个循环，要求具有较好的重复性）；瞬时性（发射过程极短，具有明显的动态特征）；顺序性（每个循环的各个环节严格确定，依次进行）；环境恶劣性（高温、高压、高速、高加速、高应变率、高功率）。

2. 火炮的类型

1）按运动形式分

按运动形式，火炮一般分为固定炮、驮载炮、牵引炮、自走炮、车载炮、自行炮等。

固定炮，一般泛指固定在地面上或安装在大型运载体上的火炮。

为了适应在山地或崎岖地形上作战，有时需要将火炮迅速分解成若干大部件，以便人扛马驮，这类火炮称为驮载炮，也称为山炮、山榴炮。

牵引炮是指运动依靠机械车辆（一般是军用卡车）或骡马牵引着走的火炮。为了提高火炮在阵地上近距离内的运动机动性能，有些牵引炮还加设了辅助推进装置。

带辅助推进装置的牵引炮称为自走炮，也称自运炮。自走炮可以在阵地短距离运行，其远距离运动还需要牵引车的牵引，应该属于牵引炮范畴。自走炮还可以利用其动力实现操作自动化。

车载炮，是指为了提高火炮在战场上的战术机动性能，将火炮结构基本不作变动或简单改动后安装在现有或稍作改动车辆上，形成牵引炮与牵引车合二为一，不需要外力牵引而能自行长距离运动的火炮。车载炮巧妙地结合了自行火炮"自己行动"和牵引火炮"简单实用"的优点，在大口径压制火炮战术技术性能和列装成本的天平上取得了良好的平衡。

自行炮，是指为了进一步提高火炮在战场上的战术机动性能和自身防护能力，将火炮安装在战斗车辆的底盘（轮式或履带式）上，不需要外力牵引而能自行长距离运动的火炮。自行炮把装甲防护、火力和机动性有机地统一起来，是一个独立作战系统，在战斗中对坦克和机械化步兵进行掩护和火力支援。自行炮除传统的采用履带式底盘以外，还采用轮式底盘，以减小质量，便于战略机动和装备轻型或快速反应部队。

有人将自走炮、车载炮和自行炮统称为（广义）自行炮。

装在装甲战斗车辆上，符合步兵作战要求，主要以防护为目的的火炮，称为战车炮。战车炮一般为小口径自动炮。

2）按弹道特征分

按弹道特征，火炮一般分为加农炮、榴弹炮和迫击炮等。

加农炮是指弹道平直低伸、射程远、初速大（大于 700 m/s）、身管长（大于 40 倍口径）、射角小（小于 45°）的火炮，也称平射炮。加农炮一般用定装式炮弹，主要采用直接瞄准射击。

榴弹炮是指弹道比较弯曲、射程较远、初速较小（小于 650 m/s）、身管较短（20～40 倍口径）、射角较大（可到 75°）的中程火炮。榴弹炮一般用分装式炮弹，变装药号数多，主要采用间接瞄准射击。

迫击炮是指弹道十分弯曲、射程较近、初速小（小于 400 m/s）、身管短（10～20 倍口径）、射角较大（45°～85°）的火炮，俗称"隔山丢"。迫击炮是支援和伴随步兵作战的一种极为重要的常规兵器。迫击炮一般采用口部装填方式发射"滴形"炮弹，操作简便，变装药容易，弹道弯曲，可迫近目标射击，几乎不存在射击死角，主要用于杀伤近程隐蔽目标及面目标。由于迫击炮的炮膛合力较小，为了减小质量，一般以座板直接将炮膛合力传给地面。

榴弹炮和迫击炮也统称为曲射炮。20 世纪 70 年代，有些国家新研制的榴弹炮也具有弹道低伸的特性，射程增大到能遂行同口径加农炮的射击任务。一般将这种兼有加农炮和榴弹炮弹道特点的火炮称为加农榴弹炮，简称加榴炮。近年研制的"榴弹炮"实际上都是加榴炮。兼有榴弹炮和迫击炮弹道特点的火炮称为迫击榴弹炮，简称迫榴炮。

3）按用途分

按用途，火炮一般分为压制火炮、反坦克火炮和高射炮等。

压制火炮，主要是指以地面为基础，用以压制和毁伤地面目标或以火力伴随和支援步兵、装甲兵的战斗行动的火炮，通常包括中大口径加农炮、榴弹炮、加榴炮、迫击炮、迫榴炮等，有些国家还包括火箭炮。压制火炮是地面炮兵的主要武器装备，具有射程远、威力大、机动性高的特点，主要用于杀伤有生力量，压制敌方火力，摧毁装甲目标、防御工事、工程设施、交通枢纽等，还可以用于发射特种用途炮弹。

反坦克火炮主要是指用于攻击坦克和装甲车辆的火炮，通常包括坦克炮、反坦克炮和无后坐炮。反坦克火炮由于要与快速机动的坦克、装甲战车作战，一般具有初速大、射速高、弹道低伸、反应快等特点。坦克炮是配置于现代坦克的主要武器。坦克主要在近距离作战，坦克炮在 1 500～2 500 m 距离上射击效率高，使用可靠，用来歼灭和压制敌人的坦克装甲车，消灭敌人的有生力量和摧毁敌人的火器与防御工事。现代坦克炮是一种高初速长身管的加农炮。反坦克炮是指专门用于同坦克、步兵战车等装甲目标作战的特种火炮。反坦克炮身管较长，初速大，直射距离远，发射速度快，穿甲效力强，机动性好。反坦克炮多设计为远距穿甲用途，口径较大，炮管较长，多采用钨钢脱壳穿甲弹，往往还配备反坦克弹药，以保证远距离的穿甲能力，打击坦克比坦克炮更有优势。反坦克炮的弹道弧度很小，一般对目标进行直接瞄准和射击。一般火炮在发射炮弹的同时，还会产生巨大的后坐力，并使火炮产生后坐，这既影响射击的准确性和发射速度，又给操作带来不便。无后坐炮是发射时炮身不后坐的火炮。无后坐炮在发射时利用后喷物质（一般为高速喷出的火药燃气）的动量抵消弹丸及部分火药燃气向前的动量，使炮身受力平衡，不产生后坐。无后坐炮的最大优点是体积和质量小，操作方便。无后坐炮主要用于直瞄打击装甲目标，也可以用于压制、歼击有生力量。

高射炮是指从地面对空中目标射击的火炮，简称高炮。高射炮主要用于与中低空飞机、直升机、无人机、导弹等空中目标作战，必要时也可攻击地面有生力量、坦克等地面装甲目标或小型舰艇等水面目标。高射炮要与高速飞行的空中目标作战，必须机动灵活，炮架结构要能快速进行 360° 回转，高低射界 −5°~90°，弹丸初速大，飞行速度快，弹道平直，射高一般为 2~4 km，一般是能自动射击的自动炮，射速一般为 1 000~4 000 发/min，有的可高达10 000 发/min。目前，反导已经成为高射炮的主要任务。为了有效对付高速飞行的导弹这样的小目标，高射炮主要采取在极短的瞬间射出大量弹丸覆盖一定空间，形成一定火力网进行拦截的方式，因此高射炮射速快，射击精度高，多数配有火控系统，能自动跟踪和瞄准目标。

4）按身管内膛结构分

按身管内膛结构，火炮分为线膛炮和滑膛炮。

身管内膛有膛线（在身管内壁加工有螺旋形导槽）的火炮称为线膛炮。身管内膛为光滑表面而没有膛线的火炮称为滑膛炮。为了能可靠地密封火药气体，防止外泄，将身管内膛加工成直径从炮尾到炮口均匀缩小的锥膛。随着弹丸向前运动，膛径逐渐缩小，弹带不断受到挤压，能可靠地密封火药气体，可以大幅度提高初速，但是制造这种火炮，特别是加工带锥度的身管，具有极大的难度。

5）按射击过程自动化程度分

按射击过程自动化程度，火炮分自动炮、半自动炮和非自动炮。

能完全自动完成重新装填和发射下一发炮弹的全部动作的火炮称为全自动炮，简称自动炮。若重新装填和发射下一发炮弹的全部动作中，部分动作自动完成，部分动作人工完成，则此类火炮称为半自动火炮。若全部动作都由人工完成，则此类火炮称为非自动火炮。自动炮能进行连续自动射击（连发射击，简称连发），而半自动炮和非自动炮则只能进行单发射击。

6）新型火炮

有一类火炮在工作原理和结构上都不同于传统火炮，称为新型火炮，有时也称为新概念火炮。

传统火炮发射时，炮身一般处于近似静止状态，在火药气体压力作用下炮身开始后坐，后坐结束后再回复到待发射状态。在炮身复进过程中击发，利用炮身复进时的前冲能量抵消部分后坐能量的火炮工作原理，称为复进击发原理，也称为软后坐。复进击发原理的应用，可以大大减小后坐力，有利于提高射速和射击稳定性，有利于减轻火炮全重。复进击发原理应用于大口径火炮时，往往在发射前，炮身处于后位，先释放炮身使其向前运动，在炮身前冲过程中达到预定的速度或行程时击发，以击发时的前冲动量抵消部分火药燃气压力产生的向后冲量，从而大大减小作用于炮架上的力，使火炮的质量和体积减小，这种火炮称为前冲炮。复进击发原理应用于小口径自动炮时，在连发射击中，后坐部分的运动介于前位与最大行程之间，好像浮在炮架上运动，因此一般称为浮动原理。现代研制的小口径自动炮大多采用浮动原理。

传统火炮用的是固体发射药。固体发射药是一种具有固定形状、燃烧速度很快、均相化学物质，而液体发射药是一种没有固定形状、燃烧速度很快的化学物质。液体发射药火炮是使用液体发射药作为发射能源的火炮。平时可以将发射药与弹丸分开保存，发射过程中分别装填。液体发射药火炮有外喷式、整装式和再生式三种形式。整装式液体发射药火炮，与常规药筒定装式固体发射药火炮类似，液体发射药装填在固定容积的药筒内，经点火后整体燃烧。整装式液体发射药火炮，结构简单，装填方便，但液体发射药整体燃烧的稳定性较差，内弹道重复性不好保证。外喷式液体发射药火炮，是依靠外力在发射时适时地将液体发射药喷射到燃烧室进行燃烧。对于外喷式液体发射药火炮，外喷压力必须大于膛内压力。由于膛内压力很高，所以外喷压力很大，因此需要一个外部高压伺服机构来完成液体发射药的喷射。该外部高压伺服机构相当复杂，控制困难。再生式液体发射药火炮，在发射前，液体发射药被注入储液室。点火具点火，点火药燃烧生成的高温高压气体进入燃烧室中，使得燃烧室内压力升高，推动再生喷射活塞并挤压储液室中的液体发射药。由于差动活塞的压力放大作用，储液室内液体压力大于燃烧室内气体压力，迫使储液室中的液体发射药经再生喷射活塞喷孔喷入燃烧室，在燃烧室中迅速雾化，被点燃并不断燃烧，使燃烧室压力进一步上升，继续推动活塞并挤压储液室中的液体发射药，使其不断喷入燃烧室，同时推动弹丸沿炮管高速运动，形成再生喷射循环，直到储液室中的液体发射药喷完为止。可以通过控制液体发射药的流量，来控制内弹道循环。液体发射药与传统固体发射药相比，装填密度大，内弹道曲线平滑，初速高，从而大幅度提高射程；而且液体发射药不需要装填和抽出药筒，使得火炮的射速也大大提高；再者，液体发射药储存方便，储量大，能减少火药对炮管的烧蚀，延长炮管使用寿命，减小炮塔空间；此外，生产液体发射药的成本也比较低廉。

电炮是使用电能代替或者辅助化学推进剂发射弹丸的发射装置。正在研制中的电炮有电热炮和电磁炮。电炮能够驱动弹丸以高速飞行，速度超过 1.8 km/s。由于电炮炮弹比常规火炮炮弹有更高的速度，因此它具有足够的动能对要攻击的目标造成灾难性的破坏，能更有效地摧毁硬目标。

电热炮是全部或部分地利用电能加热工质，采用放电方法产生离子体来推进弹丸的发射装置。从工作方式上，电热炮可以分为两大类：用等离子体直接推进弹丸的，称为直热式电热炮或单热式电热炮；用电能产生的等离子体加热其他更多轻质工质成气体而推进弹丸的，称为间热式电热炮或复热式电热炮。从能源和工作机理方面考虑，直热式电热炮是全部利用电能来推进弹丸的，它们是一类纯电热炮；而绝大多数间热式电热炮，发射弹丸既使用电能又使用化学能，称为电热化学炮。通常所说的电热化学炮，主要是指一种使用固体推进剂或液体推进剂的电热化学炮。除由高功率脉冲电源和闭合开关组成的电源系统和等离子体产生器外，很像常规火炮，只不过它的第二级推进剂可采用低分子量的"燃料"，一般还是采用发射药，因此电热化学炮与传统火炮有较大的继承性。当闭合开关后，高功率脉冲电源把高电压加在等离子体产生器上，使之产生低原子量、高温、高压的等离子体，并以高速度注入燃烧室，在其内等离子体与推进剂及其燃气相互作用，向推进剂提供外加的能量，使推进剂气体快速膨胀做功，推动弹丸沿炮管向前运动。

电磁炮是完全依靠电磁能发射弹丸的一类新型超高速发射装置，又称作电磁发射器。电磁炮是利用运动电荷或载流导体在磁场中受到的电磁力（通常称它为洛伦兹力）去加速弹丸的。根据工作原理不同，电磁炮又分为导轨炮和线圈炮两种。导轨炮是由一对平行的导轨和夹在其间可移动的电枢（弹丸）以及开关和电源等组成的。开关接通后，当一股很大的电流从一根导轨经炮弹底部的电枢流向另一根导轨时，在两根导轨之间形成强磁场，磁场与流经电枢的电流相互作用，产生强大的电磁力（洛伦兹力），推动载流电枢（弹丸）从导轨之间发射出去，理论上初速可达 6 000~8 000 m/s。线圈炮主要由感应耦合的固定线圈和可动线圈以及储能器、开关等组成。许多个同口径同轴固定线圈相当于炮身，可动线圈相当于弹丸（实际上是弹丸上嵌有线圈）。当向炮管的第一个线圈输送强电流时形成磁场，弹丸上的线圈感应产生电流，固定线圈产生的磁场与可动线圈上的感应电流相互作用产生推力（洛伦兹力），推动可动弹丸线圈加速；当炮弹到达第二个线圈时，向第二个线圈供电，又推动炮弹前进，然后经第三个线圈、第四个线圈……直至最后一个线圈，逐级把炮弹加速到很高的速度。

3. 车载火炮

车载火炮是指以装甲车辆为运输载体的火炮，简称车载炮，一般包括坦克、突击炮、自行压制火炮、车载压制火炮等装甲战斗车辆用中大口径火炮，以及自行高炮、步兵战车、装甲输送车、侦察车、通信车、指挥车、巡逻车等装甲战斗车辆用小口径自动炮。

对装甲战车要求的多样性和目标的广泛性（既按对装甲战车危险程度又按目标保护级别），要求装甲战车必须装备不同性能的火炮。不同载体依据战术功能不同，所装备的车载火炮的配置也不同。坦克炮是坦克的主要武器；中大口径压制火炮是突击炮、自行压制火炮、车载压制火炮的主要武器；小口径自动炮是自行高炮、步兵战车、装甲输送车、侦察车、通信车、指挥车、巡逻车等装甲战斗车辆的主要武器。

4.2.2 对车载火炮的要求

装甲战车的功能不同，对车载火炮的要求亦不同。

1. 一般要求

（1）初速高。

（2）后坐力小。

（3）射弹散布小，密集度好。

（4）工作可靠，故障率低，寿命长。

（5）维修性好，易于排除故障。

（6）勤务性能好，易于安装，便于操作。

（7）对未来的威胁要有一定的能量储备。

2. 特殊要求

1）坦克炮

作为战场主要进行近距离战斗的坦克，其主要任务是对付敌方快速机动的各类装甲目标，因此其火力无疑是装甲车辆中很强的，主要是直接瞄准射击。坦克炮是坦克的主要武器，是坦克发挥火力、消灭和压制敌人的主要手段，具有在最短的时间内用最小的弹药击毁或压制各种目标的能力。自行突击炮，主要伴随坦克进行近距离战斗，火炮也是其主要武器。自行突击炮用火炮与坦克炮相当，一般可以通用。坦克炮应满足下列要求：

（1）首发命中率高。

（2）穿破甲能力强。

（3）膛压高，初速大。

（4）射速高。

（5）结构紧凑，尺寸和体积小，便于布置。

（6）可行进中射击。

2）自行压制火炮

自行压制火炮的主要任务是远程火力支援和压制，歼灭敌有生力量，摧毁敌装甲目标、工事、建筑物等，更是以火力强著称，通常是间接瞄准射击。自行压制火炮应满足下列要求：

（1）威力大，配备弹种多，可打击不同目标。

（2）射程远，间接瞄准射击，纵深打击。

（3）火力机动性强，压制范围广，射界大，初速变化大，变射程。

（4）射弹散布小，密集度好，远程精确打击。

3）自行高炮

用于机动作战的自行高炮具有独立作战能力和生存能力，在全天候的条件下有很高的作战效率。自行高炮的战斗任务概括地说是：为装甲战斗部队和战斗支援部队提供空中保护；攻击敌人的飞机；对敌人的地面装甲部队及其他部队的攻击进行自卫还击。因此，对自行高炮的特殊要求有：

（1）射速高，适应多管联装。

（2）供弹、排壳、排链路线和方向符合系统总体的要求。

（3）首发开闩、装填机构要符合自动化要求。

（4）能满足电控制击发的要求，工作电压在（26±4）V 的条件下能正常工作。

（5）设置有必要的保险机构和联锁机构。

4）战车炮

战车炮是装备于步兵战车、装甲运输车、侦察车、通信车、指挥车、巡逻车等装甲战斗车辆用小口径自动炮，以步兵战车用战车炮为代表。步兵战车是步兵进行机动作战的战斗车辆。步兵战车具有有效的火力、高度的机动性和一定的装甲防护。步兵战车的主要作战任务是伴随坦克作战，以对付地面轻型装甲目标为主。因此，步兵战车对自动炮的特殊要求有：

（1）对地面装甲目标射击首发命中率高是首要的要求。

（2）射弹散布小，密集度好，1 000 m 射弹散布小于 1.0 密位×1.0 密位。

（3）能双路供弹，既能供榴弹又能供穿甲弹，弹种转换时间短。

（4）自动炮能实现变射频控制、点射长度控制。

（5）火炮伸进炮塔内尺寸短、体积小，便于布置。

4.2.3　车载火炮的结构特点及其典型结构

1. 车载火炮的结构特点

车载武器与其他武器相比，虽有共同点，但因其在车辆上工作条件的特殊性，在结构上也有其特殊点。尤其是装甲战车的主要武器火炮，其结构特点如下：

（1）弹丸初速大，膛压高，炮身要承受高膛压作用（有的可达 800 MPa）。

（2）后坐距离短，后坐力大，反后坐装置的结构紧凑。

（3）炮尾的活动半径小。

（4）身管较长，位置前置，要考虑起落部分的平衡。

（5）由于战斗室为封闭空间，身管上有炮膛抽气装置，抽出射后膛内剩余火药气体。

（6）装有防危板和自动闭锁器等装置，以保证发射时的安全。

（7）设置有药筒处理装置（收集器或抛壳窗），处理射后药筒或未击发弹药。

（8）多数火炮还装有自动装弹机，并可自动选择多弹种，实现装填自动化。

（9）火炮发射延迟时间要短。

（10）火炮具有环形射界，采用稳定装置，实现高低和方向双向稳定。

（11）由于身管较长，采用身管热护套以消除身管因温差引起的弯曲。

（12）采用操纵方便和准确的火控系统。

（13）采用昼夜观察瞄准仪器。

（14）火炮前方有坚强的装甲防护。

（15）零件的强度应考虑能承受发射及运动时所引起的惯性和动载负荷。

2. 车载炮的典型结构

坦克炮如图 4.1 所示，主要由炮身、热护套、炮闩、摇架、反后坐装置、抛壳机和高低机等部分组成。

图 4.1　坦克炮

1）炮身

炮身的功用是，在火药气体的作用下，赋予弹丸一定的运动速度和飞行方向。

炮身结构如图4.2所示，由身管、抽气装置、炮尾和连接筒等组成。

图4.2 炮身结构

身管是炮身的基本零件，在发射时直接承受高压火药气体的作用，并赋予弹丸一定的初速和方向。身管结构分内部结构和外部结构。身管的内部空间及其内壁结构称为炮膛（也称内膛），其结构形式和尺寸由内弹道设计确定，取决于炮弹结构及装填方式。炮膛一般为圆柱形或圆柱与圆锥形的组合，分为药室、坡膛和导向部（直膛）三部分。药室用于装填炮弹，导向部用于赋予弹丸速度和方向，坡膛是药室与导向部的连接部分。身管的外部结构由强度计算确定，同时还要考虑刚度、散热和连接方式。身管的外部结构一般有圆柱形或圆柱与圆锥形的组合。身管内，后部的圆柱部分装在摇架内，射击时这部分可以沿着摇架内的青铜衬瓦滑动。在装入炮尾内的身管后端凸缘、炮尾和连接筒三者之间安装的平键用于防止身管前后移动和左右转动，该键用螺钉固定，以防它从键槽中脱出。身管前端面（即炮口）上刻制的十字线在校正瞄准零线时使用。

按炮膛的结构，身管可以分为滑膛和线膛等。滑膛身管的炮膛由光滑的圆柱面和圆锥面组成。滑膛炮发射的弹丸，是借助其尾翼来稳定在空中的飞行姿态的。由于滑膛炮具有结构性能好且使用寿命、射击精度高，可提高动能弹威力，生产工艺简单等特点，目前坦克炮、迫击炮、无后坐炮和反坦克炮广泛采用滑膛结构。线膛炮身管内有膛线（身管内壁刻有螺旋槽），能使弹丸产生高速旋转运动，以保证弹丸的飞行稳定性。它的炮膛一般由药室、坡膛和线膛三个部分组成。身管炮膛的结构还可以是半滑膛身管、锥膛身管、异形膛身管、组合式变口径身管、带辅助装药身管、多药室身管等。

根据结构不同，身管可分为普通单筒身管、可分解身管（活动身管）、紧固身管（增强身管）。普通单筒身管是由一个毛坯制成的，其结构简单、制造方便、成本较低，因而得到了广泛的应用。普通单筒身管发射时，内层产生的应力很大，而外层的应力很小，也就是说，外层材料没有得到充分利用。随着火炮初速、膛压、射速的提高，炮膛的烧蚀、磨损问题变得日益严重。烧蚀、磨损造成火炮膛压、初速和射击密集度下降，最终使火炮寿命终止。这个问题在大口径、高初速的加农炮和小口径自动炮中非常突出。解决这个问题的一个方法是，把身管做成内外两层，在内层寿命结束后，可换上一个新的内管使火炮恢复原有的战斗性能，称为可分解身管。可分解身管可以综合为以下四种类型：活动身管（被筒局部覆盖）、活动衬管（被筒全长覆盖）、短衬管（局部衬管）和带被筒的单筒身管（被筒不承力）。根据力学分析，外压可以使单筒身管的内外壁应力分布均匀，相当于提高身管强度。

增强身管，又称紧固身管，是指为提高身管的强度，在制造过程中，采用某种工艺措施，使身管得到一定外压，从而使身管内壁产生受压、外壁产生受拉的有利预应力；发射时，由于预应力的存在，身管内层的最大应力降低，外层的应力则提高，身管的内外壁应力的分布趋于均匀一致，因而改善发射时管壁的应力分布，可以在同样壁厚、同样材料的条件下，使身管能承受更大的内压，提高身管承载能力和身管寿命。由于产生预应力的方法不同，增强身管又分为筒紧身管、丝紧身管、自紧身管、复合材料身管等。丝紧身管又称缠丝身管，是指在身管的外表面缠绕多层具有一定拉应力的钢丝或钢带的身管。由于合金钢质量不断提高，而丝紧身管加工又比较复杂，所以目前制式火炮中很少采用这种结构。筒紧身管由两层或多层同心圆筒过盈地套在一起。筒紧身管的层数与火炮口径、膛压、材料、质量大小等因素有关。层数越多各筒壁间的应力分布越均匀，最内层的合成应力越小，但制造越困难。20世纪初，炮钢强度较低，为提高火炮威力，西方国家多采用筒紧技术，口径从小到大，层数有2~6层。随着合金钢质量不断提高，而筒紧身管加工又比较复杂，目前制式火炮中很少采用这种结构，但有时为了提高炮身的某些特殊性能，也采用筒紧结构。自紧身管又称自增强身管，这种身管结构与单筒身管完全一样，但在制造时对其膛内施以高压，使身管由内到外局部或全部产生塑性变形。在高压去掉以后，由于各层塑性变形不同，造成外层对相邻内层产生压应力，即内层受压、外层受拉，就像多层筒紧身管一样，在内壁产生与发射时符号相反的预应力，因此，发射时身管壁内应力趋于均匀一致，提高了身管强度。由于此种身管结构简单，加之自紧工艺不断改进，目前在国内外一些新设计的火炮中得到了较广泛的应用。复合材料身管，是采用新型复合材料替代传统合金钢材料的身管，在保证刚强度的前提下，可以减小身管质量，但储存寿命有待考验。

坦克炮身管，一般采用高强度钢，电渣重熔真空冶炼、自紧工艺处理，内膛表面镀铬方法制造。发射寿命大于 500 发。

抽气装置位于身管中前部。一般采用的引射式抽气装置，由身管单排上多个前倾式喷气孔、钢制储气筒和固定零件等组成。其作用是抽出火炮发射时残留在身管内的部分火药气体，降低火炮开闩时进入车内的火药气体，以减少有害气体对乘员的危害和避免炮尾焰的产生；同时迅速扩散炮口前的火药气体，以免影响乘员对战场的观察。抽气装置的工作原理如图 4.3 所示，当火炮发射的弹丸经过喷气孔时，部分高压火药气体经斜孔进入储气筒，使储气筒内气压升高；当弹丸飞出炮口后，炮膛内压力急速下降，这时储气筒内高压火药气便由多个喷孔向外冲出，并在喷孔出口的后方形成低压区，从而将炮膛内残存的部分发射气体引射出炮膛外。

炮尾用于安装炮闩各零件，固定半自动装置，连接身管和反后坐装置的制退杆和复进杆及冲爪、吊杆座等。炮尾上的闩体室供闩体开关闩时左右移动。吊杆座用于行军时使用吊杆和插销来固定火炮。焊在炮尾下右前角的冲爪用于推动后坐指示器游标来指示火炮的后坐距离。检查座用于校正水准器时放置水准仪。此外，炮尾上还有安装制退机杆、复进机杆的两个孔及射击时防止炮身转动的导向板槽等。

充气

抽气

图 4.3　抽气装置的工作原理

在身管装入炮尾后，用连接筒的外螺纹拧入炮尾而将身管轴向固定，同时使用驻板卡在螺纹末端齿槽内防止射击时炮身转动。

2）热护套

热护套是套在身管外部的热防护装置。其功能是可减小发射弹丸时，由于阳光照射、雨雪、风吹等外界影响因素在身管上产生的热量分布不均匀所引起的身管弯曲变形，提高火炮射击时的命中率。20 世纪 60 年代，英国、法国坦克首先采用热护套。火炮身管外安装热护套后，火炮的弹着点散布值可降至无热护套时的 39%。

热护套的结构如图 4.4 所示。热护套内由有非金属隔热层的双层铝板、卡紧槽、钢带、螺栓等组成，防护效率约为 60%。早期的一种维克斯刚性隔热护套采用的是在两层金属之间加装石棉、玻璃纤维等隔热材料的结构。国外常用塑料或者金属绝缘材料制造热护套。俄罗斯 T-95 主战坦克采用的是多层轻质合金气隙式隔热护套。

图 4.4　热护套结构

3）炮闩

炮闩是承受火药燃气压力，发射时用于闭锁炮膛、击发底火，发射后具有开锁、开门、抽出药筒等功能的机构总和。炮闩的功用主要是火炮发射时闭锁炮膛、击发炮弹底火和发射后抽出药筒。

炮闩一般由闭锁装置、击发装置、发射装置、保险装置、复拨器、自动开关闩装置、抽筒装置和装弹盘总成等部分组成。

闭锁装置用于发射时闭锁炮膛，由闩体、开闩柄、曲臂轴、曲臂和闩体挡杆组成。

击发装置用于击发炮弹药筒的底火，由击针、击针弹簧、击针盖、拨动子、拨动子轴、驻栓、杠杆、顶铁、炮尾触点等组成。同时还装有电动、手动发射的转换闭锁装置。

发射装置是用于实施发射的机构，由电动点火发射和机械发射两套机构组成。其中电动点火发射的同时，电再驱动机械发射装置进行补充发射。断电时则只能采用手动机械发射。

保险装置用于防止闩体未关闩到位的过早击发或击针自行击发。它由保险机驻栓、驻栓弹簧和保险筒、保险杠杆、杠杆轴、杠杆弹簧、弹簧筒等组成。

复拨器用于在击发不发火时，不打开炮闩而将击针拨回待击发状态。它由复拨杠杆、复拨器轴、拨动子等组成。

自动开关闩装置，借助装在摇架上卡锁的作用，实现装弹后自动关闩和发射后自动开闩。它由冲杆、传动头、传动块、套筒弹簧、关闩压筒、关闩卡板等组成。

抽筒装置用于发射后将药筒抽出，并使闩体呈开闩状态。它由各两个抽筒子、抽筒子轴、抽筒子压簧、挂臂和放闩装置等组成。

装弹盘总成用于防止装弹时炮弹和主药筒从闩体凹槽上滑下或者撞击身管端面及下筒子爪。

按操作自动化程度，炮闩可以分为自动炮闩、半自动炮闩和非自动炮闩。自动炮闩是各相关动作能自动完成的炮闩。半自动炮闩是各相关动作部分能自动完成，部分由人工完成的炮闩。非自动炮闩是各相关动作均由人工完成的炮闩。一般，自动炮闩用于小口径火炮；半自动炮闩多用于中、小口径火炮；非自动炮闩曾用于大、中口径火炮，现应用较少。

按开关闩时炮闩相对炮身运动方向不同，炮闩可以分为纵动式炮闩、横动式炮闩、起落式炮闩和摆动式炮闩。纵动式炮闩，是指炮闩的运动方向沿炮膛轴线方向。横动式炮闩，是指炮闩运动方向与炮膛轴线方向垂直（或近似垂直）。横动式炮闩又分为横楔式炮闩和立楔式炮闩。起落式炮闩，是指炮闩的运动是绕与炮膛轴线方向垂直的轴转动，一般是绕与炮膛轴线方向垂直的水平轴转动，如螺式炮闩等。摆动式炮闩，是指炮闩的运动是绕与炮膛轴线方向平行的轴转动，如转膛式炮闩和卡口式炮闩等。如果将平动看作转轴在无限远的转动的特例，则纵动式炮闩可以看作起落式炮闩的特例，横动式炮闩可以看作摆动式炮闩的特例。在地面炮中广泛采用楔式炮闩和螺式炮闩。

4）摇架

摇架是起落部分的主体，它与炮身、炮闩、反后坐装置和其他有关机构共同组成起落部分，绕耳轴回转，赋予火炮高低射向。摇架的功用是：支撑后坐部分并约束其后坐及复进运动方向，赋予火炮高低射向，并将涉及载荷传给炮塔。

摇架一般为筒形铸钢件，其结构如图 4.5 所示。其左侧焊有瞄准镜支架，并固定有与高低机齿轮相啮合的齿弧。该齿弧下方另有一齿弧与装填角引导装置齿轮啮合。摇架下一突起部上的两孔，用于固定制退杆和复进杆。突起上焊接的支架，用于安装稳定器、动力油缸和活塞杆，摇架右侧焊有并列机枪支架。摇架上部纵槽内安装的防转键，用于防止炮身运动时可能发生的旋转。摇架前部两侧的耳轴室，在插入装有滚针轴承的耳轴后，再用螺栓固定在火炮支架上。此外，摇架上还有固定防盾和防危板的座孔等。

图 4.5　摇架结构

摇架的结构形式很多，常见的火炮摇架有三种类型，即槽型摇架、筒型摇架和组合型摇架。槽型摇架的本体呈长槽形，其上有两条平行的长导轨，炮身通过前后托箍的滑板槽（或炮尾上的卡槽）在它上边滑动。筒型摇架的本体是一个封闭的圆筒，筒内装有铜衬瓦，炮身上的圆柱面与铜衬瓦配合，做滑行运动。组合型摇架是筒型和槽型的混合结构，其组合形式较多，如由前后托箍将复进机筒和槽形框连接构成摇架，由前后托箍将复进机筒和制退机筒连接构成摇架，由制退复进机筒作为摇架前部而短槽形框体作为摇架后部构成摇架。一般来说，对于射速较低的火炮，采用筒型摇架优点较多。筒型摇架刚度好，导向部加工方便，长度尺寸较短，可采用不对称布置，便于降低火线高。由于筒型摇架致密性较好，外部呈圆形，便于与炮塔配合，故在坦克炮、自行火炮中广泛采用。高射炮射速高，应考虑采用散热较好的槽型摇架，为使结构紧凑，亦可采用组合型摇架。

根据制造工艺不同，摇架又有铸造摇架、冲压铆接摇架和冲压焊接摇架。

5）反后坐装置

反后坐装置，是将炮身与摇架弹性连接起来，使得炮身可以相对摇架沿炮身轴线方向运动，用以在射击时储存和消耗后坐能量，控制炮身后坐，并使炮身恢复原位的火炮重要部件。反后坐装置的功能是：控制火炮后坐部分按预定的受力和运动规律后坐，以保证射击时火炮的稳定性和静止性。此功能由后坐制动器实现，在后坐过程中储存部分后坐能量，用于后坐终了时将后坐部分推回到待发位；控制火炮后坐部分按预定的受力和运动规律复进，以保证火炮复进时的稳定性和静止性。

反后坐装置一般由制退机和复进机组成，通常可以分为独立式反后坐装置和非独立式反后坐装置两大类。独立式反后坐装置，将后坐制动器和复进节制器组成一个部件，称为制退机。将制退机和复进机独立布置，两者之间无液体流动，制退杆（或筒）和复进杆（或筒）

各自与后坐部分（或摇架）连接。大多数火炮采用这种形式的反后坐装置。非独立式反后坐装置，将后坐制动器和复进机有机地组成一个部件，两者之间有液体流动，只有制退杆（或筒）与后坐部分（或摇架）连接。这种反后坐装置称为制退复进机，也称为有机联合式反后坐装置。按制退液的压缩性质，反后坐装置可以分为不可压缩液体反后坐装置和可压缩液体反后坐装置两大类。不可压缩液体反后坐装置，是指忽略液体的压缩性而设计出的反后坐装置。液体只用来消耗后坐能量，不能储存能量，复进动力由其他介质提供。可压缩液体反后坐装置，是指采用可压缩液体作为反后坐装置的工作介质，其可压缩性达到普通制退液的 3~5 倍。可压缩液体不但用来消耗后坐能量，也用来储存部分后坐能量，为复进提供动力。实际上使用的基本是不可压缩液体反后坐装置。

复进机实际上是一个弹性储能装置。按储能介质不同，复进机分为弹簧式、气压式、火药气体式、液体式（可压缩液体）。气压式又分为气体式和液体气压式。以弹簧式和液体气压式应用最多。弹簧式多见于中、小口径的自动炮，液体气压式常用于中、大口径的各种火炮。

液体气压式复进机的结构如图 4.6 所示，由外筒、内筒、复进杆和密封装置等组成。它可使火炮后坐部分在火炮任何仰角位置上都能保持在安装位置上。外筒固定在摇架连接座的左侧，机内充有一定压力的氮气。内筒中装有制退液，用以密封气体和传递力。前后端均拧在焊在外筒上的前、后盖上，内筒上还加工有过液孔。复进杆前端有活塞，后端固定在炮尾上。火炮后坐时，复进杆随炮身向后运动，内筒液体经通液孔流入外筒并压缩外筒内的氮气，使其压力升高而储备了复进能量。后坐终止时，外筒气体膨胀又将外筒中液体经通液孔压回内筒。同时，推动活塞向前，使复进筒带动火炮后坐部分回到最前端的安装位置。

图 4.6　液体气压式复进机的结构

火炮制退机的结构形式有很多，通常以流液孔形成方式分为活门式、沟槽式、节制杆式等。活门式，用液压和弹簧抗力来控制活门的开度，以形成所要求的流液孔。沟槽式，外径一定的活塞与在制退筒上沿长度方向变深度的沟槽配合，相对运动时，形成变化的流液孔面积。节制杆式，采用定直径环（称节制环）与变截面的杆（称节制杆）配合，相对运动时，形成变化的流液孔面积。节制杆式制退机具有结构简单、缓冲性能易于控制等优点，因此广泛应用于现代的火炮上。由于采用的复进节制器不同，节制杆式制退机又有常用的四种结构形式：带沟槽式复进节制器的节制杆式制退机、带针式复进节制器的节制杆式制退机、混合式节制杆式制退机和变后坐长度的节制杆式制退机。

带沟槽式复进节制器的节制杆式制退机的结构如图4.7所示，制退机由制退机筒、制退杆、节制杆、紧塞器及调节装置等组成。制退机筒固定在摇架右侧，其前端装有调节器，后端装有紧塞器，机内装制退液。制退杆为一空心杆，前端是有多个斜孔的活塞，活塞内经螺纹装有节制环，后端用螺母固定在炮尾上，杆内壁加工有多条导液沟槽。节制杆装在制退杆内，是一个变直径的金属杆，前端固定在制退筒端盖上，后端装有多个斜孔的调速筒，筒后部还装有比制退杆内径略小、能前后移动的活瓣。火炮后坐时，制退杆随炮身向后移动。筒内大部分液体经活塞斜孔、节制孔流到制退筒前部，小部分液体经节制杆和制退杆间隙、调速筒斜孔、活瓣，充满制退杆后腔。后坐动能绝大部分消耗在液体流经间隙所产生的阻力上。变直径的节制杆主要用于调节后坐过程中的过流阻力大小。复进时，制退杆随炮身向前运动，制退杆后腔液体只能经制退杆上导液坡槽流回前腔，因此产生阻力减缓了复进速度，使炮尾不致以高速撞击摇架。

图 4.7　带沟槽式复进节制器的节制杆式制退机的结构

6）高低机

高低机是操纵起落部分绕耳轴旋转赋予炮膛轴线的高低射角的机构。高低机的功用是赋予火炮和并列机枪给定范围内的高低射角。

高低机一般被固定在火炮左支架上，它由减速装置、保险离合器、解脱装置等部分组成。减速装置由转轮、蜗杆、蜗杆轴、蜗轮、高低齿轮轴及高低齿弧等组成。蜗杆用键固定在蜗杆轴上，蜗轮通过保险离合器与高低齿轮轴连接在一起。高低齿轮与固定在摇架上的高低齿弧相啮合。保险离合器由离合器、中间离合器、齿端离合器、碟形弹簧、压紧套筒和螺帽组成。在火炮解脱固定状态，由于坦克运动而使火炮剧烈振动时，冲击力矩经高低齿弧传到高低齿轮轴上，当该力矩值超过保险离合器安装力矩时，离合器、中间离合器与高低齿轮轴之间将产生相对滑动，以达到保护机件的目的。解脱装置由偏心衬筒和转换开关握把组成。在手动瞄准转换为用稳定器瞄准时，使蜗杆和蜗轮分离。偏心套筒的偏心孔内装有蜗杆和蜗轮轴，后端装有转换开关握把。当手控瞄准时，转换开关握把在斜下方位置，转动转轮，动力经蜗杆、蜗轮、保险离合器传到高低齿轮轴、高低齿弧，使火炮绕耳轴俯仰；当使用火控瞄准时，转换开关握把在水平位置。偏心套筒使蜗杆、蜗轮分离。

此外，坦克火炮还包括高低水准器、保护乘员的防危板及其上面安装的关闩装置、后坐指示器等。

4.2.4　车载火炮的选型

不同战斗车辆的武器随作战目的的不同而不同，对于装甲车辆这种具有多用途的战斗车辆来说，只有选好武器才能很好地发挥作用，特别是主要武器——火炮的选择尤其重要。

1. 口径的选择

火炮口径是指火炮身管内膛阳线直径。火炮口径有很多，我国常用车载火炮的口径有 20 mm、25 mm、30 mm、35 mm、82 mm、100 mm、105 mm、120 mm、122 mm、125 mm、152 mm、155 mm 等。

影响火炮口径选择的因素有很多，主要有射程、弹丸威力、整炮质量、炮弹质量、可以容纳引信的空间，等等。一般来说，火炮口径越大，弹丸质量越大、存速越好，射程也就越远；火炮口径越大，弹丸质量越大，动能越大，弹丸体积越大，装填的炸药越多，威力也就越大；火炮口径越大，炮膛面积越大，炮膛合力越大，后坐力越大，炮架乃至全炮质量也就越大，机动性越差；火炮口径越大，弹丸体积越大，可以容纳引信的空间越大，安装现代复杂、先进引信的可能性越大。

对付敌方装甲目标的坦克炮口径的发展，是坦克炮火力与装甲厚度矛盾双方竞赛的反映。坦克炮口径的发展基本上以平均每年 1 mm 的速度加大，现已达到 140～145 mm 的水平。但主战坦克火炮口径的发展受到很多因素的制约，坦克车体宽度和座圈直径不能再加大，限制采用更大口径的火炮。随口径增加，炮弹的质量将以口径 3 次方的关系增加，弹药基数则相应减少。而坦克战斗全质量发展已接近物理极限，不允许炮和弹的质量再增加，也难以容许发射时后坐力的增加。在一定炮身长度的条件下，小口径时穿甲弹威力与弹径成正比关系。试验证明，弹径超过 100 mm 后，穿甲威力与弹径已不是线性关系而约为 1/3 次方的关系，因此，一味加大口径可能得不偿失。由于提高穿甲威力的途径和方法有很多，以 120～125 mm 口径为基础的火炮和穿甲弹仍有改进潜力，特别是在弹的发展上更是如此。

火炮口径的确定方法：一般是根据战术上对穿、破甲威力要求和当前的技术发展水平，首先确定火炮的口径或弹径。

2. 移植其他炮种或专用车载火炮的选择

20 世纪 50 年代以前，许多车载火炮是直接选择其他传统火炮，如地炮、高炮、舰炮等，在后坐长度和自重平衡等方面进行一些改变而移植于装甲车辆上。其优点是技术成熟，生产方便，通用性强。但是，这样往往会限制车载火炮许多特性的发展，也跟不上现代战争对装甲车辆的需要。因此就出现了放弃选择常规火炮来改造设计车载火炮的做法，按车载火炮的特殊性来设计专用的车载火炮，可以充分发挥车载火炮和装甲车辆的特点，取得极大的战场效果。但是，由于新技术、新结构的采用，带来了技术风险高、研制周期长、研制费用高等问题。车载火炮类型的选择，是车载火炮的基础，决定了整个车载武器系统，乃至整个装甲战斗车辆的研制过程和性能。因此，车载火炮类型的选择，应综合考虑各种因素，以最小代价取得最佳效果。

车载火炮类型选择原则：

(1) 需求优先原则。现代战争上，各种装甲战斗车辆承担不同的战斗任务，起到不同的战斗作用。不同类型火炮的选择，首先要以装甲车辆完成主要战斗任务为前提。在能满足战场性能要求的前提下，尽可能选择其他传统火炮作为基型，根据装甲车辆的特点进行改造。在传统火炮不能很好完成作战需求时，应根据装甲车辆的特殊性来设计专用的车载火炮。坦克和突击炮的主要任务是近距离对付敌方装甲目标。坦克炮的追求目标不是面杀伤、爆破威力，而是有限距离内的点目标和穿甲威力，不以爆破弹为主要弹种，而以长杆式超速脱壳穿甲弹和破甲弹为主要弹种，要求准和快，强调立靶密集度和直射距离、弹丸出炮口瞬间的动态弹道正确、系统反应时间短等。坦克炮的膛压较其他火炮的膛压高，弹丸的初速高，穿甲能力强。坦克炮具有坚强的装甲防护，火炮尾部被包容在炮塔之内，为使火炮高低俯仰运动，在炮塔前端开口，为保证火炮的正面防护力，安装有火炮防盾。炮塔内部空间狭窄、紧凑，火炮以及其控制方案选型应服从尺寸位置的需要。后坐力大，后坐距离小，由于战斗室容积的限制，坦克火炮的后坐长度比一般地面火炮短，后坐力是一般火炮的2~3倍。因此，坦克和突击炮的设计中，应按其特殊性来设计专用的坦克炮和突击火炮。新的复合装甲出现后，推动了其他火炮的发展，现在很多国家都在研究新的坦克炮，如大口径高膛压坦克炮、液体发射药火炮、电磁炮和电热炮等。又如，步兵战车的主要任务是掩护步兵作战，对付轻型装甲目标和有生力量，要求能对付不同类型的目标，可通过变弹种实现，但要求射速适中，甚至变射速。步兵战车上安装的战车炮虽然也是自动炮，但是与高射炮的要求不同。高射炮主要对付快速机动小目标，主要要求射速高，形成密集火力网。

（2）先进性原则。研制的车载火炮的主要性能必须优于同类产品。武器研制具有一定的周期，研制新型车载火炮必须预测未来发展，达到或超过世界先进水平。鼓励自主创新，研制具有自主知识产权、填补空白的车载火炮。

（3）可行性原则。车载火炮类型选择，应有利于战术技术指标的实现，以技术上的可行性为依据。紧密结合当前技术发展实际水平，详细分析满足战术基本要求的火炮技术途径和技术可行性方案之后确定车载火炮类型。有可能会出现尽管战术上需要，但是目前在技术上还达不到的情况，这就需要在调整和解决战术需要和技术可行性的矛盾中寻找出既能够满足主要使用要求又能够在技术上可以实现的方案。

火炮类型的确定方法：在确定火炮的口径或弹径的基础上，估计火炮的质量和机动方式，然后再根据战术提出的机动和防护性要求，综合考虑后才能确定火炮的种类。

3. 身管长度的选择

一般来说，火炮身管越长，膛内高压气体对弹丸的作用时间越长，弹丸的初速越大，射程也越远。因此，增加身管长度成为提高炮口动能的最常用方法，同时也为弹药系统的优化设计提供良好的发展空间。

火炮身管长度相对口径来说比单纯谈身管长度更有意义，一般身管长度用口径的倍数来表示，称为身管比。

身管长度的选择主要看火炮的用途。加农炮，初速大，弹道低伸，射程远，一般要求身管比大，在40以上，适宜于直接瞄准射击坦克、步兵战车、装甲车辆等地面上的活动目标，也可以对海上目标射击。坦克炮、反坦克炮、高射炮等也属于加农炮类型。榴弹炮，初速小，弹道比较弯曲，射程短，一般要求身管比不大，在24~40之间，可进行低射界和高射界射击，适宜于间接瞄准射击隐蔽目标或大面积目标。迫击炮，要求弹道更加弯曲，一般身管比较小，在24以下。现代主战坦克的坦克炮身管较长，一般身管长为口径的50倍以上，有的甚至达到 70 倍，例如英国"酋长"主战坦克所使用的 120 mm 线膛炮，身管长为 60 倍口径。现代自行压制火炮，往往兼有加农炮和榴弹炮功能（简称加榴炮），一般身管比在 39～55 之间。目前世界各国发展的自行榴弹炮（西方现在许多自行榴弹炮其实是加榴炮），大多数都采用了 155 mm 口径，39、45 或 52 倍口径的身管。

但是炮管过长，会引起转动惯量的增加，导致转动速度下降，即瞄准速度下降。炮管过长也会使身管更易于弯曲，并增大发射时的横向振动，使弹丸散布增大，引起瞄准精度的降低。对陆战火炮而言，身管长度过大也会导致火炮体积和战斗全质量增加，影响通过性，不利于火炮机动性能的发挥。身管长度还受到材料和加工工艺水平等因素的限制。

如何使增大身管长度时，在提高威力和保持精度两方面保持平衡，始终是一个比较难解决的问题。在坦克炮、反坦克炮等对直瞄射击精度要求较高的武器上，一般采取的方法是在身管外增加热护套、在炮口安装炮口基准系统。

4. 线膛炮或滑膛炮的选择

20 世纪 60 年代，俄罗斯在 T-62 坦克上首次使用 115 mm 口径的滑膛炮，十几年后俄罗斯又发展了 125 mm 滑膛炮。德国、美国、法国及日本等国家在其 20 世纪 80 年代的坦克上也都采用了 120 mm 滑膛炮。现在只有英国仍采用 120 mm 线膛炮。

线膛炮的弹带直径略大于管径，膛压较高，迫使弹丸沿膛线旋转前进。滑膛炮的膛压曲线较平滑，最大膛压较低，可减小炮管壁厚，从而减小火炮的质量。

滑膛炮发射的弹丸在炮膛内不旋转或微旋，因此滑膛炮主要发射尾翼稳定弹。特别适宜发射破甲弹，由于弹丸不靠膛线产生弹丸旋转而稳定，因而无离心力，不会引起破甲弹的射流因高速旋转而偏散，大幅提高了破甲能力。发射长径比较大的尾翼稳定的长杆式超速脱壳穿甲弹，可以大幅度提高弹丸的初速，进而提高穿甲能力。滑膛炮弹芯不旋转而用尾翼稳定来保证命中精度，其长径比可由 4～5 提高到 10～20。当弹芯直径为口径的 1/4 左右时，弹芯面积约为火炮口径截面积的 1/16，相对全口径弹来说，质量大大减小了，弹丸在膛内加速快，初速可达到 1 400～1 800 m/s。弹丸在飞行中脱壳以后的空气阻力小，速度降低小，命中精度高，穿甲能力也大大提高了。

滑膛炮的管壁较厚，且无膛线，吸热面积较线膛炮约小 30%，燃烧气体造成的热应力低，不存在膛线烧蚀问题，膛内阻力小，也没有膛线根部的应力集中问题，磨损小，使用寿命较长。滑膛炮发射的弹丸弹带，减轻了弹重，提高了相对有效质量。

滑膛炮制造工艺简化，生产成本降低。但是滑膛炮只能发射尾翼稳定弹，而且射击距离远时，由于弹丸尾翼受外界因素的影响，射击精度较低。对滑膛炮发射的炮弹制造要求较高，炮弹的成本就较高，而且通用的弹种少。

线膛炮为了弥补不能发射尾翼稳定弹的不足，发展了一种能相对于弹旋转的滑动弹带，发射时弹带高速旋转，而弹本身只低速旋转。这样不仅可以按常规线膛炮形式发射旋转稳定的多种弹，还可以像滑膛炮那样发射尾翼稳定弹。

5. 弹药装填方式选择

车载火炮的弹药装填方式主要分人工装填、半自动装填和自动装填三种。对小口径战车炮和高射炮，要求连发射击，都采用自动装填方式。而中大口径的坦克炮、突击炮、自行压制火炮，20 世纪 50 年代以前基本上采用人工装填弹药，有时辅以机械装填，射速很低。进入 20 世纪 60 年代，采用了功能较为单一的自动输弹机，弹丸的装填实现了半自动化。20

世纪 70 年代后期，弹药装填大都实现了半自动化。20 世纪 80 年代后，采用自动供输弹系统等先进技术，实现了弹药的全自动装填。自动供输弹系统是集机械、自动控制、电液气、传动、传感检测、计算机管理等于一体的智能化弹药装填机器人系统，要求具有弹种识别、自动或遥控装定引信、弹药数字化管理和车外弹药补给功能，随着高技术的应用和火炮操瞄及射击指挥自动化程度的提高，供输弹系统将向机电控制的全自动化方向发展。

中大口径车载火炮使用自动装填机，可以装填大口径弹药；可提高和保持发射速度；自动装填比人工装填更可靠持久；取消了装填手，减少了乘员数，提高了乘员的作战效率；可有效地降低车高，缩小坦克外廓尺寸，减轻车重；减少了装甲包容的体积，降低车重和增加防护；便于实现隔舱化，提高坦克生存能力等。它产生的不利影响：一是自动装弹机使用可靠性不稳定；二是明显增大了乘员的维修保养时间。

坦克炮与突击炮多使用定装式炮弹，自动装填的关键是弹种选择问题，需要自动记忆与挑选储存的弹种（可多达 6 种）。自行榴弹炮的弹药采用分装式结构。装药有药包、药筒和模块三种形式，药筒有可燃、半可燃和不可燃三种，药筒材料有铜、钢和非金属三种。主要用的装药是变装药的，弹丸质量大，因而其射击循环过程与中小口径火炮和自动武器不完全相同，基本过程为：击发—后坐—复进—开闩—（抽底火壳）—抽药筒—供弹—输弹—供药—输药—关闩—（装填底火）—击发。上述过程中，某些动作可以同时进行，所需时间可部分或全部重叠，需要在设计时进行周密安排和精确计算，括号内的某些动作过程则视炮种和弹药结构的类型不同而增减（如可燃药筒炮弹无抽药筒动作）。供弹、供药也是一个由若干动作组成的过程：供弹过程包括选取弹种、装定引信、供弹至输弹位置、输弹；供药过程包括选取装药、组配、供药至输药位置、输药。供输弹技术就是要在有限空间和时间的约束下，准确、可靠地完成供输弹药。供输弹过程实质上就是在系统总体约束下的多个构件在不同时空，按照射击循环要求在规定的时间内完成各种规定动作的过程。

设计供输弹系统要考虑以下因素：分装式弹药的质量及结构、引信和弹丸受撞击的安全极限、弹丸卡膛力及定位姿态的一致性等；火炮射击循环时间、炮闩结构、炮尾开口方向、挡弹、挡药机构、底火装填方式等；战斗室空间分配，包括弹药舱的总体布局、供弹、输弹、输药机构允许占有的空间、运动轨迹和时序等；总体分配给供输弹系统的质量和时间。

自动装弹机的性能要求：装弹方式要求分装式弹、定角或变角装填；装填操作要求实现自动装弹、补弹、卸弹、单独抛壳；装弹条件要求车辆在前、后、左、右倾斜 15° 条件下或在 15~25 km/h 速度、中等起伏地行驶可自动装弹；自动性能要求可自动装填给定基数和配比的穿甲弹、破甲弹和榴弹三种，弹种数量任意，补弹时间为 5~6 min；自动装弹速度要求 6~8 发/min；大修寿命要求不少于 1 000 发。

因此选择自动装填机时，应考虑：满足火炮系统总体和战术技术性能指标规定的射速、空间尺寸和位置、运动轨迹及质量要求；弹药在舱内的放置与排列应固定可靠、解脱方便，易于实现自动化，携弹量满足指标要求；供输弹过程应准确、协调、安全、可靠，满足规定的自动化程度；合理使用动力，充分利用内能源，尽量节约外能源，考虑全炮动力源总负荷的承受能力；根据火炮总体要求，合理布置，使其具有良好的动力学特性及可靠的防火、抑爆功能；满足快速向车内补充弹药的要求，同时也要充分重视提高"三防"能力；提高系统的可靠性，应具备一旦遭到破坏或因故障而无法使用时所必须配备的应急冗余系统。

4.3　车载机枪的配置与选型

4.3.1　车载机枪

1. 机枪

机枪是带有枪架或枪座，能实现连发射击的自动枪械。机枪带有两脚架、枪架或枪座，能实施连发射击。机枪以杀伤有生目标为主，也可以射击地面、水面或空中的薄壁装甲目标，或压制敌火力点。机枪通常分为轻机枪、重机枪、通用机枪和大口径机枪。根据装备对象，又分为野战机枪（含高射机枪）、车载机枪、航空机枪和舰用机枪。轻机枪是以两脚架为依托抵肩全自动射击的质量较小的速射枪械。重机枪指装有稳固的枪架的速射枪械，一般质量在 25 kg 以上，射击精度较好，能长时间连续射击。通用机枪，亦称轻重两用机枪，以两脚架支撑可当轻机枪用，装在枪架上可当重机枪用，是一种既具有重机枪射程远、威力大、连续射击时间长的优势，又兼备轻机枪携带方便、使用灵活、紧随步兵实施行进间火力支援的优点的一种机枪。大口径机枪指带枪架、口径一般在 12 mm 以上的速射枪械，主要用于歼灭斜距离在 2 000 m 以内的敌人低空目标，还可以用于摧毁、压制地（水）面的敌火力点、轻型装甲目标，封锁交通要道等。按运动方式分为牵引式、携行式和运载式。

2. 车载机枪

车载机枪是指安装在坦克、自行火炮、步兵战车等装甲车辆上的机枪，是装甲车辆火力的组成部分，是对装甲车辆主要武器火力的补充和完善。坦克上的车载机枪一般包括并列机枪、航向机枪和高射机枪。装甲输送车上的车载机枪一般是高射机枪。

并列机枪主要用于消灭、压制 400 m 以内的敌有生力量和简易火力点。安装在炮塔门或指挥塔门上的高射机枪是装甲车辆对空自卫的武器，它们有歼灭敌空降有生力量、武装直升机和俯冲敌机的功能，也可用于压制、消灭和摧毁 1 000 m 距离范围内的地面目标，包括有生力量、火力点和轻型车辆等。航向机枪主要用于对车辆前方 400 m 以内的有生力量实施射击。

目前，并列机枪和航向机枪的口径均为 7.62 mm，高射机枪口径多为 12.7 mm 和 14.5 mm，亦有少数高射机枪的口径为 7.62 mm。装甲车装备的高射机枪绝大多数是 12.7 mm 机枪，保留了 12.7 mm 高射机枪枪塔。

4.3.2　车载机枪的特点与要求

1. 车载机枪的特点

车载机枪就用途、基本原理和结构而言，与同类步兵机枪基本一致，即装甲车载机枪本身并不构成独立的武器类别。

与地面发射机枪相比，车载机枪的有利条件是它可以使用电力驱动的供弹系统。机载武器一般采用电力供弹方式，具有很高的发射速度。

多数坦克装备的高射机枪均采用人工操作，射击时乘员必须打开炮塔舱门，探出身体。装甲车装备的高射机枪，保留高射机枪枪塔结构，射手上方、前方无防护，呈立姿射击，且均为出舱人工操作。有些国家车载高射机枪由车长在车内遥控射击。

随着武器装备的不断发展、完善和装甲防护力的提高，车载机枪将产生某些变化，7.62 mm并列机枪可能被更小口径的机枪所替代。航向机枪将逐渐被淘汰。高射机枪的口径也已呈现出进一步改进的趋势，甚至突破枪械口径的范围而代之以小口径机关炮，并且采用车内遥控操作方式。

2. 车载机枪的性能要求

车载机枪的总体性能要求与火炮基本相同，只是个别指标的含义略有差异。例如，评价机枪的远射性，常以有效射程表示。评价机枪的运动性，主要考虑携带和运行是否方便。评价机枪的火力机动性，虽然也考虑机枪的迅速开火及转移火力的能力，但没有明确的反应时间的定义。评定机枪的可靠性，通常以使用寿命为指标，它是指机枪所能承受的而不失去主要战斗性能的最大发射弹数。评定机枪的维修性，主要看其分解、结合、保管、保养是否方便等。

与同类步兵机枪相比，车载机枪的战术技术性能指标在下述一些指标的要求上可能有所差异：

（1）精度要求：7.62 mm口径机枪100 m散面密集界，方向为10~12 cm，高低为11~12 cm；12.7 mm口径机枪100 m散布半径$R_{50} \leqslant 20$ cm（50%弹着点落在以平均弹着点为中心，以R_{50}为半径的圆内）。

（2）击发方式要求：手动和电动两种。

（3）供弹要求：一般采用弹链和弹箱供弹。

（4）故障率要求：一般小于0.2%。

（5）射界要求：除航向机枪外，其他机枪方向射界一般为360°；对于高低射界，并列机枪为-5°~18°，高射机枪为-5°~80°。

（6）开闩方式要求：手动和自动两种。

4.3.3 车载机枪的选型

车载机枪在装甲车辆火力构成中处于相对次要地位，且就用途、基本原理和结构而言与同类步兵机枪基本一致。因此，一般不专门研制、发展车载机枪，而是根据使用和安装的需要从同类机枪中进行选择并做适当的改动。这就意味着车载机枪的论证工作主要是选型和改进，至于车载机枪的弹药更是直接从制式枪弹中选用。

1. 车载机枪的选型原则

（1）更好地满足使用要求。

（2）立足制式装备。

（3）适应装甲车辆的使用环境和条件。

（4）便于装甲车辆总体布置和机枪自身的安装和调校。

（5）经济性好。

2. 选型后的改进要求

从现有装备中选择车载机枪并非意味着可以原封不动地直接使用。在使用要求和使用条件上，步兵机枪和装甲车载机枪毕竟有所不同，必须适当地改进方可满足装甲车辆的需要。这些改进归纳起来包括以下几个方面：

（1）枪架、安装结构的改进。步兵用机枪被选作车载机枪时，原配枪架一般不再适用，而是根据装甲车辆的布置、安装要求重新研制新的枪架和安装结构，枪身的局部结构、尺寸亦可能要做适当变动。如果选用装甲车辆已有的车载机枪，则一般不存在上述改动。

（2）击发装置的改进。由于空间限制等原因，并列机枪通常要求采用电动击发，而步兵用机枪基本为手动击发。应将手动击发扳机改装为电扣机并配设相应的击发线路和装置。当然，击发电源要求必须符合车辆电源标准。若选用现有的并列机枪，则不存在这个问题。装甲车辆上高射机枪若要求由车内遥控操作（这已经是一种发展方向），则不论是选用步兵用高射机枪还是装甲车辆上现装的高射机枪，都必须改进其击发装置，变手动机械击发为电动击发。

（3）供弹系统的布置和改进。车载机枪供弹装置、线路需要合理地安排布置，以保证在射击过程中供、排弹及弹链的可靠通畅，这就可能需要增设某些新的辅助装置，甚至引起局部的改动。

（4）开闩装置的改进。另外，还要注意车载机枪不应过于突出装甲板之外，以免被轻武器火力和炮兵火力毁坏。它也不应该缩入炮塔内太深，因为那里的空间很小。此外，当枪管发热时，还要易于更换枪管，并能向后方缩回。枪膛内的烟也不应排入炮塔。

3. 高射机枪遥控化改进

高射机枪作为装甲车辆对空的主要武器，长期以来一直存在着需要操作人员在车外操作，失去装甲保护的弊端，严重降低了生存性能。可以结合无人炮塔和遥控武器站的思想对高射机枪进行遥控改造，通过添加高低机、方向机、电击发器、观瞄和控制等装置，使乘员可以在车内进行操作，这就大大提高了装甲车辆的整体性能。

4.4　车载弹药的配置与选型

4.4.1　车载弹药及其特点

弹药是指装有火炸药或化学战剂等，能抛射到敌方，达到杀伤、破坏或其他战术目的的物体总称。车载弹药是指供车载武器发射各种弹药的系统，包括炮弹、枪弹和反坦克导弹等，尤其指车载火炮发射的各种弹药（简称炮弹）。

炮弹按用途分为主用弹（具有杀伤有生力量或破坏工事、装备等主要战斗用途的炮弹）、辅助弹（非战斗使用的炮弹称为辅助弹，如教练弹、水弹和模型弹等）、特种弹（具有特殊战斗用途的炮弹，如发烟弹、燃烧弹、照明弹、信号弹、曳光弹和宣传弹等）。

主用弹又可分为榴弹和甲弹两大类。

榴弹，是指弹丸内装有高能炸药，在弹丸爆炸后利用气体生成物的膨胀功或破片动能来摧毁目标的炮弹。根据弹丸的结构和对目标作用性质的不同，榴弹可分为杀伤弹、爆破弹和杀伤爆破弹。杀伤弹：这种弹主要利用弹丸爆炸后的破片，杀伤和压制对己方构成威胁的人员，破坏敌人的器材和轻型野战工事掩体，在布雷区和铁丝网障碍区开辟通路。爆破弹：主要利用弹丸爆炸后的爆破作用来摧毁非混凝土工事，如战壕、土木或木石火力点、观察所，为城市战中的步兵提供直接火力支援，或有效打通进入建筑物的入口。杀伤爆破弹：一种构造和作用介于杀伤弹和爆破弹之间的统一化榴弹，它兼有杀伤和爆破两种作用，既以弹丸爆炸而产生的爆炸产物及冲击波破坏障碍物，又以弹壳所产生的破片杀伤有生力量。但对同一口径而言，其杀伤力不如杀伤弹，爆破作用不如爆破弹。榴弹通常采用高能炸药，弹体材料采用高破片率的合金钢，弹体内装有钢球、钢柱、钨球等预置杀伤元件，能够有效提高杀伤爆破威力。

甲弹是安装了反装甲弹头，利用本身具有的动能、骤能效应或崩落效应，主要用于摧毁装甲目标和永久性工事，包括穿甲弹、破甲弹和碎甲弹。

穿甲弹，主要靠弹头命中装甲时的大动能和高强度击穿钢甲，并以弹体、装甲破片或炸药的爆炸、燃烧作用，杀伤和摧毁装甲后面的乘员、装备和器材。穿甲弹主要分为普通穿甲弹、超速穿甲弹和脱壳穿甲弹三类。其中普通穿甲弹又有尖头、钝头及被帽穿甲弹之分。超速穿甲弹，作为穿甲弹发展中的一个弹种，目前已被脱壳穿甲弹所代替。而脱壳穿甲弹，包括旋转稳定脱壳穿甲弹和尾翼稳定脱壳穿甲弹，其中尾翼稳定脱壳穿甲弹已成为当今世界各国发展动能弹的主要弹种，并已广泛应用于现代坦克炮上。

破甲弹，是利用"聚能效应"，依靠弹内炸药起爆后形成的高温、高速、高密度的金属射流冲击装甲来达到破甲目的的一种炮弹，也称聚能装药破甲弹。破甲弹是反坦克的主要弹种，主要配用于坦克炮、反坦克炮等，用于毁伤装甲目标和混凝土工事。射流穿透装甲后，以剩余射流、装甲破片和爆轰产物毁伤人员和设备。破甲弹的优点：一是其破甲威力与弹丸的速度及飞行的距离无关；二是在遇到具有很大倾斜角的装甲时也能有效地破甲。其缺点：一是穿透装甲的孔径较小，对装甲的毁伤不如穿甲弹厉害；二是对复合装甲、反作用装甲、屏蔽装甲等特殊装甲，其威力将会受到较大影响。

碎甲弹以较薄的弹体包裹较多的塑性炸药，当命中目标时，受撞击力的作用，弹壳破碎后，里面的塑性炸药紧紧粘贴在装甲表面，当引信引爆炸药后，依靠弹内炸药起爆后形成的冲量（高压脉冲载荷）作用于装甲，利用超压使弹着点的装甲内侧崩落形成装甲内层碎片，在装甲车体内进行杀伤和破坏。碎甲弹的优点：一是构造简单，造价低廉，爆炸威力大；二是效能与弹速及弹着角关系不大，甚至当装甲倾角较大时，更有利于塑性炸药的堆积；三是装药量较多，爆破威力较大，可以替代榴弹以对付各种工事和集群人员。其缺点：一是对付屏蔽装甲、复合装甲的能力有限；二是碎甲弹的直射距离较其他弹种近。现在已经逐步淘汰。

与常规炮弹相比，导弹具有射程远、命中精度高、杀伤威力大等优点。炮射导弹是精确制导技术与常规火炮发射技术的有机结合。炮射导弹主要用于坦克炮和突击炮，保留了坦克炮和突击炮原系统反应快、火力猛的特点，且不改变其成员建制和分工，不过多地增加系统的复杂性，但却拓宽了坦克炮和突击炮的远距离对抗能力（作战距离由 2 km 提高到 4 km 以上），可以在野战中攻击武装直升机，防御坦克和突击炮，以及在隐蔽阵地上对敌装甲目标实施远距离射击。

4.4.2 对车载弹药的要求

车载弹药主要战术技术性能要求：

（1）任务要求。明确配属火炮、作战任务和作战对象。

（2）威力要求。穿甲弹和破甲弹通常以一定射击条件（距离、温度等）下击穿或侵彻目标的厚度来表示（单位：mm），取值范围随火炮口径和所对付目标不同而不同，如对付主战坦克，其穿深应在 400 mm 以上。杀伤爆破弹以弹丸爆炸时破片的杀伤半径（或杀伤面积）以及爆轰冲击波超压对不同目标的毁伤、土壤弹坑的体积大小等表示（单位：杀伤半径为 m，杀伤面积为 m^2，冲击波威力半径为 m，弹坑体积为 m^3）。威力大小随口径、结构、材料、炸药性质和技师及爆炸方式不同而不同。

（3）精度要求。对直射武器，其弹药密集度以立靶密集度表示更为合适，通常为 1 200 m 以上，且要求首发命中概率。对压制武器，其弹药密集度以地面密集度表示更为合适。对制导弹药，要求首发命中概率。

（4）使用性能要求。适用温度范围：−40~50 ℃。安全性、可靠性：主要包括最大膛压及其单发跳动、炮尾焰、烟及主要部件安全性和可靠性。对火炮烧蚀、磨损寿命要求：通常以火炮寿命终了时的射发数来表示，一般不少于 500 发。包装及长储要求：一般采用无油密封包装，外包装应满足勤务处理要求，内包装保证全弹长储时间不低于 15 年。其他使用要求：如弹重、弹长及可能影响装填的其他要求。

（5）经济性要求。在保证作战效益的基础上，应充分考虑材料是否立足国内、是否丰富、工艺性好坏和生产成本的高低。弹药的经济性最终应以"效费比"来衡量。

（6）主要部件要求。引信：根据作战任务、目标和射击方式选择引信类型和作用方式，同时提出安全性、可靠性、效率性、经济性、抗干扰性及其他使用性要求。发射装药：根据弹道要求提出采用发射药的类型及安全性、燃烧稳定性、烧蚀性、高低温系数以及环境适应性等要求。炸药：根据威力要求提出选用生产、运输、储存、使用和射击条件下安全、可靠、物化性能稳定、装药工艺性好、能量高的炸药。药筒：根据火炮的特点和使用要求提出采用药筒的类型，如金属药筒、可燃药筒等，并提出相应的性能要求。

4.4.3　车载弹药的选型

装甲车辆主要武器所配用的弹药种类，称为主要弹种。目前，坦克炮和突击炮主要配备穿甲弹、破甲弹、碎甲弹和杀伤爆破弹；步兵战车主要配用穿甲弹和杀伤爆破弹；装备小口径速射炮的各种轻型装甲车辆，通常是伴随坦克作战，它的任务是攻击敌轻型装甲目标、空中目标和第二类目标，因此一般配备穿甲弹和杀伤爆破弹；自行火炮通常配备杀伤爆破弹、子母弹和布雷弹等。

1. 影响主要弹种的因素

1）目标和任务

装甲车辆配备的主要弹种由其所负担的任务和需要打击的目标来决定。如自行榴弹炮的主要任务是压制和毁伤地面目标，所以它配备杀伤爆破弹；步兵战车的主要任务是打击轻型装甲目标和空中目标以及杀伤和压制敌步兵，所以主要配备穿甲弹和杀伤爆破弹；而主战坦克所处的战场环境很复杂，需要打击的目标种类很多，所配备的弹种就较多。

2）后勤保障工作

弹药的生产、储存和战时的运输供给能力也影响弹药种类的确定，弹种少有利于后勤保障工作。

2. 主要弹种对总体性能的影响

装甲车辆要攻击多种目标，如果有针对性的炮弹去打击不同类型的目标，其毁伤效果较好。但是装甲战斗车辆的质量和容积限制了携带弹药的种类和数量，所以在载弹量有限的情况下，弹种多了往往会在战场上出现尽管在车上还剩有不少弹药，但需要的弹种已经用完的情况；配用弹种少则往往需要用一种弹对付不同特性的多种目标；为了兼顾各种目标的特性，就要牺牲弹药的某些性能，因此多用途弹的毁伤效果不如单一用途弹的效果好，但是配用弹种少，能使车辆携带的有限的弹药得到充分利用。所以装甲车辆配备的弹种和比例应根据不同的作战条件和对象，临时作适当的调整，以提高不同弹种的作战效果。

3. 弹种选择方法

弹种的选择主要是根据要摧毁目标的性质及弹药当前发展的技术水平确定的。

1）根据目标性质来选择弹种

对付有生目标，可以选用榴弹（杀伤战斗部）、榴霰弹、杀伤子母弹和杀伤布雷弹等。

对付装甲目标，可以选用各种穿甲弹、破甲弹和碎甲弹等。穿甲弹的种类有很多。对付坦克，当前主要发展杆式脱壳穿甲弹，直接瞄准射击。带钨球的穿甲子母弹用于间接瞄准射击。破甲弹可以配用各种火炮。从几十米的近战武器到几千米的导弹战斗部，都可以采用破甲战斗部。反装甲子母弹或反装甲布雷弹用于间接瞄准射击。碎甲弹用于直接瞄准射击，因对复合装甲或屏蔽装甲的作用效果较差，其应用受到一定的限制。

坦克和突击炮的首要任务是打击敌人的坦克和其他装甲目标，并能杀伤有生力量和消灭敌火力点。因此它们均备有反装甲弹药和杀伤爆破弹，在反装甲弹药中，有动能弹和化学能弹。至于在化学能弹中是选用空心装药破甲弹还是碎甲弹，则是个比较复杂的问题，它与各国的装备体制、生产技术及传统有关，从目前的发展趋势看，由于特种装甲的出现，碎甲弹逐渐被淘汰，而以多用途弹代替破甲弹和杀伤爆破弹。尾翼稳定脱壳穿甲弹仍是主战坦克携带的主要弹种。新一代尾翼稳定脱壳穿甲弹的总长度将高达 1 000 mm，长径比达 40：1，初速也将大大提高。由于当代的穿甲弹已十分接近物理可行性的上限，因此解决以下问题成为重点：减小穿甲弹在离开炮口时的弹性形变；减小穿甲弹在飞行轨迹初期的振动；限制穿甲弹两端的热侵蚀现象；提高穿甲弹的穿甲厚度；减小发射药箱的质量；减小传递到车辆上的后坐力。目前，大多数国家发展的破甲弹通常是多用途弹，其特点是杀伤效果好，破甲威力大，既能对付装甲目标，也能对付非装甲目标。考虑到装甲部队新扩展的作战任务，适合在各种作战情况下使用，例如用于消灭反坦克小组（包括位于隐蔽位置或防护位置的反坦克小组）、在市区中对抗近程反坦克武器、远距离打击轻型装甲战车及徒步步兵等，配用可编程引信的榴弹，通过火控系统控制的编程线圈来装定引信（没有延时着发、有延时着发或可编程定时功能空爆），也可以在不进行任何编程的情况下以标准的着发/无延时模式来发射。

对于空中目标，可以选择装近炸引信、时间引信或着发引信的榴弹、穿甲弹或燃烧弹。一般大中口径高射炮广泛使用榴弹，而小口径高射炮则大量使用曳光燃烧榴弹和穿甲弹等。

对于观察敌人行动和对敌射击效果，可选用照明弹和电视侦察弹等。

2）根据技术发展来选择弹种

近十年来，火炮弹药发展很快，出现了很多威力大、射程远、精度高的新弹种。现在，大口径火炮除能发射榴弹、发烟弹、照明弹和化学弹外，还能发射子母弹、布雷弹、中子弹、末制导炮弹、末敏弹、传感器侦察弹和电视侦察弹等，这样就使火炮系统能完成多种战斗任务。

　　炮射导弹是利用火炮发射的导弹，炮射导弹的出现大大增强了车载火炮的射程和射击精度，并赋予装甲车辆有限反武装直升机的能力。西方主要国家都给主战坦克配备可实现视距内和视距外精确打击的制导弹药。

4.5　车载火控系统的配置与选型

4.5.1　车载火控系统及其组成

　　装甲战斗车辆是一种同时具有火力、机动性和防护能力的综合性武器，火力摆在首要位置。人们期望，无论是在白天还是在黑夜，是在停止间还是在行进间，在雨雪、浓雾、烟尘的战场条件下，在相当远的距离上，在几秒钟时间内，可能的话以首发炮弹，最差也要用三发炮弹就能够击毁对方的装甲目标；另外，还必须能摧毁战场上出现的其他点目标和面目标。因此，各国在提高火力时，除继续保持大口径火炮，提高初速并且不断研制新弹种外，都争相研制新型的、先进的火控系统。火控系统是一套使被控武器发挥最大效能的装置。

　　装甲车辆火控系统，简称车载火控系统，是指安装在装甲车辆内，能迅速完成观察、搜索、瞄准、跟踪、测距、提供弹道修正量、解算射击诸元、自动装表、控制武器指向并完成射击等功能的一套装置。它是火力系统的一个重要组成部分，用以缩短射击反应时间，提高首发命中率。

　　车载火控系统已经发展了四代。第二次世界大战末期装备的第一代火控系统，仅简单配备与火炮相连的光学瞄准镜。瞄准时，炮手手摇高低机和方向机，利用瞄准镜上的测距分划，采用估计目标距离的方法来装定瞄准角。这种火控系统在 900 m 的距离内，对固定目标、原地射击时，才会达到 50% 的首发命中效果。超过 900 m 时，命中率将会显著下降。20世纪 50 年代装备的第二代火控系统，在原来的光学瞄准镜的基础上增加了体视式或合像式测距仪，以代替炮手目测距离，提高了测距能力，并配有机械式弹道计算机和主动红外夜视瞄准镜。火控系统只计算目标距离和弹种对瞄准角修正两个参数量。与第一代火控系统相比，第二代火控系统在性能上已经有了明显的提高。射击命中率达 50% 的距离已增至1 300 m。20 世纪 60 年代装备的第三代火控系统，由炮长激光测距瞄准镜、车长昼夜观瞄镜、目标角速度测量装置和机电模拟式弹道计算机组成，并且配用火炮双向稳定器和一些弹道修正传感器，如横风、耳轴倾斜、目标角速度传感器。这时的火控系统已具有现代火控系统的全部特征，以火控计算机为中心，将所有的火控部件，诸如激光测距仪、昼夜观瞄镜、双向稳定器和各种传感器综合起来组成一个整体，它可以完成观察搜索目标、跟踪瞄准、测距、提供修正量、解算高低瞄准角和方向修正量、装定表尺及自动调炮和射击等功能，又被称为综合式火控系统。它不但可以原地射击固定目标，也可以原地或短停射击运动目标。原地射击固定目标时，首发命中率为 50% 的距离可达 2 500 m 以上。20 世纪 70 年代后装备的第四代火控系统，是由微型计算机、钕激光测距仪和热成像夜视仪等最新科技成果组成，采用全新控制方式的火控系统。其主要特征是光学瞄准线与火炮相互独立稳定，火炮随动于瞄准线。这种火控系统又被称为指挥仪式或稳像式火控系统，它使车辆具有在原地及行进状态下，均能以高命中率射击固定或运动目标的能力。这种火控系统使坦克在行进间射击的首发命中率达到 65% ~ 85%。目前，又发展了"猎歼式"火控系统和以热像仪输出信号为基础，采用自动跟踪器控制瞄准、跟踪目标及射击效果的自动化火控系统。

现代车载火控系统主要由昼夜用光电瞄准装置、测距装置、火炮控制装置、系统控制用计算机和各种修正弹道参数所使用的传感器等部件组成。

火控系统习惯上分为观测瞄分系统、火炮控制分系统和计算机及传感器分系统。观测瞄分系统，保证装甲车辆能够在全天候的条件下，具有迅速捕捉目标、准确测定其距离并进行精确瞄准的能力。它由光学瞄准镜、夜视和夜瞄装置、激光测距仪、光学观察潜望镜及其他各种组合形式的光学仪器构成。火炮控制分系统，简称炮控系统，用于保证装甲车辆在各种地形条件下，炮手都能很容易地操纵火炮，甚至自动轻便操纵火炮，使瞄准角不受车体振动等因素的影响。它主要由火炮稳定及控制装置组成。计算机及传感器分系统，对影响火炮射击精度的多种因素进行测定、计算和修正，最大限度地发挥火炮的威力，保证瞄到哪里就能够打到哪里。它由火控计算机及目标角速度、火炮耳轴倾斜、炮口偏移等传感器组成。车载火控系统的这三个分系统是互相联系的，实际上是一个以火控计算机为中心的综合控制系统。

所有的火控系统，尽管在工作原理和构造上有所不同，但是都包括采集数据、解算诸元、控制武器三个部分，它们称为火控系统的三要素。

采集数据，是指采集解算射击诸元所必需的弹道和气象数据，如车辆至目标的距离、目标相对于车辆运动的角速度、火炮耳轴的侧倾角度、弹种、气温、气压、横风速度、发射药温度、炮膛磨损引起的弹丸初速下降值、所用弹种的跳角或综合修正量等数据，为计算机解算射击诸元做好准备。比较完善的火控系统会使用大量的自动传感器来自动测量弹道和气象数据中的大部分数据，这样系统的自动化程度高，但造价高，可靠性有所降低；也有相当数量的火控系统只自动采集少数几个对射击诸元解算精度影响较大的弹道和气象参数，其余部分数据则由人工输入计算机。

解算诸元，包括火控计算机根据采集到的弹道和气象数据，单次或连续解算射击诸元，并输入执行机构。射击诸元主要包括瞄准角和方向提前量。

控制武器，是指火控系统的执行机构在射手操纵下或在系统自动控制下装定射击诸元，使火炮到达指定的空间位置并发射，完成射击任务。

4.5.2　对车载火控系统的要求

装甲车辆的火力，其威力不仅取决于武器，而且在很大程度上取决于完善的火控系统。现代战争对火控系统的主要要求如下：满足武器系统的要求；抢先于敌发现各个方位的目标；对目标进行停止和行进间射击；首发命中目标；夜战能力；适应各种大气环境；适应各种路面的战争环境等。

对新型装甲车辆火控系统的基本要求如下：

（1）快速发现、捕获和识别目标。

（2）反应时间短。

（3）远距离射击首发命中率高。

（4）坦克行进间能射击固定或运动目标。

（5）全天候和夜间作战能力强。

（6）操作简便，可靠性高。

（7）配有自检系统，维修简便。

（8）具有较高的效费比。

对改装老式装甲车辆用的火控系统的基本要求如下：

（1）在与老式车辆性能匹配的前提下，基本上满足现代先进火控系统的某些要求。

（2）安装简单迅速，通用性好。

（3）车辆改动量小，改装成本低。

（4）可靠性高，操作和维护简便。

（5）功耗低，尽量利用车辆上原有的电源。

（6）体积小，不过多地占用炮塔内的有效空间。

4.5.3　车载火控系统的选型

在未来战争中各种复杂气象、地形、敌方实施干扰的条件下，能够充分发挥装甲武器系统的威力，达到对敌方目标发现早、测距快、瞄得精、打得准，即具有"先敌开火，首发命中"的能力是车载火控系统的基本功能。而且火控系统性能的高低将直接关系到装甲车辆在战场上的生存能力。因此，在发展装甲车辆整体技术时，应把提高和研制性能先进的火控系统摆到重要的地位。火控系统的成本通常占到装甲车辆总价值的 30%~50%，单从这一点上，就可以清楚地认识到火控系统在装甲武器系统中的重要作用和地位。

选择车载火控系统时，常用系统反应时间和命中概率两个评价指标来评价火控系统性能的优劣，一般来说，火控系统的系统反应时间越短、命中概率越高，性能就越好。

系统反应时间，是指从射手发现目标到火控系统完成射击准备，可以随时开火的时间，反映了火控系统的快速性能。

命中概率是指火控系统在某种射击条件下对某种目标射击时命中目标的可能性大小，反映了整个战车武器系统的精度。在其他条件相同的情况下，射击的命中概率越高，系统反应时间越短，火控系统的性能就越好。通常用首发命中概率作为评价直瞄武器系统精度的指标，之所以强调首发，是因为这最能客观反映武器系统本身的性能。如果考虑了次发甚至第三发射击的命中情况，可能会因射手操作等人为因素的存在而不能反映系统本身的性能。因为射手在首发射击没有命中目标时一般会进行射击修正，修正方法和修正量的大小会因射手的经验、观察弹着点的结果等因素的不同而变化，此时计算的命中概率就会由于人为的不确定因素而难以准确反映系统的性能。

在世界各国使用的车载火控系统中，其技术性能、结构组成、使用部件各不相同，以控制方式分类，火控系统可以被划分为扰动式、非扰动式和指挥仪式三种类型。

1. 扰动式火控系统

扰动式火控系统属于综合式火控系统，在这种火控系统中，瞄准镜和火炮采用四连杆机构刚性连接。因此，瞄准线和火炮轴线是平行的，瞄准线随动于火炮。调节时，瞄准线偏移方向和火炮运动方向相反。

使用中，火炮每射击一次，炮长都要进行两次精确瞄准，目标产生一次扰动偏移。其操作过程是：当炮长捕获目标后，先用瞄准镜中瞄准线精确瞄准目标中心，然后用激光测距仪测定目标的距离，并在瞄准镜中产生瞄准控制光点。这个时间为 3~4 s。火控计算机根据测出的距离和传感器输入的目标角速度、火炮耳轴倾斜角等测量值计算出射击提前角后，送至瞄准线偏移装置，瞄准光点随之产生偏移（即扰动偏移），该偏移量相当于射击提前角。这个过程为 1~3 s。随后炮长再次用瞄准光点瞄向目标中心，这时可立即射击。这个过程也需要 1~3 s。

扰动式火控系统分为手动调炮和自动调炮两种工作方式。采用手动调炮系统工作时，计算出的射击提前角只输送给瞄准镜，炮长需要用手控装置调转火炮，使瞄准光点重新瞄准目标。采用自动调炮系统工作时，计算机算出的射击提前角同时输送给瞄准镜和火炮。

扰动式火控系统的优点是：自动装定表尺，结构简单，成本低；缺点是系统反应时间长，容易产生滞后，动态精度差，操作难度较大。另外，由于火控系统中瞄准装置与火炮同步转动和车辆行进时车体振动对火炮稳定精度的影响，装有这种火控系统的车辆不宜采用行进射击方式。

2. 非扰动式火控系统

这种火控系统中的瞄准镜与火炮仍为刚性连接，但在系统中增加了一个调炮回路。除了射击状态时，瞄准线与火炮轴线平行。

系统工作时，从火控计算机输出的射击提前角信号同时送至瞄准镜和火炮的传动装置，使火炮自动调转到提前角位置上，而瞄准镜中的反射镜朝相反方向转动同样的角度。由于瞄准线和火炮轴线同时受射击提前角信号的控制，并朝相反方向以同一速度移动，瞄准线和目标之间的相对运动速度等于零。因此，瞄准线就能始终对准目标，火炮却已经调转到预定的提前角射击位置上。在整个瞄准过程中炮手无扰动感觉，所以被称为非扰动式火控系统。

该火控系统的优点是结构比较简单，系统反应时间较短，跟踪平稳性好，操作简便，但它同样受火炮不容易稳定等因素的影响，因此也不适宜采用行进射击方式，而仅适于采用短停射击方式，即"静对静"或"静对动"射击。

3. 指挥仪式火控系统

目前，世界上所有性能先进的装甲战斗车辆均安装指挥仪式火控系统。使用这种火控系统的显著特征是：当炮手从处于行驶状态的坦克瞄准镜向外观察时，视场中的景物几乎是不动的，所以又把这种火控系统称为"稳像式"火控系统。

扰动式和非扰动式火控系统，瞄准镜均与火炮刚性安装在一起，由于火炮质量大，对它很难达到很高的稳定精度，同时火炮的不稳定又很容易影响瞄准线的瞄准精度，造成整个火控系统动态精度的下降。而指挥仪式火控系统稳定且控制方式不同，瞄准镜和火炮分开安装；采用与瞄准线和火炮各自独立稳定的瞄准控制方式；瞄准线作为整个系统的基准，火炮随动于瞄准线；稳定瞄准线是通过陀螺仪稳定瞄准镜中的反射棱镜来实现的。

使用指挥仪式火控系统进行目标跟踪瞄准时，炮手用手控装置（如操纵台）驱动瞄准线，使瞄准线始终跟踪、瞄准目标并进行测距。火炮则通过自同步机（或者旋转变压器）和火炮伺服机构随动于瞄准线。火控计算机计算出的射击提前角，只输送给火炮和炮塔伺服装置，使火炮自动调转到射击提前角的位置上。瞄准线则依然保持跟踪瞄准目标。这时，系统中的火炮重合射击装置（即重合射击门电路）在火炮到达射击提前精度范围后，装置自动输出允许射击信号。若此时炮手已按下发射按钮，火炮便能自动发射。

指挥仪式火控系统在实际应用时，可以分为以下三种：一种是基本型，即指挥仪式火控系统的基本型式；另一种是猎歼型，由车长负责发现目标，交给炮长后再去搜索新目标，炮长负责跟踪、瞄准、射击目标，整个系统反应时间为 6~8 s；还有一种是自动跟踪型，在乘员识别目标后，可自动控制瞄准镜跟踪目标，同时还可以消除车体及人工操作不稳定导致的跟踪目标的误差，进一步缩短反应时间和提高命中率。

指挥仪式火控系统具有以下优点：

（1）瞄准线稳定精度高，一般达 0.2 密位左右。这是因为指挥仪式火控系统稳定瞄准镜中一个光学元件要比扰动式或非扰动式火控系统稳定整个火炮要容易得多。

（2）系统反应时间短，操作容易，由于火炮稳定效果的改善，加快了炮手在行进间对目标的捕捉、跟踪、测距、瞄准操作，因此缩短了系统的反应时间和连续射击的间隔时间，提高了火力和火力机动性。

（3）行进间首发命中率高，因为在系统中采用了重合射击门电路技术。

与前两种火控系统相比，指挥仪式火控系统也存在着明显的缺点：

（1）静止状态下射击首发命中率低于扰动式火控系统，因此，某些车辆安装指挥仪式和扰动式两套火控系统，并采用了"工作方式切换"装置，可使火控系统在行进射击时采用指挥仪式工作，在静止射击时采用扰动式工作，以达到充分发挥火力的目的。

（2）系统的结构复杂，成本高。

第 5 章
动力系统的配置与选型

5.1 动力系统概述

5.1.1 动力系统及其组成

动力系统是发动机和保证其正常工作的相关辅助系统的总和。

燃料的化学能在发动机中转变成机械能，经传动装置，传给履带推进装置，使车辆产生迁移。机械能的主要部分消耗于克服车辆运动时的外界阻力，而其余部分消耗于补偿在动力系统各系统中的、传动装置中的以及行动装置中的能量损失。

在动力系统的组成中，除发动机之外，还包括以下各系统：

(1) 燃料系统：存放、滤清燃油，并将其送到发动机。

(2) 空气供给系统：从外界中吸取、滤清空气，并将其送到发动机。

(3) 排气系统：使废气从发动机排出。

(4) 起动系统：使发动机起动。

(5) 冷却系统：将动力系统中被冷却的热量传导出来，并将其发散到周围环境中去。

(6) 润滑系统：存放、滤清润滑油，并将其送到发动机的摩擦零件。

(7) 预热系统：在周围空气温度较低的情况下，使发动机的冷却液和机油在起动之前先逐渐预热起来。

随着具体车辆的用途和要求不同，组成动力系统各个系统的明细也可以变化。例如，在用燃气轮机的车辆动力系统的组成中，或在炎热气候条件下使用的车辆中可以不配备加温系统和减轻发动机起动的工具。

5.1.2 对动力系统的要求

对动力系统的要求是要考虑到动力传动舱总布置的特点和对车辆整体总的性能要求。当设计新车时，必须特别关注：确保有高的战斗能力，短的行驶准备时间，特别是在环境空气温度低的情况下；便于使用、维护和修理。放在首位的还应是确保战术技术要求提出的车辆的比功率。

由于装甲车辆是在各式各样的气候条件和道路条件下使用的，因此动力系统在下列条件下使用时应有能力确保其不降低基本的性能：环境温度为−50~50 ℃；相对湿度（在 25 ℃的条件下）≤98%；环境空气含尘量与实际使用条件相符合；气候条件为全天候；低气压与海拔高 4 000 m 的气压相当。

对动力系统组成部分的基本要求：体积和质量小；对维护保养的部件有良好的接近性；维护和更换部件简便。

动力系统在车内的拆装，在使用最少量工具的条件下，应花费最少的劳动和时间。

固紧装置，在结构上应确保整体吊装的动力系统安装到车体中时无须附加的调整和修磨工作。更换整体吊装的动力系统所需的时间不应超过 2 h。同时，整体吊装的动力系统应有部件积木化的特点，也就是说，更换各个组件和系统时不用分解整个动力系统。更换整体吊装的动力系统时应不漏洒冷却液、机油和燃料，为此，在动力系统的各系统中必须采用带止回阀的快速接头。

为了确保动力系统达到提出的行程储备，应具备最大的燃油经济性和机油经济性。除此之外，动力系统应具备使用多种燃油的可能性。

动力系统的可靠性（修理的有效性包括在内）、技术保养的周期和时间应与装甲车辆总的要求相适应。动力系统的组成部分，在保险期内，应有工作能力（无大的磨损和损坏）。目前，动力系统的保险期由发动机工作的保险期（不低于 500 h）来确定，而在车上工作的寿命（到大修前，无须中间拆装）不低于 1 000 h。为了检查动力系统的状态和确定故障，各个主要系统和装配的大部件应装有诊断用的传感器，这些传感器的指示引出到专门的信号器上。

确保车辆完成技术准备的重要要求之一的是动力系统可以加载的准备时间，对于活塞式发动机而言，当环境空气温度达 -25 ℃ 时不应超过 3 min，而当环境空气温度达 -40 ℃ 时不应超过 20 min，对于燃气轮机而言不应超过 3 min。

当设计动力系统和动力传动舱时，必须考虑一系列有关提高车辆生存能力的要求：降低热辐射；燃油隔舱化；部件的布置要考虑加强薄弱区和相互屏蔽；两套机构，两套系统；提高部件的抗冲击性。

为了动力系统防火安全，应防止燃油、润滑油落入高温区，避免它们形成暴露的油气等。对于动力系统区，应接入抑爆灭火装置的温度传感器。

以上所述的对动力系统的要求可根据具体的装甲车辆的要求进行添加。

5.1.3　动力系统的评价指标

对动力系统进行评价的主要指标有：

（1）动力系统的最大功率 $N_{e,b}$：发动机的最大台架功率与车辆动力系统各系统所消耗的功率之差值。

（2）动力传动装置的干质量 m_{ps}：动力传动装置不加燃油、机油和冷却液时的总质量。

（3）动力传动装置的比功率 $N_{e,b}/m_{ps}$：单位动力传动装置干质量的最大功率。

（4）动力系统低温准备时间 τ_n：当气温为 -40 ℃ 的情况下，动力系统进行加载所需的准备时间。

（5）燃油比消耗量 g_e：发动机单位功率每小时耗油量。有时从整体上直接用耗油量来评价，指的是整车每百公里耗油升数。

为了对几种车辆的动力系统本身进行比较，采用动力系统和动力传动舱总的功率指标和体积、质量指标：

（1）动力系统相对功率损失 $\Delta N_{e,b}/N_e$：动力系统的功率损失与发动机的台架最大功率之比。

（2）动力传动舱单位容积功率 N_e/V_{ec}：发动机的台架最大功率与动力传动舱容积之比。

（3）动力传动舱的相对容积：动力传动舱容积 V_{ec} 与车辆底盘的车体内部容积 V_{sh} 之比，动力系统的容积 V_e 与动力传动舱容积 V_{ec} 之比，等等。

（4）动力系统的相对质量：动力系统的质量 m_e 与车辆的质量 m_z 之比，发动机及其辅助系统的质量 m_{eb}、m_{cs} 等与动力系统质量 m_e 之比等。

（5）组成部件的比容积和比质量：动力系统组成部件的容积 V_{ei} 和质量 m_{ei} 与发动机的台架最大功率 N_e 之比。

5.2　车用发动机的配置与选型

5.2.1　对发动机的要求

发动机历来有装甲车辆的心脏之称，对装甲车辆的机动性能影响很大。国内外的经验表明，具有性能优良的发动机，是设计出优良车辆底盘的前提，而底盘又是安装一切战斗和作业装置的前提。装甲车辆设计之前，对已有发动机进行选择，如没有完全合适的发动机，则应预先提出设计或改进要求。

在装甲车辆的动力装置中，主要与发动机工作特征有关的要求如下：

（1）满足车辆行驶需要的功率、转矩和转速要求。发动机功率是决定车辆机动性的主要因素，现代主战坦克的发动机功率高达 1 103 kW。

（2）高单位体积功率。发动机不仅要求高功率，还要求有较小的尺寸和质量。装甲车辆的单位体积功率（比功率）是车辆机动性的主要标志。在坦克内部空间和整车质量一定时，提高发动机的单位体积功率，可提高机动性能，扩大战斗部分空间，提高火力性能；降低发动机的高度，能降低坦克的高度，从而减小被对方炮火命中的概率，提高防护性能。由此可见，装甲车辆发动机的单位体积功率直接影响到装甲车辆的三大性能。现代主战坦克的发动机单位体积功率高达 $800\sim1\,400\ kW/m^3$，单位功率质量为 $1.5\sim2.0\ kg/kW$。

（3）良好的燃油经济性。降低燃油及机油的消耗，不仅具有经济意义，而且具有军事意义，即装甲车辆携带同样数量的燃油和机油，其行驶里程就可以增大，而当行驶里程一定时，油箱的体积就可缩小。就柴油发动机而言，油箱体积约占动力系统体积的 17.5%，占车辆内部空间的 7%，因此油箱体积对减小车体外廓尺寸、质量和增加携带的弹药数量有重要影响。此外，减少油料消耗，可以减轻后勤供应负担。现代主战坦克发动机的比燃油消耗量小于 $240\ g/(kW\cdot h)$。

（4）良好的牵引特性。良好的牵引特性由发动机的扭矩变化特性和转速工作范围来保证，应确保车辆有良好的牵引特性。

（5）良好的适应性。应能在高温、严寒、高原、山地、泥泞、潮湿、振动、冲击、潜渡等各种气候和环境条件下长期可靠工作；能使用多种燃料，需要换另一种燃料时，发动机不需要重新进行机械调整，并且性能和寿命不会因此而降低。有为工程变型车辆输出所需要的附加的动力提供输出轴的可能性；有为各种类型变型车底盘建立发动机系列化的可能性；有作为民用和其他用途的可能性。

（6）高可靠性、维修性和耐久性。要求较高的平均无故障间隔时间，较少的平均维修时间，及较长时间的持续工作能力。保证规定的保险期和寿命，易于接近需保养的装置。

（7）良好的起动性能。发动机起动性能的好坏直接影响到装甲车辆投入战斗的准备时间，在任何环境条件下，特别是在低温条件下，发动机都必须能迅速、可靠地起动。

（8）低噪声。降低噪声可改善乘员的工作环境和提高隐身防护性能。

（9）良好的经济性。相对低的采购费用，使用及维修保障费用低。

5.2.2　发动机的类型及其特点

发动机的类型主要有活塞式内燃发动机、燃气轮机、转子发动机和绝热发动机等。现代装甲车辆用的发动机主要有活塞式内燃发动机和燃气轮机两种。

1. 活塞式内燃发动机

1）工作原理

发动机用的液体燃料，都是从石油中炼制出来的产品。对石油加热使它分馏时，在200 ℃以下最先蒸发出来的气体是石油中最易挥发的成分，凝结后就是汽油；在200~250 ℃分馏出来的气体，凝结后便是煤油；在更高的温度下分馏出来的气体，凝结后就依次得到轻柴油和重柴油。

在内燃机中究竟用什么方法使燃料燃烧，要依燃料的性质而定。燃料燃烧是一种急剧的氧化作用，所以燃料燃烧的必要条件之一是必须与空气混合，从空气中获取氧。燃料与空气的混合物叫作可燃混合气。

汽油的挥发性好，它与空气的可燃混合气是在气缸外部所谓化油器的特制容器内形成的，再送入气缸并借电火花点燃。采用这种方式工作的发动机，称为点燃式发动机或汽化式发动机，或直接称为汽油（发动）机。

柴油的挥发性差，它与空气的可燃混合气是采用强制混合的方法，硬把柴油呈雾状地喷射到气缸中，并在喷油之前先把气缸内的空气压力压缩到3~4 MPa，待柴油喷入气缸和高温空气相遇便立刻自燃。亦即，可燃混合气在气缸内形成并借预压的高温空气而自燃的发动机，称为压燃式发动机或混合式发动机，或直接称为柴油（发动）机。

以上两种燃烧方式，即点燃和压燃，除取决于燃料的挥发性外，还与燃料的自燃温度和黏度有关。

现代装甲车辆的发动机主要是柴油机，在结构上主要是燃烧室和燃料供给系统作些改动，以满足多种燃料的要求。

发动机的工作循环可以在活塞上下共四次或两次的时间内完成。活塞每运行一次等于发动机一个工作行程（或称冲程），所以内燃发动机有四行程和二行程之分。组成工作循环的四个行程叫作进气行程、压缩行程、膨胀（或称工作）行程和排气行程。由二行程组成的工作循环中，没有进气和排气两个行程，代之以换气（或称扫气）；换气在膨胀行程终了压缩行程之初进行。根据换入的空气在气缸内运动的走向不同，换气有横向、回流和直流三种。

活塞在气缸内最高的位置叫作上止点，最低的位置叫作下止点。两个点之间的距离叫作活塞行程。下止点以上的气缸容积叫作气缸总容积，上止点以上的容积叫作压缩室（或称燃烧室）容积。气缸总容积与压缩室容积之差，叫作工作容积（发动机排气量，即全部气缸的工作容积之和）。气缸总容积与压缩室容积之比，即压缩比。压缩比越大，热效率越高。一般汽油机的压缩比为 4~7，柴油机的压缩比为 13~18。

汽油机压缩比不能过大，是与汽油的抗爆能力有关的，否则会发生爆震。习惯上用辛烷值作为衡量汽油抗爆能力的术语。例如，辛烷值 70，意即抗爆能力与 70% 的异辛烷（C_8H_{18}）和 30% 的正庚烷（C_7H_{16}）相混合时的抗爆能力相当。

在柴油机中没有爆震问题，提高压缩比不受燃料性质的限制，但却受柴油的着火落后期的限制，这段时间过长，压力增长太猛，会发生敲缸现象。与用辛烷值表示汽油抗爆能力的道理一样，用十六烷值表示柴油的着火落后性。例如，十六烷值 45，意即着火落后性恰好与 45% 的十六烷（$C_{16}H_{34}$）和 55% 的 α-甲基茶（$C_{10}H_7CH_3$）的混合物相当。

现代装甲车辆发动机，大部分采用四行程和液冷方式。

2）结构

内燃发动机主要由下列装置和系统组成：曲轴连杆装置、气体分配装置、燃料供给系统、润滑系统，冷却系统、起动系统、可燃混合气的点火系统（汽油机）。

曲轴连杆装置包括气缸、活塞、连杆、曲轴和固定在曲轴箱内的曲轴支座。气缸排列方式一般有四种：直列式、V 形排列式、对置式和星形排列式。现代装甲车辆发动机采用 V 形排列式。柴油机的燃烧室结构取决于燃烧过程，有直接喷射式、预燃室式和涡流室式等。

气体分配装置，亦称配气装置，包括进气门、排气门、气门簧、凸轮轴和凸轮轴联动装置。气门安装在活塞的上方叫上置式，安装在气缸的侧面叫下置式。

燃料供给系统包括燃料箱、低压燃料泵、燃料滤清器、高压泵和喷油嘴（柴油机）、化油器（汽油机）、转数调节器和空气滤清器。增压器也属于燃料供给系统的一个组件。

润滑系统由机油箱、机油泵、滤清器和散热器组成。

冷却系统分液冷和风冷两种，前者包括散热器、水泵、气缸水套和风扇，后者主要是风扇。

起动系统主要是以蓄电池为电源的电动机。

2. 燃气轮机

1）工作原理

固定在轴上的叶轮，其边缘上装有许多叶片，有一定压力的燃气首先流过喷管，在喷管出口处得到很高的速度，冲击叶片，使叶轮和机轴旋转起来。

为了提高燃气轮机的输出功率，供实际使用，就必须添加压气机，将空气压入燃烧室使燃烧后所得到的大量高压燃气再通过喷管形成高速气流，推动叶轮做功。现代燃气轮机的主要构成部分必须包括压气机、燃烧室和涡轮三个主要部分。

燃气轮机作为一种新型的动力系统，于 20 世纪 80 年代首先用于美国 M1 坦克上。它具有结构简单、体积小、质量小、维修简便、寿命长、扭矩特性和冷起动性能好、对负荷反应灵敏、加速性能好、振动小、噪声低以及可用多种燃料等优点。最致命的缺点是油耗高，例如在不采用回热器的情况下，装燃气轮机的车辆行驶 100 km 的耗油量，将是安装柴油机车辆的 1.5~2.0 倍。不过，随着回热技术和陶瓷材料的迅速发展，燃气轮机的经济性会逐步得到改善。

2）结构

燃气轮机由压气机、高低压涡轮、动力涡轮、燃烧室、回热器、减速齿轮箱、燃油系统、附件传动箱和起动电机组成。经过滤清的空气，经可变导向叶片进入低压压气机，再进入高压压气机，增压后的空气通过回热器时吸收一部分废气热量，温度升高，然后进入燃烧室，与喷入的燃料混合后连续燃烧（起动时由点火器引燃）。燃气从燃烧室进入高压涡轮，其叶片被由压气机引出的空气冷却。高温燃气依次通过高压涡轮和低压涡轮，再进入动力涡轮做功后排入大气。排入大气前途经回热器，传给压缩空气一部分热量以降低油耗。废气经过回热器后，温度降低。动力涡轮的转速可达 22 500 r/min，通过减速齿轮降速，将功率传给传动装置。低压压气机是五级轴流，高压压气机是四级轴流和一级离心，由离心级引导到径向扩压器。低压涡轮是一级轴流，通过一根轴驱动低压压气机。高压涡轮也是一级轴流，通过一根轴管驱动高压压气机。连接高压涡轮与高压压气机的轴管，套在连接低压涡轮与低压压气机的轴上，旋转方向相反。动力涡轮是两级轴流。燃烧室是单管，切向涡管形。回热器由多层不锈钢板焊接而成，中部是空的，用于安放排气扩压器和减速齿轮箱。减速齿轮箱采用一级行星齿轮排。

3）燃气轮机的技术特点

燃气轮机作为装甲车辆的动力，具有一些非常诱人的优点，又有一些致命的缺点。燃气轮机是否可以取代目前在全球范围内依然具有一定优势地位的柴油机，主要是看随着技术的发展，燃气轮机能否克服其致命的缺陷（当然也要看其他机型的发展情况）。

燃气轮机的主要优点如下：

（1）燃气轮机本机的质量小，单位功率质量小，只有同功率柴油机的一半左右。由于燃气轮机为旋转机械，火焰持续燃烧，零件受力均匀，因此零件的壁厚等尺寸可以做得较小。运动件与固定件间基本属于气动连接，固定件上所承受的力更小，因此燃气轮机的固定件主要采用壳体结构。

（2）结构简单，零件少，易维护保养。总零件数比柴油机约少 30%，运动件只有柴油机的 1/5，轴承数是柴油机的 1/3，密封件和齿轮数是柴油机的 1/2。

（3）低温起动性能好。燃气轮机摩擦件少，气动力矩较小，可以使用功率较小的起动电机。在低温下（−30 ℃）无须预热就能起动。

（4）负荷反应快，加速性好。只要燃料建立起稳定的燃烧，部件就可达到工作温度，很快输出全功率。燃气轮机从怠速到输出全功率的时间不到 3 s，而柴油机需要 2~3 s。

（5）燃料适应性好。汽油、煤油、柴油都可使用，且功率变化不大。

（6）冷却消耗功率少。没有柴油机中专用的零部件冷却系统，仅需机油散热器。

（7）扭矩特性好。燃气轮机的扭矩随动力涡轮的转速降低而增大，具有良好的越野性能，扭矩适应性系数达 2 以上。因此可以简化、减轻传动装置，减少传动装置的动作频率，减少传动装置的散热量，提高效率，提高坦克的平均速度和加速性，降低驾驶员的劳动强度。

（8）机油消耗量少，仅为柴油机的 1/10，无须定期更换机油和机油滤清器。

燃气轮机的主要缺点如下：

（1）燃油消耗率高，尤其是在低转速、部分负荷时。热效率低，油耗更高，一般坦克发动机总运转时间的 35% 是怠速，25% 是低功率，而高功率运转只占 20%。因此，行驶同样的里程，燃气轮机将多耗油 30%~70%。以燃气轮机为动力的坦克作战半径要小得多，这给后勤补给带来了困难。要改善这一问题，主要有如下措施：提高涡轮进口温度；提高压气机压比；提高回热器的回热率；提高压气机和涡轮的热效率，特别是在低转速部分负荷时的热效率。

（2）因空气消耗量大，比柴油机的耗气量多 2 倍以上，大大加重了空气滤清的难度。在"海湾战争"中，对 M1 坦克燃气轮机每隔几个小时要用鼓风机清除其空气滤清器上的灰尘。美国推出的 LV100 燃气轮机已具有自洁能力，在一定程度上解决了这一问题，但其滤清器和回热器体积庞大，使燃气轮机基本失去了原本应有的体积小、单位体积功率大的优势。

（3）制造成本高，约为柴油机造价的 2 倍。加工难度、精度要求都很高，需要高档次的多轴数控机床等加工设备。

（4）制动困难。由于燃气轮机的压气机、动力涡轮等的转速很高（20 000～50 000 r/min），惯性很大，制动困难，装燃气轮机的车辆必须配置更强有力的制动器。作用于制动装置上的机械负荷和热负荷很高，可靠性问题突出。当然也可采用可调节喷嘴进行制动，但结构复杂，成本更高。

由以上分析可知，燃气轮机的优点有很多，其主要缺点也有解决或缓解的可能性，但必须有很高的技术支持、经费支持，进行多方面的深入研究，才能逐步实现。这也正是燃气轮机在美国得到较成功的应用而在其他国家进展比较缓慢的真正原因。

3. 转子发动机

转子发动机，目前尚在研究之中。它的特点是，以转子的旋转运动代替活塞的往复运动。

三角形转子在外壳中进行行星运动，外壳的工作面呈长短幅圆外旋轮线形。当转子沿着外壳的工作面旋转时，转子相邻两顶之间的容积也随之变化，转子每转一转，相邻两顶之间的容积有的加倍有的减半。

4. 绝热发动机

绝热发动机，目前尚在研制、试验之中。顾名思义，所谓绝热发动机，就是说它是一种在"绝热"状态下工作的发动机。将柴油机的活塞顶、燃烧室、气缸盖、进气门、排气门等受热零件采用耐热材料（如陶瓷）制造，能在很高的热负荷下正常工作，即所谓绝热柴油机。

绝热柴油机的构造和工作原理，大体上与普通柴油机相似。现在研制中的绝热柴油机，多为复合式绝热柴油机。所谓复合，就是附加有涡轮余热回收装置，以便有效地回收废气中的余热。

5.2.3 发动机的选择

1. 发动机类型的选择

一般车辆可供考虑的动力大体有电气能源和热机两类。电气能源指各种蓄电池电动机系统。热机可有多种分类，如内燃或外燃、连续或间断燃烧、开式或闭式循环、压燃或火花点火、均匀供气或层供气等。车辆动力的选择不同于固定动力甚至船舶的动力，首先应以轻小为前提，从单位动力装置质量所能提供的功率和能量来考察。

目前装甲车辆上以内燃机（汽油机、柴油机）和燃气轮机为主，随着技术的发展，电气动力和混合动力会逐渐应用到装甲车辆上。

战斗车辆应采用汽油机还是柴油机，从 20 世纪 20 年代起就有争论。苏联在第二次世界大战时已选定专用柴油机，西方直到 20 世纪 50 年代才统一使用柴油机。尽管柴油机的比质量和比体积大于汽油机，但在具有同样容量的燃料时，车辆最大行程是汽油机的 1.3～1.6 倍，在战场上被击中后也不易着火，且没有电火花影响通信和电子装置。同时实践证明，因经济原因而方便地采用现成的航空、汽车发动机或其他民用大功率发动机都不合适。20 世纪 60 年代以来发展成功的专用发动机，大多是适用多种燃料的高速柴油机，即在必要时也可以喷射煤油、汽油甚至机油等。不过，在拥有大量汽车的一些炮兵或步兵部队中，为了后勤简便且与汽车通用，又欢迎在他们的数量较少的装甲车辆上采用汽油机。有的轻型轮式车辆也采用大量生产的民用发动机。

在 20 世纪 60 年代的装甲车辆上就已经开始应用燃气轮机，与柴油机相比，虽然燃气轮机有燃油消耗率偏高、耗气量大、空气滤清器体积大、研制成本高和系列化难度大等缺点，但是它具有结构简单、质量小、体积相对较小、振动和噪声小等许多优点，特别是具有较大的转矩变化范围，可改善车辆的牵引特性，减少排挡数目，越来越引起人们的重视。

当前世界装甲车辆发动机的装备和研制现状是：柴油机仍然处于统治地位，通过基本结构、燃烧系统、冷却系统、涡轮增压、中冷等新技术的应用，柴油机在继续发展，还具有强大的生命力；燃气轮机实现了突破，20 世纪 70 年代末首次作为主动力系统进入装甲车辆发动机行列，20 世纪 80 年代初功率就达到了 1 103 kW。

20 世纪 80 年代以来，国外研制的高比功率柴油机先后付诸装备并进行了诸多改进和新的研发。德国 MTU 公司的 880 系列和美国康明斯公司的 ALPS（先进整体式推进系统）代表当前装甲车辆柴油机的最先进水平。目前发达国家坦克柴油机的比功率已经到 70 kW/L以上，新研制产品 HPD（高功率密度柴油机）高达 92 kW/L。

我国装甲车辆用柴油机主要经历了类比、改进和创新三个阶段。经过半个世纪的发展，取得了很大进步，尤其是单一功率指标方面已接近国际先进水平。目前，主战坦克柴油机功率可达 1 176 kW，功率密度达 34.6 kW/L，但从总体性能上看，与国际先进水平还有一定差距。

2. 柴油机冲程数的选择

现在多数装甲车辆采用四冲程发动机，有少数采用二冲程发动机。二冲程发动机的单位体积功率比四冲程发动机高得多，但燃料经济性不好，低速特性差，影响最大行程，不适于在困难路面上行驶。当采用增压器以后，这些缺点得到改善。

3. 气缸排列形式的选择

发动机的气缸排列形式中，直列气缸在一般缸径时的功率不够大，缸数过多会使机体过长。星形和 X 形排列的发动机高度大，曲轴中心过高，不便于连接传动部分，保养接近向下方的一些气缸有困难。对置活塞发动机的活塞顶和燃烧室的热负荷大，导致壳体和缸套易裂。立式对置活塞发动机的高度影响车体高度，卧式对置发动机影响车体的宽度或长度，它们都难以继续加大功率。20 世纪 70 年代以来所研制的主战坦克发动机几乎都采用 V 形结构的气缸排列形式，包括许多轻型装甲车辆也如此，V 形结构夹角一般为 90°或 60°，气缸数多为 12 缸，也有 8 缸的。

现在的发展趋势是，发动机不但与传动装置组装为一体，冷却装置和空气滤清器等也都固定为一体，这样可取得最紧凑的空间和工作可靠性，整体拆装和调整所需时间也大幅度地减少 90% 以上。

4. 动力机组

用两台以上发动机来组成动力机组，可以获得分别工作和联合工作的不同功率及最低的油耗，但得到所需功率所占用的体积和质量大，并且不必要地具有多份附属装置和连接结构。现代装甲车辆要求发动机的主要指标是：单位体积功率为 350 kW/m³ 以上，比质量为 2 kg/kW 以下，额定燃油消耗率不大于 245 g/(kW · h)，大修前的使用寿命在 500 h 以上。在发动机尺寸指标中，比质量指标更重要。因为发动机本身占坦克质量的 4%～5%，占车体容积的 10%，而车体却占坦克总重 30%～40%，因此加大发动机体积会引起车体容积特别是车重的迅速增加。目前研制的装甲车辆发动机，单位体积功率有的已高达 700 kW/m³。

5.3 其他装置的配置与选型

5.3.1 冷却系统的配置与选型

1. 冷却系统及其组成

1）冷却系统

发动机工作时，高达 2 500 ℃的燃气及高速相对运动件间的摩擦，使活塞、气缸盖、气缸套、气门等零件的温度也很高。若不适当冷却，零件严重受热，将破坏正常的配合间隙，降低机械强度和刚度；高温下润滑油性能恶化，润滑不良，零件磨损加剧；高温下发动机充气不良，易产生不正常燃烧。因此，过热带来发动机工作可靠性下降，使用寿命缩短，动力性、经济性恶化等一系列后果。所以，必须对发动机进行适当的冷却。若发动机在过冷状态下工作，将造成混合气形成不良，燃烧恶化，柴油机工作粗暴；冷却散热损失过多；润滑油黏度大，运动件摩擦、磨损增大。同样导致动力性、经济性下降，寿命缩短等，但发动机的冷却必须适度。

冷却系统，就是使工作中的发动机得到适度的冷却，并保持在最适宜的温度状态下工作的辅助系统。

2）冷却系的组成

冷却系统分为两种类型：液冷和风冷。液冷是指通过发动机中的管道和通路进行液体的循环的冷却系统。当液体流经高温发动机时会吸收热量，从而降低发动机的温度。液体流过发动机后，转而流向散热器，液体中的热量通过热交换器散发到空气中。液冷的优点是冷却均匀、冷却效果好且易控制，但结构复杂、成本高。风冷是指通过发动机缸体表面及其附着的铝片对气缸进行散热的冷却系统。一个功率强大的风扇向这些铝片吹风，使其向空气中散热，从而达到冷却发动机的目的。风冷的优点是结构简单，成本低，不存在"冻水箱""开锅"问题，但冷却效果差，不易控制，噪声大。大多数发动机采用的是液冷系统。

液冷系统的冷却液多以水作为冷却介质主体，添加防腐剂或防冻剂，因此称为水冷系统。目前发动机上采用的水冷系统大都是强制循环式水冷系统，即利用水泵提高冷却液的压力，强制水在冷却系统中进行循环流动。发动机水冷系统如图 5.1 所示。

图 5.1 发动机水冷系统

水冷系统按其组成部分的功能与结构可分为三个部分：通过介质将热量传到热交换器，并维持介质稳定循环的传热介质循环系；将传热介质带来的热量传给冷却空气的散热器部件装置；加速空气流动，促进散热，加快冷却作用的通风装置。

传热介质通常采用水。在温暖的季节里，系统加注带防腐蚀添加剂的水。防腐蚀添加剂是由重铬酸钾、硝酸钠和磷酸三钠所组成的。在寒冷的季节里（温度低于 5 ℃时）系统加注防冻液，防冻液是乙二醇和水的混合物。当设计水冷系统时，为保证水泵工作条件的稳定性，在水泵进口处保持足够的压力是非常重要的。这主要依靠在水泵的进口处与膨胀水箱相连接，以及采用尺寸足够大的水管来达到。系统中的超压是由蒸气阀限制的，其为 170~200 kPa，而稀薄度是由空气阀限制的，其为 2~10 kPa。蒸气-空气阀装在系统的最高点，即装在散热器集水室上或膨胀水箱上。循环回路的管径由冷却液流量来求取。因此，当循环量变化范围为 5~15 kg/s 时，管径取 30~60 mm。蒸气管直径应不小于 6~10 mm，而补偿管径不应小于 20 mm。在冷却系统中冷却液的总体积为 60~100 L，同时膨胀水箱的体积应为总体积的 20%。

在现代装甲车辆上，广泛采用管片式或管带式散热器。液态传热介质沿两集水室之间散热器管排流动，管排外部有片状或带状的散热片。在机油散热器中，管内装有扰流片。为了使冷却不同传热介质的散热器连接成一个整体，且沿散热器迎风面获得均匀的气动阻力，散热器具有同样长度的管子，而所需的散热面积用改变散热器的宽度和厚度来获得。沿气流运动方向，首先放置传热介质允许温度比较低的散热器。在允许高的机油温度（到 150 ℃）而冷却液的温度较低的情况下，机油可在油水换热器中进行冷却，这种换热器可与散热器集成体分开布置。冷却系统进行方案设计时，可预先估算所需散热器的散热面积，选择散热器。集水室里面装有隔板，将散热器分成几组通道。通道的数量应使传热介质的引入口和引出口的短接头管位于确定的区域，而且传热介质在散热管中的流速达到要求的水平。传热介质最大流速推荐选取的范围：对于水散热器为 1 m/s，而对发动机机油散热器为 0.3 m/s，对传动装置机油散热器为 0.6 m/s。散热器最大尺寸由工艺的可能性来确定，如带集水室的散热器的最大宽度不得超过 1 m。当所需的宽度超过 1 m 时，建议将散热器分成两个区段。

通风装置的形式和结构对冷却系统的布置有很大的影响。采用引射或轴流风扇作为冷却通风装置的冷却系统时，可将散热器、进出百叶窗、通风装置用通风管道连接成一个整体，使空气通道与动力传动舱的其他空间隔离开来。当采用离心式风扇的冷却系统时，往往做成开式的空气风道，此时冷却空气与动力传动舱的空间不隔离开。选择通风装置的形式，要由冷却系统的形式来确定。引射冷却系统的优点是：有在各式各样的容积布置的可能性；耗功小（$(0.05~0.08)N_e$）；省掉排气系统，而且废气排温低（到 150 ℃）；当克服水障碍时，将散热器和引射器体埋入水中，以获得冷却。该系统的缺点是：由于引射所产生的压力低，散热器只能采用大迎风面和小厚度；不增加尺寸而提高其效能的可能性受到限制。然而，风扇冷却系统可保证使用迎风面小而厚度大的散热器，而且可用提高风扇叶轮转速的办法来强化冷却。风扇冷却的缺点是耗功大（到 $(0.12~0.15)N_e$），并且还要设计和布置其传动机构。为了解决大单位功率的装甲车辆冷却部件的任务，无论是引射冷却的，还是风扇冷却的冷却系统都不能满足其有效性的要求，只能使用复合式的通风装置，此装置在恶劣工况下，用接通装在引射流道里的风扇，以提高引射器的风量的方法来保障。当设计风扇式冷却系统时，应确定风扇型式（离心式还是轴流式）、风道型式（隔离的还是非隔离的），以及散热器、风扇叶轮和风道相互摆放等。根据预先布置的结果，确定风扇的直径、离心风扇蜗壳尺寸等。在某些情况下，采用两个并排工作的风扇比较合理。对于离心风扇，$V_v = 90 \sim 120$ m/s；而对于轴流风扇，$V_v = 130 \sim 150$ m/s。选取的叶轮型式决定着风扇宽度。对于装甲车辆，主要采用通风风扇，其宽径比变化为 $0.15 \sim 0.50$；离心风扇约为 0.5，轴流风扇为 $0.15 \sim 0.25$。对于轴流风扇，当在叶轮进口处有导向装置、在叶轮出口处有整流装置的情况下，总宽度明显增加。当设计引射器时，应确定引射器的型式。以喷嘴排数来分：单排或双排；以喷嘴排的设置方式来分：并列或串并列；以喷嘴与发动机气缸连接的方式来分（对于不增压发动机或机械增压发动机）：每个缸一个还是几个缸一个。在设计冷却系统的通风装置和空气流道时，应考虑与装甲车辆用途有关的特点。在气道的进口处和出口处设置装甲百叶窗，保护车内装置免遭子弹和弹片的破坏。引射器用 $1.5 \sim 3.0$ mm 厚的钢板焊接而成，而且，较厚的钢板用来做端壁。引射器的结构应做成与动力传动舱顶甲板可升起的部分成为一体。散热器置于引射器体中，散热器集水室放到专用的框架内，并用板条或拉紧带固定之。引射器最复杂的部分是喷嘴稳压箱，为保障喷嘴轴向与混合室壁的平行度，需要精心制造、焊接，并有调整的可能性。在装甲车辆的动力传动舱中，风扇装置的设计是相当复杂的任务，在很大程度上是由传动结构来决定的。考虑到风扇有很大的惯性，必须确保传动轴有足够的刚度，并且还应设有为减小其动负荷的安全装置。

2. 对冷却系统的要求

随着发动机采用更加紧凑的设计和具有更大的比功率，发动机产生的废热密度也随之明显增大。一些关键区域，如排气门周围的散热问题需优先考虑。一个良好的冷却系统，应满足下列各项要求：

（1）适应性好。发动机冷却系统能满足发动机在各种工况下运转时的需要，尤其是满足发动机满负荷时的散热需求，因为此时发动机产生的热量最大。当工况和环境条件变化时，仍能保证发动机可靠地工作和维持最佳的冷却水温度。水泵所提供的冷却液流量超过所需的流量。对于单位功率为 $10 \sim 13$ kW/t 的装甲车辆，在 $T_a = 40$ ℃ 的情况下，发动机满负荷时，所有的传热介质应能确保所需的冷却。对于单位功率大的装甲车辆，力求安置体积尽可能大的冷却系统。但是，体积有限，只能做到 $T_a = 40$ ℃ 的情况下，发动机工作负荷为最大功率的 $70\% \sim 80\%$ 时，介质温度达到允许温度。当环境温度低（到 -50 ℃）时，为防止介质温度过低，在系统中必须装有调节装置，以使传热介质温度维持在最佳水平（$70 \sim 80$ ℃）。有一定的缺水工作能力，缺水量大于第一次未加满冷却液的容积。

（2）效果好。起动后，能在短时间内达到正常工作温度。冷却系统应散出去的热量与发动机的型式有关，还与动力装置的功率有关。对于活塞式发动机，进入冷却系统的热量为燃油燃烧时产生热量的 $15\% \sim 20\%$，传动装置进入冷却系统的热量为发动机热量的 $20\% \sim 25\%$。对于活塞式发动机，传热介质允许温度处于 $115 \sim 125$ ℃ 的范围内，机械传动的机油允许温度为 $120 \sim 125$ ℃，液力机械传动的机油允许温度为 $130 \sim 140$ ℃。对于燃气轮机，机油温度可到 150 ℃。冷却系统的结构对发动机的冷起动时间有较大的影响。发动机起动时间应尽可能短，因为发动机怠速时排放的污染物较多，油耗也大。

（3）结构紧凑合理，冷却系统有最小的体积尺寸和质量。冷却系统占据很大的体积（$0.5 \sim 0.9$ m³），因此它的结构形状在很大程度上决定着动力传动舱的布置。应考虑膨胀空间，一般其容积占总容积的 $4\% \sim 6\%$。

（4）消耗功率小。冷却系统消耗的功率为发动机功率的 3% ~ 15%（较小的值是对燃气轮机而言的）。

（5）使用可靠。密封好，不得漏水；使用可靠，寿命长；设置报警装置，即便冷却系统出现小的故障也不会在这样的区域造成灾难性的后果；维修性好。

（6）影响小。冷却系统对装甲车辆总体性能的影响小，如大面积的进出气窗（百叶窗）对装甲车辆的防护影响小；系统结构对装甲车辆克服水障碍（浅滩、浮渡、潜渡）的能力，对热辐射水平和噪声水平的影响小。

（7）工艺性好，制造成本低。

3. 冷却系统的选择

传统冷却系统的作用是可靠地保护发动机，改善燃料经济性和降低排放。为此，现代冷却系统设计要综合考虑发动机内部的摩擦损失、冷却系统消耗的功率及燃烧边界条件（如燃烧室温度、充量密度、充量温度）等方面的因素及其影响。先进的冷却系统采用系统化、模块化设计方法，统筹考虑每项影响因素，使冷却系统既保证发动机正常工作，又提高发动机效率和减少排放。

现代的发动机设计，将发动机的热量管理系统纳入整个发动机控制系统中，全面考虑发动机的暖机、冷却效率、废气排放控制、燃油利用等。目前的冷却系统属于被动系统，只能有限地调节发动机的热分布状态。冷却系统设计主要是选择满足要求的系统结构。选择这样或那样结构决策常常遇到多项指标相互制约的变化，因此设计计算冷却系统是多目标决策，其目标是获得动力传动舱整体指标高。采用先进的冷却系统设计和先进的工作方式可大大改进冷却系统，使冷却系统高效地运行，间接地提高燃料经济性和降低排放量。

1）冷却方式的选择

装甲车辆发动机采用水冷的技术经验较多。与风冷比较，水冷发动机工艺要求较低，成本较低，容易防止局部过热，机体表面的温度较低，噪声较小，水上行驶和潜渡时有可能利用车外的水来冷却。但是，水冷发动机不利于在缺水地区使用，需要更多的冷却空气才能带走相同的热量。水冷式冷却系统比较容易损坏和漏水，水垢多，特别是水冷式的整个动力部分所占体积、质量都比风冷的大。目前的冬季加温锅体积大、起动时间长，这都亟须改进。美国、日本、德国等国家的一些厂家具有风冷发动机的传统经验。现代主战坦克发动机功率日益增大，需要冷却的热量也越来越大，风冷式难以满足要求，但风冷式发动机对于中、轻型车辆还是适用的。

2）冷却液的选择

选择冷却液的性能应满足以下要求：

（1）防冻性。即使在冬天 0 ℃以下也不结冰，地区不同，防冻要求也不同。

（2）防腐性。要求冷却液对钢、铸铁、铝、铜、黄铜、焊锡等多种金属没有腐蚀作用，也不能够腐蚀橡胶、树脂。防腐性由选定的添加剂种类及多少决定，并且只能用指定添加剂的组合来满足整体防腐性要求。

（3）热传导性。传热性能必须优良。

（4）稳定性。性能稳定，不容易变质。冷却液经长期使用，由于其接触的环境（主要消耗防腐蚀添加剂）和外部因素（主要是浓度降低），防腐性下降。特别是由于主要成分乙二醇氧化变质产生腐蚀性物质使使用温度提高，会加速冷却液的老化。为了保持它的防腐性，要定期维护，保持适当浓度，必要时应进行更换。同时还要防止锈和燃气等异物的混入。

3）膨胀水箱的选择

冷却液在发动机冷却回路流动，随温度升高体积膨胀，为了吸收这部分膨胀体积而需要选用膨胀水箱。选用的膨胀水箱必须耐热、耐压及有一定的容积，膨胀水箱盖应该为压力式散热器盖。一般要求膨胀水箱的设计容积占整个冷却系统容积的 4% ~ 6%，并且膨胀水箱安装位置必须高于散热器及发动机缸盖。

4）风扇的选择

现在常用的内燃机热效率不太高，一般柴油机的热量利用和排热情况约为：输出功率 34%，排气 31%，冷却 31%，辐射 4%。由于需要从密闭的装甲车体中带走的热量很大，因此发动机轴功率的 12% ~ 14% 将用以驱动风扇，发动机实际输出净功率不超过 30%。

冷却系统采用的通风装置有废气引射抽风装置和风扇两种。

废气引射抽风装置，利用发动机排气压力，经喷嘴喷射，并扩张引流来抽风。这样，可利用废气余压做功来降低风扇消耗功率，效果较好，曾在一些装甲车辆上应用。但现代发动机利用废气对涡轮增压器做功，就不能再作抽冷却风用。

风扇由发动机直接带动，以保证只要发动机运转就能有冷却气流。风扇传动形式有：带传动、齿轮传动、液力传动及液压传动。带传动和齿轮传动结构较简单，成本低，但不能进行无级调速；液力传动可进行无级调速，但结构较复杂，成本高；液压传动布置自由，可进行无级调速，但传动效率较低。

风扇本身尺寸应较小，风量和风压适应要求。冷却风扇从入口到出口的压力变化是属于 10% 大气压以下的低压头风扇。

风扇有离心式、轴流式和混流式三种。

离心式风扇：离心力造成空气的静压头，风扇周围蜗形风道内的空气动能也转换为静压力，总的气压可达 1.5 ~ 3.0 kPa，其特性在较大程度上取决于叶片的弯曲形式与角度。因此又分为三种：叶片前弯的离心风扇的空气压头高，但效率较低；常用的是叶片后弯的，其效率较高、压头较低，为提高压头，需要提高转速；径向的直叶片的性能介于二者之间。

轴流式风扇：空气流量大，效率较高，但空气压头一般低于 1.8 kPa。低压头风扇的叶片数目可以少到两个，需要较高的压头需增加叶片数。用风扇罩管可引导空气使部分切向分量速度转换为静压头，而风量与压力成正比，从而提高了效率。当在叶轮的前、后或只在一侧装有固定的导向叶片时，可以把动压头在切向上的分量转换成静压头，从而提高效率。

混流式风扇：可以产生轴向和径向气流分量，兼有轴流风扇流量大和离心风扇静压头高的综合性能，效率较高。

选用风扇需要能克服风道的阻力，提供足够的空气流量。风扇的数量和最大直径要与散热器尺寸相配合，而速度则与传动比有关。风道阻力为冷却系统静压力降的函数，随流量而变化，近似于抛物线关系。

试验证明，风扇流量正比于速度乘直径的三次方，而压力正比于速度的平方乘直径的平方，并和空气密度成正比变化。风扇消耗的功率则随速度的立方变化，也与空气密度成正比关系。

冷却系统风道阻力产生于百叶窗、金属网、各散热器、发动机及一些妨碍空气流通的部件。在大多数冷却系统中，气流是扰动的，静压力损失随风量的平方而变化。通常需要通过试验决定，也可以类比计算。

当可利用的车内空间不受限制时，一般可选用专业生产的成品。当可利用的车内空间受限制不能用一个大风扇时，可以用两三个较小的风扇并列，也可以用单独的进风风扇和排风风扇。

5）水管的选择

发动机冷却回路中的水管具有吸收发动机振动和散热器相对运动的作用，因此水管要求有耐热性、耐臭氧性、耐压性、对冷却液的适应性及柔软性。为了减少冷却液在冷却回路上的功率损失，应尽量减少水管的拐弯数，特别是尽量避免拐急弯的现象出现。从管子连接处的密封考虑，胶管的内径应比与其连接管的外径小 1 mm，胶管两端与其他管相连接时，应有 30~35 mm 的插入量。

5.3.2　润滑系统的配置与选型

1. 润滑系统及其组成

1）润滑系统及其作用

发动机工作时，传力零件的相对运动表面（如曲轴与主轴承，活塞与气缸壁，正时齿轮副等）之间必然产生摩擦。金属表面之间的摩擦，不仅会增大发动机内部的功率消耗，使零件工作表面迅速磨损，而且摩擦产生的大量热可能导致零件工作表面烧损，致使发动机无法运转。因此，为保证发动机正常工作，必须对相对运动表面加以润滑，也就是在摩擦表面上覆盖一层润滑油，使金属表面间形成一层薄的油膜，以减小摩擦阻力，降低功率损耗，减轻机件磨损，延长发动机的使用寿命。

润滑系统是存放并不断向发动机供给润滑油的综合装置。该系统在所有的工况下，在所有可能使用的条件下，向发动机连续不断地供给所需压力的润滑油。可以说，没有润滑系统，作为装甲车辆心脏的发动机就无法工作。

润滑油作为发动机的"血液"，一般称为发动机油，简称机油。机油对发动机的主要作用有：润滑作用（润滑运动零件表面，减小摩擦阻力和磨损，减小发动机的功率消耗）、清洗作用（机油在润滑系统内不断循环，清洗摩擦表面，带走磨屑和其他异物）、冷却作用（机油在润滑系统内循环还可带走摩擦产生的热量，起冷却作用）、密封作用（在运动零件之间形成油膜，提高它们的密封性，有利于防止漏气或漏油）、防锈蚀作用（在零件表面形成油膜，对零件表面起保护作用，防止腐蚀生锈）、液压作用（润滑油还可用作液压油起液压作用）、减振作用（在运动零件表面形成油膜，吸收冲击并减小振动，起减振缓冲作用）。定期更换润滑油对发动机有重要的影响。

在以活塞式发动机为动力的动力装置中，主要采用石油加工得到的矿物油做润滑剂。装甲车辆对发动机机油严格而又相互制约的要求，只得靠采用优秀品质的基础润滑油添加上专门的添加剂才能达到。采用专门的抗氧化的、去污的、抗磨的和消泡沫的添加剂，以及能同时改善机油多个性能的多功能添加剂。

对于燃气轮机的润滑，主要使用合成机油，因为矿物油不能满足燃气轮机对热氧化稳定性的较高要求。

2）润滑方式

　　润滑方式主要分为压力润滑、飞溅润滑和定期润滑。压力润滑，是利用机油泵将具有一定压力的润滑油源源不断地送往摩擦表面（如曲轴主轴承、连杆轴承及凸轮轴轴承、摇臂等），形成油膜以保证润滑的润滑方式。飞溅润滑，是利用发动机工作时运动零件飞溅起来的油滴或油雾来润滑摩擦表面的润滑方式。飞溅润滑可使裸露在外面承受载荷较轻的气缸壁，相对滑动速度较小的活塞销，以及配气机构的凸轮表面、挺柱等得到润滑。定期润滑，对于负荷较小的发动机辅助装置，则只需定期、定量加注润滑脂进行润滑，如水泵及发电机轴承等。定期润滑不属于润滑系统的工作范畴。近年来，在发动机上采用含有耐磨润滑材料（如尼龙、二硫化钼等）的轴承来代替加注润滑脂的轴承。

　　3）润滑系统的组成

　　发动机润滑系统由机油供给装置、滤清装置、仪表及信号装置等组成。

　　（1）机油供给装置：包括油池、机油泵、油道、油管、限压阀等，可使机油以一定的压力和流量在循环系统中流动。

　　（2）滤清装置：包括集滤器、粗滤器、细滤器、旁通阀（堵塞指示器），可清除机油中的各种杂质。

　　（3）仪表及信号装置：包括堵塞指示器、压力感应塞、油压警报器、指示灯及压力表等，可使驾驶员随时知道润滑系统的工作情况。

　　按常用机油放置位置，发动机的润滑系统可分为湿式曲轴箱系统和干式曲轴箱系统。

　　湿式曲轴箱的润滑系统，曲轴箱的底部用来存放机油，这种系统广泛应用于汽车发动机中。机油主要存储在油底壳中，当发动机运转后，带动机油泵，机油泵从机体油池吸入机油，再把机油送入油冷器，冷却后的机油通过机油滤清器（简称机滤）过滤后进入机体主油管，在压力作用下送至各个润滑点，如图 5.2 所示。润滑后的机油会沿着缸壁等途径回到油底壳中，重复循环使用。重复润滑的机油中，会带有磨损的金属末或灰尘等杂质，如不清理反而加速零件间的磨损。因此，在机油油道上必须安装机油滤清器进行过滤。但时间过长，机油一样会变脏，因此在车辆行驶一定里程后必须更换机油和机油滤清器。

气缸盖油道

回油孔

主油道

滤清器出油道

滤清器

集滤器　　滤清器进油道　机油泵　油底壳

图 5.2　发动机润滑系统

在军用履带式车辆的发动机中主要采用干式曲轴箱的润滑系统，它可以减小发动机的高度和机油的消耗，确保其较长的使用期限。在这种情况下，常用机油存放在专门的油箱中。当发动机工作时，供油泵从循环油箱中抽机油，而后在压力作用下，经机油滤清器，将其供入主油道，由此机油到达发动机的摩擦零件。用回油泵从沿发动机长度上分设的两个机油集油池中将机油抽出来，而后经机油散热器和泡沫消除器，返回循环油箱。当温度较低时，从发动机出来的机油，不经机油散热器，而经旁通油道，返回油箱。随着机油的消耗，机油不断从补油箱进入循环油箱，为了防止机油从循环油箱又流到补油箱，在连接油道上设有止回阀。为防止润滑系统油箱内的压力过高，通过排除空气导管，经发动机曲轴箱通风系统，使之与大气相通。在发动机起动之前，用电动机油泵，不经过机油滤清器，往主油道泵有压力的机油。润滑系统的工作，根据设置在主油道进口处的压力指示值和装在发动机机油出口处的温度指示值来监测。

向摩擦表面供机油的油道（或油管）、供油泵、回油泵、机油滤清器和减压阀等元件都和发动机设计成一体。

2. 对润滑系统的要求

对于现代装甲车辆动力装置的润滑系统提出以下要求：

（1）在发动机保险期内不换机油的情况下，确保发动机的工作性能。在现在采用的技术保养制度下，对于军用履带式车辆，发动机保险期为 500 h。

（2）对于发动机负荷最大的零件，确保润滑。首先是曲轴轴承，机油是在主油道 0.5~0.8 MPa 的压力下予以提供的。

（3）确保能带走摩擦表面的热量。经发动机的机油循环量应足够，确保能带走摩擦表面的热量。油路足够大且畅通，压力足够大，流量足够大，流动顺畅。供油泵进油管内的机油断面速度推荐为 0.5~1.5 m/s，回油泵出口处油管的机油断面速度推荐为 1.7~3.0 m/s。外径取决于所使用的油管的种类。在润滑系统中可使用钢管或柔性胶管。循环油量与发动机的功率有关，其变动范围为 0.7~1.4 m³/s。供油泵的供油量高于循环量的 2.0~2.5 倍，这是为了在发动机转速降低和由于曲轴轴承磨损引起的主油道输油阻力下降的情况下，确保所需的压力。剩余的机油流量，经减压阀，返回到机油泵吸油道。回油泵油量比供油泵油量大 2.0~2.5 倍，因为回油的体积中明显地存在着较多的泡沫。

（4）当车辆侧倾和纵倾 45° 的情况下，能保证工作性能。机油量足够，油箱位置摆放合理，油箱进油口和出油口设计合理。

（5）确保车辆行程储备需要。按机油计的行程储备不得小于按燃油计的行程储备。

3. 润滑系统的选型

1）机油的选用

机油选用原则：

（1）根据工作条件的苛刻程度选用适当的品种，主要考虑黏度（机油的黏度指机油在外力作用下流动时，分子间的内聚力阻碍分子间的相对运动，产生一种内摩擦力，所表现出来的性质）及其温度特性（机油的黏度随温度变化而变化的性质），低温性（机油在低温下的流动性），安定性（机油一般情况下抵抗氧化变质的性能），腐蚀性（机油对金属及其他物质产生腐蚀作用的性质）等因素。

（2）根据地区季节气温，结合发动机的热负荷，选用适当的牌号。润滑油的牌号依据机油黏度的大小来确定，通常用运动黏度表示。运动黏度是根据一定量的机油在一定的压力下，通过黏度计上一定直径与长度的毛细管所需的时间来确定的，其单位为 mm^2/s。所需时间越长，机油的运动黏度越大，机油的牌号越高。

2）机油泵的选用

机油泵的功用是保证机油在润滑系统内循环流动，并在发动机任何转速下都能以足够高的压力向润滑部位输送足够数量的机油。

机油泵根据结构形式可分为齿轮式和转子式两类。

齿轮式机油泵又分为内接齿轮式和外接齿轮式，一般把后者称为齿轮式机油泵。齿轮式机油泵壳体上加工有进油口和出油口，在油泵壳体内装有一个主动齿轮和一个从动齿轮，齿轮和壳体内壁之间留有很小的间隙。其工作原理是，当齿轮顺时针旋转时，进油腔的容积由于轮齿向脱离啮合方向运动而增大，产生一定的真空度，润滑油便从进油口进入并充满进油腔，旋转的齿轮将齿间的润滑油带到油腔，由于轮齿进入啮合，出油腔容积减少，油压升高，润滑油经出油口被输送到发动机油道中。齿轮式机油泵的特点是工作可靠、结构简单、制造方便和泵油压力较高，所以得到广泛应用。

转子式机油泵壳体内装有内转子和外转子。内转子通过键固定在主动轴上，外转子外圆柱面与壳体配合，二者之间有一定的偏心距，外转子在内转子的带动下转动，壳体上设有进油孔和出油孔。转子式机油泵的工作原理：在内外转子的转动过程中，转子的每个齿的齿形齿廓线上总能相互成点接触，这样内外转子间形成了四个封闭的工作腔。由于外转子总是慢于内转子，这四个工作腔的容积不断变化。每个工作腔在容积最小时与壳体上的进油孔相通，随着容积的增大，产生真空，当与出油孔相通时，容积逐渐减小，压力升高，润滑油被压出。转子式机油泵的优点是结构紧凑，外形尺寸小，质量小，供油量大，供油均匀，噪声小，吸油真空度较高，成本低，在中、小型发动机上应用广泛。当机油泵安装在曲轴箱外或安装位置较高时，采用转子式机油泵比较合适。

3）机油滤清器的选用

机油滤清器的功用是滤除机油中的金属磨屑、机械杂质和机油氧化物，以免其进入润滑系统磨损机件。

机油滤清器按结构可分为可换式、旋装式和离心式；按在系统中的布置可分为全流式、分流式和组合式；按作用可分为粗滤器和细滤器。

粗滤器用以滤去机油中粒度较大（直径为 0.05~0.10 mm 及以上）的杂质，它对机油的流动阻力较小，故通常串联于机油泵与主油道之间，属于全流式滤清器。粗滤器是过滤式滤清器，其工作原理是利用机油通过细小的孔眼或缝隙时，将大于孔眼或缝隙的杂质留在滤芯的外部。机油滤清器的滤芯有褶纸式、纤维滤清材料以及金属片缝隙式。机油滤清器经过一段时间使用之后，滤芯上会聚集许多油泥和金属碎屑，造成滤清器堵塞，阻碍润滑系统正常工作。此时，应及时清洗或更换机油滤清器的滤芯。

细滤器用以清除细小的杂质（直径在 0.001 mm 以下的细小杂质），这种滤清器对机油的流动阻力较大，故多做成分流式，它与主油道并联，只有少量的机油通过它滤清后又回到油箱。经过一段时间运转后，所有润滑油都将通过一次细滤器，从而保证了润滑油的清洁度。细滤器有过滤式和离心式两种，过滤式机油细滤器存在着滤清能力与通过能力的矛盾，现代发动机一般采用离心式细滤器。

4）机油冷却器的选用

机油冷却器在热负荷较大的高性能、大功率发动机上是必不可少的部件，分风冷式和水冷式两种类型。风冷式机油冷却器一般装在发动机冷却水散热器前面，利用风扇的风力和车辆行驶迎面风对机油进行冷却，类似于冷却水散热器。由于风冷式机油冷却器无法控制冷却强度，在发动机起动后暖机时间长，一般不采用，仅在赛车或少数涡轮增压发动机上采用。水冷式机油冷却器外形尺寸小，布置方便，且不会使机油冷却过度，机油温度稳定，因而应用较广。

5.3.3 燃料供给系统的配置与选型

1. 燃料供给系统及其组成

燃料供给系统，是根据需要储存相当数量的燃油，以保证车辆有相当远的续驶里程，同时根据发动机运转工况的需要，向发动机供给一定数量的、清洁的、雾化良好的燃油，以便与一定数量的清洁的空气混合形成可燃混合气的综合装置。

燃料供给系统的功用：储存、过滤和输送燃料；提供清洁的空气；根据发动机的不同工况，以一定的压力及喷油质量将燃油定时、定量地喷入燃烧室，迅速形成良好的混合气并燃烧；根据发动机的负荷变化，调节供油量并稳定发动机转速；将燃烧后的废气从气缸中导出并排入大气中。

燃料供给系统由燃油供给装置、空气供给装置、混合气形成装置及废气排出装置等四部分组成。燃油供给装置包括燃油箱、输油泵、低压油管、滤清器、喷油泵、喷油器、调速器、喷油提前器、高压油管及回油管等。空气供给装置包括空气滤清器、进气管等，有的柴油机装有增压器。混合气形成是在燃烧室内完成的。废气排出装置包括排气管及排气消声器等。

发动机工作时，输油泵将油箱中的燃油泵出，经低压油管、滤清器输入喷油泵。当某缸活塞接近压缩终了时，喷油泵泵出的高压燃油经高压油管供给喷油器，形成雾状燃油，并定时、定量地喷入燃烧室，与燃烧室内的高压、高温空气混合，迅速燃烧做功，做功后废气经排气歧管及排气消声器排入大气。其中从燃油箱到喷油泵入口的这段油路为低压油路，从喷油泵到喷油器这段油路称为高压油路。输油泵供给的多余燃油及喷油器工作间隙泄漏的极少量燃油经回油管返回滤清器或燃油箱，这段油路称为回油路。燃料供给系统的工作原理如图 5.3 所示。

图 5.3 燃料供给系统的工作原理

2. 对燃料供给系统的要求

对燃料供给系统的主要要求是：确保要求的行程储备，添加燃油所花的时间和工作量应适当，在正常使用条件下保证发动机不间断工作。

1）使用燃料要求

柴油的蒸发性和流动性都比汽油差，不能在气缸外部形成混合气。接近压缩行程终点时，把柴油喷入气缸，柴油受热、蒸发、扩散，与空气混合。混合气形成的时间很短，燃烧室各处混合气成分不均匀，且随时间变化。柴油黏度大，不易挥发，必须用高压以雾状喷入。可燃混合气的形成和燃烧过程是同时、连续重叠进行的，即边喷射，边混合，边燃烧（扩散燃烧）。必须有足够的空气和柴油混合，理想空燃比为14.5。进气道、燃烧室、燃油系统要匹配。

一般夏季使用−10（加氢−10）号军用柴油，冬季使用−35（加氢−35）号军用柴油，气温低于−30 ℃时使用−50（加氢−50）号军用柴油。

2）柴油储量要求

现代装甲车辆的动力装置功率在不断增大，作战半径也在日益增加，所需携带的燃油也就越来越多，单位质量燃油储量为20~30 L/t，公路最大行驶里程约600 km，为了满足战术技术指标要求，需要较大的柴油储量，并且配置多个油箱，分开储存，串联使用。油箱分车内油箱、车外油箱和附加油箱，工作顺序为先从附加油箱开始，而后是车外油箱，最后是车内油箱。

（1）储油量应满足最大行驶里程需要。

（2）车内油箱储油量，一般应不少于60%，尽量利用车内剩余空间分开储存。

（3）油箱的加油口应该开设在方便加油的地方。

（4）油箱下部要求有一定深度的"底油"以免吸入沉淀物。应该有从油箱最低点通向底装甲的放油口。

（5）油箱应该分组，以免一个油箱在战斗中损坏后全部油都漏损。

3）燃油供给和控制要求

根据发动机使用和运行的各种不同工况，燃料供给系统必须按各种使用工况的要求对燃油进行有效的控制和有效供给。要求燃料供给系统能够按照发动机的工作状态需要，将一定量的燃油喷入气缸内；应保持正确的喷油定时，根据需要能够调节喷油提前角（柴油喷入气缸后，要经过一定时间的物理化学过程后才能着火燃烧；要在上止点附近着火，就要在上止点之前喷油；喷油提前角是指从喷油器喷油开始，到活塞运行至上止点时曲轴转过的角度）；应具有良好的雾化质量，以保证混合气的形成和燃烧过程；断油应迅速，避免二次喷射或发生滴油现象；工作要可靠，使用保养及调节要方便。

气缸内燃油着火前的物理化学过程准备时间基本不变，但转速越高，同样时间所占曲轴转角就越大。所以，喷油提前角应随发动机转速增大而加大。喷油泵提前供油角度要求尽可能精确控制，一般误差不大于±0.50°。

4）自动调速要求

柴油机高压供油系统中，只能控制喷入气缸的油量，但油量控制装置与发动机负荷没有直接联系（汽油机用节气门控制进入缸内的空气量）。负荷增加时，如果每循环油量不变，则发动机转速降低，甚至熄火；负荷减小时，若油量不变，则发动机转速增大，甚至可能超速。发动机转速不稳，随负荷而变，需要设置自动调速装置，使之根据负荷变化自动调整喷油泵循环供油量，以使柴油机以稳定转速运行。

5) 适时调整要求

在适当时刻将增压的、洁净的、适量的柴油以适当的规律喷入气缸，喷油时机（喷油提前角）和喷油量应与发动机工况适应。喷油压力、喷注雾化质量及其在燃烧室的分布与燃烧室类型适应。多缸机一个工作循环内，各缸均喷油一次，喷油次序与气缸工作顺序一致。根据负荷变化自动调节循环喷油量，保证发动机稳定运转，稳定怠速，限制超速。

3. 燃料供给系统的配置与选型

1) 低压供油系统

低压供油系统将过滤后的清洁燃油输入喷油泵的低压油腔，并将多供和喷油器泄漏的柴油送回油箱。油箱、低压油管、柴油滤清器、输油泵一般称为燃油系统的辅助装置。输油泵输油压力为 0.10~0.25 MPa。

（1）油箱。

油箱用来储存最大行程所需的柴油储量。柴油箱分为车内油箱组、车外油箱组和备用油箱组。车内油箱组可以充分利用车内剩余空间，分开储油，串联使用，一般由左前油箱、右前油箱、右油箱、前弹架油箱等组成，油箱之间用油管、气管连接。车外油箱组一般布置在车体中部，安装在左翼板上，底部有放油螺塞及放油活门。车外油箱一般有 4 个油箱，由前向后依次为第 1、2、3、4 油箱。第 4 外油箱用油管与备用油箱连接，第 1 外油箱的吸油管与车内油箱连通。每个车外油箱均有吸油管、加油口盖及滤网。备用油箱（桶）一般配备 2 个，安装在车辆尾部装甲板的专用托架上，用卡带固定。两油箱间用油管和气管连接，并与车外油箱组中的第 4 油箱连接。

（2）燃油分配开关。

燃油分配开关用来接通或切断某一组油箱的油路。燃油分配开关固定在驾驶椅右侧的底甲板上，它由支架、开关体、开关塞、开关固定卡、弹簧、转把、压紧螺母、垫圈和油挡组成。转把有三个位置（按前进方向）：向前通车外油箱组，向右通车内油箱组，向后为关闭位置。

（3）手动燃油泵。

手动燃油泵用来在起动发动机前将燃油送到喷油泵和加温器燃油泵，并与排除空气开关配合，排除油路内的空气。手动燃油泵固定在驾驶椅的右侧，燃油分配开关的后方，并与燃油分配开关相连。它由泵体、泵盖、叶轮及叶轮轴、手柄、进油活门及座、出油活门及座和密封油挡等组成。叶轮和活门座将泵体内腔隔成 1、2、3、4 四个工作室，叶轮和叶轮轴之间有两道环行油道，分别沟通 1、3 和 2、4 工作室。活门座与叶轮之间装有密封垫。泵体与泵盖、泵盖与叶轮轴之间分别装有密封圈和油挡。逆时针方向摇动手柄时，1、3 工作室容积减小，压力增大，通 1 工作室的进油活门关闭，通 3 工作室的出油活门开启，1 工作室的燃油经环行油道进入 3 工作室，经出油活门而被泵至燃油粗滤器。同时，2、4 工作室的容积增大，产生低压，通 2 工作室的出油活门关闭，通 4 工作室的进油活门开启，燃油进入 2、4 工作室。顺时针方向摇动手柄时，将 2、4 工作室的燃油泵出，1、3 工作室又进油。反复摇动手柄，便不断地将燃油泵出。发动机工作时，由于输油泵的抽吸作用，使进、出油活门同时开启，将油路沟通。

（4）排除空气开关。

排除空气开关用来在起动发动机之前，与手动燃油泵配合，排除油路内的空气，便于起动发动机。排除空气开关固定在驾驶椅前的车首甲板上，它由开关体、弹子活门、开关杆、转把、弹簧、压紧螺母、垫圈和油挡等组成。逆时针方向转动转把时，弹簧被压紧，弹子活门开放。此时摇动手动燃油泵，燃油细滤器和喷油泵内的空气便通过开关流至右弹架油箱。松开转把时，开关在弹簧的作用下自行关闭。使用中，由于弹簧弹力减弱等原因，造成开关关闭不严时，输油泵泵出的部分燃油会经排除空气开关流至前油箱，大负荷时可能造成供油不足，发动机功率下降。因此，排除空气后，应拧紧开关转把，必要时重新安装弹簧，增大其弹力。

（5）燃油粗滤器。

燃油粗滤器用来滤除燃油中较大颗粒的机械杂质和尘土。燃油粗滤器安装在车内油箱的支架上，它由滤清器体、滤清器盖、密封毡垫、滤网（多层）、弹簧及垫圈等组成。滤清器体：中间焊有中心螺杆，并用螺母使体与盖结合。滤清器盖：上有进油接管和出油口。进油接管通滤网的外面，滤网的内腔通出油口，在盖的内、外环槽中各装有一道密封垫，分别与外层滤网及体紧密结合。滤网：多层套合在一起。外、中层滤网之间的下端和中、内层滤网的上端是密封的；内层滤网套装在中心螺杆上，其下端坐在带弹簧及垫圈的密封垫圈上，借弹簧张力压紧。燃油进入滤清器体内，流经滤网后，较大的杂质便被滤去。由于燃油通过滤网的流速较慢，燃油中所含的部分水分的杂质便沉淀到体的底部。滤清后的燃油经出油口分别到输油泵和加温器燃油泵。

（6）输油泵。

输油泵用来在发动机工作时，保证低压油路中柴油的正常流动，克服柴油滤清器和管路中的阻力，并以一定的压力向喷油泵输送足够量的柴油。输油泵的特点是流量较小，泵出口压力稳定（一般为 1.0~1.2 MPa）。由于柴油黏度较高，泵入口温度一般不高，一般需加温输送。输油泵有柱塞式（活塞式）、膜片式、齿轮式和叶片式等几种。柱塞泵容积效率高、泄漏小、工作可靠，可在高压下工作，大多用于大功率液压系统；缺点是结构复杂，材料和加工精度要求高，价格高，对油的清洁度要求高。齿轮泵体积较小，结构较简单，对油的清洁度要求不高，价格较便宜；缺点是泵轴受力不平衡，磨损严重，泄漏较大。叶片泵分为双作用叶片泵和单作用叶片泵。这种泵流量均匀，运转平稳，噪声小，作用力和容积效率比齿轮泵高。叶片泵中，设计合理加工精密的圆弧叶片，降低了叶片对定子内曲线的压应力，提高了定子和叶片的使用寿命；定子采用先进的高次方无冲击过渡曲线，使叶片具有良好的运动和受力状态，保证了叶片与定子间的良好接触，并使得流量损失、压力和流量脉动最小，噪声更低，寿命更长；采用插装式结构，主要内脏零件做成组件形式，泵心更换可在几分钟内完成。由于其性能好，在装甲车辆柴油发动机中常用叶片泵。叶片式输油泵，按形式可分为变量叶片泵和定量叶片泵，按结构可分为单叶片泵和双联叶片泵，按压力可分为高压叶片泵、低压叶片泵和中压叶片泵。

输油泵选择首先应满足流量要求，一般要求输油量为柴油机全负荷最大耗油量的 3~4 倍。在此基础上，考虑满足其他要求，如所输送燃料（柴油）特性的要求，转速、效率等性能要求，可靠性高、噪声低、振动小等机械方面要求，体积小、质量小、结构简单等结构要求，容易操作和维修方便等使用要求，以及经济要求。

输油泵固定在发动机下曲轴箱左前侧，它由泵体、泵盖、回转装置、活门装置和密封装置等组成。泵体：两侧有进、出油口，上部有调压活门座，座的上、下空腔分别与进、出油口相通，下部有回转装置室。泵盖：泵盖的螺孔内拧有调压螺塞。回转装置：由偏心钢筒、回转筒、拨油叶、浮销、铜轴承和传动轴组成。偏心钢筒与内侧铜轴承借定位销固定在泵体内。回转筒两侧支承在铜轴承上，由于铜轴承和偏心钢筒不同心，回转筒在偏心钢筒内靠向一边，由浮销支承的四个拨油叶，便将偏心钢筒内腔隔成几个容积大小可变化的空间。活门装置：由调压活门和旁通活门组成。调压活门用来在发动机工作时，保持正常的供油压力，它由调压活门弹簧、调压螺塞、调压杆、密封垫和锁紧螺母等组成。旁通活门用来在起动发动机前使用手摇燃油泵时，沟通至喷油泵的油路，它由旁通活门弹簧、弹簧座和卡环等组成。密封装置：由油挡螺塞、固定螺塞、两个自压油挡、两个密封圈和四个卡环组成。油挡螺塞与传动轴之间用自压油挡密封，与泵体之间用密封圈密封，并用卡环锁住。两个自压油挡分别防止燃油和机油漏入下曲轴箱和输油泵。泵体上有检查孔，用来检查自压油挡是否损坏，它平时用螺塞堵住。

起动发动机前回转装置不工作，摇动手动燃油泵，燃油便被压入输油泵，经调压活门上的 8 个油孔，顶开旁通活门，经出油口到燃油细滤器；停止摇动手动燃油泵时，旁通活门弹簧伸张，活门关闭。发动机工作时，联动机构带动回转装置工作，当拨油叶转到进油口时，进油室内容积由小变大，压力降低，柴油便被吸入。当拨油叶转到出油口时，出油室容积变小，燃油便从出油口泵至燃油细滤器。当发动机转速在 1 860 r/min 时，供油压力为 245～294 kPa。当供油量超过需要时，调压活门被顶开，多余的燃油便返回进油口，在泵内循环。当压力下降后，调压活门弹簧伸张，活门关闭。

（7）柴油精滤器。

柴油精滤器用来在柴油进入喷油泵前滤除其中较小的杂质。柴油精滤器固定在发动机前端上部中央，一般由两个滤清器并联而成，用来提高滤清质量。每个滤清器均由滤清器盖（两个制成一体）、滤清器体、滤芯、垫圈、弹簧和密封圈等组成。滤清器体中间焊有中心螺杆，并用螺母使体与盖结合。滤清器盖上有 3 条油道，分别与进油口、出油口和排除空气管相通。另有 1 个排气螺塞，在盖的内、外环槽中，各装有一道密封毡垫，分别与滤芯上端凸缘和体紧密结合。滤芯套装在中心螺杆上，下端座在带密封圈的垫圈及弹簧上，弹簧用来将滤芯两端密封处压紧。滤芯由滤油纸板、网套、上盖、下盖和夹紧板组成。滤清元件使用细毛毡板片与厚纸板交互叠放，带微孔的滤油纸板折叠成波纹圆筒，套在网套上，两端用黏结剂与上、下盖粘接，纸板折叠交接处用夹紧板夹紧。由输油泵或手摇柴油泵送来的柴油，经进油口和盖内的油道同时进入两个滤清器体与滤芯之间的内腔。由于流通面积增大，通过滤芯受阻，流速降低，柴油中的杂质一部分沉淀下来，另一部分通过滤芯上的微孔时被挡在滤芯表面。进入滤芯内腔的清洁柴油，经盖上的出油管、出油道流往喷油泵。这种滤油器的滤清精度可达 12～16 μm，在良好的情况下，可达 2～6 μm。当滤油器脏污时，其流体阻力由初始时的 10～15 kPa 显著增高，因此往高压燃油泵的供油可能会停止。因此，滤油器应定期清洗，而滤清元件应定期更换。

2）高压喷油系统

高压喷油系统是将输入的低压油加压到超过喷油器开启压力，按发动机负荷情况精确计量燃油并适时地将其以雾状喷入气缸的装置。喷入的油束与燃烧方式匹配，使燃油与空气形成有利于燃烧的可燃混合气。这个系统对柴油机的起动、怠速、功率、油耗、噪声和排污等都有重大影响。由喷油泵、高压油管、喷油器组成的高压喷油系统，称为泵-管-嘴系统。也有喷油泵、喷油器合一的所谓泵喷嘴系统。

（1）喷油泵。

喷油泵又称高压油泵，是燃油系统中最重要的一个部件。喷油泵的功用是提高燃油压力，并根据柴油机工况的要求将一定量的燃油在准确的时间内喷入燃烧室。即喷油泵有以下作用：

① 提高油压（定压）：将喷油压力提高到 10~20 MPa。

② 控制喷油时间（定时）：按规定的时间喷油和停止喷油。

③ 控制喷油量（定量）：根据柴油机的工作情况，改变喷油量的多少，以调节柴油机的转速和功率。

对喷油泵的要求是：喷油泵的供油量应满足柴油机在各种工况下的需要，即负荷大时供油量增多，负荷小时供油量减少，同时还要保证对各缸的供油量应相等；根据柴油机的要求，喷油泵要保证各缸的供油开始时刻相同，即各缸供油提前角一致，还应保证供油延续时间相同，而且供油应急速开始，停油要迅速利落，避免滴油现象；根据燃烧室形式和混合气形成的方法不同，喷油泵必须向喷油器提供压力足够的燃油，以保证良好的雾化质量。

喷油泵按其总体结构可分为单体泵和合成泵（整体泵）。单体泵主要由一个柱塞和柱塞套构成，本身不带凸轮轴，有的甚至不带滚轮传动部件。由于这种单体泵便于布置在靠近气缸盖的部位，使高压油管大大缩短，目前应用在缸径在 200 mm 以上的大功率中低速柴油机上。合成泵是在同一泵体内安装与气缸数相同的柱塞组件，每缸一组喷油元件，由泵体内凸轮轴的各对应凸轮驱动。

喷油泵有柱塞式、分配式、泵喷嘴三种基本类型。柱塞式喷油泵是最基本的形式，由发动机曲轴齿轮带动，一只弹簧顶着柱塞一端，柱塞另一端接触凸轮轴，当凸轮轴回转一周时，柱塞就会在柱塞套内上下移动一次，通过高压油管将燃料输送到喷油器，通过喷油器将燃料喷入燃烧室。柱塞式喷油泵中常见的是直列式喷油泵，简称直列泵，每一组柱塞系统对应一个气缸，通过高压油管将燃料输送到喷油器，通过喷油器将燃料喷入燃烧室。直列泵的主要优点是可靠性好，成本低，便于维护。直列泵广泛应用于中型和重型卡车、舰船和固定式发动机中，它可以通过机械调速器或者电子调速器进行控制。与柴油机其他类型的供油系统所不同的是，直列泵使用发动机的润滑系统进行润滑，因此它能够使用劣质燃料。目前有多种标准形式的直列泵，它可以应用在 2~12 缸柴油机上，单缸输出功率范围为 10~200 kW，也可以应用在直接喷射或间接喷射柴油机上。轴向压缩转子式分配泵和直列泵不同，转子式分配泵使用一个高压单元产生所需高压，并将燃料提供给所有气缸，因此油泵结构紧凑。分配泵与直列泵相比，有许多优点：分配泵结构简单，零件少，体积小，质量小，使用中故障少；分配泵精密偶件加工精度高，供油均匀性好，因此不需要单独进行各缸供油量和供油定时的调节；分配泵的运动件靠喷油泵体内的柴油进行润滑和冷却，因此，对柴油的清洁度要求很高；分配泵凸轮的升程小，有利于提高柴油机转速。泵喷嘴型，将喷油泵和喷油器结合在一起，直接安装在柴油机气缸盖上，由顶置凸轮轴驱动。其最大的优点是能够减轻或者消除在柴油流动和喷射过程中在高压油管内所形成的压力波影响。

常用的柴油机喷油泵有 A 型泵、B 型泵、P 型泵、VE 型泵等型号。前三种属于柱塞泵，VE 型泵是分配式转子泵。B 型柱塞泵，采用螺旋槽式柱塞和平孔式柱塞套筒；油量调节机构为齿杆式，在齿杆前端装有可调的最大油量刚性限位器（有的用弹簧限位器）；属于调节螺钉式滚轮体传动部件；凸轮轴为切线式凸轮，用锥形滚柱轴承支承在壳体上；泵体为整体式，采用独立润滑方式。P 型柱塞泵，采用悬挂式分泵总成，即柱塞和柱塞套筒、出油阀等零件用一个带凸缘盘的分泵钢套筒固装在一起，成为一个总成部件，用压紧螺柱直接固定在壳体上，形成一个悬挂式结构，可使套筒转动一定角度；各分泵供油量的调整是通过分泵钢套筒的凸缘盘上弧槽，松开压紧螺柱，转动钢套筒，其分泵的柱塞套筒即随其转动一定角度，改变了进回油孔相对柱塞上斜槽的位置，回油时间即发生变化；分泵供油始点的调整是通过增减凸缘盘套筒下面的垫片，使柱塞套筒的进回油孔微量地上下移动，从而改变了相对于柱塞上端的位置，可调整分泵的供油始点；球销角板式油量调节机构是在传动套筒端面上焊有 1~2 个钢球，供油拉杆横断面呈角钢状，在其水平的直角边上开有小方槽口，工作时方槽与传动套筒上的钢球啮合，属于不可调式滚轮体传动部件；全封闭式箱式泵体是采用不开侧窗的整体式密封泵体，只有上盖和下盖，泵体刚度大，能承受较高的喷油压力而不变形，使柱塞偶件的寿命较长；采用了压力式润滑方式；有专设的预备行程检查孔，即在滚轮体上方有螺塞，可利用该孔检查各分泵预备行程是否一致（用专门的仪表测量）。

采用多柱塞直列式 P 型喷油泵，安装在发动机两气缸排之间，并用螺栓固定在上曲轴箱的三个固定支架上。它由喷油泵体、供油组件、调节齿杆、凸轮轴和挺柱等组成。

供油组件包括压装在紧压空心螺栓内的出油阀、回油阀、减容座以及悬挂式柱塞偶件、齿圈、弹簧座盘、柱塞弹簧、弹簧下座盘等，由法兰盘将其固定在泵体安装平面的两个双头螺栓上，并可以从喷油泵上部整体抽出。

（2）喷油泵操纵装置。

喷油泵操纵装置用来供驾驶员在操纵部分调节供油量。喷油泵操纵装置由加油踏板、脚跟座、调整螺栓、踏板轴、踏板轴杠杆、倾斜拉杆、双臂杠杆（两个）、纵拉杆、垂直拉杆、三臂杠杆、加油拉杆、两个限制螺钉、回位弹簧和手操纵装置组成。

（3）喷油器。

喷油器用来与喷油泵配合将柴油以一定压力喷成雾状，均匀分布在燃烧室中，与空气形成混合气。喷油器的作用：将燃料雾化成较细的油滴，以利于着火燃烧；使燃油喷注的形状与燃烧室的形状适当配合，以形成质量良好的可燃混合气。因而要求喷油器具有一定的喷射压力和射程，以及合适的喷射角度。喷油器还应能在停止喷油时迅速切断燃油的供给，不发生滴漏现象。喷油器对混合气的形成和燃烧效率具有决定性的作用，因此与发动机的性能、废气排放和噪声有直接关系。

喷油器有传统机械式和电磁阀式，未来的发展趋势是使用性能更加先进的压电陶瓷式。目前一般间接喷射柴油机使用的是轴针式喷油器，直接喷射柴油机使用孔式喷油器。孔式喷油器主要用于直喷式燃烧室的柴油机。喷油孔数目一般为 1~8 个，喷孔直径为 0.15~0.60 mm。喷孔数目与喷孔角度取决于不同形状的燃烧室对喷雾质量的要求和喷油器在燃烧室中的布置及缸内气流运动情况。轴针式喷油器用于间接喷射式燃烧室，这种喷油器有一个 1~3 mm 的喷孔，由于工作时轴针在喷孔中往复运动，因此可以自动清除积炭，不易阻塞。

喷油泵供油时，柴油经高压油管进入喷油器，途经体内的垂直油道、缝隙滤油器、喷雾嘴、倾斜油道、喷雾嘴的内腔。当柴油压力能够克服弹簧的张力时，喷雾针和压杆被顶起，压缩弹簧，柴油便经喷雾孔以 20.6 MPa 的开启压力喷入气缸。喷油泵停止供油时，油压下降，弹簧伸张，压杆和喷雾针下行，喷雾针堵住喷雾孔，喷油停止。喷油器的回油：渗入喷油器体和喷雾针间隙中的柴油，从喷油器中经过渗油孔进入压紧接头和高压油管之间的空隙中，然后沿压紧接头上的径向孔进入汇集溢流柴油的导管，并由此回到坦克的废油井。压紧接头与高压油管之间的间隔用橡胶密封垫密封。

3）自动调节系统

对柴油发动机，当负荷稍有变化时，导致发动机转速变化很大。当负荷减小时，转速升高，导致柱塞泵循环供油量增加，循环供油量增加又导致转速进一步升高，这样不断地恶性循环，造成发动机转速越来越高，最后飞车；反之，当负荷增大时，转速降低，导致柱塞泵循环供油量减少，循环供油量减少又导致转速进一步降低，这样不断地恶性循环，造成发动机转速越来越低，最后熄火。要改变这种恶性循环，就要求有一种能根据负荷的变化自动调节供油量，使发动机在规定的转速范围内稳定运转的自动控制机构。

自动调速器是一种自动调节装置，它根据柴油机负荷的变化，自动增减喷油泵的供油量，用于减小某些机器非周期性速度波动，使柴油机能够以稳定的转速运行。

调速器的种类很多，按转速传感分，有气动式调速器、机械离心式调速器和复合式调速器等。其中应用最广泛的是机械离心式调速器。而以测速发电机或其他电子器件作为传感器的调速器，已在各个工业部门中广泛应用。

调速器必须满足稳定性条件：当机组转速与设定值出现偏差时，调速器能做出相应的反应动作，同时又必须有一经常作用的恢复力使调速器恢复初始状态。离心式调速器中的弹簧就是产生恢复力的零件。这样的调速器称为静态稳定的调速器。但是静态稳定的调速器也可能在调节过程中出现动态不稳定性，当调节动作过度而出现反向调节时，实际调节动作会形成一个振荡过程。使振荡能很快衰减的调速器，称为动态稳定的调速器，否则是动态不稳定的调速器，后者不能保证机器正常工作。在调节系统中增加阻尼是提高动态稳定性的一种方法。调节系统中的阻尼，例如运动副中的摩擦，使调速器的灵敏性降低，即当被控制轴的转速稍微偏离设定值时，调速器不产生相应的动作。机械式调速器的不灵敏性一般约为其设定值的1%。灵敏性过高的调速器，也会由于机组正常运转中周期性的速度波动而产生不应有的调节动作。

机械离心式调速器是根据弹簧力和离心力相平衡的原理进行调速的。机械离心式调速器主要由以下部分组成：转子部件（产生离心力）、弹簧部件（一个调速器可能有很多弹簧，不同弹簧在不同转速、不同工况下起作用）、平衡部件（如滑套、丁字块等，它是离心力与弹簧力作用和平衡的关键部件）、控制杆件（是把离心力与弹力平衡的结果传导给油量控制杆的机构或者部件）。工作中，弹簧力总是使供油拉杆向循环供油量增加的方向移动，而离心力总是使供油拉杆向循环供油量减少的方向移动。当负荷减小时，转速升高，离心力大于弹簧力，供油拉杆向循环供油量减少的方向移动，循环供油量减少，转速降低，离心力又小于弹簧力，供油拉杆又向循环供油量增加的方向移动，循环供油量增加，转速又升高，直到离心力和弹簧力平衡，供油拉杆才保持不变。这样转速基本稳定在很小的范围内变化。反之，当负荷增加时，转速降低，弹簧力大于离心力，供油拉杆向循环供油量增加的方向移动，循环供油量增加，转速升高，弹簧力又小于离心力，供油拉杆又向循环供油量减少的方向移动，循环供油量减少，转速又降低，直到离心力和弹簧力平衡。

机械离心式调速器结构简单，维护比较方便，但是灵敏度和调节特性较差。

气动式调速器的感应元件用膜片等气动元件来感应进气管压力的变化，以便调节柴油机的转速。

液压式调速器是利用飞铁的离心作用来控制一个导阀，再由导阀控制压力油的流向，通过油压来驱动调节机构增大或减小油门，完成转速自动调节的目的。液压调速器的优点是输出转矩大，调速特性和灵敏度比机械离心式调速器好；缺点是结构较复杂，维护技术的水平要求较高。

电子式调速器是近年来研究应用的较先进的调速器，它的感应元件和执行机构主要使用电子元件，可接受转速信号和功率信号，通过电子电路的分析比较，输出调节信号来调节油门。电子调速器的调速精度高，灵敏度也高，主要缺点是需要工作电源，并要求电子元器件具有很高的可靠性。

按功能分，有两极式调速器、全程式调速器、定速调速器和综合调速器等。中小型汽车柴油机多数采用两极式调速器，以起到防止超速和稳定怠速的作用。在重型汽车上则多采用全程式调速器，全程式调速器除具有两极式调速器的功能外，还能对柴油机工作转速范围内的任何转速起调节作用，使柴油机在各种转速下都能稳定运转。

定速（单程式）调速器，只能控制发动机的最高空转转速。由曲轴驱动的调速器轴带动飞球旋转，飞球在离心力作用下向外移动，当转速低于标定转速时，具有一定预紧力的调速弹簧，通过调速杠杆及滑套上的锥面挤压飞球，使飞球限制在旋转中心附近，这时弹簧力和飞球离心力的轴向分力对支点的力矩处于平衡，发动机即在此转速下稳定地运转。当发动机转速超过标定转速时，飞球离心力的轴向分力对支点的力矩就克服了弹簧力对支点的力矩，飞球于是向外移动，通过锥面将滑套向右推，再通过调速杠杆带动调节杆向左移动，减少供油量，使转速不再继续升高（此时的转速比标定转速略高）。这种调速器的弹簧在安装时有一定的预紧力，限制的标定转速也取决于预紧力的大小，预紧力越大，调速器所限制的转速就越高。其弹簧的预紧力一旦调整好，在工作中就不能轻易改变，所以它只能限制一种稳定转速。在无负载时，调速器限制了供油量。如增大负载，调速器使供油量增加，转速则变化很小。直到全负载时，供油量达到最大值。在调速器的作用下，发动机由无负载到全负载的全部工作范围内，转速变化较小。如继续增大负载，则调速器不再起作用，发动机沿着外特性工作。显然，随着负载的增大，转速明显下降。

两极式调速器的作用是既能控制柴油机调速器的发动机调速特性超过最高转速，又能保证它在怠速时稳定运转。在最高转速与怠速之间，调速器不起调节作用。两极式调速器的主要特点是有两根（或三根）长度和刚度均不同的弹簧，安装时都有一定的预紧力。其中的低速弹簧长而软，高速弹簧短而硬，由喷油泵凸轮轴驱动，飞球的离心力是随发动机转速的升高而增大的。反之，随转速的降低而减小。怠速时，发动机以规定的怠速转速运转，这时，飞球的离心力就足以将低速弹簧压缩到相应的程度。飞球因离心力而向外略张，推动滑动盘右移而将球面顶块向右推入相应的程度，使飞球离心力与低速弹簧的弹力处于平衡。如由于某种原因使发动机转速降低，则飞球离心力相应减小，低速弹簧伸张而与飞球的离心力达到一个新的平衡位置，于是推动滑动盘左移而使调速杠杆的上端带动调节齿杆向增加供油量的方向移动，适当增加供油量，限制了转速的降低。反之，如发动机转速升高，由于调速器的作用使供油量相应减少，因而限制了转速的升高。这样，调速器就保证了怠速转速的相对稳定。如发动机转速升高到超出怠速转速范围，则低速弹簧将被压缩到球面顶块与弹簧滑套相靠。此后，如转速进一步升高，则因高速弹簧的预紧力阻碍着球面顶块的进一步右移，在相当大的转速范围内，飞球、滑动盘、调速杠杆、球面顶块等的位置将保持不动。只有当转速升高到超过发动机标定转速时，飞球的离心力才能增大到足以克服两根弹簧的弹力的程度，这时调速器的作用防止了柴油机的超速。由上述可见，两极式调速器只是在发动机转速范围的两极（怠速和最高转速）才起调速作用。在怠速和最高转速之间，调速器不起作用，这时发动机的转速是由操纵杆的位置和发动机的负载决定的。

全程式调速器不仅能控制柴油机的最高和最低转速，而且在柴油机的所有工作转速下都能起作用，也就是说，能控制柴油机在允许转速范围内的任何转速下稳定地工作。全程式调速器的调速弹簧的弹力不是固定的，而是根据需要可由驾驶员改变操纵杆的位置使其任意改变的。柴油机工作时，利用操纵杆将调节齿杆拉到某一位置上，使柴油机获得所需的转速。操纵杆是通过调速弹簧（有些采用两根或更多的弹簧）拉动调速杠杆来操纵调节齿杆的。飞球在支承盘带动下旋转。在一定转速下，飞球离心力通过滑动盘对调速杠杆的作用恰好与调速弹簧的弹力相平衡。当柴油机负载减小时，转速升高，飞球离心力作用大于调速弹簧弹力的作用，便推动调速杠杆将调节齿杆向左拉动，供油量减少，使转速下降，直到飞球离心力与弹簧力达到新的平衡为止。这时，柴油机转速略高于负载减小前的转速。当柴油机负载增加时，转速下降，飞球离心力作用减小，在调速弹簧弹力的作用下，拉动调速杠杆将调节齿杆向右推动，供油量增大，柴油机转速上升，直到飞球离心力与调速弹簧弹力再次平衡为止。这时柴油机的转速略低于负载增加前的转速。全程式调速器所控制的转速是随着操纵杆的位置而定的。操纵杆向右移动，调速弹簧弹力变大，此时调速器起作用时的转速变高，即柴油机稳定工作的转速增高。反之，操纵杆向左移动，调速弹簧弹力减小，柴油机稳定工作的转速降低。

4）空气供给系统

空气供给系统用来为发动机提供充足的清洁空气，并将废气排出车外。

空气供给系统由空气滤清器，连接管，波纹管，废气涡轮增压器，发动机进、排气歧管，车内排气管，废气抽尘器及废气抽尘活门等组成。

发动机工作时，在气缸抽吸作用下，外界气体经空气滤清器滤清后，通过连接管、三通管、增压器压气机、发动机进气歧管进入气缸。发动机工作排出的废气经排气歧管、废气涡轮增压器、车内排气管、废气抽尘器排出车外。废气在通过废气涡轮时，驱动涡轮并经轴带动压气机工作，使进入气缸的空气量增加。空气滤清器集尘箱内的尘土和废油井中的废油在废气抽尘器的作用下，经夹布胶管、废气抽尘活门及抽尘管吸出，与废气一起排出车外。

（1）空气滤清器。

空气滤清器用来滤清进入气缸的空气，以减轻发动机的磨损。

空气滤清器一般为两级综合式。一级滤清器用来过滤颗粒较大的尘土，它一般为轴向离心旋风式。二级滤清器用来过滤颗粒较小的尘土，它为深度过滤型，装有粗滤尘盒和精滤尘盒。粗滤尘盒内装有多层粗滤网，精滤尘盒内装有多层细滤网，滤网按照一定的顺序装入各自的盒体内，用盒底压紧焊接而成。滤尘盒安装前均需按规定浸透机油。每个粗滤尘盒与格状板之间，以及粗滤尘盒与精滤尘盒之间的四周边缘处，用浸油的毡垫密封，用来防止未经二级滤清器滤清的空气直接进入发动机。

在发动机的抽吸作用下，空气从旋风筒的各个轴向进气口进入旋风筒中，由于每个导流管上螺旋叶片的导流作用，空气沿叶片作高速旋转运动。当空气流动超出导管端口时，即改变方向，沿着中心导流管作急速逆向流动，此时较大颗粒的尘土在离心力的惯性力作用下，被甩向旋风筒的锥形筒壁，再落入集尘箱，然后经过废气抽尘活门被排气系统的废气抽尘器抽走（第一级滤清）。而后较清洁的空气从中心导流管出来，先后通过粗滤尘盒和精滤尘盒，小颗粒的尘土被滤尘盒内滤网上的机油粘住，使空气再一次得到滤清（第二级滤清）。滤清后的空气经过进气连接管、涡轮增压器进入发动机气缸。

（2）废气抽尘活门。

废气抽尘活门安装在空气滤清器的两个集尘箱连接管和排气系统的废气引射器之间。当车辆在陆地上行驶时，阀门在排气管空气室负压的作用下总是处于打开状态，尘土从集尘箱连接管经过阀门到废气抽尘器被排出车外。当车辆在潜渡时，由于背压的作用，阀门关闭，排气管里的高温废气被阀门隔开，防止空气滤清器的塑料旋风筒被烧坏及发动机吸进废气。它主要由活门体、活叶、密封垫、销轴、盖板、排尘管和进尘管组成。

（3）挡板。

挡板固定在车体动力室与空气滤清器之间侧装甲板上的开口处。它由密封板、橡胶板和压板组成，用铆钉固定在一起。

夏季空气滤清器从外气道进气时，用螺栓将两个挡板固定在侧装甲板的开口上，阻止动力室的高温空气进入空气滤清器。冬季堵住外进气道时，拆下两个密封挡板，使动力室与空气滤清器室相通，从而改善了发动机的工作条件。

（4）废气涡轮增压器。

发动机采用废气涡轮增压，可以充分利用发动机排出的废气能量，提高气缸的进气压力，从而提高发动机功率。

废气涡轮增压器由压气机、废气涡轮和轴承体三部分组成。压气机由涡壳和叶轮组成，涡壳上的进气口通过三通管、连接管与空气滤清器连接，出气口与发动机进气歧管连接；叶轮用锁紧螺母固定在涡轮轴上。废气涡轮由无叶涡轮箱、涡轮及轴组成。无叶涡轮箱上有两个切向进气口，分别与气缸排气歧管连接，排气歧管与进气口之间的波纹管是起补偿作用的，其轴向出气口与车内排气管连接。

发动机排出的高温废气，经排气管进入无叶涡轮箱，使废气中的一部分热能转变为动能，从而驱动涡轮高速旋转；由于压气机叶轮是固定在涡轮轴上的，所以压气机叶轮也同样高速旋转。来自空气滤清器的清洁空气经过三通管，进入增压器压气机涡壳。空气在离心力作用下被压缩，压缩后的空气进入发动机进气歧管。由于增加了空气量，若同时相应增加发动机的供油量，即可提高发动机功率。

（5）废气抽尘器。

利用发动机排出的废气能量，将空气滤清器集尘箱中的尘土和集油管中的废油吸出并排出车外。

废气抽尘器由喷管、空气室、混合室、扩散管和抽尘管组成。抽尘管通过夹布胶管与空气供给系统废气抽尘活门的排尘管相连。

发动机工作时，废气涡轮增压器排出的废气进入车内排气管，经抽尘器锥形喷管喷出，废气流经喷管时流速增大，高速气流使空气室内产生了低压，从而将空气滤清器集尘箱内的尘土及废油井中的废油经抽尘器吸出，经排气管的空气室、扩散管排出车外。

第6章
传动系统的配置与选型

6.1 传动系统概述

6.1.1 传动系统及其要求

1. 传动系统及其功能

传动系统是实现装甲车辆各种行驶及使用状态的各装置的总称。

传动系统使装甲车辆具有发动机空载起动、直线行驶、左右转向、倒向行驶、坡道驻车以及随时切断动力等能力。传动系统的主要功能包括：

(1) 将发动机发出的动力传递到行驶装置。

(2) 根据行驶地面条件来改变牵引力和行驶速度。

(3) 向转向装置提供转向时所需要的动力。

(4) 向其他辅助设备提供动力，如拖动空气压缩机、冷却风扇、各种用途油泵。在有的水陆两栖车辆中，有水上推进的动力输出，在工程保障车辆上有作业装置的动力输出等。

(5) 有效控制车辆运动、受力和行驶状态等。

2. 对传动系统的要求

1) 性能方面的要求

为满足车辆行驶性能，传动装置应满足以下性能要求：

(1) 速度要求。车辆速度应能从起步到需要的最大速度之间连续变化，应设有 4~6 个前进挡和 1~2 个倒挡。根据现代化的要求，装甲车辆行驶在良好路面时，最大速度应该达到 60~85 km/h。同时，装甲车辆应该有低速行驶的可能性，以便保证在受限制或不过分危险的条件下有把握地在窄通道上行进、进入铁路站台、在悬崖附近行驶，等等，以及伴随步兵作战。驾驶员在心理上可以接受的行驶的最低速度为 5~7 km/h。两个速度极限确定了传动装置与发动机共同应该保证的车辆速度范围。

(2) 牵引力要求。车辆发出的牵引力变化范围应在 10 倍以上，既能在满足良好道路（如道路阻力系数为 0.05 左右的沥青、水泥路）上行驶，也能不打滑攀登最大坡道（总阻力系数为 0.7~0.8），牵引力按行驶需要变化。

(3) 与发动机匹配的要求。传动系统应与发动机特性良好匹配，能充分利用发动机功率和特性。高速时要求在良好道路上达到最大速度，而低速时要能发出攀登尽可能大的坡道的牵引力。传动系统应满足这两个极端条件所需要的功率。若经过传动装置能够将发动机的动力改造成符合理想特性曲线，力与速度的变化是无级的，功率利用将最充分。但现代机构所实现的变速仍然是有级的，如果挡数增多，功率利用将提高。如果采用功率较大的发动机，传动装置的挡数可以减小，这时攀登最大坡道可以用中速进行，还能在阻力较大的较困难道路上达到最大速度。如果这超过了实际的需要，功率将经常不能充分利用。但这样可以获得较高的加速度，有利于提高车辆行驶的平均速度和灵活性。

（4）超负荷工作要求。外界阻力突然过大时，应不致引起发动机熄火或机件的超负荷损坏，即传动系统应该有在超负荷下能打滑的环节，包括在车辆起步和换挡中克服过大的惯性负荷的打滑。

（5）修正行驶方向要求。随不同弯曲道路和地形的需要，可以做适当的稳定半径的左或右转向，包括高速行驶中准确的微调方向和低速甚至静止时的中心转向，也包括倒驶中的转向。

（6）传动效率要求。传动效率要高，空载损失小。低效率不只是减少有用功率的问题，还使寿命降低，发热使温度过高或需要散热装置，而散热装置又需要消耗动力、增加质量、占据有用空间和增加成本等。

（7）倒驶要求。要能够倒驶，包括战斗中要求的高速倒驶，如射击后转换阵地等。

（8）切断动力要求。能切断动力，以满足空载起动发动机和非行驶工况的发动机工作等需要。

（9）制动要求。能利用发动机制动及拖车起动发动机。

2）总体设计方面的要求

（1）传动系统的方案、外形与总体布置相适应。由于转向时每侧至少要能输出全部发动机功率，不能每侧各用一台发动机。由一台共用的发动机向两侧输出，决定了传动系统的基本形式，即有一个输入轴和向两侧输出。又由于前装甲不宜开大口，即不能像普通汽车那样利用行驶中的迎风冷却散热器，发动机不一定需要前置。履带式行走系统没有载重轮式车辆需要后轮主动以便上坡时发挥牵引力的要求。因此，形成了前面的总体布置，从而形成了装甲车辆不同于普通汽车的传动装置。无论发动机是前置还是后置，是纵置还是横置，传动装置都用输入和输出呈"T"形的方案。在结构上，可能布置分为几个装配总成，也可能构成一个整体的"T"形综合传动。

（2）应该结构紧凑，体积小，质量小。由于避免扩大车体体积影响防护或影响全车的质量，甚至影响总体布置方案实现的可能性，传动系统的体积应该越小越好。其次也要求质量较小。

（3）能与相连、相邻件良好地配合。由于加工的公差或车体变形，传动系统的位置有变化时，仍能够与安装或固定在车体上的发动机、侧传动等部件良好地配合传动，保证正常的工作。此外，与冷却风扇、散热器、风道、油箱以及装甲车体门窗等也应有良好的布置配合。

3）对机械装置的普遍要求

（1）结构简单、操作轻便。

（2）工作可靠性好。

（3）使用寿命长。

（4）不需要经常保养，便于检查维修。

（5）成本低。

6.1.2 传动系统的构成及类型

1. 传动系统的构成

传动系统由联轴器、传动箱、变速机构、离合器或液力变矩器、转向机构、制动装置、操纵机构等组成。联轴器，用于两传动轴之间的连接，完成动力传输工作。发动机的动力通过弹性联轴器传递给传动箱，并且通过弹性联轴器中弹性元件的变形、摩擦以及油液的阻尼作用，可以降低发动机曲轴扭振对传动系统的影响，减小或避免动力与传动系统产生共振，提高发动机和传动装置机件的使用寿命。联轴器除连接功能外，还具有缓冲、减振、补偿等使用功能。装甲车辆上一般使用的联轴器有半刚性的连接齿套联轴器、膜片式联轴器和盖斯林格联轴器（金属簧片式）等几种。传动箱，是解决发动机动力向其他传动机件传输及满足车辆匹配工作要求时所采用的一种传动部件。尤其是发动机在车内横向布置时，通过传动箱将发动机动力传递给离合器，通过增速来减小离合器、变速器、转向机构所承受的转矩及其结构尺寸，同时通过安装在传动箱支座上的电动机，经主离合器、传动箱反向拖动发动机起动时，增大起动力矩。变速机构，实现车辆行驶速度的改变，保证发动机在高效区工作。变速机构一般设置多个挡位，依次为1、2、3、4、5挡，传动比依次减小，最小为1，并称之为直接挡，此外还有空挡、倒挡。有的变速机构传动比在一定的范围内连续可调，此时称之为无级变速。离合器，实现动力系统与传动系统之间的切断和接合，保证车辆起步时平稳、换挡时平顺，以及防止传动系统过载。离合器安装在发动机与变速器之间，是传动系统中直接与发动机相联系的总成件。转向机构，是用来改变或保持车辆行驶或倒退方向的一系列装置。转向机构的功能就是按照驾驶员的意愿控制车辆的行驶方向。制动装置，使行驶中的车辆按照驾驶员的要求进行强制减速甚至停车，使已停驶的车辆在各种道路条件下（包括在坡道上）稳定驻车，使下坡行驶的车辆速度保持稳定。它包括行车制动装置（使行驶中的车辆减速甚至停下）、驻车制动装置（使停驶的车辆保持不动）、辅助制动装置（使下坡行驶的车辆速度保持稳定）。操纵机构，驾驶员用于控制传动系统各机构动作，以实现对传动系统的各种性能要求，包括离合器踏板、变速杆、转向操纵杆和制动踏板等。

2. 传动系统的类型

装甲车辆传动系统的发展过程中采用过各种方案和结构，从实现功率传递的传动方式来分，有机械传动、液力传动、液力机械传动、液压传动、液压机械传动、电力传动和机电复合传动七种主要类型。按功率传递分，有单功率流传动和双功率流传动等类型。中国和俄罗斯的装甲车辆多采用机械传动系统，西方国家装甲车辆的传动系统多装有带闭锁离合器的液力变矩器、具有自动变速的行星变速机构和液压无级转向的双流传动，使车辆的转向性能大为改善。

1）机械传动系统

机械传动系统主要由联轴器、传动箱、离合器、变速器、制动器、转向器及其操纵机构等组成，全部由机械元件（如轴、齿轮和摩擦片等）来传递功率。

动力传递过程：发动机→（联轴器→传动箱→）离合器→变速器→（联轴器→传动箱→）制动器→转向器→驱动轮。

机械传动的特点：

（1）机械传动一般速度变化范围是有级的（多挡位），速度变化不连续，如不切断动力车速不能降低到零。

（2）机械传动虽然能扩大力矩的变化范围、改变牵引力的变化范围，但没有扩大适应性。

（3）机械传动时，发动机的功率利用程度随挡位数多少而定。

（4）阻力突然加大时，机械传动中可能导致发动机熄火。

（5）机械元件的传动效率较高。

（6）机械传动结构较简单，尺寸和质量较小。

（7）机械传动对制造要求不高，成本不高。

（8）机械传动易磨损，影响寿命。

机械传动按主要传动机构结构形式分为定轴式机械传动和行星式机械传动。

定轴式机械传动一般由离合器、固定轴式变速器、传动箱、转向器和制动器等组成。图 6.1所示为 T-62 式坦克传动简图，其特点是发动机横置，定轴单齿啮合齿轮传动，用同步器换挡，有 5 个前进挡和 1 个倒挡，结构简单，造价低。

图 6.1　T-62 式坦克传动简图

行星式机械传动除变速机构采用行星齿轮传动，换挡用离合器和制动器实现外，其一般组成与定轴式机械传动相同，优点是结构紧凑、尺寸小，适用于大功率传动。图 6.2 所示为 T-72 行星式机械传动简图，其特点是采用了两个行星侧变速器，各有 7 个前进挡和 2 个倒挡，一侧变速器降低一挡实现转向，省去了转向机构。传动结构紧凑，尺寸和质量小。这种布置由于发动机横置，双侧变速器与侧传动组合在一起，动力舱尺寸十分紧凑，但高挡转向性能并不理想。

2）液力（动液）传动系统

液力传动，也叫动液传动，它靠液体介质在主动元件和从动元件之间循环流动过程中动能的变化来传递动力。动液传动装置有液力偶合器和液力变矩器两种。液力偶合器能传递转

图 6.2　T-72 行星式机械传动简图

矩，但不能改变转矩大小。液力变矩器除了具有液力偶合器的全部功能以外，还能实现自动变速。一般只有液力变矩器还不能满足各种车辆行驶工况的要求，往往需要串联一个有级式机械变速器，以扩大变矩范围，这样的传动称为液力机械传动。

液力机械传动的基本组成：在机械传动的基础上，多串联一个液力偶合器（或者液力变矩器）；或者以液力变矩器代替机械传动中的机械式离合器。图 6.3 所示为法国勒克莱尔坦克 ESM-500 型传动简图，它采用闭锁式液力变矩器、行星变速机构、液力减速器、液压无级转向机构，具有 4 个前进挡和 2 个倒挡；可实现动力换挡，传递功率为 1 103 kW。

图 6.3　法国勒克莱尔坦克 ESM-500 型传动简图

液力机械传动具有以下特点：

（1）速度能够连续变化，能降低车速到零而仍保持足够的牵引力，扩大了发动机的力矩变化范围，同时也扩大了适应性，能满足各种车辆行驶工况的要求。

（2）动液装置的特性使发动机可以在选定的一个有利的转速范围内工作，可以较充分地利用发动机功率。阻力突然加大时，动液装置滑转，发动机不致熄火。

（3）动液传动工作平稳，传动装置的寿命较高。

（4）动液装置的传动效率较低，通常最高效率只有 0.9 左右，低速时还要低得多。

（5）动液装置因效率低而需要功率较大的发动机；同时，产生热量多，因而工作油需要冷却，所以结构复杂，尺寸、质量增大。动液传动制造要求比机械传动高，价格也较高，对大批量生产带来不利影响。

总之，在传动性能方面，动液传动优于机械传动，但效率低、结构复杂是其主要缺点。在后备功率足够大（有大功率的发动机）时，可以采用动液传动，否则应从效率高、结构简单、便于制造出发，选用机械传动。

近代装甲车辆中常采用闭锁式动液传动，动液装置闭锁时就转化为机械传动。低速时利用动液传动良好的起步性、适应性和平稳性，高速时则利用机械传动的高效率。这样，可按机械传动选择发动机功率，同时也不再需要很大的冷却系统，但此时仍需要像机械传动那样多挡数的变速机构。

3）液压（静液）传动系统

液压传动也叫静液传动，它靠液体传动介质静压力能的变化来传递能量。

液压传动主要由油泵、液压马达和控制装置等组成。发动机输出的机械能通过油泵转换成液压能，然后再由液压马达将液压能转换成机械能。液压传动有布置灵活、无级变速等优点，但其传动效率较低、造价高、寿命与可靠性不理想，目前只用于少数特种车辆。

随着液压马达技术的成熟，一般液压装置作为液压无级转向机构能较好地满足各种车辆的转向要求，与其他机械传动装置一起使用，构成液压机械传动系统。双功率流液压转向技术 20 世纪 80 年代开始应用于装甲车辆，并得到广泛的应用。在各种大中型履带式车辆的双功率流转向机构中，液压无级转向装置由集成或分置安装的液压变量泵和定量马达构成。它通过"零轴"控制左右汇流排某一构件（一般是太阳轮或齿圈）的旋向和转速，使履带式车辆的稳定转向半径在零（中心原地转向）到无穷大（直线行驶）之间无级调节。与仅有有限个稳定转向半径的转向离合器、二级行星转向器、复式差速器和机械双功率流转向机构相比，在性能上要优越得多。液压无级转向机构能大大改善主战坦克和其他履带式车辆的机动性，显著提高其平均行驶速度（转向时几乎没有速度损失）。其转向的精确程度很高，在极端情况下甚至可取代坦克炮水平回转机构的部分功能。目前来看，这种型式的转向机构采用得比较多，其特点是控制容易，结构简单，但需要液压马达具有大的功率。如美国的 M1 坦克 X-1100 传动装置采用径向活塞式液压马达作为转向机构（见图 6.4），其最大排量为 574 mL/r，最大额定工作压力为 34.5 MPa，泵和马达与变速机构同轴线布置。

4）电力传动系统

图 6.4 美国 M1 坦克 X-1100 传动装置简图

电力传动，简称电传动，是由发动机带动发电机发电，并由电动机进行车辆功率传递、驱动驱动桥或由电动机直接驱动带有轮边减速器的驱动轮（电动轮），实现车辆驱动。

电力传动系统的基本组成：离合器、发电机、控制器、电动机和驱动桥等。电传动系统的动力主要来源于发动机。

经过数十年的探索，装甲车辆电传动的结构基本上有图 6.5 所示的四种方案。

图 6.5 电传动结构方案

（a）结构方案 1；（b）结构方案 2；（c）结构方案 3；（d）结构方案 4

结构方案 1 中发动机带动发电机发电，由两台完全相同的驱动电动机分别向车体左右两侧电动机供电，电动机带动左右侧主动轮直线行驶，转向则通过控制左右两侧电动机的转速实现。每一条履带由独立的牵引电动机提供功率，因此在驱动、转向和制动时便于对两侧履带进行分开控制，逆变器的可双向流通性使得车辆在转向和制动时很容易实现能量回馈。但是为了充分利用系统的回馈能量，牵引电动机在短时期内需具备 3 倍以上的过载能力。在电动机性能满足要求的情况下，机械传动部分结构简单，传动效率较高，且总体布置极为灵活。由于机械部件较少，系统的总质量和总体积都有很大优势。它的缺点是不易控制，由于两侧驱动电动机之间没有机械连接，车辆的行驶稳定性和转向性能等动力性指标的高低完全依赖于驱动电动机控制系统特性的好坏。如果不能解决控制电动机本身的动态特性和两侧电动机的特性差别等问题中的任何一个，车辆就很难正常行驶。

结构方案 2 中保留了一些传统的机械传动装置，发动机带动发电机向系统内一台驱动电动机供电，驱动电动机通过传动轴带动左右两侧车轮行驶，转向时，由转向电动机提供转向功率，通过转向传动轴调节两侧车轮的速度实现转向。该结构的直驶和转向驱动是分开进行的，系统直线行驶稳定性好，且易于转向控制。因为有了机械回馈路径，牵引电动机的过载能力要求和过载频率大大降低了。但该结构对两台电动机的性能要求也比较高，尤其是对转向电动机，因为其在行驶中经常需要迅速地改变转动方向，并保持较大的输出转矩，以调整车辆的行驶状况。另外还要安装转向驱动轴和直驶驱动轴，这为空间布置增加了难度，空间利用率也偏低，系统质量和转动惯量较大，传动效率也相应偏低。

结构方案 3 综合了结构方案 1 和结构方案 2，使用一个转向电动机和两个相同的直驶驱动电动机来实现车辆行驶。由于采用两个驱动电动机，降低了对单个驱动电动机性能的要求，有利于提高车辆的最大直线行驶车速、爬坡度和起步性能。该结构可以根据不同行驶意图分别调节三个电动机的输出功率，以保证车辆具有最佳的动力性，或者最优的转向性能，有很强的适应性。虽然存在转向驱动轴，但三个电动机仍然需要独立控制，与结构方案 1 相同；直驶稳定性仍然要通过控制器来保证，而且多流传动的控制策略也相对复杂。另外，该结构也存在质量和转动惯量较大，传动效率偏低的问题。

结构方案 4 是由两路并联组成的，一路是发动机直接通过机械结构提供（实线），另一路通过电气回路提供（虚线），转向时和结构方案 2、3 相同。与其他方案相比，这个方案更可靠，但结构较复杂。

目前，国内外对电传动的研究方兴未艾，与传统的机械传动相比，电传动有许多优点，如无级变速、任意半径转向、加速性和灵活性高、没有机械传动换挡的冲击振动、传动部件布置灵活以及可采用再生制动等。新一代装甲车辆的发展需要大量的电能满足定向能武器、电磁炮、电热炮、电磁装甲以及雷达所需，在机械传动条件下的车辆无法满足这个需要，而在电传动装甲车辆中发电机发出数百千瓦的电能，提供这个能量是有可能的，加之电力电子技术的发展使大功率器件不断涌现，因此电传动技术将从相对灵活的小轿车步入笨重的装甲车辆。

5）单流传动装置

单流传动是指变速机构与转向机构采用串联方式，将发动机的功率经多个具有独立使用功能的机件，传递到行动装置上的传动方式。目前，装甲车辆上常用两种典型的单流传动布置形式。

一种是根据发动机在车辆中的横向布置形式，由弹性联轴器、传动箱、离合器、定轴变速器、行星转向器、侧减速器、行走机构、操纵机构等部件组成（见图6.1）。这种单流传动的优点是各个功能部件结构简单，制造容易，成本低；缺点是装置占用车内空间大，安装调整时间长，装置在转向时功率利用较差。

另一种是具有变速、转向、制动功能的双侧变速器单流传动布置形式。这种传动装置的特点是：布置后的动力传动舱比采用的液力机械双流传动装置几乎短50%，整车质量因此也可以减少5%～10%。但它也存在着两个明显的缺点：一是可维修性差，为了拆下变速器，必须拆下液压管路、操纵拉杆与发动机的连接件以及履带和主动轮等；二是转向性能不好，尤其是在高速转向时，原因是变速器的传动比是按直驶工况选择的，而不是按转向工况选择的。

早期轮式装甲车辆是在重型汽车底盘基础上设计的，存在着车身高的缺点。现代轮式装甲车辆采用H传动设计方案，发动机动力经变速器后，由主差速器传动箱传到两侧，再分别传到两侧各车轮，其传动结构似H形，故称H传动。图6.6所示为法国EBR75M51型54-11轮式装甲车的传动简图。轮式装甲车应用H传动，通常可降低车高300 mm左右，使重心降低，抗倾覆能力增强，形体防护力提高。

图6.6　法国EBR75M51型54-11轮式装甲车的传动简图

6）双流传动装置

双（多）流传动是指传动机构中的变速机构与转向机构采用并联方式，使发动机的功率先沿变速和转向机构两路传输，然后在汇流行星排上汇合，最后传递到侧减速器上的传动方式。

双流传动装置通常由集液力变矩器、变速机构、转向机构、制动装置于一体的综合传动装置和侧减速器、行走机构、操纵机构、润滑系统等组成（见图6.4）。双流传动装置的主要特点如下：

（1）传动装置集成度高、体积小，这样便于采用整体吊装方式进行拆装，拆装时间短。

（2）车辆各挡均有规定转向半径而且高挡的转向半径大，这有利于提高车辆的机动性。

（3）车辆挂倒挡时可进行反转向，挂空挡时可进行原位（又称中心）转向。

（4）装置结构复杂，加工困难，装配精度及成本高。

在发动机转速不变的前提下，根据两侧履带速度的变化，双流传动可分为独立式和差速式。

（1）独立式双流传动装置，是转向时一侧履带速度不变，另一侧履带减速的传动装置。在独立式双流传动装置中，根据汇流行星排太阳齿轮与齿圈的转动方向，又划分出两种传动装置：正独立式，行星排中太阳齿轮与齿圈转动方向相同；零独立式，行星排中太阳齿轮不转动。

（2）差速式双流传动装置，是转向时一侧履带速度增大，另一侧履带速度降低的传动装置。在差速式双流传动装置中，同样根据汇流行星排太阳齿轮与齿圈的转动方向，又可以划分出三种传动装置：正差速式，行星排中太阳齿轮与齿圈转动方向相同；负差速式，行星排中太阳齿轮与齿圈转动方向相反；零差速式，行星排中太阳齿轮不转动。

双流传动与单流传动相比，在满足对传动装置的要求方面有以下几点不同：

（1）双流传动各挡的规定转向半径不同，低挡半径小，高挡半径大。单流传动的规定转向半径值不变，不能满足各种速度下对转向半径的要求。

（2）双流传动由于用规定半径转向的机会较多，使转向时消耗的功率较小。

（3）双流传动能够进行中心转向，提高了转向灵活性。

（4）双流传动能采用液压转向机，实现规定转向半径的连续变化。

（5）双流传动结构较复杂。

目前，双流传动主要在美、德、英、法、日等西方工业化国家生产的主战坦克及装甲车辆上使用。双流传动装置与单流传动装置相比，其突出优点是：它可以使车辆具有优良的转向性能。另外，由于它可以采用动力舱整体吊装方式进行拆装，因此能大大缩短在战场上车辆动力传动装置战伤时的维修时间，提高车辆的战斗使用效能。

7）各种类型传动的基本特点

（1）机械传动的主要优点是结构简单，成本低，效率高；其缺点是切断动力换挡时存在动力损失，换挡频繁，刚性大，冲击大，噪声大，降低了传动装置的使用寿命。

（2）液力传动的主要优点是能无级变速和变矩，动力性好，具有自动适应性，提高了操纵的方便性和车辆在困难路面上的通过性；充分发挥发动机性能，有利于减少排气污染；减振、吸振、减缓冲击，提高动力传动装置的使用寿命和乘员的乘坐舒适性。缺点是效率低，结构复杂，成本高。

（3）液压机械传动的主要优点是连续、平稳地无级变速，非常接近理想特性，液压部件的体积和质量大大减小，便于布置；可利用增加液流循环阻力的方法进行动力制动；发动机工况可以调节在最佳工况工作；变速、制动操纵方便。缺点是效率低，其峰值总效率为70% ~ 75%；不适应坦克的高转速、高负荷、转速变换频繁、振动大等恶劣工况，其寿命和可靠性尚待进一步提高。

（4）电传动的主要优点是可按行驶功率的要求以最经济的转速运行，得到恒功率输出特性，可无级变速，起动和变速平稳；能将电动机转换为发电机实现制动，提高行驶安全性，并易于实现制动能量的回收；动力装置与车轮间无刚性连接，便于总体布置和维修；可实现静音行驶，清洁无污染。缺点是成本高，自重大，并消耗大量有色金属。这种传动装置在军用车辆上的应用目前还处于研制阶段。

6.1.3　传动系统的传动比分配

传动系统的传动比合理分配是实现车辆动力性的基础，因此根据车辆总体牵引计算提出的要求，将传动比分配到各级传动中，并进一步设计变速机构。

通常最大传动比 i_{max} 由最大爬坡度决定，最小传动比 i_{min} 由最大车速决定。传动范围 $d = i_{max}/i_{min}$，通常大于 10。传动范围由前传动比 i_q、变动传动比 i_b 和后传动比 i_h 来实现，$d = i_q i_b i_h$。

传动比分配的原则是使传动具有高效率、小体积和变速机构高转速运转。

i_q 和 i_h 为不变传动比，在分配时，对定轴变速机构应考虑使变速器尺寸最小。对行星变速机构，将直接挡（最高挡或次高挡）时的传动比确定为不变传动比，i_q 和 i_h 的分配原则是 i_q 小，i_h 大，以使变速器尺寸减小。通常前传动比 i_q（增速传动比）约为 0.7，后传动比（侧传动比）i_h 的范围为 5.7~1.3。

可变传动比分配应满足挡数和克服典型道路阻力的要求。现代装甲车辆带液力变矩器的传动通常为 4 个前进挡，1~2 个倒挡；机械传动为 6~8 个前进挡，1~2 个倒挡。当挡数较少时按典型道路阻力划分排挡，挡数较多时可按等比级数或等差级数规律划分。车辆传动比分配和确定是一个反复的过程，在传动设计过程中，结构、转速等制约条件会有适当的调整。在传动比分配完成的基础上进行牵引计算，绘制车辆动力特性，获得车辆最大速度、加速性和最大爬坡度等性能。

6.1.4 传动系统的发展

装甲车辆传动系统的发展情况如下：

（1）结构上从简单逐渐发展到复杂，成为高技术机电液一体化产品。

（2）从单齿轮副传递功率的固定轴变速器发展为多齿轮副同时传递功率的行星变速器。

（3）从切断力换挡发展为动力换挡。

（4）操纵技术逐渐从机械式发展为液压式和电液自动操纵。

（5）传动功率逐渐从小功率发展到大功率。

（6）传动路线从单流传动逐渐发展为双（多）流传动。

（7）性能上从有级变速和有级转向逐渐发展为无级变速和无级转向。

（8）传动系统的单位功率质量，仍保持在 2.0~3.5 kg/kW 的水平。

（9）传动系统的单位体积功率由 400~600 kW/m³ 发展到 600~800 kW/m³ 水平。

（10）成本和价格显著提高。

6.2 离合器与变速器的配置与选型

6.2.1 离合器的类型及其特点

1. 离合器及其功用

离合器，是以开关的方式传递动力和运动的传动装置。离合器的基本工作原理是：依靠自身的机件，采用啮合、摩擦或离心力等方式来传递运动和转矩。离合器主要用于发动机、电动机等原动机与工作机之间，以及机构内部主动部分与从动部分之间，实现动力和运动的传递与切断。

离合器的主要功用有两方面，一是必要时切断或接通动力，二是在接通过程中产生摩滑。离合器能够实现的控制功能有：机构与车辆的起动及停止，变速机构中速度的变换，运动传动轴之间的同步和相互超越，机构与车辆起动或超载时的保护，防止被动轴的逆转，控制传递转矩的大小，满足接合时间等。因此，它在许多领域中都得到了广泛的应用。

（1）作为定轴式变速器的辅助机构，可以使换挡轻便。在换挡时，分离离合器，切断发动机传到变速器的动力，因而可使换挡轻便。

（2）使车辆起步和加速平稳。如果在车辆起步时，使发动机曲轴与传动系统突然接合，由于车辆及传动系统中许多旋转零件具有巨大的惯性，可能使发动机受过大负荷而熄火，也可能使机件受过大负荷而损坏，还会使车内站立人员的安全得不到保障。传动系统装有离合器，在车辆起步或换入高挡后加速时，驾驶员可柔和地接合离合器而使底盘起步和加速平稳。起步和加速的平稳对车内乘员的舒适、安全和延长机件的使用寿命都是很重要的。

（3）作为保险机构，可以限制发动机及传动系统机件受过大负荷而损坏。当车速急剧改变时（如紧急制动或猛然加速时），由于惯性的原因，负荷将大大增加。这时，由于离合器所能传递的扭矩有限而打滑，就可将机件所受负荷限制在一个允许的范围内，以免损坏机件。

（4）便于起动发动机。底盘发动机起动时，将变速器放在空挡状态，往往不分离离合器也能起动。但若在起动时将离合器分离，便可减小起动电动机的负荷，有利于发动机起动。这对大功率发动机以及起动困难、蓄电池电量不足的发动机来说，还是有意义的。

2. 对离合器的要求

1）接通与切断动力方面的要求

（1）接合时应能可靠地传递足够的力矩。在设计寿命期限内，应能可靠地传递最大的计算力矩。

（2）分离应彻底。分离后不应再继续发生摩擦，否则仍将传递一部分力矩，影响正常的工作，且增加磨损和发热。

（3）控制分离、接合所需的操纵功小。

2）摩滑方面的要求

（1）接合应平稳柔和。接合过程中力矩应平稳地增加，避免突然传递大的力矩，形成冲击。

（2）分离、接合的过程中发热少，温度不致剧烈升高。这可以使摩擦系数稳定，磨损小，寿命高，油液不易变质。

除了这些要求之外，还有传动装置的共同要求和一般机械设计方面的普遍要求：调节和修理方便，外廓尺寸小，质量小，耐磨性好和有足够的散热能力，操作方便省力等。

当然由于功用不同，每种离合器对于各项要求是有重点的。例如对主离合器最主要的要求是传递足够的力矩和摩滑发热小。此外，为了减少换挡冲击，还要求被动部分转动惯量小。换挡离合器因为经常在分离状态，要求分离彻底，否则经常摩滑，会降低效率并且发热。

3. 离合器的类型及其特点

1）离合器的类型

由于离合器种类繁多，分类方法也多种多样，目前尚无统一的标准进行分类。常见的分类方式主要有以下几种：

（1）按接合元件的性质，离合器分为啮合式离合器和摩擦式离合器两大类。装甲车辆传动装置中常用摩擦式离合器。

（2）按操纵方式，离合器分为自动操纵式离合器和外力操纵式离合器。自动操纵式离合器包括安全式离合器、离心式离合器和超越式离合器等。外力操纵式离合器包括机械式离合器、气动式离合器、液压式离合器和电磁式离合器等。

（3）按从动盘的数量，摩擦式离合器分为单盘式离合器、双盘式离合器和多盘式离合器等。

（4）按摩擦副的工作情况，离合器分为干式离合器和湿式离合器。干式离合器，其摩擦副元件中没有润滑油。湿式离合器的摩擦副中有稀油进行润滑和冷却，润滑的方式为喷淋、油浴或两者兼有。湿式离合器具有压力分布均匀，磨损小且均匀，传递扭矩容量大的特点，采用强制冷却，寿命可达干式离合器的 5~6 倍。早期的离合器采用锥面式摩擦结构和手动机械助力方式操纵，而现代离合器大多采用多片式摩擦结构和液压方式操纵。

（5）按冷却方式，离合器分为普通型、气冷型和水冷型等。

（6）按零件结构特点，离合器分为有弹簧、无弹簧、有滑环、无滑环式等。

（7）按使用性质，离合器分为转向、换挡、闭锁、离合等。

（8）按加压方式，离合器分为弹簧加压离合器和液压加压离合器两种。干式离合器多为弹簧加压，常用圆柱螺旋弹簧；湿式离合器多为液压加压。弹簧加压离合器按照其压紧弹簧的布置特点，可分为周布弹簧离合器、中央弹簧离合器和膜片弹簧离合器等。

（9）按功用，离合器分为主离合器、液力元件的闭锁离合器、换挡离合器和转向离合器等。主离合器安装在发动机与变速器之间，起动或换挡时，切断动力，切断发动机的惯量，以减少冲击；在挂上挡后一段时间内，产生摩滑使车辆平稳加速；还可作为传动系统内的摩擦保险环节，以防止过载。闭锁离合器安装在液力变矩器泵轮与涡轮之间，用于将液力传动转换为机械传动，以提高传动效率，并使液力变矩器闭锁以进行发动机制动或拖车起动。换挡离合器安装在变速器的轴上，换挡时产生摩滑，使车辆平稳换挡，另外作为传动系统的摩擦保险环节，以防止过载。转向离合器安装在转向机构中，通过操纵其分离或接合，可以得到不同的转向半径。

目前，在装甲车辆上使用的主离合器和以前曾经使用过的转向离合器均为常闭、多片、干摩擦式。而换挡或闭锁离合器常用的是常开、多片和湿摩擦式。

离合器结构中的摩擦片有钢质的，也有带衬面的。为了增大摩擦系数和传递的转矩，衬面材料既有用铜丝加石棉制成的，也有采用粉末冶金经烧结制成的。

2）工作方式

在种类繁多的离合器中，其工作方式随操纵方式和接合元件的不同而有所不同。一般有以下几种工作方式：

（1）常开可操纵式离合器。按照分离→接合传动→分离→再接合的循环方式工作。需要接合时，使用操纵机构如手柄、液压块和电磁铁等，使接合件（主动或被动部分）移动，采用啮合或摩擦方式压紧主、被动部分一起旋转工作。需要分离时，按相反的操作过程使主、被动部分分离。

（2）常闭可操纵式离合器。按照接合传动→分离→再接合的循环方式工作。这种工作方式常用于车辆上，其操纵方式与常开式相同。

（3）自动式离合器。其工作方式既可以是常开式的（如接合由离心元件在转动离心力控制下的离心式离合器），也可以是常闭式的（如分离由负载转矩变化控制的安全式离合器）。其中一种超越式离合器的分离是由于被动轴转速超过主动轴转速而产生的脱开力造成的。

6.2.2　变速器的类型及其特点

1. 变速器及其要求

1）变速器及其功能

变速器是用来改变来自发动机的转速和转矩的机构，它能固定或分挡改变输出轴和输入轴的传动比，又称为变速箱。变速器由变速传动机构和操纵机构组成。变速传动机构的主要作用是改变转矩和转速的数值和方向；操纵机构的主要作用是控制传动机构，实现变速器传动比的变换，即实现换挡，以达到变速变矩。

变速器，是根据不同行驶条件要求，改变发动机传到驱动轮上的转矩和转速，使车辆具有合适的牵引力和速度，保证发动机在最佳的工况范围内工作，同时在发动机旋转方向不变的条件下，保证倒车行驶及在发动机工作的情况下能够切断其动力输出。

变速器的功能：

（1）扩大车辆动力装置的转速与转矩使用范围。改变传动比，满足不同行驶条件对牵引力的需要，使发动机尽量工作在有利的工况下，满足可能的行驶速度要求。在较大范围内改变行驶速度的大小和驱动轮上扭矩的大小。由于行驶条件不同，要求行驶速度和驱动扭矩能在很大范围内变化。例如，在高速路上车速应能达到 100 km/h，而在市区内，车速常在 50 km/h 左右。空车在平直的公路上行驶时，行驶阻力很小；当满载上坡时，行驶阻力便很大。而发动机的特性是转速变化范围较小，转矩变化范围更不能满足实际路况需要。

（2）使车辆具有倒向行驶的功能。实现倒向行驶，用来满足车辆倒退行驶的需要。由于发动机曲轴一般只能向一个方向转动，因此它无法直接实现车辆的倒向行驶，而有时需要能倒退行驶，因此利用变速器中设置的倒挡来实现倒车行驶。

（3）使车辆具有空挡功能。装在变速器内的空挡机构可使发动机动力传至变速器时，实现动力不输出；在发动机起动时，可以怠速运转。空挡功能是人力换挡变速器所必须具备的功能，否则难以实现换挡操作。另外，它也可以使驾驶员在发动机不熄火的条件下离开座椅，为驾驶操作带来了方便。换挡或需要停车进行动力输出时，中断向驱动轮的动力传递。

（4）可实现发动机动力的分流。根据需要，通过变速器可以将发动机的部分动力用于驱动风扇传动、助力（或辅助）油泵装置，以实现对动力与传动装置的冷却、助力操纵和传动机件的润滑等功能。

2）对变速器的要求

变速器是车辆重要的传动部件，它应满足以下要求：

（1）保证牵引计算所确定的挡数和各挡传动比。

（2）保证动力换挡或部分动力换挡，提高平均车速。

（3）传动效率高，功率损失小。

（4）操纵轻便，换挡平稳。

（5）使用可靠，有足够的强度、刚度和寿命。

（6）结构较简单，质量小，体积小。

以上要求应根据具体车辆的用途，综合考虑，予以满足。

2. 变速器的类型及其特点

按结构形式，变速器可分为机械变速器和液力变矩器。机械变速器，是应用齿轮传动降速原理实现变速，变速器内有多组传动比不同的齿轮副，可形成不同的挡位（有级变化的次序）。车辆行驶时的换挡行为，就是通过操纵机构使变速器内不同的齿轮副工作，在低速时让传动比大的齿轮副工作，而在高速时让传动比小的齿轮副工作。液力变矩器，是以液体为工作介质的一种非刚性扭矩变换器,发动机带动输入轴旋转时,液体从离心式泵轮流出,顺次经过涡轮、导轮再返回泵轮,周而复始地循环流动,泵轮将输入轴的机械能传递给液体,高速液体推动涡轮旋转,将能量传给输出轴。液力变矩器靠液体与叶片相互作用产生动量矩的变化来传递扭矩。

按传动比的变化方式,变速器可分为有级式、无级式和综合式三种。有级式变速器,有几个可选择的固定传动比,一般采用齿轮传动。有级式变速器是目前使用最广泛的一种变速器。按所用轮系型式不同,有级式变速器又可分为齿轮轴线固定的普通齿轮变速器(简称定轴变速器)和部分齿轮轴线旋转的行星齿轮变速器(简称行星变速器)。变速器挡数是指其前进挡位数。轻中型车辆变速器通常有 3~5 个前进挡和 1 个倒挡,在重型车辆用的组合式变速器中则有更多的挡位。所谓组合式变速器,通常是由两个简单式变速器组合而成的。现代装甲车辆的传动系统中,主要采用有级式变速器,结构、性能、寿命均达到很高的水平。总的来说,对主战坦克、重型装甲车辆,由于要求功率大、尺寸和质量小,故采用行星变速器较多。对中小功率装甲车辆,定轴变速器用得较多,主要是因为其可靠、耐用且简单、便宜。无级式变速器,其传动比可在一定范围内连续变化,可以连续获得变速范围内的任何传动比。通过无级变速可以得到传动系统与发动机工况的最佳匹配。常见的无级式变速器有液力机械式无级变速器、金属带式无级变速器和电力式无级变速器等。综合式变速器,是由有级式变速器和无级式变速器共同组成的变速器,其传动比可以在最大值与最小值之间几个分段的范围内作无级变化,例如由液力变矩器和齿轮式有级变速器组成的液力机械式变速器,目前应用较多。

按操纵方式划分,变速器可以分为强制操纵式、自动操纵式和半自动操纵式三种。强制操纵式变速器,是靠驾驶员直接操纵变速杆换挡。自动操纵式变速器,其传动比的选择和换挡是自动进行的,驾驶员只需操纵加速踏板,变速器就可以根据发动机的负荷信号和车速信号来控制执行元件,实现挡位的变换。半自动操纵式变速器可分为两类,一类是部分挡位自动换挡,部分挡位手动(强制)换挡;另一类是预先用按钮选定挡位,在踩下离合器踏板或松开加速踏板时,由执行机构自行换挡。

1)定轴变速器

(1)定轴变速器的基本类型。

为适应各种用途的车辆传动的要求,定轴变速器具有各种形式。按轴的布置可分为同轴式、两轴式和多轴式变速器三种。

同轴式变速器,由三根轴组成,输入轴和输出轴的轴心相同,可以很容易地获得直接挡,是一种简单的定轴变速器,如图 6.7 所示。齿套向左时,左离合器 1 接合,右离合器 2 分开得一挡;右离合器 2 接合,左离合器 1 分开得二挡(直接挡);齿套向右,接合左离合器 1 得倒挡。这个方案适用于挡数不多、传动范围不大(1.5~3.5)、需要直接挡、变速器输入输出轴同轴心的情况。

两轴式变速器,由输入和输出两根轴组成,传动仅由一对齿轮啮合,传动效率高。这种方案的传动范围不大(一般为 3~4)。图 6.8 所示为两轴式变速器简图,这种变速器结构简单,操纵方式也最简单,离合器均相同,制造零件少,造价低。目前,我国的装甲车辆使用的变速器主要是两轴式变速器,根据不同车型和布置形式有不同的方案。

图 6.7　同轴式变速器简图

图 6.8　两轴式变速器简图

多轴式变速器，由三根或三根以上的轴组成，一端输入，两端输出，既可以制成输入与输出同轴式的，也可以带有换向机构制成一端输入、两端输出的"T"形变速器或其他形式的。由于传动比作多级分配，可以保证离合器在相对转速较低的条件下获得较大的变速器传动范围，一般可达 6~7。图 6.9 所示为轻型装甲车辆使用的三轴固定式变速器，用同步器换挡，它具有 3 个自由度，可获得 9 个挡位，即 6 个前进挡、3 个倒挡（实际只用了 2 个倒挡），从而可以减少齿轮和离合器的个数，减小变速器的质量，同时也减小了变速器的宽度。多轴式变速器齿轮啮合对数多，工作时要同时接合两个或更多离合器，但由于没有特别高速的零件，离合器转速较低，故工作可靠。

图 6.9　三轴固定式变速器简图

（2）定轴变速器的特点。

① 结构简单，工作可靠，价格便宜。

② 加工与装配要求低，精度容易保证。

③ 采用人力换挡、有级变速时，功率利用较差，使车辆动力经济性、平顺性降低，同时换挡操作频繁、复杂，驾驶员工作强度大。

④ 单齿传动产生的径向力使轴弯曲变形较大，因此降低了机件的使用寿命。

⑤ 当传递功率增大时，其中的齿轮模数、结构尺寸和质量均将增大，使用受到限制，同时也不利于车内布置。

⑥ 人力换挡时切断动力，影响车辆的平均行驶速度。

2）行星变速器

（1）行星变速器的基本类型。

行星变速器，是用行星齿轮机构实现变速的变速器，由行星齿圈、太阳轮、行星轮（又称卫星轮）和齿轮轮轴组成。根据齿圈、太阳轮和行星轮的运动关系，可以实现输入轴与输出轴脱离刚性传动关系，输入轴与输出轴同向或反向传动，输入轴与输出轴传动比变化。

行星传动具有可绕中心轴旋转的行星齿轮。行星齿轮作为内部连接零件，联系着绕中心旋转的各元件，即太阳轮、齿圈和行星架，构成行星排。若干行星排加上一些可以控制各元件的制动器、离合器等，则组成行星变速箱机构。行星机构的灵活应用变化很多，成为装甲车辆传动系统许多新部件的发展基础。装甲车辆上采用行星齿轮传动的部件很多，不仅有行星变速箱，还有行星转向机、行星式侧减速器和炮塔方向机等。

装甲车辆上应用的行星传动，不管多么复杂，但其基本形式都有基本行星排（差速器）、等轴差速器和多元件复式行星排三类。

行星机构以行星排为基本单元。行星排都具有太阳轮、齿圈和行星架三个元件，元件对外连接，而行星轮只起内部连接作用，不计作元件。行星轮是构成行星排的内在核心，根据行星轮的数目及结构形式，一般有单星、双星和双联行星三种，共构成七种基本行星排，如图 6.10 所示。单星行星排是结构最简单、应用最广泛的一种；双星行星排虽然结构复杂一些，但可得到比单星行星排更广的传动范围。双联行星排常用于差速器中。

图 6.10　基本行星排

（a）内外啮合单星行星排；（b）内外啮合双联行星排；（c）外啮合双星行星排；（d）内啮合双星行星排；
（e）内外啮合双星行星排；（f）外啮合双联行星排；（g）内啮合双联行星排

① 内外啮合单星行星排（普通行星排）。这是行星传动中结构最简单、轴向尺寸最紧凑的一种，其应用也最多。行星架上装有若干个行星轮，与齿圈内啮合，与太阳轮外啮合，通过行星轮把三元件联系在一起。

② 内外啮合双联行星排。它的三元件与普通排相同，只是行星轮是双联的，双联行星齿轮分别与太阳轮和齿圈相啮合。德国"豹"1 式坦克的传动装置中，采用它作为倒顺机构。

③ 外啮合双星行星排。它的三元件与外啮合双联排相同，只是用两个相啮合的行星轮代替了双联行星轮。两个行星轮又分别与两个太阳轮相啮合。图 6.10（c）中虚线箭头表示两个行星轮是啮合的。

④ 内啮合双星行星排。它的三元件是两个齿圈和行星架，相啮合的两个行星轮分别与两个齿圈相啮合。

⑤ 内啮合双星行星排。它的三元件与普通排相同，但用两个相啮合的行星轮代替普通

排中的一个行星轮，外行星轮与齿圈啮合，内行星轮与太阳轮啮合。瑞典 S 坦克的变速箱中采用它作为倒顺机构。

⑥ 外啮合双联行星排。它的行星齿轮也是双联的，但与双联行星齿轮相啮合的是两个太阳轮。美国 M113 两栖装甲输送车的双差速器，就有这种外啮合双联排。

⑦ 内啮合双联行星排。行星轮与外啮合双联排相同，但两个齿圈代替了两个太阳轮。

各种基本行星排也都具有差速性能。就行星排三个彼此可以相对旋转的元件（太阳轮、行星架和齿圈）讲，都具有一个绕其轴线旋转的自由度。但三元件组成行星排后，因受到约束，三元件构成一定的运动学关系，减少了一个自由度，故为二自由度机构。太阳轮、齿圈和行星架分别与主动轴、被动轴、操纵件连接，承受外转矩，构成传递动力的构件。这种构件称基本构件（或构件）。单星行星排有三个构件，故称为三构件行星机构。三元件与主动轴、被动轴和操纵件的连接方式不同，可以实现四种不同组合的挡位：低挡——太阳轮主动，行星架被动，齿圈不动；中挡——太阳轮不动，行星架被动，齿圈主动；高挡（超速挡）——太阳轮不动，行星架主动，齿圈被动；倒挡——太阳轮主动，行星架不动，齿圈被动。所有运动件都不受约束时，变速器处于空挡。由于实际结构中的轴、轴承、齿数、重合度等不能过小，齿圈与太阳轮齿数比值的实际范围受影响不能过大或过小。内外啮合单星行星排的较适当齿圈与太阳轮齿数比值的范围为 1.5~4.0（一般以 2~3 为最佳）。

各种行星排普遍具有的差速性能，是三元件中的一个元件的转速一定时，另两元件转速之和为一定并可按一定比例分配。即另一件转速的增加（或减少）值为其余一件转速减少（或增加）值的 x 倍，$x \neq 1$ 时，此两元件所外联两轴的转速变化不相等，该行星排称为不等轴差速；对于 $x = 1$ 的特定情况，则称为等轴差速。

等轴差速器是一种特殊的行星机构，常见的有下列几种形式。

① 锥齿轮等轴差速器。它是车辆上最广泛应用的等轴差速器。三元件是行星架（壳体）和两个相同齿数的锥齿轮，行星轮也是锥齿轮，并与左右外联的锥齿轮相啮合。当行星架有动力输入时，如两侧阻力相等，则两动力输出的锥齿轮等速旋转。当左右锥齿轮中一侧转速增加（或减小）时，另一侧锥齿轮转速则减小（或增加）相同的值，形成等轴差速，如图 6.11 所示。

图 6.11　锥齿轮等轴差速器

② 外啮合圆柱齿轮等轴差速器。它的三元件和外啮合双星排相同，由两个太阳轮和行星架组成，但两个太阳轮的齿数是相同的，它有成对的宽行星轮互相啮合，其作用与锥形差速器相同，只是全由圆柱形齿轮组成。如美国 M113 装甲输送车的双差速器中，就包括这样一个柱形差速器，如图 6.12 所示。

③ 内啮合圆柱齿轮等轴差速器。它与外啮合差速器的区别在于，用内啮合的齿圈来代替外啮合太阳轮。美国 M-46 坦克的传动装置中就采用了这种内啮合柱形差速器，如图 6.13 所示。

对于同向行星机构，也都能形成等轴差速器。例如双星排齿圈速度为一定时，既可整体回转也可自由分配太阳轮和行星架转速，其性能与前几种等轴差速器完全相同，其结构也较简单，如图 6.14 所示。

图 6.12　外啮合圆柱齿轮　　　图 6.13　内啮合圆柱齿轮　　　图 6.14　内外啮合双星
　　　　　等轴差速器　　　　　　　　　　等轴差速器　　　　　　　　　排差速器

以宽的双星轮、双联行星轮及其复合的行星轮为核心，共同具有一个行星架而组成的行星排，称为复式行星排。每一种工况轮流用其中的三元件来实现，其余元件空转，所以每种工况都相当于一种基本行星排工作。图 6.15 中给出两种复式行星排，（a）为双行星轮五元件的复式排，（b）为双星双联行星轮七元件的复式排，其中行星架是共用的。一个多元件复式行星排，相当于多种基本行星排复合在一起应用，可实现多种工况，即实现多个传动比。

图 6.15　两种复式行星排

行星变速器已越来越广泛地应用在装甲车辆上，作为机械传动应用，易于和动液元件（各种液力变矩器）及静液元件（各种液压泵和液压马达）分别组成可实现多种调速功能要求的传动装置。为适应车辆外界阻力的变化和车辆速度的变化，变速机构需要几个排挡来实现；为实现车辆倒驶，还必须具有倒挡。显然这种变速机构是由多个行星排综合而成的。

行星变速机构是由多个行星排及其操纵件构成的。操纵件即指制动器和离合器。制动器可以实现行星排某一元件转速为零，离合器可以实现行星排某两元件的转速同步，形成一体旋转。不同操纵件参与工作，得到行星传动某一个确定的传动比（即排挡），改变参加工作的操纵件，即可得到另一个传动比，这称为行星变速器改变排挡。

根据行星机构的自由度数，可分为二自由度和三、四自由度的行星变速箱。普通单排，每操纵一个元件（制动器制动一个元件，或离合器接合某两个元件），即得到一个传动比，称为二自由度行星变速器，如 59 式坦克行星转向机。因此换挡系统结构可简化，适用于 2~5 挡。当变速器挡数超过 5~6 挡时，行星排太多，结构就显得复杂。同时操纵两个元件，才能得到一个传动比，称为三自由度行星变速器，如俄 T-72 行星变速箱。三自由度行星变速器实现一个挡位要同时操纵两个操纵件，因此换挡系统复杂些，但由于共用了行星排和操纵件，在挡数较多时就具有优越性。有些三自由度行星变速器是由两个二自由度行星变速器串联而成的，如阿里森 CLBT5000-6000 系列，就是由高低挡行星机构和三个前进挡、一个倒挡的行星变速机构串联而组成的六个前进挡、一个倒挡的行星变速器。换挡时有三次只需更换一个操纵件。有些三自由度行星变速器是通过变换连接主动件或被动件来获得倒挡的。这种变速器在前进挡时只要更换一个操纵件，相当于二自由度的变速器，这就便于实现自动换挡操纵，如德国 ZF 公司生产的 LSG-3000 综合变速器。同时操纵三个元件，才能得到一个传动比，则称为四自由度行星变速器，如法国勒克莱尔行星变速机构。四自由度行星变速器实现一个排挡要同时操纵三个操纵件，用于超过 8~10 挡的多挡传动。一般由三自由度和二自由度变速机构串联而成，如英国 David Brown 公司为"挑战者"生产的 TN-37 综合传动是由三个二自由度变速机构串联而成的。

在选择行星变速器的自由度时，除了应考虑变速器行星机构的结构要简单外，还必须注意使操纵系统简化，最好在前进挡时只操纵一个操纵件。实践证明，当同时切换两个操纵件进行动力换挡或实现自动换挡，若要保证平稳换挡和功率不中断，会使其液压换挡系统结构复杂化。

行星变速器也可按最高挡为降速挡、直接挡和超速挡分类。行星变速机构具有直接挡可获得最高机械效率和较小尺寸，所以在变速机构中应用较广。有些传动装置为减小变速器尺寸，采用包括直接挡的超速挡传动，如一般高低挡行星机构就是一个直接挡、一个超速挡。常用变速机构为带一个直接挡的降速挡传动。

行星变速器也可按有无正、倒挡换挡机构来分类。在履带式装甲车辆上，为提高机动性，其正、倒挡数目相同。这可用专门的正、倒挡换挡机构实现。在前进挡或倒挡时，只需操纵一个操纵件。在同一排挡时，由前进挡换倒挡也只需变换一个操纵件。

按行星变速器在车辆上的布置，可分为纵置和横置两类。横置的行星变速机构在履带式装甲车辆上应用较多。

（2）行星变速器的特点。

① 结构紧凑，可以用较小的尺寸实现较大的传动比，可以用较小的齿轮模数传递较大的转矩。

② 实现动力换挡较方便，换挡离合器和制动器有可能只传递部分转矩，由于没有径向力，工作和换挡较平稳。

③ 便于功率的分流和汇合，具有二自由度的行星机构可以将功率分为两路，如外分流液力机械变矩器；也可将两路功率汇合成一路，如履带式坦克装甲车辆双功率流转向机构中的汇流行星排。

④ 便于实现变速器系列化。如四挡变速器只要附加一个行星排就可成为五挡变速器；三挡变速器串联一个二挡变速器就成为六挡变速器。

⑤ 结构较定轴变速器复杂，加工和装配精度要求较高，零件间连接复杂，齿轮较多，因此造价较贵。

⑥ 有时候有多层套轴，这给零件轴向定位、径向对中带来了困难。一般行星传动中常产生较高的转速，使轴承寿命降低，特别是行星轮轴承，受很大的离心力作用，更为

不利。

随着技术的不断发展及制造工艺水平的提高，这些问题已获得很好解决。

3）液力变矩器

（1）液力变矩器及其类型。

液力变矩器，是一种能改变输出轴上传递转矩大小的液力元件，由主动元件泵轮 B、被动元件涡轮 T 和导轮 D（又称反应器）三个具有弯曲形状叶片的工作轮等组成（见图 6.16），以液压油为工作介质。

液力变矩器的作用：

① 柔和传递发动机转矩（传递转矩作用），或不传递发动机转矩（离合作用）。

② 改变由发动机产生的转矩（变矩作用），改变传动轴转速（变速作用）。

③ 缓冲发动机和传动系统的扭转振动（减振作用）。

④ 起到飞轮作用，使发动机运转平稳（缓冲作用）。

图 6.16 液力变矩器结构示意图

⑤ 必要时可以驱动油泵工作。

液力变矩器工作时，原动机拖动泵轮 B 旋转，泵轮中的工作液体因随泵轮旋转而在离开泵轮时获得了动能和压能，实现了将原动机的机械能转变为液体能量。离开泵轮的高速液流随即冲击涡轮的叶片，使涡轮在克服外部负载形成的阻力后带动负载旋转，这时大部分液体能量又转变为机械能量。由涡轮流出的液流进入固定不动的导轮中，其速度大小和方向都发生了变化。这种变化导致了液体动量矩的改变，换句话说，导轮对液流施加了一个反力矩。这个变化着的反力矩与作用在涡轮上的外部阻力矩的方向相同。随着涡轮转速的变化，这个反力矩的大小也在变化。液力变矩器之所以能改变输出力矩的大小，就是因为有导轮产生的反力矩存在。

液力变矩器在结构形式和性能上多种多样，比较常见的有以下几种。

按涡轮形式，液力变矩器分为向心式、轴流式和离心式。涡轮形式可用液力变矩器涡轮中间流线出口和入口半径的比值 $f_T = R_{T2}/R_{T1}$ 来区别，向心式 $f_T = 0.55 \sim 0.65$，轴流式 $f_T = 0.90 \sim 1.10$，离心式 $f_T = 1.20 \sim 1.50$。向心式最高效率值比另外两种高，最高可达 86% ~ 91%，其对应的转速比也高，穿透性可在 1~3 的较大范围内选择，容能量也比其他两种大。空载时，发动机功耗小，起动变矩比较低，但在高效区却较高。

叶轮是液力变矩器的核心，它的型式、布置位置以及叶片的形状对变矩器的性能有决定作用。有的液力变矩器有两个以上的涡轮、导轮或泵轮，借以获得不同的性能。按工作轮数目，泵轮分为单、双泵轮两种，其中双泵轮能提高低速比时的效率，改变容能。刚性连在一起的涡轮数目又称液力变矩器级数。单级涡轮：最高效率值 η_{max} 较高，起动变矩比 K_0 较低，高效率的工作范围 d_η（液力变矩器效率不低于某规定值时，如 $\eta = 0.7 \sim 0.8$，所对应的最高转速比与最低转速比之比值）相对较小。两级以上称为多级，它比单级式的 K_0 及 d_η 大，但 η_{max} 值略低。导轮分为单导轮和双导轮两种。最常见的是正转（输出轴和输入轴转向一致）、单级（只有一个涡轮）液力变矩器。

按泵轮与涡轮能否闭锁为一体，液力变矩器分为非闭锁式液力变矩器和闭锁式液力变矩器。非闭锁式即普通型液力变矩器。闭锁式液力变矩器，采用片式闭锁离合器，离合器分离时为液力工况，用于起步、换挡和困难路面行驶，可提高车辆的起步及低速性能；离合器闭合时为机械传动，用于良好路面行驶，提高传动效能。当车辆采用自动闭锁液力变矩器时，可降低油耗 4%。

按可实现的工作状态划分，液力变矩器可分为单相、双相、三相或多相几种。相是指液力变矩器可能的工作状态，它以一种独立的形式表现出来。单级两相（三元件综合式）采用单向联轴器结构，扩大高效区范围，具有结构简单、工作性能可靠、稳定的特点；单级三相（双导轮多相式）导轮分割成两个并分别安装在两个单向联轴器上，这种结构可提高低速比时的变矩比值和第一相最高效率点到第三相偶合器工况点之间的效率值，被广泛采用。

（2）液力变矩器的特点。

液力变矩器的输入轴与输出轴间靠液体联系，工作构件间没有刚性连接，因此液力变矩器具有以下特点：

① 能消除冲击和振动，过载保护性能和起动性能好。

② 输出轴的转速可大于或小于输入轴的转速，两轴的转速差随传递扭矩的大小而不同。

③ 有良好的自动变速性能，载荷增大时输出转速自动下降，反之自动上升。

④ 保证动力机有稳定的工作区，载荷的瞬态变化基本不会反映到动力机上。

⑤ 液力变矩器在额定工况附近效率较高，最高效率为 85%～92%。

4）自动变速器

（1）自动变速器及其类型。

按操纵方式划分，变速器可以分为强制操纵式、自动操纵式和半自动操纵式三种。强制操纵式变速器，是靠驾驶员直接操纵变速杆换挡，俗称手动挡。自动操纵式变速器，简称自动变速器，是指传动比的选择和换挡是自动进行的，驾驶员只需操纵加速踏板，变速器就可以根据发动机的负荷信号和车速信号来控制执行元件，实现挡位的变换，俗称自动挡。半自动操纵式变速器，俗称手自一体变速器。

自动变速器，利用电子控制单元（ECU）实现变速，用于取代手工操纵变速杆换挡变速。电子控制单元根据驾驶员选择的操纵模式及驾驶意图，依据车辆行驶速度和油门开度位置两个参数，自动计算选择最佳的换挡时刻，发出换挡信号并自动完成换挡操纵——同步调速、分离主离合器、摘空挡、选位操纵、同步调速、挂挡、平稳接合主离合器、平稳起步等步骤，实现换挡自动化。

自动变速器具备自动平稳起步、自动完成换挡动作、换挡模式的选择、车速控制、慢爬行、制动控制等功能。

一般来说，自动变速器的挡位分为 P、R、N、D、L 等。P 挡（停车挡）：作停车之用，注意要配合手刹使用。它是利用机械装置去锁紧车辆的转动部分，使车辆不能移动。当车辆需要在一固定位置上停留一段较长时间时，在停稳之后离开驾驶室前，应该拉好手制动及将拨杆推进 P 的位置。需要注意的是，车辆一定要在完全停止时才可使用 P 挡，否则自动变速器机械部分会受到损坏。R 挡（倒挡）：车辆倒向行驶时使用。通常要按下拨杆上的保险按钮，才可将拨杆移至 R 挡。需要注意的是，当车辆尚未完全停定时，绝对不可以强行转至 R 挡，否则变速器会受到严重损坏。N 挡（空挡）：将拨杆置于"N"挡上，发动机与变速器之间的动力已经切断分离。如短暂停留，可将拨杆置于此挡并拉出手制动杆，右脚可移离刹车踏板稍作休息。D 挡（前进挡）：用在一般道路行驶。由于各国车型有不同的设计，所以 D 挡一般包括从 1 挡至高挡或者 2 挡至高挡，并会因车速及负荷的变化而自动换挡。将拨杆放置在 D 挡上，驾车者控制车速快慢时只要控制好油门踏板就可以了。L 挡（低速挡）：用作上下斜坡之用，此挡段的好处是当上斜坡或下斜坡时，车辆会稳定地保持在 1 挡或 2 挡位置，不会因上斜坡的负荷或车速的不平衡而令变速器不停地转挡。在下斜坡时，利用发动机低转速的阻力作制动，也不会令车子越行越快。

按变速形式，自动变速器可分为有级变速器与无级变速器两种。有级变速器是具有有限几个定值传动比（一般有 4~9 个前进挡和 1 个倒挡）的变速器。无级变速器是能使传动比在一定范围内连续变化的变速器，无级变速器在车辆上的应用已逐步增多。

按无级变矩的种类，自动变速器可分为液力自动变速器、机械式无级变速器和电动机无级变速器。液力自动变速器是在液力变矩器后面装一个行星齿轮变速系统。机械式无级变速器是由离合器，并依据车速、油门开度改变，以及 V 型带轮的半径变化而实现无级变速的。电动机无级变速器取消了机械传动中的传统机构，而代之以电流输至电动机，以驱动和电动机装成一体的车轮。

按前进挡的挡位数不同，自动变速器可分为 2 个前进挡、3 个前进挡、4 个及 4 个以上前进挡三种。早期的自动变速器通常为 2 个前进挡或 3 个前进挡。这两种自动变速器都没有超速挡，其最高挡为直接挡。新型轿车装用的自动变速器基本上是 4~9 个前进挡，即设有超速挡。这种设计虽然使自动变速器的构造更加复杂，但由于设有超速挡，大大改善了车辆的燃油经济性。

按齿轮变速器的类型，自动变速器可分为定轴齿轮式和行星齿轮式两种。定轴齿轮式自动变速器体积较大，最大传动比较小，使用较少。行星齿轮式自动变速器结构紧凑，能获得较大的传动比，被绝大多数轿车采用。

按变速系统的控制方式，自动变速器可分为液控自动变速器、电控液力自动变速器和电控自动变速器。液控自动变速器，是通过机械的手段，将车辆行驶时的车速及节气门开度两个参数转变为液压控制信号，阀板中的各个控制阀根据这些液压控制信号的大小，按照设定的换挡规律，通过控制换挡执行机构动作，实现自动换挡，实际使用较少。电控液力自动变速器，是通过各种传感器，将发动机转速、节气门开度、车速、发动机水温、自动变速器液压油温度等参数转变为电信号，并输入电脑；电脑根据这些电信号，按照设定的换挡规律，向换挡电磁阀、油压电磁阀等发出电控信号；换挡电磁阀和油压电磁阀再将电脑的电控信号转变为液压控制信号，阀板中的各个控制阀根据这些液压控制信号，控制换挡执行机构的动作，从而实现自动换挡。电控自动变速器，是通过控制电动机来实现换挡，由于它使用电动机控制，所以不用液压油，没有滑阀箱，在结构上也变得更加紧凑和简单，造价更低，实际使用较少。

自动变速器常见的有四种型式，分别是液力自动变速器（AT）、机械式无级变速器（CVT）、电控机械式自动变速器（AMT）、双离合自动变速器（DCT）。轿车普遍使用的是 AT，AT 几乎成为自动变速器的代名词。

AT 的结构与手动挡相比，在结构和使用上有很大的不同。AT 是由液力变矩器、行星齿轮和液压操纵系统组成的，通过液力传递和齿轮组合的方式来达到变速变矩。其中，液力变扭器是 AT 最具特点的部件。由于液力变矩器自动变速变矩范围不够大，因此在涡轮后面再串联几排行星齿轮来提高效率，液压操纵系统会随发动机工作的变化而自行操纵行星齿轮，从而实现自动变速变矩。辅助机构自动换挡不能满足行驶上的多种需要，例如停泊、后退等，所以还设有干预装置（即手动拨杆），标志 P（停泊）、R（后位）、N（空位）、D（前进位），另在前进位中还设有 "L" 附加挡位，用以起步或上斜坡之用。由于将其变速区域分成若干个变速比区段，只有在规定的变速比区段内才是无级的，因此 AT 实际上是一种介于有级和无级之间的自动变速器。液力自动变速器通常有两种类型：一种为横置液力自动变速器；另一种为纵置液力自动变速器。液力自动变速器电子控制通过动力传动控制模块接收来自车辆上各种传感器的电信号输入，根据车辆的使用工况对这些信息处理来决定液力自动变速器的运行工况。按照这些工况，动力传动控制模块给执行机构发出指令，并实现下列功能：变速器的升挡和降挡；一般通过操纵一对电子换挡电磁阀在通/断两种状态中转换；通过电子控制压力控制电磁阀来调整管路油压；变矩器离合器用以控制电磁阀的接合和分离时间。自动变速器主要是根据车速传感器、节气门位置传感器以及驾驶员踩下加速踏板的程度进行升位和降位控制。

AMT 是在传统的固定轴式变速器和干式离合器的基础上，应用微电子驾驶和控制理论，以 ECU 为核心，通过电动、液压或气动执行机构对选换挡机构、离合器、节气门进行操纵，来实现起步和换挡的自动操作。AMT 的基本控制原理是：ECU 根据驾驶员的操纵（节气门踏板、制动踏板、转向盘、选挡器的操纵）和车辆的运行状态（车速、发动机转速、变速器输入轴转速）综合判断，确定驾驶员的意图以及路面情况，采用相应的控制规律，发出控制指令，借助于相应的执行机构，对车辆的动力传动系统进行联合操纵。AMT 是对传统干式离合器和手动齿轮变速器进行电子控制实现自动换挡的，其控制过程基本是模拟驾驶员的操作。ECU 的输入有加速踏板信号、发动机转速、节气门开度、车速等。ECU 根据换挡规律、离合器控制规律、发动机节气门自适应调节规律产生的输出，对节气门开度、离合器、换挡操纵三者进行综合控制。离合器的控制是通过三个电磁阀实现的，通过油缸的活塞完成离合器的分离或接合。ECU 根据离合器行程的信号判断离合器接合的程度，调节接合速度，保证接合平顺。换挡控制一般是在变速器上交叉地安装两个控制油缸。选挡与换挡由四个电磁阀根据 ECU 发出的指令进行控制。在正常行驶时，节气门开度的控制由驾驶员直接控制加速踏板，其行程通过传感器输入到 ECU，ECU 再根据行程大小，通过对步进电动机控制来控制发动机节气门开度。在换挡过程中，踏板行程与节气门开度并非完全一致，按换挡规律要求先减小节气门开度，进入空挡，在挂上新的挡位后，接合离合器，随着传递发动机扭矩的增大，节气门开度按一定的调节规律加到与加速踏板对应的开度。

CVT 采用传动带和可变槽宽的带轮进行动力传递，即当带轮变化槽宽时，相应地改变驱动轮与从动轮上传动带的接触半径而进行变速，传动带一般有橡胶带、金属带和金属链等。CVT 是真正的无级变速，它的优点是质量小、体积小和零件少。与 AT 比较，它具有较高的运行效率，油耗也较低。但 CVT 的缺点也很明显，就是传动带很容易损坏，不能承受过大的载荷，因此在自动变速器中的占有率较低。

CVT 与 AMT 和 AT 相比，最主要的优点是它的传动比变化是无级的，在各种行驶工况下都能选择最佳的传动比，其动力性、经济性和排放水平与 AT 相比都得到了很大的改善。但是 CVT 不能实现换空位，在倒位和起步时还得有一个自动离合器，有的采用液力变矩器，有的采用模拟液力变矩器起步特性的电控湿式离合器或电磁离合器。CVT 采用的金属带无级变速器与 AT 一般所用的行星齿轮有级变速器比较，结构相对简单，在批量生产时成本可能低些。

DCT 有别于一般的自动变速器系统，它基于手动变速器而又不是自动变速器，除了拥有手动变速器的灵活性及自动变速器的舒适性外，还能提供无间断的动力输出。而传统的手动变速器使用一台离合器，当换挡时，驾驶员需踩下离合器踏板，使不同挡位的齿轮做出啮合动作，而动力就在换挡期间出现间断，令输出表现有所断续。与传统的手动变速器相比，DSG 使用更方便，因为说到底，它还是一个手动变速器，只是使用了DCT 的新技术，使得手动变速器具备自动性能，同时大大改善了车辆的燃油经济性，DCT 比手动变速器换挡更快速、顺畅，动力输出不间断。另外，它消除了手动变速器在换挡时的扭矩中断感，使驾驶更灵敏。基于其使用手动变速器作为基础及其独特的设计，DCT 能抵御高达 350 N·m 的扭力。因此，DCT 的优势有：换挡快（DCT 的换挡时间非常短，比手动变速器的速度还要快，通常不到 0.2 s）；省油（DCT 因为消除了扭矩的中断，也就是让发动机的动力一直在利用，而且始终在最佳的工作状态，所以能够大量节省燃油，相比传统行星齿轮式自动变速器更利于提升燃油经济性，油耗大约能够降低 15%）；舒适性（因为换挡速度快，所以 DCT 的每次换挡都非常平顺，顿挫感已经小到了人体很难察觉的程度）；在换挡过程中，几乎没有扭矩损失；当高挡齿轮已处于预备状态时，升挡速度极快，达到惊人的 8 ms；无论油门或者运转模式处于何种状况，换挡时间至少能达到600 ms。但是 DCT 的结构复杂，制造工艺要求也比较高，所以成本较高，现有配备双离合变速器的都是一些中高档车型；虽然在可以承受的扭矩上双离合变速箱已经绝对能满足一般车辆的要求，但是对于激烈的使用情况，性能还是达不到要求，因为如果是干式的离合，则会产生太多的热量，而湿式的离合摩擦力又会不够；由于电控系统和液压系统的存在，双离合器变速箱的效率仍然不及传统手动变速箱，特别是用于传递大扭矩的湿式双离合器变速箱更是如此；当需要切换的挡位并未处于预备状态时，换挡时间相对较长，在某些情况下甚至超过 1 s；双离合器变速箱相比传统手动变速箱更重；早期的双离合器变速箱可靠性欠佳。

（2）自动变速器的特点。

与手动变速器相比，自动变速器具有以下优点：

① 消除了离合器操作和频繁换挡，从而减轻了驾驶员的疲劳。

② 能自动适应各种行驶条件的变化，从而降低了对驾驶员驾驶技能的要求。

③ 因采用液力传动，能够避免发动机超载运转，有利于延长有关零件的使用寿命。

④ 由于减少了换挡冲击与振动，底盘起步加速更加平稳，从而提高了乘坐的舒适性。

尽管很多人认为自动变速器存有结构复杂、价格昂贵、耗油量高、维修困难等缺点，但由于其具有优良的操作性并出于对行驶安全性的考虑，目前世界各国自动变速器的装车率越来越高，特别是大排量、高档次的轿车，已达到普及的程度。

6.3　转向机构和制动器的配置与选型

6.3.1　转向机构的配置与选型

车辆在行驶过程中，需按驾驶员的意志经常改变其行驶方向，即转向。

转向机构，是用以控制各类轮式或履带式车辆的行驶方向的机构。转向机构应能根据需要保持车辆稳定地沿直线行驶或能按要求灵活地改变行驶方向。

根据原理不同，转向机构可分为轮式和履带式两大类。

1. 轮式转向机构的配置与选型

1）轮式转向机构

就轮式车辆而言，实现车辆转向的方法是，驾驶员通过一套专设的机构，使转向桥（一般是前桥）及其上的车轮（转向轮）相对于车辆纵轴线偏转一定角度。在车辆直线行驶时，往往转向轮也会受到路面侧向干扰力的作用，自动偏转而改变行驶方向，此时，驾驶员也可以利用这套机构使转向轮向相反方向偏转，从而使车辆恢复原来的行驶方向。这样一套用来改变或恢复车辆行驶方向的专设机构，即轮式车辆转向机构。转向机构的功用是，保证车辆能按驾驶员的意志进行转向行驶。

轮式车辆的转向方式有轮转向、轴转向、铰接转向和滑移转向。

轮转向，也称偏轮转向，是指通过改变各个车轮方向实现车辆转向。在艾克曼于 19 世纪末发明梯形连杆转向机构后，汽车已普遍采用轮转向。为使结构简单，大多数车辆用前轮转向。转向时尽量使全部车轮绕同一个瞬时转向中心作圆周运动，以保证转向轮不发生滑移。有的车辆因前轴为驱动轴或载荷较重或对机动性有特殊要求而用后轮转向。等轴距 3轴、4 轴或多轴车辆也有用前后轮同时转向的（全轮转向）。根据情况，可以前轮转向、后轮转向或 4 轮同时转向，如图 6.17 所示。

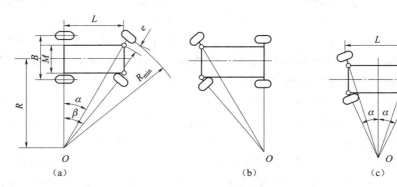

图 6.17　轮转向示意图
（a）前轮转向；（b）后轮转向；（c）全轮转向

轴转向，是指通过改变整个车轴线方向实现车辆转向。虽然几个车轴线在转向时交于一点，但转向时车轮前后位移过大，转向阻力大，轮胎磨耗大，所以不适用于高速行驶的车辆。早期的汽车和现代某些全挂车上采用轴转向。

铰接式转向类似于轴转向，即车轮无转向动作，而用液压或气压机构推动车辆的铰接部分使车辆转向，如图 6.18 所示。铰接式车辆大都是行驶于松软地面的越野车辆或工程机械，车速较低，可以用这种转向方式。

滑移转向，是指利用两侧车轮的速度差来实现车辆转向。滑移转向主要用于作业场地狭小、地面起伏不平、作业内容变换频繁的场合。

图 6.18　铰接式转向示意图

2）对轮式转向机构的要求

（1）转向时全部车轮必须作纯滚动，不应有侧滑，形成统一的瞬时转向中心。

（2）保证转向轮与转向盘转动方向一致，转向轮具有自动回正能力，保持在稳定的直线行驶状态。

（3）在行驶状态下，转向轮不得产生自振，转向盘没有摆动。转向传动机构和悬架导向装置产生的运动协调，应使车轮产生的摆动最小。

（4）转向器和转向传动机构中应有间隙调整机构。尤其是转向器和转向机构的连接处，应有调整机构，以消除因磨损产生的间隙。

（5）转向灵敏，最小转弯直径小，保证车辆有较高的机动性。

（6）工作可靠，操纵轻便，作用在转向盘上的切向力不大于 150～200 N。

（7）转向机构还应能减小地面传到转向盘上的冲击，并保持适当的"路感"。

（8）当发生碰撞时，转向装置应能减轻或避免对驾驶员的伤害。

（9）刚度足够，保证精确转向。

（10）结构合理。

3）轮式转向机构的类型及其特点

根据操纵方式，轮式转向机构分为机械式转向机构、液压式助力转向机构和全液压式转向机构等。机械式转向机构，以驾驶员的体力（手力）作为转向的动力，其中所有传力件都是机械的。其工作原理如图 6.19（a）所示，依靠驾驶员的手力转动转向盘，经转向器和转向传动机构使转向轮偏转，主要用于中小型车轮转向的车辆。液压式助力转向机构，是在机械转向机构的基础上加装动力系统，并借助此系统来减轻驾驶员的手力，又称动力转向机构。动力转向机构转向所需的能量，在正常情况下，只有小部分是驾驶员提供的体能，而大部分是发动机（或电动机）驱动的油泵（或空气压缩机）所提供的液压能（或气压能）。其工作原理如图 6.19（b）所示，以驾驶员的体力（手力）作为转向的部分动力并控制助力液压油缸（气缸），通过助力液压油缸（气缸）提供较大的辅助作用力（对转向机构中某一传动件施加不同方向的液压或气压作用力），经转向器和转向传动机构使转向轮偏转，主要用于重型车轮转向的车辆。全液压式转向机构，以发动机输出动力为能源来增大操纵车轮或车架转向的力，所用高压油由发动机驱动的油泵供给。其工作原理如图 6.19（c）所示，驾驶员转动转向盘控制液压系统的油流方向和油量，发动机驱动的油泵供给高压油驱动转向油缸使转向轮偏转，主要用于大中型、中低速车轮转向的车辆。

（1）机械式转向机构。

机械式转向机构一般包含转向器和转向传动机构。转向器是转向机构中减速增扭的传动装置，其功用是增大转向操纵机构传到转向节的力并改变力的传动方向。转向器一般由转向轴、啮合传动副和转向摇臂等组成。转向传动机构是将转向器输出的转向力和运动转变为转向动作的机构，一般由转向垂臂、左右梯形臂和转向横拉杆等组成。

图 6.19　转向机构工作原理示意图

（a）机械式转向机构；（b）液压式助力转向机构；（c）全液压式转向机构

转向器的输出功率与输入功率之比称为转向器传动效率，它是衡量转向器性能的一个重要参数。当转向轴作为输入、转向摇臂作为输出时求得的转向器传动效率为正效率，当转向摇臂作为输入、转向轴作为输出时求得的转向器传动效率为逆效率。转向器的可逆性指的是转向垂臂上的作用力能否以及能有多少反传到转向盘上去的性能。

转向器按传递力的可逆程度可分为可逆式、不可逆式和极限可逆式。可逆式转向器，是指转向器很容易将经转向传动机构传来的路面反力传到转向盘上，即逆效率很高的转向器。可逆式转向器有利于车辆转向结束后转向轮和转向盘自动回正，但也能将坏路面对车轮的冲击力传到转向盘，发生"打手"情况。经常在良好路面上行驶的车辆多采用可逆式转向器。不可逆式转向器，是指转向器不能将经转向传动机构传来的路面反力传到转向盘上，即逆效率很低的转向器。对不可逆式转向器，路面作用于转向轮上的回正力矩不能传到转向盘，这就使得转向轮自动回正成为不可能，驾驶员不能得到路面反馈的信息，即所谓丧失"路感"。极限可逆式转向器，是指转向器很难将经转向传动机构传来的路面反力传到转向盘上，即逆效率略高于不可逆式的转向器，其反向传力性能介于可逆式和不可逆式之间，而接近于不可逆式，多用于工作环境恶劣的中型以上越野车和工矿用自卸车。

通常按传动副的结构形式，可分为齿轮齿条式转向器、蜗杆滚轮式转向器、曲柄指销式转向器和循环球式转向器等。

齿轮齿条式转向器转向时，通过转向轴上的齿轮与可移动的齿条相啮合，实现转向力及其方向的传递和放大，如图 6.20 所示。驾驶员转动转向盘，通过转向轴、安全联轴节带动转向齿轮转动，齿轮使得齿条轴向移动，带动拉杆移动，使车轮偏转，实现转向。齿轮齿条式转向器的优点是：结构简单、紧凑，体积小，质量小；传动效率高达 90%；可自动消除齿间间隙；没有转向摇臂和直拉杆，转向轮转角可以增大；制造成本低。缺点是：逆效率高（60%～70%）。因此，车辆在不平路面上行驶时，发生在转向轮与路面之间的冲击力大部分能传至转向盘。这种转向器广泛用于微型、普通、中高级轿车，以及部分前

图 6.20　齿轮齿条式转向器示意图

悬独立的重型车辆。根据输入齿轮位置和输出特点不同，齿轮齿条式转向器有四种形式：中间输入，两端输出；侧面输入，两端输出；侧面输入，中间输出；侧面输入，一端输出。根据转向器和转向梯形相对前轴位置的不同，有四种布置形式：转向器位于前轴后方，后置梯形；转向器位于前轴后方，前置梯形；转向器位于前轴前方，后置梯形；转向器位于前轴前方，前置梯形。

蜗杆滚轮式转向器，通过转向轴上的蜗杆与可摆动的蜗轮（滚轮）相啮合，实现转向力及其方向的传递和放大，如图 6.21 所示。蜗杆母线为凹圆弧的曲面蜗杆（通常称为球面蜗杆）。滚轮表面作出两道或三道环形的齿，与球面蜗杆啮合。根据滚轮齿数不同，分为双齿式、三齿式和单齿式三种。转向盘带动球面蜗杆转动时，与之啮合的滚轮绕滚轮轴自转，同时沿着蜗杆的螺线滚动，从而带动其支座和转向摇臂绕轴摆动，最后通过转向传动机构使车辆转向轮偏转。这种转向器，实际上是一个蜗轮减速器，它具有较大的传动比，可使转向变得轻便省力。优点是：结构简单，制造容易，强度比较高，工作可靠，寿命长，逆效率低；缺点是：正效率低，调整啮合间隙比较困难，传动比不能变化。蜗杆滚轮式转向器应用较少。

蜗杆指销式转向器，通过转向轴上的蜗杆与可摆动的指销相啮合，实现转向力及其方向的传递和放大，如图 6.22 所示。转向蜗杆转动时，与之啮合的指销即绕摇臂轴轴线沿圆弧运动，并带动摇臂轴转动，最后通过转向传动机构使车辆转向轮偏转。蜗杆指销式转向器的优点是：传动比可以做成不变的或者变化的，工作面间隙调整容易。蜗杆指销式转向器有固定销式与旋转销式。固定销式转向器的优点是结构简单，制造容易；缺点是销子的工作部位磨损快，工作效率低。旋转销式转向器的效率高、磨损慢，但结构复杂。根据销子数量不同，有单销和双销之分。传动副是由蜗杆与带有曲柄的一个锥形销相啮合组成的。因此，双销式结构能保证曲柄销转到两端位置时，总有一个销能与蜗杆啮合，较之单销式有更大的转角，并避免因曲柄销在转到极限位置时脱出蜗杆而使转向失灵。要求摇臂轴有较大的转角时，应采用双销式结构。采用双指销不但可使摇臂轴转角范围加大，而且由于直线行驶及修正行驶方向时两指销均与转向蜗杆啮合，因而指销受力小，寿命长。双销式转向器的结构复杂，尺寸和质量大，并且对两主销间的位置精度、螺纹槽的形状及尺寸精度等要求高。此外，传动比的变化特性和传动间隙特性的变化受限制。蜗杆指销式转向器应用较少。

图 6.21　蜗杆滚轮式转向器示意图

图 6.22　蜗杆指销式转向器示意图

循环球式转向器，通过转向轴上的螺杆与可移动的螺母之间形成的螺旋槽内装有循环钢球而构成的滚珠丝杠传动副，以及可移动的螺母上齿条与摇臂轴上齿扇构成的传动副组成，实现转向力及其方向的传递和放大，如图 6.23 所示。循环球式转向器是由螺杆-螺母和齿条-齿扇两对传动副组成的，故又称为综合式转向器。转向螺杆转动时，通过钢球将力传给转向螺母，螺母即沿轴向移动。同时，在螺杆及螺母与钢球间的摩擦力偶作用下，所有钢球便在螺旋管状通道内滚动，形成循环"球流"。在转向器工作时，两列钢球只是在各自的封闭流道内循环，不会脱出。螺母沿轴向移动，通过其上齿条驱动齿扇及摇臂轴转动，最后通过转向传动机构使车辆转向轮偏转。循环球式转向器属可逆式转向器。循环球式转向器的优点：传动效率可达到 75% ~ 85%，操纵轻便；转向器的传动比可以改变；工作平稳可靠，使

图 6.23　循环球式转向器示意图

用寿命长；齿条和齿扇之间的间隙调整容易；适合用来做整体式动力转向器。缺点：逆效率高，结构复杂，制造困难，制造精度要求高。循环球式转向器主要用于大中重型车上。

转向传动机构，是从转向器到转向轮之间的所有传动杆件的总称。转向传动机构的功用是将转向器输出的力和运动传到转向桥两侧的转向节，使转向轮偏转，达到转向的目的，并使两转向轮偏转角按一定的关系变化，以保证车辆转向时车轮与地面的相对滑动尽可能小。

转向传动机构的结构和布置因转向器位置和转向轮悬架类型而异。

与非独立悬架配用的转向传动机构，一般由转向摇臂、转向直拉杆、转向节臂、两个梯形臂和转向横拉杆等组成，如图 6.24 所示。各杆件之间都采用球形铰链连接，并设有防止松脱、缓冲吸振、自动消除磨损后的间隙等的结构措施。转向摇臂的一端与转向器中的摇臂轴连接，另一端通过球头销与转向直拉杆作空间铰链连接。转向直拉杆是转向摇臂与转向节臂之间的传动杆件，在转向时既受拉又受压，具有传力和缓冲作用。在转向轮偏转且因悬架弹性变形而相对于车架跳动时，转向直拉杆与转向摇臂及转向节臂的相对运动都是空间运动，为了不发生运动干涉，三者之间的连接件都是球形铰链。转向横拉杆是转向梯形机构的底边，由横拉杆体和旋装在两端的横拉杆接头组成。其特点是长度可调，通过调整横拉杆的长度，可以调整前轮前束。左右梯形臂、转向横拉杆及前梁所形成的四边形是一梯形，故称为梯形机构。转向梯形机构的作用是保证转向时所有车轮行驶的轨迹中心相交于一点，从而

图 6.24　转向传动机构示意图

防止机械车辆转弯时产生的轮胎滑磨现象，减少轮胎磨损，延长其使用寿命，还能保证车辆转向准确、灵活。根据转向直拉杆的布置方向，分纵向布置和横向布置。根据转向梯形相对于前桥的布置位置，分前置式和后置式。一般采取后置式，即转向梯形布置在前桥之后。在发动机位置较低或转向桥兼充驱动桥的情况下，为避免运动干涉，采取前置式，即将转向梯形布置在前桥之前，如图6.25所示。

图 6.25　转向梯形布置

（a）后置式；（b）前置式；（c）转向直拉杆横向布置

当转向轮独立悬挂时，每个转向轮都需要相对于车架作独立运动，因而转向桥必须是断开式的。与此相应，转向传动机构中的转向梯形也必须是断开式的。与独立悬架配用的多数是齿轮齿条式转向器，转向器布置在车身上，转向横拉杆通过球头销与齿条及转向节臂相连，如图6.26所示。

图 6.26　与齿轮齿条式转向器相配用的转向传动机构示意图

当采用循环球式转向器或蜗杆式转向器时，转向传动机构的杆件较多，一般分成两段或三段，并且由在平行于路面的平面中摆动的转向摇臂直接带动或通过转向直拉杆带动，如图6.27所示，其中主要部件包括转向摇臂1、转向直拉杆2、左转向横拉杆3、右转向横拉杆4、左梯形臂5、右梯形臂6、摇杆7、悬架左摆臂8、悬架右摆臂9等。在转向轮偏转而且因悬架弹性变形而相对于车架跳动时，转向直拉杆与转向摇臂及转向节臂的相对运动都是空间运动。因此，为了不发生运动干涉，三者之间的连接件都是球形铰链。弹簧装在球头销后起缓冲作用。在旋松夹紧螺栓以后，转动横拉杆体，可改变横拉杆的总长度，来调节前轮前束。往往还设置转向减振器，用以克服车辆行驶时转向轮产生的摆振，并提高车辆行驶的稳定性和乘坐的舒适性。转向减振器一端与车身或前桥铰接，另一端与转向直拉杆或转向器铰接。

图 6.27　与独立悬架配用的转向传动机构示意图

1—转向摇臂；2—转向直拉杆；3—左转向横拉杆；4—右转向横拉杆；

5—左梯形臂；6—右梯形臂；7—摇杆；

8—悬架左摆臂；9—悬架右摆臂

（2）液压式助力转向机构。

助力转向机构，是在机械式转向系统的基础上加一套动力辅助装置组成的，又称为动力转向机构。助力转向机构，将发动机输出的部分机械能转化为压力能（或电能），并在驾驶员控制下，对转向传动机构或转向器中某一传动件施加辅助作用力，使转向轮偏摆，以实现车辆转向，借助辅助动力系统来减小驾驶员的转向操纵力。助力转向机构的作用是：在转向时，减小对转向盘的操纵力；限制转向系统的减速比；原地转向时能提供必要的助力；限制车辆高速或在薄冰上的助力，具有较好的转向稳定性；在动力转向装置失效时，能保持机械转向系统有效工作。助力转向机构由机械转向器、转向控制阀、转向动力缸以及将发动机输出的部分机械能转换为压力能的转向油泵（或空气压缩机、电动机）、转向油罐等组成，如图 6.28 所示。设计时，当前轴负荷大于 40 kN 时，必须采用助力转向机构；当前轴负荷在 25~40 kN时，可装也可不装助力转向机构；当前轴负荷小于 25 kN 时，不必安装助力转向机构。设计应满足要求：运动学的随动（转向轮转角和转向盘转角的关系）；力的随动（路感），即不同路面上，驾驶员的手力感觉；助力转向机构失灵时，仍能够用机械转向操纵；当操纵力大于 200 N 时，助力转向机构起作用；应能够自动回正，保证车辆稳定、直线行驶。

图 6.28　液压式助力转向机构的组成

助力转向机构按传能介质的不同，可以分为液压式、气压式和电动式三种。液压式助力转向机构具有结构紧凑、尺寸小、压力大、灵敏度高、可吸收冲击、无须润滑等特点，因此常用液压式助力转向机构，其工作原理如图 6.29 所示。当车辆直线行驶时，转向控制阀将转向油泵泵出来的工作液与油罐相通，转向油泵处于卸荷状态，动力转向器不起助力作用。当车辆需要向右转向时，驾驶员向右转动转向盘，转向控制阀将转向油泵泵出来的工作液与 R 腔接通，将 L 腔与油罐接通，在油压的作用下，活塞向下移动，通

图 6.29　液压式助力转向机构的工作原理

过传动结构使左、右轮向右偏转，从而实现右转向。向左转向时，情况与上述相反。

液压式助力转向机构按液流型式分为常流式和常压式两种。常流式是指机械不转向时，系统内工作油是低压。常压式是指机械不转向时，系统内工作油也是高压，分配阀关闭。液压式助力转向机构按其转向控制阀阀芯的运动方式可分为滑阀式和转阀式两种型式。滑阀式的特点是结构简单，工艺性好，操纵方便，易于布置。转阀式的特点是灵敏度高，密封件少，结构先进复杂。根据机械式转向器、转向动力缸和转向控制阀三者在转向机构中的布置和连接关系的不同，液压式助力转向机构分为整体式（机械式转向器、转向动力缸和转向控制阀三者设计为一体）、组合式（把机械式转向器和转向控制阀设计在一起，转向动力缸独立）和分离式（机械式转向器独立，把转向控制阀和转向动力缸设计为一体）三种结构形式，如图 6.30 所示。整体式具有结构简单、前束调整容易、制造容易等特点，但车轮跳动相互影响，一般与非独立悬架配合使用。分离式的特点是车轮跳动互不影响，但结构复杂、成本高、前束调整困难，一般与独立悬架配合使用。

图 6.30　液压式助力转向机构的结构形式
（a）整体式；（b）组合式 ；（3）分离式

（3）全液压式转向机构。

全液压式转向机构，是仅仅依靠液压介质为动力去实现转向功能，且转向控制元件与执行元件之间没有刚性连接，如图 6.31 所示。由于全液压式转向具有操作轻便、转向灵活、质

量小、体积小、安装布置方便等诸多优点，目前国内外全液压式转向技术在重型轮式车辆的转向系统中均得到了普遍应用。通常用于车速≤60 km/h的非道路轮式移动车辆的液压操控。

全液压式转向机构是由液压转向器和转向传动机构组成的，其功用是操纵车辆的行驶方向，应能根据需要保持车辆稳定地沿直线行驶，并能按要求灵活地改变行驶方向。转向系统对车辆的使用性能影响很大，直接影响行车安全，所以其必须满足以下基本要求：

① 操纵轻便，转向时，作用在转向盘上的操纵力要小。

② 转向灵敏，转向盘转动的圈数不宜过多，由转向盘至转向轮间的传动比应选择合理，同时转向盘的自由转动量不能太大。

图 6.31　全液压式转向机构示意图

③ 高度可靠，保证不致因转向机构的损坏而造成严重事故，因此，转向机构的结构要合理，各零件要有足够的强度和刚度，对于采用动力转向的车辆，除了要保证发动机在怠速时转向器也能正常工作外，还应考虑发动机或油路发生故障时有应急转向措施。

④ 转向盘至转向垂臂间的传动要有一定的传动可逆性，这样，转向轮就具有自动回正的可能性，使驾驶员有"路感"，但可逆性不能太大，以免作用于转向轮上的冲击全部传至转向盘，增加驾驶员的疲劳和不安全感。

全液压式转向机构离不开转向控制元件——全液转向器（SCU）。全液转向器按阀的移动方式分为滑阀式和转阀式两大类。滑阀式的特点是结构简单，工艺性好，操纵方便，易于布置。转阀式的特点是灵敏度高，密封件少，结构先进复杂。滑阀式又可分为机械滑阀式（循环球滑阀式）和液压滑阀式。全液转向器按阀芯的功能形式分为开芯无反应、开芯有反应、闭芯无反应、闭芯有反应（实际运用中，没有人使用）、负荷传感（与不同优先阀分别构成静态系统、动态系统）、同轴流量放大等几类。开芯型转向器处于中位（不转向）时，供油泵与油箱相通。开芯型转向器中使用的是定量液压泵。闭芯型转向器中位处于断路状态（闭芯），即当转向器不工作时，液压油被转向器截止，转向器入口具有较高的压力。闭芯型转向器中使用的是压力补偿变量泵。负载传感型转向器能够传递负载信号到优先阀，通过优先阀优先控制转向机构所需流量。根据压力传感信号的控制方式，分为动态传感型和静态传感型。负载回路反应型，是在转向器处于中位即驾驶员没有进行车辆转向操作的时候，转向油缸两侧直接连接到转向油缸上，转向盘上可以感受到转向油缸上受到的外力（负载）。负载回路无反应型，是在转向器处于中位即驾驶员没有进行车辆转向操作的时候，两油缸截止，转向盘上不能感受转向油缸上受到的外力。

2. 履带式转向机构的配置与选型

1）履带式车辆的转向原理

履带式车辆只要使左右侧履带的速度不同即可转向，即利用两侧履带的速度差进行转向（滑移转向，如图 6.32 所示）。当一侧制动时，就可以在原地转向。

图 6.32　滑移转向示意图

(a) 绕某回转中心转向；(b) 原地转向

2）履带式车辆转向的特点

履带式车辆和轮式车辆的性能有许多不同点，最主要的不同点是两者的转向性能不同。

（1）最小转向半径小。履带式车辆的最小规定转向半径比轮式车辆的小，可以等于履带中心距之半，甚至等于零，因此履带式车辆能够在较窄狭的地面上转向。而轮式车辆的最小转向半径远远大于车宽，所以转向要占较大的面积。在转向所占最小面积方面比较，履带式车辆比轮式车辆优越得多。

（2）转向阻力大。履带式车辆转向时，接地段要横向刮动地面，特别是在松软地面上以小半径转向时，横向阻力大大增加，为了防止发动机熄火，驾驶员常常需要换入低挡并加大油门。而轮式车辆转向时，只需把前轮转动一定角度，前轮仍然滚动没有横向运动，所以不会引起横向阻力的增加。为了防止翻车或侧滑，驾驶员常常减小油门或换入低挡。在转向阻力方面，轮式车辆比履带式车辆优越得多。

（3）转向平稳性不好。履带式车辆以规定转向半径或分离转向半径转向时，可以做任意角度和任意长时间的转向，转向过程比较平稳。如以非规定转向半径转向，内侧摩擦元件部分制动，有制动功率损失；为了防止烧坏摩擦元件，不能做长时间的持续转向。如果一次转向未能把车辆转到预定方向，则应使它直驶一小段距离后再做转向运动，直到将它转到预定方向为止。由此可知，其转向运动是断续式的、冲击式的，转向过程是不平稳的。而轮式车辆转向时，转向机构内部没有制动功率损失，所以它可做任意角度和任意长时间的转向，其转向过程是平稳的。

（4）转向轨迹可控性差。履带式车辆转向时，转向轨迹不完全取决于操纵杆或转向盘的位置，它受地面性质影响较大。这就要求驾驶员对各种地面性质应当深入了解，否则，实际的转向轨迹和驾驶员预想的转向轨迹会有较大出入，所以其转向轨迹的可控性较差。而轮式车辆的转向轨迹在一般情况下，只取决于转向盘旋转的角度，所以其转向轨迹的可控性较好。在转向轨迹可控性方面，轮式车辆比履带式车辆优越。

总之，在转向性能方面，履带式车辆不如轮式车辆，这是履带式车辆的一个突出缺点。

3）履带式转向机构的类型及其特点

履带式装甲车辆的转向机构，在发展中经历了诸多类型、方案、结构的变革，从最早期的双侧变速器方案，经单差速器、转向离合器、双差速器、二级行星转向机构、多半径双流转向，最后实现了液压无级转向，达到了长期追求的像轮式车辆转向一样方便的目标。

　　履带式装甲车辆的转向机构按两侧履带速度控制性质（或状态），分为独立式、差速式和降速式等。独立式转向机构转向时，高、低速履带互不影响，当车辆由直驶工况变为转向工况时，只改变一侧履带速度，另一侧（高速侧）履带速度将保持直驶时的状态，而车辆几何中心速度改变。结构形式有：单流传动中的转向离合器（苏 T-34）、一二级行星转向机构（苏 T-54）、双侧变速箱（苏 T-72）和双流传动中的正独立式（苏 AT-JI 牵引车）、零独立式（德 T-V）等转向机构。差速式转向机构，当车辆由直驶工况变为转向工况时，一侧履带升高的速度等于另一侧履带降低的速度，而车辆几何中心速度不变。结构形式有：单流传动中的单差速器（苏 T-37）、双差速器（美 M5A1）和双流传动中的正差速式（美 M60）、零差速式（采用离合器的德"豹"1 和采用液压机构的德"豹"2）、负差速式（英"奇伏坦"）等转向机构。降速式转向时，在低速履带降速的同时，高速侧履带也按比例降速。结构仅有 3K 转向机构一种，曾用于苏 T-10，后因转向性能不佳而被淘汰。

　　履带式装甲车辆的转向机构，按功率流数目分为单功率流和双功率流两类。单功率流转向机构串联在变速箱（或变矩器）后面，转向时，其功率输出与直驶功率输出相同，只有一路，只是两侧履带速度不同。其特点是：直驶与转向性能互不影响、规定转向半径少、转向时功率消耗大。结构有上述的独立式和差速式转向机构中的转向离合器、行星转向机构、双侧变速箱，以及单、双差速器等几种。双功率流转向机构，与变矩器、变速机构、制动机构一起组成双流传动装置（又称综合传动装置）。转向时，通过汇流行星排在直驶功率流上加两个方向相反的转向功率流，使两侧履带产生速度差。汇流排的连接方式是变速机构功率由齿圈输入，转向机构功率由太阳轮输入，汇流后由框架输出。变速机构和转向机构组成双功率流传动，其特点是：直驶与转向性能互相配合，转向半径与传动比有关，规定转向半径多。若转向分路中采用静液传动，还可以实现无级转向，结构有正、负、零差速式和正、零独立式两类。

　　履带式装甲车辆的转向机构，按传动介质分为机械式和液压式转向机构两种。机械式转向机构包括转向离合器、行星转向机构、差速器、双侧变速箱等。转向离合器用于单、双流传动中。行星转向机构用于单流传动中，转向半径不随排挡变化，结构简单，工作可靠，直驶性能稳定。差速器直驶性能不稳定。双侧变速箱直驶性能不太稳定，每侧变速机构均要承受转向时的发动机全部功率。液压式转向机构包括静液差速双流转向机构、静动液复合转向机构、静液机械复合转向机构等。静液差速双流转向机构，由液压机组（包括辅向柱塞泵和马达）和汇流行星排组成，其特点是系统的液压制动锁保证直驶稳定性，每挡均有一个最小规定转向半径，并且低挡时转向半径小、高挡时转向半径大，转向半径能连续无级变化，空挡时可进行中心（原位）转向。这是一种比较理想的转向装置。静动液复合转向机构，由静液转向机组和两个动液转向偶合器组成。静液机械复合转向机构，由液压转向机组和机械转向装置复合组成，其特点是用小功率液压元件进行连续无级的大半径缓转向；使用高效率的机械转向机构进行小半径急转向。液压式是目前无级转向机构中具有最好的质量、尺寸及动力学指标的一种。

　　履带式装甲车辆的转向机构，按规定转向半径数目分为一级式、二级式和多级式。一级式转向机构，只有一个规定转向半径，如转向离合器。二级式转向机构，有两个规定转向半径，如二级行星转向机构。多级式转向机构，有三个或三个以上规定转向半径，如双流传动装置中的转向机构。

履带式装甲车辆的转向机构，按转向半径改变原理分为无级式和混合式。无级式转向机构，是带摩擦变矩器、液压和电力传动的转向机构。混合式转向机构，是带有双侧变速箱和辅助功率中有液压传动的转向机构。

4）单功率流转向机构

履带式装甲车辆的单功率流转向机构，按转向时两侧履带速度的差别情况，可分为独立式、差速式和降速式三种类型。独立式转向机构，转向轴单独把低速履带的速度降低，而高速履带的速度不变，保持与直驶时相同。单流转向机构中属于独立式的转向机构有转向离合器和行星转向机构。转向离合器为一级的转向机构，即只有一个规定转向半径，其相对规定转向半径（规定转向半径与履带中心距之比）值 $\rho_{g1} = 0.5$。行星转向机构有一级行星转向机构和二级行星转向机构，一级行星转向机构有一个规定转向半径 $\rho_{g1} = 0.5$；常用的是二级行星转向机构，它有两个规定转向半径，$\rho_{g1} = 0.5$，$\rho_{g2} \approx 3$。差速式转向机构，转向时把低速履带的速度降低的同时，高速履带的速度相应地增加，且高速侧履带速度增加量等于低速侧履带速度降低量。单流转向机构中属于差速式的常用的有双差速器，它有一个规定转向半径 $\rho_{g1} = 1.5 \sim 2.0$。降速式转向机构，转向时把低速侧履带的速度降低的同时，高速侧履带的速度也按比例降低，从而降低了转向功率。由于其机构复杂，性能也不十分理想，过去仅有极少数重型坦克采用。

在规定转向半径和转向角速度方面，转向离合器、二级行星转向机构、双差速器都不能按道路条件不同而连续选择规定转向半径；转向离合器和差速器只有一个规定转向半径；二级行星转向机构有两个规定转向半径；独立式转向机构转向时车辆平面中心速度降低；差速式转向机构转向时车辆平面中心速度不变。所以差速式的转向角速度比独立式的大，降速式的转向角速度比前述两种转向机构的都低。

在转向消耗的功率方面，在相同地面条件及相同转向半径下，双差速器所消耗的功率一般比转向离合器略小些；二级行星转向机构有两个规定转向半径，用第二规定转向半径转向时有再生功率，消耗的功率比其他两种转向机构小得多。

在操纵元件和机构的自由度方面，双差速器转向时只需要操纵一个摩擦元件；转向离合器需要操纵两个摩擦元件；二级行星转向机构则要操纵三个摩擦元件，机构相对复杂一些；独立式转向机构在坦克直驶时只有一个自由度，直驶时方向稳定性较好。独立式转向机构转向时，一侧离合器分离的瞬间是二自由度的，此时履带上如遇外力作用（如下坡时的下滑力），坦克会失去操纵性，而形成"反转向"（即操纵左侧转向机构而坦克向右侧转向）；差速式转向机构有两个自由度，当两侧履带所遇阻力不相等时，特别是在复杂地形行驶或通过障碍物时，容易偏驶，失去直驶稳定性。

在总体布置方面，双差速器结构比较紧凑，体积和质量都较小。转向离合器结构比较简单；二级行星转向机构比上述两种转向机构都复杂；双差速器和纵轴变速箱配合便于布置；转向离合器或二级行星转向机构和横轴变速箱配合便于布置。

由此看出，在单流转向机构中，二级行星转向机构有两个规定转向半径，能产生再生功率，转向功率消耗较低，在困难路面上直驶时，可用两侧行星排作加力挡，行驶性能稳定，转向性能较好，优于其他两种转向机构。它可适用于中型和轻型坦克、履带式装甲车辆，目前国内列装的装甲车辆都在应用。转向离合器过去多用于后备功率较大的轻型履带式装甲车辆，目前已极少采用。双差速器转向机构过去多用于欧美国家轻型履带式装甲车辆。

5）双功率流转向机构

单流转向机构的直驶性能和转向性能是各自独立的，一般只有一个或两个规定转向半径，绝大部分的转向运动都由非规定转向半径实现。以非规定转向半径转向时，有制动功率损失很大，转向过程是断续的冲击式，转向轨迹是由若干条折线组成的，转向半径是突变的以及转向时间不能太长等突出的缺点。为了克服这些缺点，第二次世界大战以后，越来越多的国家把直驶机构和转向机构综合在一起，构成了双功率流转向机构或称双流传动。

所谓双流传动，是指由发动机传来的功率，分别通过两条并联传递路线传到两侧主动轮上：一路叫变速分路，功率经变速机构 B 不经转向机构 Z，传到两侧汇流行星排 H 的齿圈 q 上；另一路叫转向分路，功率经转向机构 Z 不经变速机构 B，传到两侧汇流行星排 H 的太阳轮 t 上。然后每侧的两路功率在汇流行星排 H 的行星架 j 上汇合起来，再经两侧的侧传动 C，最后传到两侧主动轮 ZD 上（见图 6.33）。

图 6.33　双功率流转向机构原理简图

现有双流传动的共同特点之一，就是都以行星排作为汇集两路功率的汇流机构，所以把它称为汇流行星排，以 H 表示。行星排的齿圈和变速分路相连，太阳轮和转向分路相连，行星架经侧传动和主动轮相连。现有双流传动在转向机构上的根本区别，是驱动太阳轮机构形式的不同，采用的机构有离合器、差速器（或液压组件）。采用不同的驱动机构，太阳轮有不同的旋转速度和不同的方向。转向运动要求两侧履带有不同的运动状态，所以两侧太阳轮也应有不同的运动状态。而直驶运动要求两侧履带有相同的运动状态，所以两侧太阳轮也应有相同的运动状态。

根据转向运动学参数，双流传动可分为两大类：一类是差速式双流传动，转向时车辆平面中心的速度是不变的，这个运动学特点和差速式单流转向机构是一样的；另一类是独立式双流传动，转向时车辆平面中心的速度是降低的，这个运动学特点和独立式单流转向机构也是一样的。

为了区别太阳轮的运动方向，规定车辆直线前进挡行驶时齿圈的旋转方向为正向，太阳轮的方向以齿圈旋转方向为准，与齿圈旋转方向相同的为正向，与齿圈旋转方向相反的为负向，太阳轮被完全制动时为零向。根据车辆直驶时太阳轮的旋转方向，差速式双流传动和独立式双流传动又各分为三种。

（1）正差速式双流传动。车辆直线行驶时，两侧汇流排太阳轮的角速度大小相等，它们的旋转方向为正（与齿圈方向相同）。以规定转向半径转向时，内侧太阳轮被完全制动；外侧太阳轮的角速度比直线行驶时增大 1 倍，其旋转方向为正。具有这种运动学特点的差速式双流传动机构，称为正差速式双流传动，其传动原理简图如图 6.34（a）所示。

（2）零差速式双流传动。车辆直线行驶时，两侧汇流行星排太阳轮完全被制动，转向分路不传递功率，为单功率流。以规定半径转向时，两侧太阳轮的角速度大小相等、方向相反，内侧太阳轮旋转方向为负，外侧太阳轮旋转方向为正，变速、转向两路都传递功率，为双功率流。具有这种运动学特点的差速式双流传动，称为零差速式双流传动，其传动原理简图如图 6.34（b）所示。

（3）负差速式双流传动。车辆直线行驶时，两侧汇流行星排太阳轮的角速度大小相等，旋转方向为负。以规定半径转向时，内侧太阳轮的角速度比直驶时增大 1 倍，其旋转方向为负；外侧太阳轮完全被制动。具有这种运动学特点的差速式双流传动，称为负差速式双流传动，其传动原理简图如图 6.34（c）所示。

图 6.34　差速式双流传动原理简图

（a）正差速式双流传动；（b）零差速式双流传动；（c）负差速式双流传动

（4）正独立式双流传动。车辆直线行驶时，两侧汇流行星排太阳轮的角速度大小相等，旋转方向为正。以规定转向半径转向时，内侧太阳轮完全被制动，外侧太阳轮的角速度仍和直驶时相同，旋转方向为正。具有这种运动学特点的独立式双流传动，称为正独立式双流传动，它的传动原理简图如图 6.35（a）所示。

（5）零独立式双流传动。车辆直线行驶时，两侧汇流行星排太阳轮完全被制动，只有变速机构这一路传递功率，为单功率流。以规定转向半径转向时，内侧太阳轮旋转方向为负（反转），外侧太阳轮仍和直驶时一样完全制动。具有这种运动学特点的独立式双流传动，称为零独立式双流传动，它的传动原理简图如图 6.35（b）所示。

（6）负独立式双流传动。车辆直驶时，两侧汇流行星排太阳轮的角速度大小相等，旋转方向为负。以规定半径转向时，外侧太阳轮的角速度仍和直驶时是一样的，内侧太阳轮必须以更大的角速度反转。这种方案理论上是成立的，但其结构非常复杂，不实用，目前尚未见到应用实例，所以实际中只有五类双流传动。

上述六类双流传动在性能和结构上存在较大的区别，从性能方面讲，零差速式双流传动性能最好，如转向机构用液压机组，可实现无级转向。从结构方面讲，正独立式双流传动结构最简单，其转向机构的组成、操作等几乎和二级行星转向机构完全一样，但是它的每个挡位都有一个第二规定转向半径，这使得转向性能有较大提高。

上述几种双流传动直驶和转向时，两侧汇流排三元件的切线速度如图 6.36 所示。

图 6.35　独立式双流传动原理简图

（a）正独立式双流传动；（b）零独立式双流传动

项目	直驶汇流情况		转向汇流情况	
	左侧行星排	右侧行星排	高速侧行星排	低速侧行星排
正差速式				
零差速式				
负差速式				
正独立式				
零独立式				

图 6.36　双流传动汇流排三元件切线速度

6.3.2 制动器的配置与选型

1. 制动器及其要求

制动器，是通过某种方式对旋转件施加制动力矩或者解脱制动力矩，使运动部件（或运动机械）减速、停止或保持停止状态，以及再恢复到原来旋转状态的装置或机构，俗称刹车闸。制动器是一种能量转换装置，将运动构件的动能转换成热能并耗散掉。为了减小制动力矩和结构尺寸，制动器通常装在设备的高速轴上，但对安全性要求较高的大型设备，则应装在靠近设备工作部分的低速轴上。装甲车辆制动器的作用是使车辆有效减速、停车和驻车，保证行车安全，使机动性得到充分发挥。

制动器主要由制动架、制动件和操纵装置等组成。有些制动器还装有制动件间隙的自动调整装置。

车辆制动性能的优劣影响车辆的行驶安全性及车辆最高行驶速度等。决定装甲车辆制动性能的外部因素包括路面条件、状况及风阻，内部因素包括车的质量、传动系统的形式、制动器形式及参数、主动轮参数等。评价装甲车辆制动性能，一般包括以下几个方面：

（1）制动距离。在规定车辆行驶速度下，从车辆开始制动到最后停车过程中车辆所驶过的距离。

（2）制动时间。从车辆开始制动到最后停车过程中车辆行驶的时间，包括空走时间和持续制动时间，其中空走时间是车辆开始制动（驾驶员踩下制动踏板）到车辆最大制动力的时间，持续制动时间是从车辆最大制动力到制动终止的时间。

（3）制动减速度。车辆制动力越大，则制动减速度越大，制动效果就越好。

（4）制动器的热负荷。制动器的热负荷表征制动器的持续制动能力。

在制动过程中，制动器将装甲车辆的动能转换成热能，实现装甲车辆的减速或停止运动。制动器的可靠性和可控性直接关系到装甲车辆高速行驶的安全。鉴于制动器在装甲车辆行驶中的重要性，对制动器有如下要求：

（1）制动可靠，即应有足够的制动转矩，这是保证安全可靠的基本条件，而且磨损小，寿命长。

（2）制动平稳，即制动摩擦副所产生的摩擦转矩稳定性好，受外界条件（如速度、温度、湿度、驱动力等）变化的影响要小。

（3）散热性能好。

（4）噪声低，污染小。

（5）操纵省力，放松彻底，操作维修方便。

2. 制动器的类型及其特点

制动器的形式种类较多，目前在装甲车辆上使用的制动器，常按以下方法进行分类。

按用途及功用，制动器分为换挡制动器、转向制动器和停车制动器等。换挡制动器，制动行星变速箱中行星排的一个构件以实现换挡。转向制动器，在履带式车辆及其传动装置内安装两个，直驶时两个制动器全松开，转向时制动一侧转向机构实现车辆转向。停车制动器分为行车制动器（脚刹）和驻车制动器（手刹）两种，安装在驾驶员处，行车制动器用于使车辆减速或停车，驻车制动器使车辆保持驻车（即停车）状态。

　　按工作原理，制动器分为摩擦式、液力式和液机联合式。

　　1）摩擦式制动器

　　摩擦式制动器，是利用固定构件和旋转构件表面相互摩擦时产生的摩擦阻力矩来降低速度，直至制动旋转构件停止的制动器，又称为机械式制动器。摩擦式制动器应用最为广泛，通过摩擦将装甲车辆的动能和位能转化为热能而耗散掉，以达到减速或停车的目的。

　　摩擦式制动器按摩擦副的工作环境可分为干式制动器和湿式制动器。干式制动器，摩擦副制动时，摩擦产生的热量主要由制动器结构元件吸收，另一部分热量则直接耗散到空气中。湿式制动器摩擦副工作于浸油封闭环境中，紧急制动时，摩擦热主要由制动器结构元件吸收；在持续制动时，产生的热量一部分由制动器的结构元件吸收，大部分则由冷却润滑油吸收或带走。

　　从结构上，摩擦式制动器又可以划分为片式、带式、盘式和鼓式等几种。

　　（1）片式制动器。

　　片式制动器，利用可轴向移动但不能转动的从动钢片与随主动件旋转的相应摩擦片之间产生的摩擦而将主动件制动。一般由多组间隔排放摩擦片组成，可通过增减摩擦片数来满足不同的制动要求。当需要制动时，控制油压进入活塞油缸，推动制动活塞压缩回位弹簧，将随主动件旋转的摩擦片与不能转动的从动钢片压紧，在从动钢片与摩擦片之间产生摩擦，而将主动件制动，如图 6.37 所示。

图 6.37　片式制动器的结构原理

（a）制动前；（b）制动后

　　片式制动器，在工作时无径向力，摩擦均匀，在两个旋转方向上制动效果相同，接合的平顺性好，间隙无须调整，具有制动容量大，平稳，磨损小，使用寿命长（可达 10 000 h），易于实现标准化和系列化，易于使用液压驱动和操纵等特点，但是轴向尺寸大。

　　片式制动器，有干式片式制动器和湿式多片制动器两种。干式片式制动器摩擦副制动时，摩擦产生的热量主要由制动器结构元件吸收，另一部分热量则直接耗散到空气中。湿式多片制动器摩擦副工作于浸油封闭环境中，紧急制动时，摩擦热主要由制动器结构元件吸收；在持续制动时，制动时产生的热量一部分由制动器的结构元件吸收，大部分则由冷却润滑油吸收或带走。

　　干式片式制动器多采用弹簧加压；湿式多片制动器多采用液压加压，活塞在制动油压作用下压紧动、静摩擦片。由于湿式多片制动器采用多片环形摩擦片，摩擦副工作于浸油封闭环境中，它的结构特点决定了其具有其他形式制动器所无法比拟的优点。湿式多片制动器采用多片结构，多个摩擦副同时工作，制动特性为制动力矩随车速下降而上升，其摩擦系数受温度、滑摩速度、压力变化的影响小，它是摩擦式制动器中性能最稳定的。目前，美国、俄罗斯、德国、日本、英国等国家的军用车辆上都采用这种制动器。湿式多片制动器可在较小的比压下获得较大的制动转矩，磨损量小，同时冷却散热效果好，尤其在持续制动或重复制动工况时，散热效果明显好于干式制动器。制动转矩对摩擦系数的敏感度低。摩擦副间有油膜存在，制动过程中有混合摩擦出现，制动力大且平顺。工作环境对外全封闭，工作性能稳定，抗热、抗水衰退性能好。在不增大径向尺寸的前提下，改变摩擦副数即可调整制动转矩，易于实现摩擦偶件的系列化、标准化。当然，湿式多片制动器也存在缺点，即带排损失大。因为湿式多片制动器具有多个摩擦片，在非制动工况下，有可能存在摩擦片与对偶盘之间的碰撞摩擦现象；此外，由于摩擦偶件工作在润滑油环境下，而润滑油都具有一定的黏度，所以会产生一定的阻力，这些都会引起装甲车辆行驶时的功率损失，即所谓的带排损失。

（2）带式制动器。

带式制动器，是利用围绕在制动鼓周围的制动带收缩而产生制动效果的一种制动器。液压促动的带式制动器主要由制动鼓、制动带和液压缸等组成，如图6.38所示。制动带的内表面敷摩擦材料，它包绕在制动鼓的外圆表面，制动带的一端固定在变速器壳体上，另一端则与制动油缸中的活塞相连。当制动油进入制动油缸后，压缩活塞回位弹簧推动活塞，进而使制动带的活动端移动，箍紧制动鼓。由于制动鼓与运

图 6.38　带式制动器的结构示意图

动部件构成一体，所以箍紧制动鼓即意味着夹持固定了该部件，使其无法转动。制动油压力解除后，回位弹簧使活塞在制动油缸中复位，并拉回制动带活动端，从而松开制动鼓，解除制动。在制动时，允许制动带与制动鼓之间有轻微的滑摩，以便被制动的部件不至于突然止动，因为非常突然的止动将产生冲击，并可能造成损害。但另一方面，制动带与制动鼓之间太多的滑动，即制动带打滑，也会引起制动带磨损或烧蚀。制动带的打滑程度一般随其内表面所衬敷的摩擦材料磨损及制动带与制动鼓之间的间隙增大而增大，这就意味着制动带需不时地予以调整。

带式制动器结构简单紧凑、制动带包角大、制动转矩大、分离的彻底性要比片式好些，但磨损不太均匀且有较大的径向力，制动转矩对摩擦系数敏感度高，散热差，安装调整时间长，可靠性降低。在我国和俄罗斯的一些坦克上仍在使用。

按制动带与杠杆的连接形式，带式制动器可分为简单式带式制动器、差动式带式制动器和综合式带式制动器三种结构形式。简单式带式制动器，又称单端式制动器，一端固定，另一端为操纵端，结构简图如图6.39（a）所示，制动带的一端固定在杠杆支点A上，另一端与杠杆上的B点连接。制动带在促动装置作用下会径向收缩，从而箍紧在制动鼓上，制动带就会与制动鼓表面摩擦，由于制动带不能旋转，所以制动鼓就会因为摩擦力矩的作用而减速甚至固定不动，处于紧闸状态。当松开促动装置时，则提起杠杆，制动带与制动鼓相互分离，即松闸。这种型式的制动鼓按图6.39（a）中转向旋转时产生

的制动力矩较大，反向旋转制动力矩较小，用于单向制动，常用作换挡制动器。差动式带式制动器，又称浮式制动器，两端都不固定，结构简图如图 6.39（b）所示，制动带的两端分别与杠杆的 B 点和 C 点相连，在制动力 P 的作用下杠杆绕 A 点转动，B 点拉紧而 C 点放松。由于 AB 大于 AC，即拉紧量大于放松量，因而整个制动带仍然是被拉紧的，制动带就会径向收缩，箍紧在制动鼓上，对制动鼓起到制动作用。反之，就会处于松闸状态。它与简单式带式制动器一样，宜用于单向制动，但所需制动外力比简单式带式制动器小而制动行程大，故常用作停车和转向制动器，以及手或脚操纵的单向制动。综合式带式制动器，又称双端式制动器，结构简图如图 6.39（c）所示，在制动力 P 的作用下，B 点和 C 点同时被拉紧，且 AB 等于 AC，因而制动带被拉紧，就会径向收缩，箍紧在制动鼓上，对制动鼓起到制动作用。制动鼓正转或反转时，这种制动器产生的制动力矩相同。它可用于正、反向旋转和要求有相同制动力矩的场合。

图 6.39　带式制动器结构简图
（a）简单式；（b）差动式；（c）综合式

（3）盘式制动器。

盘式制动器，摩擦副中的旋转元件是以端面工作的金属圆盘（制动盘），摩擦元件从两侧夹紧制动盘而产生制动。

盘式制动器从结构上来分有钳盘式制动器、全盘式制动器等。在钳盘式制动器中，由工作面积不大的摩擦块与其金属背板组成制动块。每个制动器中一般有 2~4 块。这些制动块及其促动装置都装在横跨制动盘两侧的夹钳形支架中，称为制动钳。钳盘式制动器散热能力强，热稳定性好，故得到广泛应用。钳盘式制动器按制动钳的结构形式可分为定钳盘式和浮钳盘式两种。定钳盘式制动器，结构示意图如图 6.40（a）所示。制动盘固定在轮毂上，制动钳固定在车桥上，既不能旋转也不能沿制动盘轴向移动。制动钳内装有两个制动轮缸活塞，分别压住制动盘两侧的制动块。当驾驶员踩下制动踏板使车辆制动时，来自制动主缸的制动液被压入制动轮缸，制动轮缸的液压上升，两轮缸活塞在液压作用下移向制动盘，将制动块压靠到制动盘上，制动块夹紧制动盘，产生阻止车轮转动的摩擦力矩，实现制动。浮钳盘式制动器的制动钳是浮动的，可以相对于制动盘轴向移动，结构示意图如图 6.40（b）所示。制动钳一般设计成可以相对于制动盘轴向移动。在制动盘的内侧设有液压油缸，外侧的固定制动块附装在钳体上。制动时，制动液被压入油缸中，在液压作用下活塞向左移动，推动活动制动块也向左移动并压靠到制动盘上，于是制动盘给活塞一个向右的反作用力，使活塞连同制动钳体整体沿导向销向右移动，直到制动盘左侧的固定制动块也压到制动盘上。这时两侧制动块都压在制动盘上，制动块夹紧制动盘，产生阻止车轮转动的摩擦力矩，实现制动。全盘式制动器，摩擦副的固定元件和旋转元件都是圆盘形的，分别称为固定盘和旋转盘，结构示意图如图 6.40（c）所示。制动盘的全部工作面可同时与摩擦片接触，产生的制动力大，一般用于重型车辆上。

图 6.40　盘式制动器结构示意图

（a）定钳盘式；（b）浮钳盘式；（c）全盘式

　　盘式制动器具有如下优点：热稳定性较好，因为制动摩擦衬块的尺寸不长，其工作表面的面积仅为制动盘面积的 6%～12%，故散热性较好；水稳定性较好，因为制动衬块对盘的单位压力大，易将水挤出，同时在离心力的作用下沾水后也易于甩掉，再加上衬块对盘的擦拭作用，因而出水后只需经一两次制动即能恢复正常；制动力矩与车辆前进和后退行驶无关；在输出同样大小的制动力矩的条件下，盘式制动器的质量和尺寸较小；盘式的摩擦衬块在磨损后更易更换，结构也较简单，维修保养容易；制动盘与摩擦衬块间的间隙小（0.05～0.15 mm），这就缩短了油缸活塞的操作时间，并使制动驱动机构的力传动比有增大的可能；制动盘的热膨胀不会像制动鼓热膨胀那样引起制动踏板行程损失，这也使间隙自动调整装置的设计可以简化。盘式制动器有自己的缺陷，例如对制动器和制动管路的制造要求较高，摩擦片的耗损量较大，成本高，而且由于摩擦片的面积小，相对摩擦的工作面也较小，需要的制动液压高，必须有助力装置的车辆才能使用，使用时效能较低，故用于液压制动系统时所需制动促动管路压力较高，一般要用伺服装置。盘式制动器是国外车辆上采用较多的一种制动器。

　　（4）鼓式制动器。

　　鼓式制动器，是利用制动传动机构使制动块（刹车蹄）将制动摩擦片压紧在制动鼓内侧，从而产生制动力，实现制动，又称为块式制动器或蹄式制动器。

　　鼓式制动器是利用制动蹄片挤压制动鼓而获得制动力的。按制动蹄运动方向，鼓式制动器可分为内张式和外束式两种。内张鼓式制动器，是以制动鼓的内圆柱面为工作表面，在现代车辆上广泛使用；外束鼓式制动器则是以制动鼓的外圆柱面为工作表面，目前只用作极少数车辆的驻车制动器。

　　按促动装置（制动蹄张开装置）形式，鼓式制动器可分为轮缸式制动器和凸轮式制动器，如图 6.41 所示。轮缸式制动器以液压制动轮缸作为制动蹄促动装置，多为液压制动系统所采用；凸轮式制动器以凸轮作为促动装置，多为气压制动系统所采用。

轮缸式制动器按制动蹄的受力情况不同，可分为领从蹄式、双领蹄式（单向作用、双向作用）、双从蹄式、自增力式（单向作用、双向作用）等类型，如图 6.42 所示。领从蹄式制动器的结构如图 6.42（a）所示。两个制动蹄的下端固定在制动底板上，以限制制动蹄的轴向位置。制动蹄上端用回位弹簧拉靠在制动轮缸的顶块上。制动蹄的外圆面上，用埋头螺钉铆接着摩擦衬片。作为制动蹄促动装置的制动轮缸也用螺钉固装在制动底板上。制动鼓

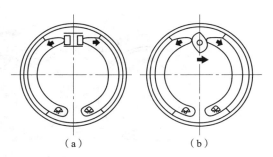

图 6.41　鼓式制动器促动装置示意图

（a）轮缸式；（b）凸轮式

固装在车轮轮毂的凸缘上，随车轮一起转动。制动轮缸作用于制动蹄上端，两个制动蹄绕下端固定销张开，使制动蹄压紧制动鼓的内圆柱面而产生制动力。制动蹄上制动力分布不一样，靠近主动端大，靠近固定端小。称制动力由大到小的制动蹄为领蹄，制动力由小到大的制动蹄为从蹄。不管制动鼓是正向旋转还是逆向旋转，两个制动蹄中都有一个领蹄和一个从蹄，因此这种结果称为领从蹄式制动器。领从蹄式制动器制动效能比较稳定，结构简单可靠，便于安装，广泛用作货车的前、后轮制动器和轿车的后轮制动器。在制动鼓正向旋转时，两制动蹄均为领蹄的制动器称为双领蹄式制动器，如图 6.42（b）所示。在制动鼓正向旋转时，两制动蹄均为从蹄的制动器称为双从蹄式制动器，如图 6.42（c）所示。在制动鼓逆向旋转时，双领蹄式制动器就变成双从蹄式制动器，而双从蹄式制动器就变成双领蹄式制动器。由此可见，这种双领蹄式制动器具有单向作用，在前进时制动效能好，倒车时制动效能大大下降，且不便安装驻车制动器，故一般不用作后轮制动器；但两制动蹄片受力相同，磨损均匀，且制动蹄片作用于制动鼓的力量是平衡的，即单向作用双领蹄式制动器属于平衡式制动器。双从蹄式制动器也有相同的特性。如果能使单向作用双领蹄式制动器两制动蹄的支承销和促动力作用点位置互换，那么在倒车制动时就可以得到与前进制动时相同的制动效果。双向作用双领蹄式制动器的制动蹄在制动鼓正、反向旋转时均为领蹄，如图 6.42（d）所示。自增力式制动器，是利用可调顶杆浮动铰接的制动蹄来代替固定的偏心销式制动蹄，利用前蹄的助势推动后蹄，使总的摩擦力矩得以增大，起到自动增力的作用。自增力式制动器可分为单向作用自增力式和双向作用自增力式两种，在结构上只是制动轮缸中的活塞数目不同而已。单向作用自增力式制动器只在车辆前进时起自增力作用，使用单活塞制动轮缸，如图 6.42（e）所示。双向作用自增力式制动器在车辆前进或倒车制动时都能起自增力作用，使用双活塞制动轮缸，如图 6.42（f）所示。在基本结构参数和制动轮缸工作压力相同的条件下，自增力式制动器由于对摩擦助势作用的利用，制动效能最好，但其制动效能对摩擦因数的依赖性最大，因而其稳定性最差。此外，在制动过程中，自增力式制动器制动力矩的增长在某些情况下显得过于急速。因此，单向作用自增力式制动器只用于中、轻型车辆的前轮，而双向作用自增力式制动器由于可兼作驻车制动器而广泛用于轻型车辆后轮。

现代坦克上应用的摩擦制动器，按结构形式主要可分为带式、片式和盘式制动器等。但由于鼓式制动器成本比较低，主要用于制动负荷比较小的后轮和驻车制动。目前，美、日、英等国家的履带式装甲车辆多采用湿式多片制动器。我国军用履带式装甲车辆多采用带式制动器，新一代履带式装甲车辆的制动器正向片式和盘式制动器方向发展。

图 6.42　轮缸式制动器制动蹄受力情况示意图

（a）领从蹄式；（b）单向作用双领蹄式；（c）双从蹄式；
（d）双向作用双领蹄式；（e）单向作用自增力式；（f）双向作用自增力式

摩擦制动器常用的摩擦材料有以下几种：纸基材料，具有动、静摩擦系数高，结合紧和对油的污染小等特点，但其强度和传热能力都较差；石墨-树脂材料，具有制动平稳、耐磨、耐高温的特点；石棉-树脂材料，多用于轻型和中型车辆；铜基粉末冶金材料，具有良好的耐磨和高温性能，多用于重型车辆上。

2）液力式制动器

现代主战坦克车重在 40~60 t，最高行驶速度在 60~70 km/h。坦克在高速行驶中，要求它既能迅速改变行驶方向又能迅速减速停车。对于这种使用要求，常用的机械式制动器很难予以满足，而且单独使用机械式制动器还存在长时间、连续工作不安全的因素。因此，人们将其他地面车辆上使用的液力式制动器移植到了现代装甲车辆上。

液力式制动器，又称液力减速器，是由一个多叶片制成的固定工作轮和一个多叶片制成的旋转工作轮组成的一种制动器。制动工作时，先向两个工作轮叶片间充入工作液体，旋转的工作轮使液体在两个工作轮内腔中产生摩擦和冲击，将旋转工作轮上的机械能转变为液体的热能，以达到使旋转工作轮（即输出）减速的目的。液力式制动器在工作时工作腔充油，不工作时将油排空。液力式制动器在制动工作时，向旋转机构带动的转子叶片和固定不动的定子叶片组成的工作腔内充入工作液后，在转子叶片上产生的制动力矩将使转子转速降低，制动力矩的大小随充液量的变化而改变。这样，通过转子达到了降低旋转机构转速的目的。制动时，最快可在 0.3 s 内将转子和定子叶轮结合。由于在制动过程中，旋转机构的机械能被部分或全部转换成工作液的热能。因此，制动系统还需要相应的散热措施将制动热量散掉，以保证液力式制动器能够正常、连续地工作。制动力矩的大小取决于工作轮腔的充液量和旋转工作轮的转速，因此液力式制动器最主要的特点是车速越高，其制动力矩就越大。

液力式制动器的主要特点：

（1）与同尺寸的其他制动器相比，液力式制动器在车辆高速时制动力矩大、制动平稳、噪声小、无机械制动时的磨损，工作寿命为其他类型制动器的 3~5 倍。

（2）液力式制动器的制动力与车速成正比，其性能稳定可靠，最大制动功率由车辆的散热能力决定。

（3）适于长时间连续制动工作，在车辆下长坡时，平均速度可提高 20%，并可减小摩擦或停车制动器的磨损。

（4）与机械式制动器联合使用时，由于结构体积小而适用于高速、大功率的装甲车辆及各种车辆。

（5）低速时制动力小、性能差，空转时会产生 4% 的鼓风功率损失。

（6）充油及控制精度要求高。

液力式制动器按功能可分为减速制动型和牵引-制动复合型两类。减速制动型主要起减速制动作用。牵引-制动复合型液力式变矩器是将液力变矩器和液力减速器在结构上合二为一，其主要优点是节省空间，总体布置方便，位于装甲车辆传动链的高级环节，可以小尺寸获得大制动转矩。减速制动型液力制动器按结构可分为轮毂内置式、变速器内置式、轴间反转式等。轮毂内置式，结构紧凑，但径向尺寸受限制，同时因其靠轮毂散热而使制动时间、功率和散热受到限制。变速器内置式，结构紧凑，转子转速高，径向尺寸及制动力矩大。轴间反转式，两个工作轮分别由车辆两轴驱动，一个正转、一个反转，其特点是力矩系数高。牵引-制动复合型液力式变矩器按结构可分为制动轮式、涡轮反转式等。制动轮式，具备变矩器和减速器功能，由泵轮、涡轮、导轮及两个制动轮组成，两制动轮刚性连接，减速时将制动轮制动。涡轮反转式，由一个离合器、制动器和变矩器组成，制动时，离合器松开，制动器接合，同时通过倒挡机构，使与输出端相连的涡轮反转，由液力冲击泵轮而产生制动力矩。

3）液机联合式制动器

机械式制动器低速制动性能稳定，高速时由于制动器温升过高，导致摩擦面间磨损加剧，不利于装甲车辆的安全行驶。与此相反，液力式制动器的制动能力与行车速度的平方成正比，车速越高，制动能力越大，高速时具有良好的制动效能，而低速时制动能力明显下降，而且性能不稳定，随着装甲车辆速度降低到零，制动力亦为零，因此该种装置只能作为减速制动器或紧急制动时辅助使用，而不能作为停车制动器使用。

为了满足车辆的制动性能，通常装甲车辆上组合使用多种制动器。例如，德国"豹"2 主战坦克上安装有由脚操纵的主制动器，以及安装在变速器机构和汇流排之间，并具有 5 147 kW 最大吸功能力的一个液力式制动器和两个装在传动装置输出端的油冷多片式摩擦制动器组成。在侧减速器上还装有手操纵的盘式制动器，作为停车和辅助制动器。其整个制动系统可使 55 t 重的"豹"2 坦克在 3.6 s 内从车速 65 km/h 达到制动停车。

联合制动（或复合制动），顾名思义，即将几个不同的制动器（或制动系统）联合使用，在保证坦克装甲车辆所需制动性能的基础上，可兼顾各制动器不同的使用工况，充分发挥各自的优点，避免其缺点。

对液力式制动器和机械式摩擦制动器要进行控制，以避免高转速范围时机械式制动器的摩擦磨损。在高转速范围内液力式制动器单独工作，在低速范围内，液力式制动器和机械式制动器联合工作，这样就把液力式制动器和机械式制动器的优点结合起来，同时也弥补了各自的缺点。这两种制动器的联合应用将为重型或高速坦克装甲车辆提供高效、安全的制动技术，同时减少冲击振动，延长制动装置的寿命。

联合制动的主要目的是在保证装甲车辆各制动器良好且稳定工作的情况下，尽可能地使装甲车辆制动转矩恒定，其优点是可简化装甲车辆制动系统辅助装置的设计，如工作液体的流量和散热器的设计等，缺点是对装甲车辆制动控制系统的要求很高，以确保各制动器的相互匹配和协调。制动转矩从零逐渐增加到目标制动转矩的这段时间称为装甲车辆空走时间（或称制动起效时间），空走时间越短越好，以尽可能缩短制动距离。此后，装甲车辆理想的制动转矩为一直线，保证装甲车辆具有均匀的减速度。

在装甲车辆行驶过程中，如果要产生正常的制动减速度，脚踏阀在第一级行程内作用，联合制动恒转矩系统发挥作用。装甲车辆的联合制动过程就是机械式制动器配合液力式制动器工作的随动过程。在装甲车辆的速度较高时，为了保护机械式制动器的摩擦片，由液力式制动器单独制动，液力式制动器按照驾驶员的控制指令产生相应的恒定制动转矩，液力式制动器处于部分充油状态，随着车速降低，液力式制动器在自身液压控制阀的作用下增加充液量以保持恒制动转矩。当液力式制动器的充液量达到最大值以后，如果车速进一步降低，减速器的制动转矩就会降低，这时电子控制单元控制伺服减压阀的电流使机械式制动器产生相应的补偿转矩。

如果驾驶员观察到前方路面的紧急情况，紧急踩下制动踏板，机械式制动器以最大制动能力产生制动转矩，液力式制动器以最大制动能力参与制动。

当装甲车辆下长坡需要长时间连续制动时，驾驶员按下电子控制系统的调速制动按钮，调速制动模块作用，电子控制系统控制脚踏板后面的电控减压阀使液力式制动器产生制动转矩。假设在一定的坡道上装甲车辆开始时静止，则在自身重力分量的作用下，装甲车辆沿坡道方向下降加速，液力式制动器的制动转矩与车速有关，速度越高，其制动转矩越大，所以存在液力式制动器和车辆下坡分力的平衡车速，装甲车辆最后将稳定在这个平衡车速上。

在调速制动过程中，如果电控装置采集到脚踏板的制动信号，则控制程序自动转到其他制动模块。这种装置在不改变原来液压系统的基础上增加了制动系统的功能。

在设计联合制动恒转矩控制系统的时候有两种选择方案。第一种方案的基本原理是根据制动过程中液力式制动器出口压力的变化动态调整机械式制动器伺服减压阀的控制电流。当指令装置发出指令油压时，液力式制动器就产生对应的恒制动转矩使装甲车辆减速，同时有反馈油压产生，制动转矩、车速、反馈油压这三者呈线性关系。当车速减到一定程度时，联合制动系统的机械式制动器开始参与制动，使装甲车辆仍然得到恒制动转矩。根据液力式制动器和机械式制动器的具体结构尺寸和制动转矩模型，可以找到液力式制动器反馈油压和伺服减压阀控制电流的对应关系。这种方法需要事先知道液力式制动器液压控制系统和机械式制动器控制系统的精确数学模型。第二种控制策略是直接采集装甲车辆的实际制动减速度，把这个制动减速度和脚踏板产生的指令减速度相比较，由实际减速度和指令减速度的差值控制机械式制动器的制动转矩。这样在液力式制动器控制模型和机械式制动器控制模型还不是很完善的情况下，便可以得到恒定的装甲车辆制动减速度。

6.4　操纵机构的配置与选型

6.4.1　操纵机构及其要求

1. 操纵机构及其特点

操纵机构是指驾驶员用来控制装甲车辆的动力和传动系统各机构动作，以实现对车辆在行驶时的各种战术技术性能要求的一套装置。它对于充分发挥传动系统的技术性能，提高车辆的机动性，减轻驾驶员的疲劳，并使驾驶员能集中注意力观察外界情况以提高战斗力有很大影响。

与一般车辆操纵相比较，装甲战斗车辆操纵具有下列特点：

（1）由驾驶员管理的操作件数量多而且复杂，战斗时，还需要驾驶员操作武器射击和操作其他辅助装置。

（2）操作费力，驾驶员的体力消耗较大。

（3）在战斗时关闭驾驶窗，因而工作条件差，噪声大，视界受限制，驾驶员很容易疲劳。

因此，不断提高装甲车辆操纵机构的完善程度，改进驾驶员的工作条件，不仅是驾驶员的迫切要求，而且是提高装甲车辆性能和持续战斗力的重要方面。

装甲战斗车辆驾驶员操作的机构很多，主要有下列几种：

（1）发动机及其各辅助系统的操纵机构，如油门踏板、手油门和起动开关等。

（2）传动系统各组件的操纵机构，如主离合器踏板、变速杆、转向操纵杆和制动踏板等。

（3）其他操纵机构，如机枪射击、百叶窗开关、水陆坦克水上行驶的操纵机构等。

2. 对操纵机构的要求

对手动操纵机构的要求：

（1）操纵件数目应是最少的。考虑到人的生理和心理的特点，在全部车辆行驶状态和参数条件下，它们应保证操纵轻便并且简单。根据人体测量统计，通常操纵件的行程应为：踏板 100 mm，手柄 300 mm；当转向盘在中间位置到 40°~42°时，施加的力为：踏板上 150 N，手柄上 100 N；对于制动器，施加在停车制动器上的力可以从 45 N 连续增加到 300 N；紧急制动时，踏板上允许达到 800 N，手柄上允许达到 400 N。

（2）具有足够的灵敏性、准确性和快速反应能力。操纵件的作用应及时引起车辆行驶参数相应准确变化，车辆对于操纵件位置改变所对应的反应时间不应大于 0.2~0.3 s，否则会导致驾驶员的操作失误。

（3）要能满足被操纵件的作用力、行程和动作速度以及多个被操纵件的作用先后顺序等方面的要求。例如对行星转向机构的操纵机构来说，由原始位置到第一位置，要求闭锁离合器先逐渐分离到完全分离，压板克服一定的弹簧力并保证一定的行程，同时小制动带逐渐制紧小制动鼓。由第一位置到第二位置，要求闭锁离合器继续分离，小制动带松开，大制动带制紧大制动鼓。而且要求手操纵机构工作时不要影响脚操纵机构的工作。

（4）在所有使用条件下工作可靠，操纵机构不易发生故障，万一有故障时也不应使车辆完全失去操纵能力，至少应能挂上空挡，并使停车制动器能够单独操纵，以便被其他坦克装甲车辆拖拉。例如 M46 坦克，当液压操纵机构发生故障时，仍可采用停车制动器，使坦克不至于完全失去操纵能力。

（5）经常处于准备工作状态。对此，机械式最有利，它与车辆是否工作的状态无关。而采用液压或电压元件时，则必须安装各种蓄能器来辅助工作。

操纵机构的机构和元件按照它们在构造上所实现的功能是各式各样的，因此，按照用途还可以提出某些附加的要求。此外，也可以对它们提出一些总体结构要求，如高的传动效率，足够的耐久性和可靠性，质量小，操纵轻便，使用和维修简单以及生产成本低等。

现代动力传动的操纵机构通常采用自动操纵机构，要求除了应满足上述手动操纵的要求外，还有一些特殊的要求：

（1）既要操作容易、省力、动作次数少，又要工作可靠、可控，便于驾驶员根据不同的行驶条件对车速及牵引力进行有效的控制，保证安全行驶。

（2）既要保证得到最好的动力性能，获得最佳的加速性，又要有满意的燃油经济性。要满足这两种要求，应有最佳的换挡时刻。

（3）升挡和降挡必须依次进行，保证平稳地换挡，以减少换挡过程中的振动和冲击，防止机件的损坏。

（4）驾驶员可以干预自动换挡，以适应复杂的路面和地形条件的要求。

（5）自动换挡系统发生故障时，应有应急挡（保险挡），一般应急挡应有一个前进挡和一个倒挡，以便应急行驶。

（6）自动变速操纵机构，最好能有车长超越驾驶装置（即车长超越驾驶员直接驾驶装甲车辆）和行驶遥控操纵机构。

3. 操纵机构的组成

操纵机构一般可由四部分组成。

1）能源

操纵机构的能源有人力和动力两大类。人力，是指驾驶员的体力。动力，是指由发动机或传动装置带动的液压泵、压气机和电动机的动力。

2）控制机构

控制机构是操纵机构的输入机构，是驾驶员的主动操作直接作用的部分，如按钮、手操纵杆、手柄、拉杆、踏板、转向盘和阀门等。

3）传导机构

传导机构是控制机构和执行机构之间的连接机构，将驾驶员操作的力、行程和信号直接地或经过放大、转换后传递给执行机构。对机械操纵机构来讲，传导机构是杠杆、连杆和凸轮等机械元件；对液压操纵和气压操纵机构讲，传导机构是油管和气管等。有的传导机构还包含其他为保证正常工作需要的元件和部件，如储存工质的容器、泵、滤清器、配电设备和各种仪表等。

4）执行机构

执行机构是操纵机构的输出机构，是与被操纵件直接发生作用的机构。例如在机械操纵中的拨叉、拉杆或推杆；在液压操纵和气压操纵中，使离合器分离或接合，使制动带拉紧或松开的油缸或气缸等。

4. 操纵机构的分类

操纵机构按不同的特征可以分为多种类型。

按操纵时所用的能量形式，操纵机构可分为下列几种。

（1）机械操纵机构。利用机械能完成操作动作的操纵机构称为机械操纵机构，它由拉杆、杠杆、凸轮、弹簧等机械元件组成，其动力源是驾驶员的体力。按作用形式，机械操纵机构又可分为直接作用式和助力式。直接作用式，操纵时所需要的能量完全由驾驶员的体力来承担，也称无助力式操纵。直接作用式常用于定轴式机械变速箱换挡操纵，如中型坦克的换挡操纵机构、停车的制动操纵机构等。助力式，操纵所需要的能量部分由预先储存的辅助能量来供给，驾驶员只付出换挡操纵所需要的部分能量。助力式常用于主离合器、转向机和制动器操纵，因这些部件所需操纵力大，通常采用助力式操纵机构。尤其是对于中、重型坦克来说，一般驾驶员反映仍感到操纵费力，体力消耗较大，如中型坦克的主离合器操纵机构等。弹簧助力式机械操纵是广泛应用的一种操纵装置，其优点是结构简单、工作可靠、保养维修方便，但缺点是助力作用的效果有限。在机械式操纵装置设计中应确定操纵装置的传动比，使操纵力和行程符合人机工程要求；决定机构方案、助力方式，注意减少拉杆关节摩擦，提高力效率，加大拉杆刚度，提高行程效率以减小操纵功。机械操纵机构结构简单、工作可靠，在第二次世界大战后仍为大多数坦克所采用。为减小操纵力，可以采用气压助力操纵、液压助力操纵等。液压助力操纵机构是一种液压操纵和机械操纵共同为同一执行元件工作的操纵装置，通常是采用并联式工作。其优点是当液压系统出现故障时，机械装置的功能不会受到影响，工作可靠。尤其是在对机械式操纵装置进行改进时，采用这种方案则更为方便、可行。

（2）液压操纵机构。利用液压能来完成操纵动作的操纵机构称为液压操纵机构。按动作性质，液压操纵机构又可分为无随动作用式操纵机构和随动作用式操纵机构。无随动作用式操纵机构，执行机构的行程或力的大小不能相应地随控制机构的行程或力的大小而改变，一般情况下用于换挡离合器、换挡制动器和动液传动闭锁离合器的操纵，如美国 M46 坦克的换挡操纵机构。随动作用式操纵机构，执行机构的行程或力的大小能相应地随控制机构的行程或力的大小而改变，一般用于主离合器、驻车制动器、转向制动器等装置的操纵。因为控制主离合器分离接合的快慢，制动力的大小以及转向半径的大小对于满足传动装置性能是非常必要的。按作用对象分，随动作用式操纵机构又可分为行程随动式操纵机构和作用力随动式操纵机构。行程随动式操纵机构，执行机构行程的大小能相应地随控制机构行程的大小而改变，如 T-55 坦克的液压转向操纵机构。作用力随动式操纵机构，执行机构力的大小能相应地随控制机构的力的大小而改变，如 M46 的转向操纵机构。液压式操纵装置由油源（油箱、油滤、油泵）、操纵阀、压力控制阀、换挡阀和散热器等组成，应用于离合器或制动器换挡的传动中，除操纵功能外，兼有对传动装置冷却和润滑功能。为保证被操纵件工作特性（作用强度和速度），通常设计成随动结构，随操纵手柄的位移或力而变化。传统液压操纵装置为纯液压的，用手操纵换挡阀，接通油路。

（3）气压操纵机构。利用高压空气来完成操纵动作的操纵机构称为气压操纵机构。

（4）电操纵机构。利用电动机来完成操纵动作的操纵机构称为电操纵机构。

（5）复合式操纵机构。复合式操纵机构，是上述四种操纵机构的综合运用，如机械-液压式、电-液式和机-电-液式等。

按完成操纵的方法，操纵机构可分为简单操纵机构、半自动操纵机构和自动操纵机构三种。

（1）简单操纵机构。通常是直接作用式机械操纵装置。

（2）半自动操纵机构。在这种装置中，为了改变行驶工况，驾驶员仅仅发出主控指令，通常只发给一个操纵件，往后操纵机构将会按照预先规定的程序自动完成各项功能操作，输出信号为力、位移、速度等形式，按所要求的大小、形式和持续时间，并按严格的逻辑关系连续输送给相应部件的执行机构。

（3）自动操纵机构。这种装置与半自动换挡操纵机构的区别仅仅在于它的主控指令是由操纵机构自身确定的。自动操纵是动力换挡操纵中更加完善的一种。例如自动换挡，在自动变速箱的升挡和降挡过程中，挡位是自动变换的（换挡）。在液压操纵自动换挡机构中，操纵挡位自动升挡和降挡的机构为液压机构；在电液操纵自动换挡机构中，操纵挡位自动升挡和降挡的机构为电液机构；在电液气操纵自动换挡机构中，操纵挡位自动升挡和降挡的机构为电液气机构。

6.4.2 离合器操纵机构的配置与选型

1. 离合器操纵机构

离合器操纵机构，是驾驶员借以使离合器分离，而后又使之柔和接合的一套机构。它起始于离合器踏板，终止于飞轮壳内的分离轴承。

2. 对离合器操纵机构的要求

为了保证离合器可靠工作，满足离合器性能要求，离合器操纵机构必须满足以下要求：

（1）提供足够的操纵力。由于驾驶员的体力有限，踏板操纵力不大于 150 N。采用气压助力操纵机构时，系统压力必须大于 0.22 MPa。气压助力操纵机构的储气筒内压缩空气的压力必须达到规定的标准（≥450 kPa），否则踩踏离合器踏板时感到沉重。

（2）合理的操纵行程。踏板行程不大于 100 mm。

（3）操纵动作灵活。要求动作灵活，不得有任何卡滞现象。

（4）可靠性高。对液压和气压助力操纵机构，应确保助力器各部的密封性，没有泄漏。

3. 离合器操纵机构的类型及其特点

离合器操纵机构的结构形式应根据对操纵机构的要求、车型、整车结构、生产条件等因素确定。按照分离离合器所用传动装置的形式区分，有机械式、液压式和气压助力液压式。

1）机械式离合器操纵机构

机械式离合操纵机构，以驾驶员的体力作为唯一的操纵能源，它有杆系和绳索传动两种形式。杆系操纵机构的特点是结构简单，容易制造，摩擦损失大，关节点多，布置困难，工作时会受车架或车身变形的影响，且不能采用吊式踏板，载货车辆常用此类机构。绳索式操纵机构（见图6.43）的特点是可消除杆系的缺点，可远距离操作，适用吊式踏板，但操纵拉索寿命较短，拉伸刚度较小，绳索拉伸变形导致踏板自由行程增大，常用于中轻型轿车、微型车辆等。上述两种装置的共同特点是结构简单、成本低、故障少，缺点是机械效率低。

图 6.43 绳索式操纵机构

2）液压式离合器操纵机构

液压式离合器操纵机构，是通过液压主缸将驾驶员施于踏板上的力放大，以操纵离合器传动装置，如图 6.44 所示。其特点是摩擦阻力小，质量小，布置方便，接合柔和，不受车身外形影响。

图 6.44 液压式离合器操纵机构

3）气压助力液压式离合器操纵机构

在中重型车辆上，为了既减少踏板力，又不致因传动装置的传动比过大而加大踏板行程，一般采用了气压助力液压式离合器操纵机构，如图 6.45 所示。气压助力液压式离合器操纵机构，利用发动机带动的空气压缩机作为主要的操纵能源，驾驶员的肢体作为辅助的和后备的操纵能源。驾驶员能随时感知并控制离合器分离和接合的程度（依靠气压助力装置的输出压力必须与踏板力和踏板行程成一定的递增函数关系）。当气压助力系统失效时，保证仍能人力操纵离合器。

图 6.45　气压助力液压式离合器操纵机构

6.4.3　变速器操纵机构的配置与选型

1. 变速器操纵机构

变速器操纵机构，是用来改变变速器齿轮的搭配而实现换挡的机构。换挡（进行挡位变换），就是根据车辆行驶条件的需要改变变速传动机构传动比、变换传动方向或中断发动机动力的传递。在驾驶员操作下，变速器操纵机构能迅速、准确、可靠地摘下、挂入某个挡位或退到空挡。

2. 对变速器操纵机构的要求

为保证变速器能够准确地挂入选定的挡位，并能可靠地在所选挡位上工作，要满足以下要求：

（1）为防止变速器自动跳挡，操纵机构应设自锁装置。无论是用滑动齿轮还是接合套换挡，挂挡后要求实现在全齿长上啮合。在振动或车辆倾斜等条件影响下，要保证不自行脱挡或挂挡，为此应该设置自锁装置。

（2）为防止同时挂入两个挡位，操纵机构应设互锁装置，以免使同时啮合的两挡齿轮因其传动比不同而相互卡住，造成运动干涉甚至造成零件损坏。

（3）为防止误挂倒挡，操纵机构应设倒挡锁装置。防止车辆在前进中因误挂倒挡造成极大的冲击，使零件损坏，并防止在车辆起步时误挂倒挡造成安全事故。

3. 变速器操纵机构的类型及其特点

变速器操纵机构有强制操纵式、自动操纵式和半自动操纵式三种类型。

1）强制操纵式

强制操纵式变速器操纵机构，是驾驶员直接操纵变速杆换挡的变速器操纵机构。按变速杆位置，强制式变速器操纵机构又分为直接操纵式和远距离操纵式。直接操纵式，变速杆及所有换挡操纵装置都设置在变速器盖上，变速器布置在驾驶员座位的近旁，变速杆由驾驶室底板伸出，驾驶员可直接操纵变速杆来拨动变速器盖内的换挡操纵装置进行换挡。由变速杆、拨块、拨叉、拨叉轴和自锁、互锁及倒挡锁等装置组成。直接操纵式结构紧凑、简单、操纵方便；每一根拨叉轴最多实现 2 个挡位，挡位越多换挡操纵机构越复杂。对于不同的变速箱，其挡位排列不同，因此在仪表板上或者操纵手柄上应该有变速箱挡位排列图。直接作用式常用于定轴式机械变速器换挡操纵。远距离操纵式，是驾驶员座椅距离变速器较远，因而变速杆不能直接布置在变速器盖上，为此在变速杆与变速器之间加装了一套传动杆件连接，构成远距离操纵。发动机后置的车辆变速器必须采用远距离操纵。远距离操纵应该具有足够的刚性，而且连接件之间的间隙要小，否则换挡手感不明显。

2）自动操纵式

自动操纵式变速器操纵机构，是针对自动变速器而言，传动比的选择和换挡是自动进行的，驾驶员只需操纵加速踏板，自动变速器就可以根据发动机的负荷信号和车速信号来控制执行元件实现挡位的变换。自动操纵式变速器操纵机构实际上是指自动变速器控制系统。控制系统的主要任务是控制油泵的泵油压力，使之符合自动变速器各系统的工作需要；根据操纵手柄的位置和车辆行驶状态实现自动换挡；控制变矩器中液压油的循环和冷却，以及控制变矩器中锁止离合器的工作。

为实现自动换挡，必须以某种（或某些）参数作为控制的依据，而且这种参数应能用来描述车辆对动力传动装置各项性能和使用的要求，能够作为合理选挡的依据，同时在结构上易于实现，便于准确可靠地获取。目前常用的控制参数是车速和发动机节气门开度。目前，常用的控制系统有两种：一种是只以车速或变速器输出轴转速作为控制参数的系统，称为单参数控制系统；另一种是以车速和节气门开度作为控制参数的系统，称为双参数控制系统。

车速和节气门开度的变化要转变成油液压力变化的控制信号，输入到相应的控制系统，改变液压控制系统的工作状态，并通过各自的控制执行机构来进行各种控制，从而实现自动换挡。这种转速装置，称为信号发生器或传感器，常用的控制信号有液压信号和电气信号。

液压信号装置是将发动机负荷（节气门开度）和车速的变化转变成液压信号的装置。常见的液压信号装置有节气门调压阀（简称节气门阀）和速度调压阀（简称速度阀或调速器）两种。

将控制参数的变化转换成电气信号（通常是电压或频率的变化），经调制后再输入控制器；或将电气信号输入电子计算机，电子计算机根据各种信号输入，作出是否需要换挡的决定，并给换挡控制系统发出换挡指令。在计算机控制的自动变速器上，传感节气门开度信号的是节气门位置传感器，传感车速变化信号的是速度传感器。

自动变速器的控制系统有液力式和电液式两种。

液力式控制系统，包括各种控制阀和液压管路，主要有油压调节部分（主调压阀、次调压阀、速控油压调节阀、强制降挡油压调节阀、低滑行调压阀、中间调压阀等）、控制信号转换部分（手动阀、节气门阀、速控阀等）、换挡控制部分（换挡阀，以及蓄压器背压控制、散热器旁通阀、定时阀等辅助控制阀）、换挡品质控制部分（球阀、顺序阀、蓄压器、发动机转速控制等）。一般采取一体化设计，将各种控制阀组成阀板总成。图 6.46 所示为液力式控制系统工作过程示意图。液力自动变速器的换挡原理是：驾驶员通过操纵手柄改变手动阀的位置，控制系统根据手动阀位置、节气门开度、车速等因素，控制换挡阀，即控制两端作用着节气门油压和速控油压，两端油压发生变化，使换挡阀产生位移，改变油路，从而实现自动换挡。

图 6.46 液力式控制系统工作过程示意图

　　电液式控制系统，除了阀板总成及液压管路之外，还包括电磁阀、控制开关、控制电路、传感器、执行器和电脑等。图 6.47 所示为电液式控制系统工作过程示意图。电子控制单元根据传感器检测所得节气门开度、车速、油温等运转参数，以及各种控制开关送来的当前状态信号，经运算比较和分析后按设定的程序，向各个执行器发出指令，以操纵阀板总成中各种控制阀的工作，从而最终实现对自动变速器的控制。电控液动自动变速器的换挡原理是：驾驶员通过操纵手柄或按钮改变手动阀的位置，控制系统根据手动阀位置、节气门开度、车速等因素，利用液压自动控制和电子自动控制原理，控制换挡阀两端的电磁阀，即控制着换挡油压，换挡时换挡阀一端充油一端泄油（或者两端都充油、泄油），使换挡阀发生位移而实现自动换挡。现在绝大多数自动变速器都采用了电控液动系统。电控液动系统能按车辆行驶的需要选择相应的挡位，实现更复杂、更合理的控制，获得更理想的经济性和动力性，并可简化液压控制系统，提高控制精度和反应速度，容易实现整车控制。

6.47 电液式控制系统工作过程示意图

　　手动阀控制有按钮式和拉杆式（换挡操纵手柄）。按钮式主要用于电控系统。换挡操纵手柄，通过一根缆绳和一连杆机构与自动变速器连接，驾驶员通过操纵手柄可以选择行驶方式，为控制系统提供信号。加速踏板，通过加速缆绳与节气门连接，加速踏板踩下的角度即节气门的开度被准确地传递到自动变速器，自动变速器根据节气门的开度来进行换挡控制和主油路压力控制。

　　3）半自动操纵式

　　半自动操纵式变速器操纵机构，可分为两种：一种是部分挡位自动换挡，部分挡位手动换挡；另一种是预先用按钮选定挡位，在踩下离合器踏板或松开加速踏板时，由执行机构自行换挡。

6.4.4 转向操纵机构的配置与选型

　　转向操纵机构，是驾驶员操纵转向器工作的装置。转向操纵机构的作用是将驾驶员作用的转向操纵力传递到转向器。

　　轮式车辆与履带式车辆转向方式不同，转向操纵机构也不同。

　　履带式车辆转向采用差速式转向。履带式车辆转向操纵机构一般由转向操纵杆和传动系统组成。驾驶员通过操纵转向操纵杆，经传动系统，将运动和操纵力传到转向器的转向轴，用以改变两侧履带的速度差，实现转向。转向操纵杆一般为双杆，有各种形式，如长杆式（见图6.48）、手柄式等。

轮式车辆转向采用偏轮式转向。轮式车辆转向操纵机构一般由转向盘、防伤转向机构和转向传动系统等组成。驾驶员通过操纵转向盘，经传动系统，将运动和操纵力传到转向器的转向轴，用以使转向轮偏转，实现转向。

图 6.48　长杆式转向操纵杆

转向盘，也称方向盘，位于驾驶员的正前方，是碰撞时最可能伤害到驾驶员的部件，因此需要转向盘具有很高的安全性，在驾驶员撞在转向盘上时，骨架能够产生变形，吸收冲击能，减轻对驾驶员的伤害。

转向轴和转向管柱上也要采取防伤的被动安全措施。国外有关规定：车辆以 48.3 km/h速度与障碍物正面相撞时，转向轴和转向管柱上部相对于车身未变形部分的位置的最大位移量不得超过 127 mm；或者试验用人体模型与转向盘的接触力，在它们之间的相对速度为 6.7 m/s 时，不应越过 11.35 kN。采取的安全措施除了减小转向轴、转向盘后移量外，还可采用能吸收冲击能量的转向轴、转向管柱结构及其他能减轻驾驶员受伤程度的措施。吸收能量的方法可使有关转向零件在撞击时产生弹性变形、塑性变形或摩擦来实现。

转向盘的惯性力矩也是很重要的，惯性力矩小，我们就会感到"轮轻"，操作感良好，但同时也容易受到转向盘反弹的影响。为了设定适当的惯性力矩，就要调整骨架的材料或形状等。

现在越来越多的车辆在转向盘上安装了其他电气操作按钮和手柄，必须时刻与车身电气线路相连，而旋转的转向盘与组合开关之间显然不能用导线直接相连，因此就必须采用电缆盘或集电环装置。转向盘的端子与组合开关的端子用电缆线连接，电缆盘将电线卷入盘内，在转向盘旋转范围内，电线卷筒自由伸缩。这种装置大大提高了电气装置的可行性。

6.4.5　制动操纵机构的配置与选型

制动系统，是使车辆的行驶速度可以强制降低的一系列专门装置。制动系统主要由供能装置、控制装置、传动装置和制动器四部分组成。制动系统的主要功用是使行驶中的车辆减速甚至停车，使下坡行驶的车辆速度保持稳定，使已停驶的车辆保持不动。

制动系统一般由供能装置、控制装置、传动装置和制动器组成。供能装置，是供给、调节制动所需能量的装置。控制装置，是产生制动动作和控制制动效果的各种部件，如制动踏板。传动装置，是将制动能量传输到制动器的各个部件，如制动主缸、制动轮缸。制动器，是产生阻碍车辆运动或运动趋势的部件。一般将供能装置、控制装置、传动装置合称为制动操纵机构。制动操纵机构，是产生制动动作，控制制动效果并将制动能量传输到制动器的机构。

制动系统的一般工作原理如图 6.49 所示，利用与车身（或车架）相连的非旋转元件和与车轮（或传动轴）相连的旋转元件之间的相互摩擦来阻止车轮的转动或转动的趋势。

制动系统不工作时，车轮和制动器可自由旋转。制动时，要使汽车减速，脚踏下制动踏板，通过传动装置，将制动力和动作传输到制动器，从而产生制动力。解除制动时，放开制动踏板，所有构件回位，制动力消失。

图 6.49　制动系统的工作原理

为了保证车辆行驶安全，发挥高速行驶的能力，制动系统必须满足下列要求：

（1）制动效能好。制动距离短，制动减速度快，制动时间短。

（2）操纵轻便，制动时的方向稳定性好。制动时，前后车轮制动力分配合理，左右车轮上的制动力应基本相等，以免车辆制动时发生跑偏和侧滑。

（3）制动平顺性好。制动时应柔和、平稳，解除时应迅速、彻底。

（4）散热性好，调整方便。这要求制动蹄摩擦片抗高温能力强，潮湿后恢复能力快，磨损后间隙能够调整，并能够防尘、防油。

（5）带挂车时，能使挂车先于主车产生制动，后于主车解除制动；挂车自行脱挂时能自行进行制动。良好的制动效能对于提高车辆平均速度和保证行车安全有着重要作用。

按功用，制动系统分为行车制动系统、驻车制动系统和辅助制动系统等。行车制动系统，是由驾驶员用脚来操纵的，故又称为脚制动系统。它的功用是使正在行驶中的车辆减速或在最短的距离内停车。驻车制动系统，是由驾驶员用手来操纵的，故又称为手制动系统。它的功用是使已经停在各种路面上的车辆驻留原地不动。辅助制动系统，经常在山区行驶的车辆以及某些特殊用途的车辆，为了提高行车的安全性和减轻行车制动系统性能的衰退及制动器的磨损，用以在下坡时稳定车速。

按制动能量传输方式，制动系统分为机械式、液压式、气压式、电磁式和组合式。

按回路多少，制动系统分为单回路制动系统、双回路制动系统。

按能源，制动系统分为人力制动系统、动力制动系统和助力（伺服）制动系统。人力制动系统，是以驾驶员的肢体作为唯一的制动能源的制动系统。动力制动系统，是完全靠由发动机的动力转化而成的气压或液压形式的势能进行制动的制动系统。气压制动系统是常用的动力制动系统，以发动机的动力驱动空气压缩机作为制动器制动的唯一能源，而驾驶员的体力仅作为控制能源。一般装载质量在 8 000 kg 以上的重型车辆都使用这种制动装置。助力制动系统，兼用人力和发动机动力进行制动的制动系统，动力随人力动，又称为伺服制动系统。

据统计，车辆突然遇到情况踩刹车时，90% 以上的驾驶者会一脚将刹车踏板踩到底来个急刹车，这时候的车子十分容易产生滑移并发生侧滑，这是一种非常容易造成车祸的现象。造成侧滑的原因有很多，例如行驶速度、地面状况、轮胎结构等都会造成侧滑，但最根本的原因是在紧急制动时车轮轮胎与地面的滚动摩擦会突然变为滑动摩擦，轮胎的抓地力几乎丧失，此时此刻驾驶者尽管扭动转向盘也无济于事。针对这种产生侧滑现象的根本原因，研制出车用防抱死刹车系统（ABS）这样一套防滑制动装置。ABS 的作用就是在车辆制动时，自动控制制动器制动力的大小，使车轮不被抱死，处于边滚边滑（滑移率在 20% 左右）的状态，以保证车轮与地面的附着力在最大值。ABS 的功能主要在物理极限的性能内，保证制动时车辆本身的操纵性及稳定性。同时，在加速的时候，也能防止轮胎的纯滑移，提高了加速性能和操作稳定性。

　　在制动时，ABS 根据每个车轮速度传感器传来的速度信号，可迅速判断出车轮的抱死状态，关闭开始抱死车轮上面的常开输入电磁阀，让制动力不变，如果车轮继续抱死，则打开常闭输出电磁阀，这个车轮上的制动压力由于出现直通制动液储油箱的管路而迅速下移，防止了因制动力过大而将车轮完全抱死。在让制动状态始终处于最佳点（滑移率为 20%）时，制动效果达到最好，行车最安全。车辆减速后，一旦 ABS 电脑检测到车轮抱死状态消失，它就会让主控制阀关闭，从而使系统转入普通的制动状态下进行工作。

第 7 章
行走系统的配置与选型

7.1 行走系统概述

7.1.1 行走系统

装甲车辆行走系统，也称行动系统或行驶系统，是保证车辆行驶，支撑车体，减小车辆在各种路面上行驶时的颠簸和振动的各种机构的总称。其主要功能是支撑车辆总重，将传动系统的转矩转化为驱动力，承受并传递路面驱动力和各种反力，缓冲与减振，配合转向系统实现车辆行驶方向的控制并保证车辆的操纵稳定性，配合制动系统并保证车辆的制动性。

行走系统有轮式行走系统、履带式行走系统和半履带式行走系统。轮式行走系统的驱动轮转动与地面作用产生牵引力推动车辆行驶。轮式装甲车辆通常采用全轮驱动，非全轮驱动的车辆还有支撑车重的从动轮，常用的有 4×4、6×6 和 8×8 轮式装甲车辆。轮式装甲车辆行走系统与越野汽车类似，但对通过性提出了更高的要求。行走系统按行驶装置的结构原理，可分为陆上、水上两类。

行走系统包括行走装置和悬挂装置两部分。行走装置与地面作用将传动装置输出的动力转化为驱动车辆行驶的牵引力，悬挂装置减缓行走系统行驶时产生并传给车体的冲击与振动。

7.1.2 对行走系统的要求

(1) 通过性能良好。装甲车辆在松软地面、泥泞地面、沼泽地带、水稻田和起伏地等野外地面行驶时应有良好的通过性能；在超越垂直墙、攀登纵坡和侧倾坡时应具有良好的稳定性能。这些性能不仅和车底距地高、前轮中心高度、接地长、履带板和轮胎的结构和花纹等有关，还和地面的附着条件有关。

(2) 高速行驶性能好。现代战场机动性要求高，提高运动性能是主要方面。为保证行走系统具有实现高速行驶和大力牵引的可能性，要设法提高行走系统的缓冲及减振性能，以保证车辆在高速行驶中能经受不断的冲击，平稳行驶。高速行驶主要是通过选择功率合适的动力装置、完善的传动装置和转向机构来保证的。

(3) 工作可靠。行走系统暴露在车体外边，工作条件极为恶劣；经常承受冲击负荷，并且容易遭受炮火、弹片和地雷的攻击。应保证行走系统各机构的动作灵活可靠，并有足够的强度、耐磨性和防护性。轮胎应具有良好的防滑性，特别是保证在雨天、雪地运行，以及刹车的可靠性。

（4）质量尽可能减小。履带式行走系统一般占整车质量的 14%～20%，其中影响最大的是负重轮和履带。各组件的质量与结构形式有关，减小履带式行走系统质量对提高车辆的机动性能有重大意义。

（5）噪声尽可能小，对路面破坏程度小。

（6）制造工艺简单，检查和维修方便。

7.2　悬挂装置的配置与选型

7.2.1　悬挂装置及其要求

1. 悬挂装置及其功能

悬挂装置，也称悬架，是车架与车轮之间的一切传力连接装置的总称。路面作用于车轮上的垂直反力（支撑力）、纵向反力（牵引力和制动力）和侧向反力以及这些反力所造成的力矩都要通过悬挂装置传递到车架（或承载式车身）上，以保证车辆的正常行驶。

悬挂装置的主要功能是，传递作用在车轮和车架之间的力和力矩；缓冲由不平路面传给车架的冲击力；衰减由冲击引起的振动。通过悬挂装置，支持车身，改善车辆的稳定性、舒适性和安全性。

在装甲车辆行驶中，由于路面不可能绝对平坦，路面作用于车轮上的垂直反力往往是冲击性的，特别是在坏路面上高速行驶时，这种冲击力将达到很大的数值。冲击力传到车架和车身时，将使乘员感到极不舒适，货物也可能受到损伤，并引起车辆机件的早期损坏。为缓和冲击，在车轮或履带与车架之间，必须有弹性元件，使车架和车身与车轮或车桥之间作弹性联系。但弹性系统在受到冲击后，将产生振动，持续的振动易使乘员感到不舒适和疲劳，故在车轮或履带与车架之间，除有弹性元件之外，还应当有减振元件，使振动迅速衰减（振幅迅速减小）。车轮相对于车架和车身跳动时，车轮（特别是转向轮）的运动轨迹应符合一定的要求，否则对车辆某些行驶性能（特别是操纵稳定性）有不利的影响。为此，悬挂装置中的某些传力构件同时还承担着使车轮按一定轨迹相对于车架和车身跳动的任务，因而称为导向机构。

多数结构形式的悬挂装置主要由上述的弹性元件、减振器和导向机构等几部分组成。其中弹性元件起缓冲作用，阻尼元件起减振作用，导向机构起传力和稳定作用，它们的共同任务则是传力。应该指出，悬挂装置只需具备上述功能，在结构上并不是非设置上述三套单独的部分不可。例如常见的钢板弹簧，除了作为弹性元件起缓冲作用外，当它在车上纵向安置，并且一端与车架作固定铰链连接时，即可担负起传递所有各向力和力矩以及决定车轮运动轨迹的任务，因而就没有必要设置其他导向机构。此外，一般钢板弹簧是多片叠成的，它们之间的摩擦即具有一定的减振作用，因而当对减振要求不太高时，在采用钢板弹簧的悬挂装置中也可以不装减振器。

2. 对悬挂装置的要求

对悬挂装置的基本要求如下：

（1）行驶平顺性达到令人满意的程度，从而使乘员能持久工作，并能保证观察、瞄准和射击的准确性。

（2）行驶安全性达到最佳的状态，保证底盘在恶劣条件下行驶时（包括超越各种障碍），悬挂装置具有足够的强度和缓冲能力。

（3）工作可靠耐久，保证底盘在各种条件下行驶时工作可靠，应有足够的疲劳强度和耐磨性，可长期使用；个别部分被冲击坏时，不应妨碍继续行驶。

（4）质量和体积小，便于维护修理。

7.2.2 悬挂装置的类型和特点

按车轮和车体连接方式不同，悬挂装置可分为非独立式悬挂装置和独立式悬挂装置。按车体振动控制力，悬挂装置可分为被动悬挂装置、半主动悬挂（无源主动悬挂）装置和主动悬挂（有源主动悬挂）装置。按弹性元件的类型不同，悬挂装置可分为金属弹簧式悬挂装置和油气弹簧式悬挂装置等。

1. 非独立式悬挂装置和独立式悬挂装置

非独立式悬挂装置是左右两侧的车轮装在一个整体式刚性车桥上，车桥通过悬挂装置与车架（或承载式车身）相连接。其特点是载重量大、构造简单、成本低廉、维修方便且占用空间较小，但因车身较高，易受地面倾斜影响，对于高速的稳定性较差，且车轴连接左右两轮，其运动为联动方式，易发生横向振动，以致乘坐舒适性较差，故现今仅用于重型车辆上。独立式悬挂装置是每一个车轮独立地通过悬挂装置与车架（或承载式车身）相连接，左右车轮能各自独立运动，因此任一车轮上下跳动时，不致影响另一车轮，车身亦不致倾斜，且弹簧以下的非承载质量较小，车轮的触地性良好，具有较佳的乘坐舒适性及操控安定性。其缺点则为零件数增多、成本较高及构造较复杂，且常需较大的设置空间。非独立式悬挂装置与独立式悬挂装置示意图如图7.1所示。

图7.1 非独立式悬挂装置与独立式悬挂装置示意图

（a）非独立式悬挂装置；（b）独立式悬挂装置

随着装甲车辆行驶速度不断提高，非独立式悬挂装置已不能满足行驶平顺性与操纵稳定性等方面的要求。现代装甲车辆越来越多地采用独立式悬挂装置。与非独立式悬挂装置相比较，独立式悬挂装置具有以下优点：

（1）大大减小了底盘的非簧载质量（即不由悬挂装置中弹性元件支撑的质量），使底盘行驶时所受地面传来的冲击负荷大大减小，有利于车辆以较高速度行驶。对非独立式悬挂装置而言，整个车桥、车轮以及部分悬挂装置的质量都是非簧载质量。对于独立式悬挂装置来说，非簧载质量只包括车轮的全部质量和悬挂装置的部分质量（对驱动轮而言，还包括半轴的部分质量）。显然，采用独立式悬挂装置时，非簧载质量大大减小。当车辆在不平路面上高速运动时，将使非簧载质量产生很大的加速度，非簧载质量小就可使此加速度造成的惯性力较小。

（2）由于独立式悬挂装置的左右车轮没有一个共同的车轴或车桥相连接，因而可以使发动机总成的安装位置降低和前移。这将使底盘重心下降，提高车辆行驶的稳定性。

（3）由于独立式悬挂装置的底盘非簧载质量小，车辆行驶时所受地面冲击力小，又由于独立式悬挂装置的车轮，其上下活动空间较大，这些都使悬挂装置刚度可以设计得较小。

当悬挂装置刚度小时，车身振动频率小，车辆行驶平顺性就好。

（4）当悬挂装置的弹性元件变形不太大时，两侧车轮可以单独上下运动，基本上互不影响。这可使车辆在不平道路行驶时，车架与车身的振幅较小，而且有助于消除转向轮不断偏摆的不良现象。

独立式悬挂装置也有一些缺点，如结构较复杂，成本较高，某些独立式悬挂装置当车轮上下跳动时，车轮轮距及车轮外倾角变化较大，轮胎磨损较严重。

独立式悬挂装置中多采用螺旋弹簧和扭杆弹簧作为弹性元件，钢板弹簧和其他形式的弹簧用得较少。独立式悬挂装置的结构类型很多，主要可按车轮运动形式分成三类。

（1）车轮在底盘横向平面内摆动的悬挂装置，即横臂式独立悬挂装置，如图 7.2（a）所示。

（2）车轮在底盘纵向平面内摆动的悬挂装置，即纵臂式独立悬挂装置，如图 7.2（b）所示。

（3）车轮沿主销移动的悬挂装置，包括烛式悬挂装置，如图 7.2（c）所示；滑柱连杆式悬挂装置（麦弗逊式悬挂装置），如图 7.2（d）所示。

（a）　　　　　　　　　　　　　　　　　（b）

（c）　　　　　　　　　　　　　　　（d）

图 7.2　三种基本类型的独立式悬挂装置

（a）横臂式独立悬挂装置；（b）纵臂式独立悬挂装置；
（c）烛式悬挂装置；（d）滑柱连杆式悬挂装置

1）横臂式独立悬挂装置

横臂式独立悬挂装置，是指车轮在车辆横向平面内摆动的独立式悬挂装置。按横臂数量的多少又分为单横臂式和双横臂式独立悬挂装置。

单横臂式独立悬挂装置如图 7.3 所示，当悬挂装置变形时，车轮平面将产生倾斜而改变两侧车轮与路面接触点间的距离（轮距），致使轮胎相对于地面侧向滑移，破坏轮胎和地面的附着。此外，这一种悬挂装置用于转向轮时，会使主销内倾角和车轮外倾角发生较大的变化，对于操纵性有一定的影响。单横臂式具有结构简单，侧倾中心高，有较强的抗侧倾能力的优点。但随着现代汽车速度的提高，侧倾中心过高会引起车轮跳动时轮距变化大，轮胎磨损加剧，而且在急转弯时左右车轮垂直力转移过大，导致后轮外倾增大，减少了后轮侧偏刚度，从而产生高速甩尾的严重工况。单横臂式独立悬挂装置多应用在后悬挂装置上，但由于不能适应高速行驶的要求，目前应用不多。

图 7.3　单横臂式独立悬挂装置示意图

双横臂式独立悬挂装置按上下横臂是否等长，又分为等长双横臂式独立和不等长双横臂式两种悬挂装置。等长双横臂式独立悬挂装置如图7.4（a）所示，在车轮上下跳动时，能保持主销倾角不变，车轮平面没有倾斜，但轮距变化大（与单横臂式类似），造成轮胎磨损严重，现已很少使用。对于不等长双横臂式独立悬挂装置，如图7.4（b）所示，只要适当选择、优化上下横臂的长度，并通过合理的布置就可以使轮距及前轮定位参数的变化均在可接受的限定范围内。不大的轮距变化在轮胎较软时可以由轮胎变形来适应，而不致使车轮沿路面滑移。目前轿车的轮胎可容许轮距的改变在每个车轮上达到4~5 mm，保证车辆具有良好的行驶稳定性。目前不等长双横臂式独立悬挂装置已得到广泛应用。

双横臂式独立悬挂装置，一般横臂采用A字形结构，常称为双叉臂独立悬挂装置，如图7.5所示。双叉臂悬挂装置拥有上下两个叉臂，横向力由两个叉臂同时吸收，支柱只承载车身质量，因此横向刚度大。双叉臂悬挂装置的上下两个A字形叉臂可以精确定位前轮的各种参数，前轮转弯时，上下两个叉臂能同时吸收轮胎所受的横向力，加上两叉臂的横向刚度较大，所以转弯的侧倾较小。

图7.4　双横臂式独立悬挂装置示意图

（a）等长双横臂式独立悬挂装置；
（b）不等长双横臂式独立悬挂装置

图7.5　双叉臂独立悬挂结构

2）纵臂式独立悬挂装置

纵臂式独立悬挂装置，是指车轮在车辆纵向平面内摆动的悬挂装置，又称拖曳式独立悬挂装置。按纵臂数量的多少，又分为单纵臂式和双纵臂式两种形式。单纵臂式悬挂装置如图7.6（a）所示，当车轮上下跳动时会使主销后倾角产生较大的变化，因此单纵臂式悬挂装置不用在转向轮上。双纵臂式悬挂装置如图7.6（b）所示，其两个摆臂一般做成等长的，形成一个平行四杆结构，这样，当车轮上下跳动时主销的后倾角保持不变。双纵臂式悬挂装置多应用在转向轮上。

3）烛式悬挂装置

烛式悬挂装置如图7.7所示，其结构特点是车轮沿着刚性地固定在车架上的主销轴线上下移动。烛式悬挂装置的优点是，当悬挂装置变形时，主销的定位角不会发生变化，仅是轮距、轴距稍有变化，因此特别有利于车辆的转向操纵稳定和行驶稳定。但烛式悬挂装置有一大缺点，就是车辆行驶时的侧向力会全部由套在主销套筒上的主销承受，致使套筒与主销间的摩擦阻力加大，磨损也较严重。烛式悬挂装置现在应用不多。

4）麦弗逊式悬挂装置

麦弗逊式悬挂装置如图7.8所示，它将减振器作为引导车轮跳动的滑柱，螺旋弹簧与其

枢轴　摆臂　车轴

（a）

车桥　扭力轴　摆臂

车轴

（b）

图 7.6　纵臂式独立悬挂装置

（a）单纵臂式；（b）双纵臂式

防尘罩

主销

套筒
减振器
通气管

防尘罩

图 7.7　烛式悬挂装置

图 7.8　麦弗逊式悬挂装置

装于一体，允许滑柱上端作少许角位移，车轮上下运动时，主销轴线的角度会有变化，这是因为减振器下端支点随横摆臂摆动。其结构特点是车轮也是沿着主销滑动，但与烛式悬挂装置不完全相同，它的主销是可以摆动的，麦弗逊式悬挂装置是摆臂式与烛式悬挂装置的结合。与双横臂式悬挂装置相比，麦弗逊式悬挂装置的优点是，结构紧凑，车轮跳动时前轮定位参数变化小，有良好的操纵稳定性，加上由于取消了上横臂，给发动机及转向系统的布置带来了方便。与烛式悬挂装置相比，其滑柱受到的侧向力又有了较大的改善。麦弗逊式悬挂装置，内侧空间大，有利于发动机布置，并降低车子的重心，是一种经久耐用的独立式悬挂装置，具有很强的道路适应能力。

5）多连杆式悬挂装置

多连杆式悬挂装置如图 7.9 所示，它是由 3~5 根杆件组合起来控制车轮位置变化的悬挂装置。多连杆式能使车轮绕着与汽车纵轴线成一定角度的轴线摆动，是横臂式和纵臂式的折中方案，适当地选择摆臂轴线与车辆纵轴线所成的夹角，可不同程度地获得横臂式与纵臂式悬挂装置的优点，能满足不同的使用性能要求。多连杆式悬挂装置的主要优点是，车轮跳动时轮距和前束的变化很小，不管车辆是在驱动还是制动状态都可以按驾驶员的意图进行平稳地转向，其不足之处是车辆高速时有轴摆动现象。

图 7.9　多连杆式悬挂装置

2. 被动悬挂装置与主动悬挂装置

从控制力的角度来分，可把悬挂装置分为被动悬挂装置、半主动悬挂装置和主动悬挂装置三大类。

1）被动悬挂装置

车辆绝大多数装有由弹簧和减振器组成的机械式悬挂装置，如图 7.10 所示。由于这种常规悬挂装置内无能源供给装置，悬挂装置的弹性和阻尼参数不会随外部状态而变化，因而称这种悬挂装置为被动悬挂装置。这种悬挂装置虽然往往采用参数优化的设计方法，以求尽量兼顾各种性能要求，但实际上由于最终设计的悬挂参数是不可调节的，所以在使用中很难满足较高的行驶要求。

2）半主动悬挂装置

半主动悬挂装置可视为由可变特性的弹簧和减振器组成的悬挂装置，如图 7.11 所示。虽然它不能随外界的输入进行最优控制和调节，但可按存储在计算机内部的各种条件下弹簧和减振器的优化参数指令来调节弹簧的刚度和减振器的阻尼状态。半主动悬挂又称无源主动悬挂，因为它没有一个动力源为悬挂装置提供连续的能量输入，所以在半主动悬挂装置中改变弹簧刚度要比改变阻尼状态困难得多，因此在半主动悬挂装置中以可变阻尼悬挂系统最为常见。半主动悬挂装置的最大优点是工作时几乎不消耗动力，因此越来越受到人们的重视。

半主动悬挂装置按阻尼级又分为有级式和无级式。有级式半主动悬挂装置，是将悬挂装置系统中的阻尼力分成两级、三级或更多级，可由驾驶员选择或根据传感器信号自动进行选择所需要的阻尼级。也就是说，可以根据路面条件和车的行驶状态来调节悬挂装置的阻尼级，使悬挂装置适应外界环境的变化，从而可较大幅度地提高底盘的行驶平顺性和操纵稳定

图 7.10　被动悬挂装置

图 7.11　半主动悬挂装置

性。无级式半主动悬挂装置，是根据车辆的运动状况和地面路况，在几毫秒内从最小到最大自动调节悬架阻尼。图 7.12 所示为一种无级半主动悬挂装置示意图。微处理器从速度、位移、加速度等传感器处接收信号，计算出系统相应的阻尼值，并发出控制指令给伺服电动机，经阀杆带动调节阀门转动，使其改变节流孔的通道截面积，从而改变整个系统的阻尼力。该系统虽然不必外加能源装置，但所需的传感器较多，故成本较高。

3）主动悬挂装置

主动悬挂装置是一种具有做功能力的悬挂装置，需外加动力源，自动调整悬挂装置的刚度和阻尼力以及车身高度，如图 7.13 所示。主动悬挂装置通常包括测量元件（如车身加速度传感器、车身位移传感器、车速传感器、方向盘转角传感器、制动压力开关、节气门位置传感器、加速踏板传感器等）、反馈控制器（对传感器输入的电信号进行综合处理，输出对悬架的刚度和阻尼以及车身高度进行调节的控制信号）和执行机构（按照电子控制器的控制信号，准确地动作，产生力和扭矩，及时调节悬架的刚度和阻尼系数以及车身高度，包括电磁阀、伺服电动机、气泵电动机、油缸、气缸等）。

图 7.12　无级半主动悬挂装置

图 7.13　主动悬挂装置

因此，主动悬挂装置需要一个动力源（液压泵或空气压缩机等）为其提供连续的动力输入。当车辆载荷、行驶速度、路面状况等行驶条件发生变化时，主动悬挂装置能自动调整悬挂刚度（包括整体调整和各轮单独调整），从而同时满足汽车的行驶平顺性、操纵稳定性等各方面的要求。

主动悬挂装置的优点可归纳为以下几个方面：

（1）悬挂刚度可以设计得很小，使车身具有较低的自然振动频率，以保证正常行驶时的乘坐舒适性。车辆转向等情况下的车身侧倾，制动、加速等情况下的纵向摆动等问题，由主动悬挂装置通过调整有关车轮悬挂的刚度予以解决。而对于传统的被动悬挂装置，为同时兼顾侧倾、纵摆等问题，不得不把悬挂刚度设计得较大，因而正常行驶时汽车的乘坐舒适性受到损失。

（2）采用主动悬挂装置，因不必兼顾正常行驶时车辆的乘坐舒适性，可将悬挂抗侧倾、抗纵摆的刚度设计得较大，因而提高了车辆的操纵稳定性，即车辆的行驶安全性得以提高。

（3）先进的主动悬挂装置，还能保证在车轮行驶中碰抵砖石之类的障碍物时，悬挂装置在瞬时将车轮提起，避开障碍行进，因而车辆的通过性也得以提高。

（4）车辆载荷发生变化时，主动悬挂装置能自动维持车身高度不变。在各轮悬挂装置单独控制的情况下，还能保证车辆在凸凹不平的道路上行驶时车身稳定。

（5）普通悬挂装置在车辆制动时，车头向下俯冲，而装有某些主动悬挂装置的汽车却不存在这种情况。制动时，车尾部下倾，因而可以充分利用后轮与地面间的附着条件，加速制动过程，缩短制动距离。

（6）装有主动悬挂装置的车辆在转向时，车身不但不向外倾斜，反而向内倾斜，从而有利于转向时的操纵稳定性。

（7）主动悬挂装置可使车轮与地面保持良好接触，即车轮跳离地面的倾向减小，保持与地面垂直，因而可提高车轮与地面间的附着力，使车轮与地面间相对滑动的倾向减小，抗侧滑的能力得以提高。轮胎的磨损也得以减轻，转向时车速可以提高。

（8）在所有载荷工况下，由于车身高度不变，保证了车轮可全行程跳动。而传统的被动悬挂装置中，当载荷增大时，由于车身高度下降，车轮跳动行程减小，为不发生运动干涉，不得不把重载时的悬挂刚度设计得偏高，因而轻载时的平顺性受到损失。而主动悬挂装置则无此问题。

（9）由于车身高度不变，侧倾刚度、纵摆刚度的提高消除或减少了转向传动机构运动干涉而发生的制动跑偏、转向特性改变等问题，因而可简化转向传动机构的设计。

（10）因车身平稳，不必装大灯水平自调装置。

主动悬挂装置的主要缺陷是成本较高，液压装置噪声较大，功率消耗较大。

主动悬挂装置按其控制方式又分为机械控制悬挂装置和电子控制悬挂装置。

机械控制悬挂装置是一种纯机械式控制系统，系统中有油气弹簧和高度控制阀，油泵和储压器可使供油管路中维持稳定的高压，高度控制阀则分别控制油气弹簧中的油压，从而控制了油气弹簧的刚度，如图 7.14 所示。车辆载荷增大时，高度控制阀动作，油气弹簧中的油压上升，反之则油压下降，直至车身高度达到设定值为止。车辆转向时，外侧高度控制阀增大两个外侧油气弹簧的油压，内侧油气弹簧油压则下降，从而维持车身水平，即提高了车身抗侧倾能力。制动（或加速）时，则前面（或后面）高度控制阀使前面（或后面）油气弹簧中的油压上升，另外两个油气弹簧中的油压下降，维持车身水平，即提高了车身的抗纵摆能力。为了保证车轮正常跳动时防止高度控制阀误动作，在高度控制阀与车轮摆臂的连接传感元件中装有缓冲减振装置，其振动特性必须与车轮悬挂的振动特性良好匹配才能保证系统正常工作。这一点完全靠机械振动系统的合理设计来保证。

图 7.14　机械控制悬挂装置

　　机械控制悬挂装置的特点是结构简单、成本低，但存在着控制功能少、控制精度低、不能适应多种使用工况等问题。随着电子技术的飞速发展，以及车用微机、各种传感器、执行元件的可靠性和寿命的大幅度提高，电子控制技术被有效地应用于悬挂装置控制中。

　　电子控制悬挂装置，可以根据不同的路面条件、载荷质量、行驶速度等来控制悬挂系统的刚度，调节减振器的阻尼力的大小，甚至可以调节车身高度，从而使车辆的行驶平顺性和操纵稳定性在各种行驶条件下达到最佳的组合。电控悬挂装置的基本功能如下：减振器阻尼力调节，根据汽车的负载、行驶路面条件、行驶状态等来控制悬架减振器的阻尼力，防止汽车急速起步或急加速时的车尾下蹲、紧急制动时的车头下沉，以及急转弯时车身横向摇动和换挡时车身纵向摇动等，提高行驶平顺性和操纵稳定性；弹性元件刚度调节，在各种工况下，通过对悬架弹性元件刚度的调整，改变车身的振动强度和对路况及车速的感应程度，来改善汽车的乘坐舒适性与操纵稳定性；汽车车身高度调节，可以使得车辆根据负载变化自动调节悬架高度以保持车身的正常高度和姿态，当汽车在坏路面行驶时可以使车身升高增强其通过性，当汽车在高速行驶时又可以使车身降低以减小空气阻力并提高行驶稳定性。电控悬架，根据车身高度、车速、转向角度及速率、制动等信号，由电子控制单元（ECU）控制执行机构，使悬挂装置的刚度、减振器的阻尼力及车身高度等参数得以改变，从而使汽车具有良好的乘坐舒适性和操纵稳定性。采用电控悬架，可以根据车辆行驶状况及驾驶员的意愿等因素，由电子控制系统自动调节悬挂装置的相关特性参数，从而打破传统被动悬架的局限性，使汽车悬架的特性与道路状况及行驶状态相适应，保证汽车的平顺性和操纵稳定性都得到最大的满足。带路况预测传感器的电控主动悬架如图 7.15 所示，包括悬挂弹簧、液压执行器、车载电脑、油源系统和各种传感器等。路况预测传感器、车身高度传感器等实时探测相关信息，车载电脑按给定模型进行识别，控制液压执行器，控制阀的开度可以随控制电流的大小而改变，以控制进入油管的油量，进而控制施加到液压执行器的油压，随着输入控制阀的电流的增加，液压执行器承载能力也增加。

图 7.15　带路况预测传感器的电控主动悬架

3. 金属弹簧悬挂装置与油气弹簧悬挂装置

为了保证车辆的行驶性能，必须设法减小在行驶过程中的受力和振动，解决方法是对车辆进行缓冲。缓冲是使车辆受力缓和，即减小受力。缓冲作用从冲量的观点看，就是将突然的冲击转化为作用时间较长而作用力较小的冲击；从能量观点看，就是将车轮受冲击后所获得的垂直方向运动的动能，由弹性元件吸收，变为弹性元件的变形能。缓冲器中最关键的零件是弹性元件。常用的弹性元件有圆柱螺旋弹簧、板簧、碟片弹簧、扭杆、气体、橡胶、油气等。

按弹性元件的性质分类，悬挂装置可分为金属弹簧悬挂装置和油气弹簧悬挂装置两类。

1) 金属弹簧悬挂装置

装甲车辆悬挂装置中常用金属弹簧主要有扭杆弹簧、螺旋弹簧和碟片弹簧等。碟片弹簧悬挂装置，工艺性能好，容易调整弹簧刚度，最大悬挂行程为 270 mm，但使用性能不理想。螺旋弹簧悬挂装置，单位质量储能小，车内占用空间大，能达到的最大悬挂行程为 200 mm，主要用于轻型轮式车辆。扭杆弹簧悬挂装置，是一种技术最成熟、成本最低、各国采用最多的悬挂装置。

扭杆弹簧悬挂装置如图 7.16 所示，它是利用圆形扭杆在扭转时的弹性变形实现车体和负重轮之间的弹性连接。扭杆的一端用花键固定在车体上，另一端固定在悬挂装置的平衡肘内，平衡肘转动时，扭杆就发生扭转，储存能量。

扭杆弹簧悬挂装置的特点：

（1）单位体积材料吸功能力高，尺寸质量比小，占用车内空间小。扭杆弹簧比叠板弹簧单位质量储藏的能量高 3 倍多，所以在相同负荷下，可大幅度减小结构尺寸和减小质量。

图 7.16　扭杆弹簧悬挂装置

（2）结构简单，质量小，工艺成熟，可靠性及保护性好，不需要维护。对于一个受反复载荷的零件，其强度和寿命与表面质量有很大的关系，表面疵病常是弹簧折断的主要原因。扭杆外形简单，表面容易做到精细加工，强化处理，故质量容易保证，寿命较长。

（3）由于扭杆为杆状，适合作为轴类安装在空心轴内，这样可使结构紧凑，维护保养较好。

（4）更换时复杂费力。

目前装甲车辆中有不少采用扭杆弹簧悬挂装置，其悬挂特性基本上是线性的，悬挂刚度基本是不变的。具有这种悬挂装置的车辆在平坦路面行驶时，悬挂刚度就显得较大，振动频率较高，行驶平稳性差，持续行驶时乘员容易疲劳。当车辆在凹凸起伏不平的地面上行驶时，来自地面的冲击很大，车体振动猛烈，要求有足够大的悬挂刚度和动行程来吸收振动能量，而此时悬挂刚度又显得太小，吸收振动能量不大，缓冲性能太差，因此经常发生平衡肘撞击限制器的现象，此时振动加速度达到 $5g$ 以上，影响了行驶速度的提高。

现在已设计出许多扭杆式悬挂装置结构，按照不同特点可以分为不同的类型。

按弹簧的结构形式分，有一根扭杆的单扭杆式悬挂装置，有两根实心扭杆或一根实心的、一根管状的扭杆组成的双扭杆式悬挂装置，有由一些并在一起的小直径扭杆组成的束状扭杆式悬挂装置。单扭杆轴结构最简单，应用最广泛。因其长度贯穿整个车宽，悬挂装置的刚度及剪应力较小。双扭杆轴包括两根实心或一实一管同轴式两种结构。同轴式结构的特点是可减小悬挂装置占用的车内空间，改善车辆可操作性，但它却难以实现大悬挂装置行程。两根扭杆轴可依次或同时扭转，依次扭转可降低装置的等效刚度和扭杆轴内应力，同时扭转则可增加装置的刚度。束状扭杆轴由一束细而短的扭杆轴组成。扭杆轴应力较小，可用于大负重轮行程和大扭转角的工作条件下。但它和双扭杆轴的共同缺点是：结构复杂，可靠性差，其较大的外径将增加车体高度。

按左右两侧悬挂装置扭杆的布置，分为不同轴心布置和同轴心布置的扭杆式悬挂装置。扭杆式悬挂装置的各种方案如图 7.17 所示。装甲车辆上用得最多的扭杆是不同轴心布置的单扭杆式悬挂装置，因为这种扭杆式悬挂装置的结构最简单，与同轴心布置的扭杆相比，由于其长度较长（利用车体的整个宽度），能够保证悬挂装置有较小的刚度和较小的剪切应力。扭杆同轴心布置的优点是可以减小悬挂装置占用车内的空间，减少装甲车辆直线行驶时的驶偏倾向，因而改善了装甲车辆的可操纵性。但是，这种方案的缺点是难以实现大的悬挂装置行程，以及车体底部的可能弯曲会使花键的工作条件变坏。在有两根扭杆的弹簧内，两根扭杆可以依次或同时扭转。依次扭转时在负重轮行程大的情况下，能降低悬挂装置的等效刚度和扭杆内的应力；同时扭转时会增加悬挂装置的刚度。图 7.17（f）的方案说明由一根实心扭杆和两根管状扭杆组成的复式弹簧，其中的一根管状扭杆作为副钢管弹簧来保证非线性特性。束状扭杆弹簧以其一束细而短的扭杆来保证大的扭转角和相应的负重轮行程，但应力却比较小。双扭杆和束状扭杆的主要缺点是：结构复杂，可靠性差，外部直径较大，为了将它们安装在车体底部需要较大的车底距地高度。

此外，也有按平衡肘的结构、轴向固定方法、固定座型式、平衡肘与减振器连接方式等特征进行分类的。

制造扭杆轴材料和工艺方法的选择对提高扭力轴的疲劳寿命影响很大。

图 7.17　扭杆式悬挂装置方案简图

（a）两轴不同心布置的单扭杆式悬挂装置；（b）两轴同心布置的单扭杆式悬挂装置；
（c）两轴同心布置的管-杆式悬挂装置；（d）束状扭杆式悬挂装置；（e）有两个实心扭杆的悬挂装置；
（f）两轴不同心布置的管-杆式悬挂装置；（g）按方案（f）制造的悬挂装置的特性曲线
Ⅰ—实心扭杆工作时；Ⅱ—实心扭杆和管状扭杆共同工作时；Ⅲ—副弹簧也工作时

对扭杆轴所用材料的要求是：具有较高的拉伸强度、屈服极限、疲劳强度，以及良好的淬透性和一定的冲击韧性。俄罗斯的坦克装甲车辆用扭杆轴，在工作应力较小时，采用60C2A 弹簧钢制造；在承受大动载荷时，使用 45XH2MФA-Щ 钢制造。20 世纪 80 年代，美国使用锻钢制造扭杆轴，因其中杂质、磷、硫、气体含量高而影响了使用寿命。此后采用电渣重熔或真空电弧重熔方法冶炼的 30VAR 钢制造扭杆轴，其工作寿命提高了近 4 倍。可见冶炼方法和材料选择的重要性。

扭杆轴的损伤是导致断裂和疲劳失效的主要原因。为了提高长期处于高度变载荷工作条件下扭杆轴的寿命，目前在扭杆轴加工制造过程的各个环节已采取了多种措施，并制定了严格的检验标准。机械加工时，加工表面不允许有机械损伤和划痕，在正常情况下表面粗糙度应在0.8 μm 以上，制成品要经过磁力探伤检查。热处理时，普遍采用淬火后进行低温回火的工艺方法，以降低材料的内部应力，提高强度。例如，用 45XH2MФA-Щ 制造的扭杆轴，其硬度为 HB401～444，$\sigma_s = 1\,400$ MPa，$\sigma_b = 1\,500$ MPa。表面机械强化方法有两种，一种是采用喷丸处理保证扭杆轴表面硬化，在正常情况下硬化层深度为 0.2～0.8 mm；另一种是采用滚压处理，滚压扭杆轴的花键槽、杆部以及扭杆与花键头部的过渡部位，滚子直径为 80～95 mm，顶部圆角半径为 $R_5 + 1$ mm，滚压深度在 2 mm 之内，滚压力在 10～11 kN，每圈滚子进给不大于 0.2 mm。强扭处理方法是把将扭杆轴向工作方向扭转 5 次。第一次扭转角度应使表层应力超过材料的屈服点并保持 30 s，卸荷后，材料外层将保持有反方向的残余剪切应力。第二次至第五次扭转时，应减去前次扭转产生的残余变形角。但在第四次扭转时，应在扭转状态停留 60 s。扭杆轴杆部应进行表面磷化、涂漆或涂环氧树脂处理。然后再缝绑胶带或漆布来防止锈蚀或机械损伤。其中一种保护工艺在扭杆轴包装前将其浸入塑料溶胶内，寿命可提高 1.5 倍。

2）油气弹簧悬挂装置

装甲车辆的平均行驶速度，常常受到悬挂装置性能的限制。当车辆在一定地面上以一定的速度行驶时，车体的颠簸和振动的大小取决于悬挂装置结构和性能的好坏，当高速行驶时，常因悬挂装置性能较差、颠簸很大而不得不降低车速。即使装备了大功率的发动机也不能充分利用发动机的功率，只能以道路阻力所能允许的速度行驶，因而限制了装甲车辆最大速度的发挥，也降低了平均行驶速度。因此，改进悬挂装置的结构，提高其性能，对提高坦克的行驶性能具有重要意义。

当车辆在较好的路面上行驶时，负重轮行程较小，悬挂刚度较低，行驶速度较高，此时行驶平稳性较好。当车辆在凹凸起伏不平的地面上行驶时，负重轮行程较大，悬挂刚度较大，则吸振缓冲能力较强，允许高速行驶，这时的行驶平稳性也较好。这种悬挂装置是理想的悬挂装置，其悬挂刚度是可变的，悬挂特性是非线性的。油气弹簧悬挂装置就具有这种特性。

油气弹簧悬挂装置，是一种利用密闭容器内的高压气体作为弹性元件的悬挂装置。其工作原理是依靠控制动力机构和储气筒之间的液体流量来实现减振功能，如图 7.18 所示。工作特性介于纯气体和纯液体悬挂装置之间。工作时，容器内的气压在 14.7 MPa 以上。

油气弹簧悬挂装置中的弹簧称为油气弹簧（简称弹簧），由液压油缸、控制机构和蓄压器等组成，如图 7.19 所示。油气弹簧悬挂装置是以液压缸内的油液传递压力，将负重轮和平衡肘系统传来的压力再传给密闭容器（蓄压器、储气筒、气室），蓄压器内具有高压气体；高压气体作为弹性元件起到缓冲剂吸收振动的作用。而油液除传递压力外，还具有调节车体高度、衰减车体振动、刚性闭锁悬挂、辅助密封气体、润滑零件以及调节蓄压器容积等多种功能。

图 7.18　油气弹簧悬挂装置示意图

图 7.19　油气弹簧示意图

油气弹簧悬挂装置的优点如下：

（1）油气弹簧悬挂装置具有非线性、变刚度和渐增性的特性。它在平坦的地面上行驶时，动行程较小，悬挂刚度较小，行驶平稳性较好；而在起伏地面上行驶时，则随着负重轮动行程的增大，悬挂刚度变大，故能吸收较多的冲击能量，避免了产生刚性撞击，较好地满足了行驶平稳性和缓冲可靠性的要求，并提高了行驶速度，改善了坦克的机动性能。

（2）采用油气弹簧悬挂装置，使车辆振动周期增大，振动频率降低，有较好的行驶平稳性，因而搜索和跟踪目标平稳，减少了火炮稳定系统所要求的功率。在长度为 1 000 km 越野跑道上试验表明，装有油气弹簧悬挂装置的 M60A1 坦克以 28.96 km/h 速度行驶，比装扭杆的 M60A1 坦克以 19.3 km/h 速度行驶时的射击命中精度还要高。

（3）装有可调式油气弹簧悬挂装置的坦克车体，可以上下升降、前后俯仰和左右倾斜。因此可以提高车辆的通过性和扩大火炮的射角范围，并且有利于车辆隐蔽。如 74 式坦克车体在正常高度时可升降 200 mm，前后俯仰 6°，左右倾斜 9°。

（4）油气弹簧悬挂装置还可以实现悬挂闭锁及车体调平。液压闭锁可使弹性悬挂变成刚性悬挂，可消除射击时车体的振动，提高射击精度。在车辆爬坡和紧急制动时还可防止横向侧滑，这些对坦克、自行火炮、火箭发射车和工程车都具有重要意义。MBT-70 试验车能实现悬挂闭锁。

（5）油气弹簧悬挂装置改善了乘员的舒适性，能防止精密电子仪器因振动加速度过大而损坏或失效。装油气弹簧悬挂装置的车辆在起伏地面上行驶时，振动频率较小，振动周期较大，振动加速度较小，做对比试验，以三挡同一速度行驶时，试验车某部位的振动加速度 a 为 $(2.5 \sim 5.0)g$，对比的同型车 a 为 $(4.6 \sim 6.3)g$。装有扭杆弹簧悬挂装置与装油气弹簧悬挂装置的 M60 坦克在越过高度为 304.8 mm 和 406.4 mm 障碍的对比试验表明，前者车速小于 16.1 km/h 时，驾驶员位置的加速度 a 已达到 2.5g，而后者车速在 48 km/h 时同一位置加速度都小于 2.5g。

（6）与扭杆弹簧悬挂装置相比，油气弹簧悬挂装置在压缩行程终点前段有较大的弹力。如压缩行程阻尼力较小，则负重轮对履带压紧作用较大，每个负重轮犹如有源的履带张紧器，在动态情况下可使履带的松弛度减到最小，改善了对履带的诱导作用，使履带不易脱落。

（7）油气弹簧悬挂装置可省去单独的减振器。在油气弹簧内部油液往返流动的通道上，设置阻尼阀和限压阀，就具有减振器的功能。

（8）车外安装的油气弹簧悬挂装置，无须占用炮塔回转底板至车底甲板间安装扭杆弹簧所需的空间高度，此高度需 80~150 mm。采用油气弹簧悬挂装置可减少车体的高度及质量。

（9）油气弹簧悬挂装置只要改变油气弹簧蓄压器的充气压力就可以在不同负载的变型坦克装甲车辆上应用，故部件的通用性较好。

（10）可调式油气弹簧悬挂装置可使行动部分维修方便，如坦克装甲车辆在野外需要拆卸某个负重轮时，只需使该负重轮处的油气弹簧悬挂装置处于放油位置，无须液压千斤顶即可拆装负重轮。

但油气弹簧悬挂装置也有些不足之处：

（1）油气弹簧悬挂装置布置在车外，防护性较差。若其外侧有负重轮及屏蔽装甲，防护会有所改善。

（2）油气弹簧悬挂装置成本一般较扭杆弹簧悬挂装置要高，据国外资料统计，其成本高出 20% ~25%，并且其可靠性与寿命都不如扭杆弹簧悬挂装置。

（3）油气弹簧悬挂装置中的油压和气压都较高。MBT-70 试验车的压力高达 80 MPa，对油和气的密封装置要求较高，零件加工精度要求较严，否则会漏油、漏气而不能使用。

（4）油气弹簧悬挂装置一般较难在 -40 ℃以下的气温下正常工作，对油液和橡胶低温性能要求较高。

按弹簧的结构特点和油气分隔方法，油气弹簧悬挂装置可以分为无分隔式、有隔片式、活塞分隔式和同轴叶片式。无分隔式油气弹簧悬挂装置，对控制和补偿的外部液压渗漏无要求。有隔片式油气弹簧悬挂装置，隔膜质量小，工作时无摩擦，可减小储气筒尺寸。活塞分隔式油气弹簧悬挂装置，工作可靠，但储气筒尺寸大。同轴叶片式油气弹簧悬挂装置，非悬挂质量小，容易制成整体式，工作腔压力大，密封及隔板开关复杂，需要随时补充渗漏，制造工艺性差。如果没有给油气弹簧悬挂装置规定控制和补偿外部液压传动的渗漏，那么蓄压器没有隔片是可以的。如果蓄压器内用膜式隔片，那么可以将蓄压器设计得紧凑一点，因为隔膜的质量小，工作无摩擦。用浮动活塞作隔片时，其工作比较可靠，但为了布置它，要求储气筒的长度尺寸较大。

按油缸与气室布置方式，油气弹簧悬挂装置可以分为整体式和分立式。整体式油气弹簧悬挂装置，弹簧各组成件、支架、平衡肘均装在一个构件内，工作可靠性高，保养方便。分立式油气弹簧悬挂装置，各元件单独布置，可充分利用有限空间。

按液压油缸的结构形式，油气弹簧悬挂装置可以分为筒式（活塞式）和叶片式。按蓄压器数目，筒式油气弹簧悬挂装置又可分为单蓄压器油气悬挂装置和双蓄压器油气悬挂装置。叶片式油气悬挂装置，采用同轴叶片式液压机构的油气弹簧悬挂装置，具有较小的非悬挂质量，很容易将它制成整体式，并方便布置在车上；对来自液压系统液体的输送十分简单。采用同轴叶片式液压机械的油气弹簧悬挂装置的主要缺点是，其密封装置很复杂。

按筒式液压缸的固定方式，油气弹簧悬挂装置可以分为固定式和摆动式。固定式液压油缸油气悬挂装置，常常制造成整体式的，将它布置在车体外部，这种方案能简化油气弹簧悬挂装置的保养和修理工作，使悬挂装置的结构更加紧凑。保证用固定的管道将油气弹簧与液压系统连接起来。用曲柄-连杆传动时，再加上侧向力作用于活塞，造成缸壁和密封件的不均匀磨损。在这种油气弹簧结构中要求有专门连接活塞与连杆接头用的轴承，但接头的尺寸又受到限制。固定式动力液压缸的油气弹簧悬挂装置，由于有平衡肘的轴承支架，质量比较大。有一种固定式动力液压缸，如果其臂向下布置，那么将这种液气悬挂装置布置在车辆的侧面是比较简单的，尤其是对于前面几个负重轮的悬挂。有两个动力液压缸，能够减小弹簧的宽度尺寸（在相等的工作压力和载荷条件下，减小动力液压缸的直径）；保证减小作用于连杆轴承和平衡肘轴的负荷；在有两个蓄压器的情况下，可以使负重轮静态条件下的悬挂特性具有较高的刚度。但是这种悬挂装置也比较复杂。将弹簧布置在平衡肘内的油气弹簧悬挂装置，在车体内部占的空间最小，但它使平衡肘的质量增加，从而增加非悬挂的质量，并相应地增加对负重轮和履带的动载荷。这种结构要实现对悬挂装置的控制是很复杂的。摆动式液压油缸油气悬挂装置，用于轻型装甲车辆油气弹簧悬挂装置，摆动式动力液压缸方案的优点是：弹簧的质量小；动力液压缸活塞的密封工作条件好（它们不受侧向载荷作用）；接头的轴承尺寸不受限制。但是，在大的负重轮行程的情况下，将这种弹簧组装在车体外边是很复杂的，而且摆动式缸体使得来自控制系统液体的输送（常常是通过一根软管）复杂化。

3）减振器

减振是消耗弹簧变形储存的能量，以衰减弹簧的振动，改善行驶平顺性。

减振器，是安装在车体和负重轮之间的一个阻尼部件，用来消耗坦克的振动能量，衰减车辆的振动，并限制共振情况下增大车体的振幅。由于车辆纵向角振动（前后俯仰振动）

最显著，并且对射击准确性影响最大，而这种振动在最前端和最后端两个负重轮处的运动加速度最大。所以，现代装甲车辆多在最前、最后负重轮处安装减振器，以便有效地衰减车辆纵向角振动。由于减振器能够减小车体振动的振幅和次数，因而能延长弹性元件的使用寿命。目前，大多采用液压减振器。近年来，也有采用摩擦减振器的。

减振器吸功缓冲与弹性元件吸功缓冲不同。弹性元件变形吸功储存能量，随后还要释放出来，这是个可逆的能量转换过程；而减振器将吸收的能量转化为热能耗散掉，因而是一个不可逆的过程。可见，减振器吸振能力最终还是取决于散热效果及密封件耐高温的性能。减振器主要用来抑制弹簧吸振后反弹时的振荡及来自路面的冲击。如果没有减振装置，那么当经过一次冲击后，受压弹性元件即要伸张，将其在冲击时所吸收的能量全部放出而变为动能，从而引起在铅垂方向的自由振动。这样因冲击而获得的机械能则以动能和弹性元件变形能的形式互相转化。由于地面的冲击是随机的，因而就有可能出现共振现象，使振幅加大而碰到限制器。限制器上尽管有橡皮垫等缓冲元件，但受到的冲击力还是会加大很多倍，这对保证各零部件的强度不利，同时使行驶平顺性变坏。减振器的作用就是将铅垂方向因冲击而获得的机械能通过摩擦不可逆地转化为热能散失掉，以便达到衰减车体振动、限制共振状态下车体振幅增大这一目的。它具有不可逆吸收转换功能。对于减振，在悬挂装置中，能引起振动衰减的阻尼来源不仅是因为系统中装设了减振器，而且在有相对运动的摩擦副中（如缓冲器组成各零件之间）还存在摩擦。从装置减振器的必要性、车辆结构的复杂性、质量和经济性等方面综合考虑，许多车辆未采用减振器减振。

对减振器的基本要求如下：

（1）高速装甲车辆悬挂装置的减振器应保证对车体振动具有较高的衰减率，要达到这一点，首先是选择合适的减振器型式、特性、数量以及在悬挂装置上的布置。通常在最前端、最后端负重轮悬挂装置上布置减振器，因为这些地方的位移幅度和速度最大。

（2）为了限制振动加速度，减振器的特性应具有较小的正行程（压缩行程）阻力，并且保证有较高的能量，防止坦克装甲车辆以高速度在不平度较大的地面上行驶时发生平衡肘与限制器刚性撞击现象。要实现这些要求，首先靠采用液压减振器，负重轮正、反行程上阻力的合理分配，安装限制减振器阻力的阀门，采用其阻力既与速度有关也与负重轮位移有关的减振器（张弛可控的减振器）。

（3）减振器应在 $-40 \sim 50 \ ℃$ 的温度范围内和在发热温度达到 $200 \ ℃$ 的条件下工作可靠。液压减振器性能上的波动在工作温度 $100 \ ℃$ 时在节流段不应超过 35%，而在泄压阀（限压阀）开启时不超过 15%。要满足这些要求，采用的工作液应具有平缓的黏度-温度特性（曲线），具有较高的润滑和防磨损特性；依靠选用的材料和工作面的相应加工工艺，保证密封装置具有较高的工作寿命；采用短的节流孔，它的长度与直径比 $L/d \leqslant 3$，在节流孔处紊流状态下阻力与工作液的黏度关系不大，因而与工作液的温度关系也不大；采用具有大的进液孔面积的正行程差动阀；力求保证减振器的良好散热，为此增加冷却面（通过加大外形尺寸和增加散热筋条），力求安排吹风散热或使减振器表面与车体有良好的接触；采用工作液补偿室，建立减振器内工作液的循环系统。

（4）减振器的使用期应不短于整车规定的寿命。

（5）通过选择减振器的型号来保证其结构工艺性与互换性，并且能方便地将它们布置在车体上。

　　按工作方式，减振器可分为单向作用式减振器和双向作用式减振器。单向作用式减振器只在单向行程上产生作用，在反向行程不产生作用或作用很小。双向作用式减振器在双向行程都产生作用。

　　按阻尼是否可调，减振器可分为阻尼可调式减振器和阻尼不可调式减振器。

　　按工作介质，减振器可分为油液减振器和气体减振器。

　　按是否充气，减振器可分为充气减振器和不充气减振器。

　　按工作原理，减振器可分为液压式和摩擦式。在功率相等的情况下，液压式减振器的金属用量最少，结构最紧凑，并具有比较稳定的性能，易于调整。液压式减振器从结构上有叶片式、摆杆式和筒式等几种。摩擦式（机械式）减振器，是利用外部摩擦阻尼的形式来消耗振动能量、衰减车体振动的装置。摩擦式减振器，具有减振阻力与负重轮行程成正比，与负重轮和车体之间相对速度无关，由主、被动摩擦片的摩擦来实现的摩擦阻力可使车体振动按等比级数进行衰减，正反行程减振阻力相等等特点。摩擦式减振器的结构十分简单，但是由于摩擦材料表面的耐磨性较差，磨损较快，摩擦阻力不稳定，致使这种减振器的使用性能不稳定，后被液压减振器所代替。但随着高温、耐磨性能良好材料的问世，同轴摩擦式减振器应运而生。

　　按结构形式，减振器可分为筒式减振器、杠杆式减振器和同轴式减振器。筒式减振器，结构简单，制造工艺性好，可以互换，密封性好，工作性能高度稳定，在适当的外形尺寸和结构条件下能吸收较高的能量，但防护性能最差。目前，军用履带式车辆广泛采用筒式减振器，但在完善悬挂装置中由于负重轮行程的加大，在履带式行走系统的现有外形尺寸条件下，要将筒式减振器布置在车体外面是件复杂的事情。杠杆式减振器又可以分为杠杆-活塞式、杠杆-叶片式和杠杆-摩擦式三种。杠杆-活塞式，尺寸小，容易布置，但因工作能量小和使用寿命短而不适于高速车辆。杠杆-叶片式，在车上的布置和防护性都很好，与车体的大面积接触保证其有良好的散热条件。杠杆-叶片式又分为密封和不密封两种。密封式布置防护性及散热性好，但制造比较复杂，质量和尺寸较大，密封困难，器体易变形，性能不稳定。杠杆-叶片式减振器的制造比较复杂，质量和尺寸比较大。由于叶片的密封困难、隔板的形状复杂以及减振器体容易变形，所以高度的不稳定性是这种减振器的特点。杠杆-摩擦式，结构简单，性能比较稳定。同轴减振器没有杠杆的关节式连接，所以它们的布置实际上不受负重轮行程的限制，提高了悬挂装置的可靠性，且不要求在车体上另开减振器安装孔。同轴减振器的结构组合保证了悬挂装置的优质保养和修理，同时也不削弱车体防护，但其受热后易使扭力轴强度下降。

7.3　轮式行走装置的配置与选型

7.3.1　轮式行走装置及其构成

1. 轮式行走装置及其功能

轮式行走装置，也称车轮行走装置，是指以轮胎行驶的行走装置。

轮式行走装置的主要功用是：支持整车的质量和载荷；缓和由路面传来的冲击力；产生驱动力和制动力；产生侧抗力；保证车辆行驶和进行各种作业。

2. 对轮式行走装置的要求

（1）保证在额定负荷和正常行驶速度下能安全工作。

（2）保证有尽量小的滚动阻力。

（3）保证有较好的通过性。

（4）保证有良好的行驶平顺性。

3. 轮式行走装置的组成

轮式行走装置主要由车桥、车轮与轮胎等组成。普通汽车的行走装置还包括车架，但装甲车辆通常将车架与车身做成一体。

车桥，也称车轴，是用来安装车轮的总成。车桥通过悬架和车架（或承载式车身）相连，两端安装汽车车轮，其功用是传递车架（或承载式车身）与车轮之间各方向的作用力，与转向系统配合实现行驶方向的控制。

车轮，是介于轮胎和车轴之间承受负荷的刚性旋转组件。车轮的主要功能是，固定轮胎内缘、支持轮胎并与轮胎共同承受负荷。车轮由两个主要部件轮辋和轮辐组成。轮辋是在车轮上安装和支撑轮胎的部件，轮辐是在车轮上介于车轴和轮辋之间的支撑部件。车轮除上述部件外，有时还包含轮毂。由车轮和轮胎两大部件组成车轮总成，也有将组合在一起的车轮总成（包括轮胎、轮辋与轮辐）简称为车轮。

轮胎，是接地滚动的圆环形弹性橡胶制品。轮胎的主要功用是支撑车身，缓冲外界冲击，实现与路面的接触并保证车辆的行驶性能。

7.3.2 轮式行走装置的配置与选型

1. 装甲车驱动轴数目的确定

轮式装甲车辆多为全轮驱动，其驱动轴数目的确定应从提高通过性观点出发，限制最大轴重以降低车辆对地面的单位压力。因此，它的选择要点是采用多轴驱动并使轴重在各轴上合理分布，保证每个轴上不超过通过性所限制的最大车重。

对于多轴全轮驱动的越野车，为保证对地面单位压力在 0.175～0.200 MPa 以下，限制单根轴最大轴重不得超过 5 000 kg。根据现有越野车的一般质量利用系数，可概略计算出一般双轴驱动的越野车全重不大于 8 t，三轴全轮驱动的越野车全重不大于 14 t，四轴全轮驱动的越野车不大于 20 t。但对现代装甲车辆来说，由于对它提出了更高的使用要求，战斗全质量往往比上述限定的质量小得多。例如 4～7 t 以下采用双轴驱动，7～10 t 采用三轴驱动（但某些装甲车辆也采用四轴驱动），而 14～15 t 者均采用四轴驱动。

当轮式底盘采用非独立式悬挂装置时，左右两侧车轮安装在一个整体的实心或空心梁（轴）上，然后通过悬挂装置与车架相连接，这个实心或空心梁便叫作车桥，习惯上称整体式车桥。当轮式底盘采用独立式悬挂装置，即左右两侧车轮单独通过悬挂装置与车架（或承载式车身）相连接时，或者有的车体左右车轮还通过一个断开式车梁（即分成互相铰接的两段车梁）相连接时，车体左右车轮之间实际上无"桥"可言，而是通过各自的悬挂装置与车架相连接，然而在习惯上，仍将它们称作断开式车桥。根据车桥上车轮的作用，车桥又可分为转向桥、驱动桥、转向驱动桥和支持桥四种。转向桥与支持桥都是从动桥。一般轮式底盘多以前桥为转向驱动桥，而以后桥或中、后两桥为驱动桥。转向桥的功用是：通过操纵机构使转向车轮可以偏转一定角度，以实现转向；除支持底盘承受垂直反力外，还承受制动力和侧向力以及这些力引起的力矩。驱动桥除了支撑底盘车架之外，还装有主减速器、差速器和半轴等传动系统机件，因而驱动桥一般做成一个空壳，叫作驱动桥壳。驱动桥壳一般由主减速器壳和半轴套管组成。

2. 轮胎选型

轮胎的使用条件复杂而苛刻，承受着各种变形、负荷、力以及高低温作用。

对轮胎的主要要求是：

（1）具有较高的承载性能、牵引性能和缓冲性能。

（2）具备高耐磨性和耐屈挠性。

（3）具备低滚动阻力与生热性。

（4）具有防弹能力。装甲车辆用轮胎都是防爆轮胎，轮胎被击穿后仍能持续行驶。

轮胎按胎体结构，可分为实心轮胎、海绵轮胎、空心轮胎和充气轮胎等。

实心轮胎，是相对空心轮胎而言的，其胎体是实心的，无须内胎或气密层。实心轮胎结构简单，具有优良的安全使用性能，使用寿命长，变形率低，但缓冲性能差。实心轮胎是一种适应于低速、高负载苛刻使用条件下运行的车辆，现已很少在装甲车辆中采用。实心轮胎一般分为黏结式和非黏结式两种。黏结式实心轮胎指橡胶直接硫化在轮辋上的轮胎。非黏结式实心轮胎指硫化后再固定在轮辋上的轮胎。按形状分圆柱式实心轮胎和斜底式实心轮胎两种。为了改善缓冲性能，美国一家公司研发了一款带蜂巢支撑体结构的实心轮胎，将原来的充气部分用蜂巢结构来代替，起到与传统轮胎类似的减振作用，如图 7.20 所示。

图 7.20　带蜂巢支撑体结构的实心轮胎

海绵轮胎，是外胎内腔中以弹性海绵代替压缩气体的轮胎，如图 7.21 所示。海绵轮胎的优点是缓冲性能较实心轮胎有较大的提高，当被弹片和子弹等击中后不会很快丧失作用，目前大量使用。其缺点是质量大（与充气轮胎比较），行军时由于内摩擦生热大，可能将海绵熔化，因此行驶速度不高。另外在长期存放时，因受压及高温影响容易失去弹性。

空心轮胎，是采用高性能弹性材料、专有工艺制造，内外胎一体，空腔结构轮胎，如图 7.22 所示。它具有不怕扎、弹性好、耐磨、滚动阻力小等优点，使用寿命是充气胎的 3 倍以上；轮胎内侧设有热交换器，使胎体内外的热冷空气自动交换，具有防止轮胎老化的功能。

轮胎外胎

海绵体填充物

加强型钢圈

图 7.21　海绵轮胎

图 7.22　空心轮胎

充气轮胎，采用内外胎结构，用橡胶密闭有压力的空气，压缩空气而产生弹性。充气轮胎由内胎（充满着压缩空气，有弹性）、外胎（有强度和弹性的外壳，保护内胎不受外来损害）、垫带（内胎与轮辋之间，防止内胎擦伤和磨损）等组成。充气轮胎按组成结构，可分为有内胎轮胎和无内胎轮胎；按帘线排列方向，可分为普通斜交胎和子午线胎等；按胎压大小，可分为超低压胎（0.15 MPa 以下）、低压胎（0.15～0.44 MPa）和高压胎（0.49～0.69 MPa）。充气轮胎优越的缓冲性能和低滚动阻力特性迄今为止尚无其他轮胎可以超越，散热性能好，质量小，性能优异，适用于各种车辆，但是容易漏气、爆胎，尤其是轮胎被弹片等击中后不能继续使用。目前已有一种在轮胎内加有支撑物的防弹越野充气轮胎（内支撑轮胎）。还有一种装备中央轮胎充放气系统的自补气装置的充气轮胎。这种轮胎自动充气智能系统巧妙地运用了一个传感器以及几个调节器就能完成充气过程，当轮胎气压下降至预设定值时，轮胎中的一个调节器将开启，使空气进入一个抽吸管；当车辆起动滚动轮胎时，轮胎变形的过程将压扁这个抽吸管，抽取空气穿过轮胎进入进气阀，之后再进入轮胎之中，结构原理如图 7.23 所示，其中央控制系统如图 7.24 所示。这就解决了一般充气轮胎中弹后不能行驶的缺点，提高整车的机动性和越野通过性。另外，充气轮胎弹性大，有可能影响射击精度。气胎缓冲性能好，采用气胎有可能无须另加缓冲器，这对简化结构和减小质量均有利。可见，使用充气轮胎比使用海绵轮胎对提高火炮的综合性能有利。

图 7.23　自动充气轮胎的结构原理

图 7.24　自动充气轮胎中央控制系统

充气压力一般应从通过性要求出发并结合车轮负荷、断面宽度及使用条件而定。采用低压胎，降低充气压力（0.05～0.10 MPa）将导致轮胎触地面积增大，单位压力降低并减少地面的压陷变形，从而提高牵引性能并减少在松软地面上的行驶阻力。对于每一个载荷，一定的轮胎结构参数及支撑面积下，可以获得一个导致最小滚动阻力的充气压力，或获得一个具有最大牵引力的充气压力。为了使装甲车既在各种松软地面上有良好的通过性，又便于在坚硬的公路上行驶而不致有过大的滚动阻力和缩短轮胎寿命，最好选用可以调节气压的中央充气系统，气压一般在 0.05～0.45 MPa 变化。

增加车轮直径可使轮胎触地面积增加，单位压力降低并减小滚动阻力，但滚动阻力的减小只有在轮胎直径足够大时才有明显的效果。加大车轮直径还可以提高最小离地距离及克服垂直障碍的能力。目前装甲车辆轮胎直径多为 1.0~1.5 m，2.0~3.0 m 的大轮胎仅在特殊用途的车辆上采用。增加轮胎宽度不仅直接降低了轮胎与地面的单位压力，而且因为轮胎较宽，可以允许胎体有较大的变形而不降低其使用寿命，因而可以使充气压力取得更低一些。但过宽的轮胎会使转向操纵费力（应注意采用转向助力装置），现有宽断面轮胎多为 250~600 mm，断面特宽（加大到 1.5 m）的轮胎仅在特殊机械上使用。

轮胎胎面花纹，是通过模压或刻制在外胎胎面上的各种纵向、横向、斜向组成的沟槽。按照轮胎圆周排列的纵向花纹具有纵向连续性的特点，所以主要承担雨天排水的功能，并且对于轮胎的散热也很有帮助，但抓地力不足。纵向断开而横向连续的横向花纹则有着较大的抓地能力，从而可以弥补纵向花纹的先天缺陷。胎面花纹的作用主要是增大轮胎与地面的摩擦力，改善轮胎的行驶性能；降低胎噪，增强舒适性；为轮胎散热，排水；提升车辆操控性能；增进美观，提升视觉效果。

越野性能是装甲车辆最主要的性能。要求选择胎面花纹时从以下几个方面考虑：提高车轮与地面的附着强度，保证车辆在困难地面上的通过能力；稀泥与积雪等能自花纹中自行排出；为保证操纵稳定性，要求不仅在纵向平面内有良好的附着，在横向平面内也要好；当在坚硬表层路面上行驶时滚动损失小，而且没有颤动；使用寿命长。这些要求有些是互相矛盾的，因此装甲车辆通常采用特种花纹胎面，以保证越野性能。

轮胎尺寸通常按规格选择。轮胎尺寸规格标记目前一般习惯用英制表示，也有用公制或公制、英制混合表示的，法国则采用字母符号表示轮胎尺寸。低压轮胎常用 B-d 表示其尺寸规格。如 9.00-20 表示断面宽度为 9 in[①]，轮辋直径为 20 in。如为子午线轮胎，则以 9.00R20 作标记。我国也有用公制、英制混合标记的，如 175SR14，表示轮胎宽度为 175 mm，轮辋直径为 14 in，R 表示为子午线轮胎，S 表示轮胎为快速级的（轮辋直径大于 13 in 时，最大车速可达 180 km/h）。轮胎标记为 195/70HR14 是表示轮胎宽度为 195 mm，轮辋直径为 14 in，R 表示为子午线轮胎，H 表示为高速级轮胎（轮辋直径大于 13 in 时，最大车速允许达210 km/h），70 表示轮胎断面的扁平比（高宽比即 H/B 值）为 70%。欧洲有些国家的低压轮胎用 $B×d$ 表示，单位则用 mm，如 185×400 轮胎等。法国钢丝轮胎用字母和数字混合表示轮胎尺寸，如 A-20 轮胎相当于 7.50-20 轮胎，B-20 轮胎性能参数相当于 8.25-20 轮胎。C-20 相当于 9.00-20 轮胎，D-20 轮胎相当于 10.00-20 轮胎等。俄罗斯普通结构轮胎，则用英制和公制混合表示，例如，260-20 轮胎，其中 260 为轮胎断面宽度 B，用 mm 为单位，而 20 为轮辋直径 d，单位为 in。这种 260-20 轮胎相当于 9.00-20 轮胎。高压胎是用 $D×B$ 来表示，其中 D 为轮胎直径的英寸数，B 为轮胎断面宽度的英寸数，例如，34×7 即表示轮胎外径 D 为 34 in，断面宽度 7 in。安装外胎的轮辋直径 $d=D-2H$，式中断面高度 H 随外胎的结构特点而不同，其值约等于 B。拱形轮胎、椭圆形轮胎及某些车的超低压轮胎也用 $D×B$ 表示，但以 mm 为单位，如 1 140×700，725×400，165×380 等。

通常轮胎并不是由车辆设计者任意确定的，而是从现有轮胎产品系列中选择的，主要根据轮胎的承载能力，即允许载荷来选择。同时考虑到装甲车辆行军时的恶劣条件，而将载荷加大 12%~15% 估算。如果所用车轮规格相同，则按受载最大的车轮选取。选择轮胎规格

---

① 1 in = 25.4 mm。

时，同时应考虑车辆最低点离地高和火线高的要求，以及对减小滚动阻力和提高通过性是否有利等。有特殊要求时，可以向轮胎生产部门提出来。

7.4　履带式行走装置的配置与选型

7.4.1　履带式行走装置及其组成

1. 履带式行走装置及其功能

履带式行走装置，是指以履带行驶的行走装置。对于 20 t 以上的装甲车辆来说，采用履带式行走装置可使车辆获得大牵引力，并能够提高其越野机动性。但装置本身也存在着使用金属多、工作寿命短、在坚硬和不平地面行驶时功率损失大等缺点。

履带式行走装置的主要功能：

（1）将动力传动装置传来的转矩转变成为牵引力。

（2）传递地面制动力实现制动。

（3）支撑车辆的质量。

（4）提供支撑面，实现良好的通过性。

目前，在履带式装甲车辆上使用两种类型的履带式行走装置。一种是无托带轮型（克里斯型），采用大负重轮、短平衡肘，具有履带不易脱落、车内噪声小等特点，但装置质量有所增加。另一种是有托带轮型（维克斯型），采用小负重轮、长平衡肘，可减小因上部履带摆动在铰接处产生的功率损失，降低非悬挂质量，增加负重轮的动力行程。

2. 对履带式行走装置的要求

（1）通过性能良好。

（2）工作可靠，具有足够的强度、耐磨性和防护性。

（3）质量尽可能减小。

（4）对路面破坏程度小。

（5）噪声尽可能小。

（6）制造工艺简单，检查和维修方便。

3. 履带式行走装置的组成

履带式行走装置主要由履带、主动轮、负重轮、诱导轮、张紧机构和托带轮等组成，如图 7.25 所示。

主动轮是通过齿轮和履带啮合，将减速器传来的动力传给履带而使车辆运动的主动件，其主要功用是将驱动转矩转换成履带的拉力而驱动履带，将制动转矩转换成制动力使履带制动。

履带是由主动轮驱动，围绕着主动轮、负重轮、诱导轮和托带轮的柔性链环，有人称其为"无限轨道"和"自带的路"，其主要功用是保证在无路地面上的通过性，降低行驶阻力；支撑负重轮并为其提供一条连续滚动的轨道；将地面的牵引力、附着力和地面制动力传给车体。

负重轮是履带式车辆质量的主要承力轮，其主要功用是支撑车辆车体在履带接地段上滚动；将车辆的重力较均匀地分配在整个履带接地段上；规正履带。

图 7.25　履带式行走装置

诱导轮是支撑和引导上履带段，并与张紧机构一起调整履带的松紧程度的履带式车辆从动轮，其主要功用是支撑、引导上履带段运动。

张紧机构（履带调整器）的主要功用是调节履带的松紧程度。

托带轮的主要功用是托支上支履带，减少履带的振荡。

7.4.2　履带式行走装置的配置与选型

1. 履带

履带用于保证车辆在松软地面上仍具有较高的通过性，降低行驶阻力，并对地面有良好的附着力；通过履带和地面的相互作用，实现履带式行走装置的牵引力和制动力。

每辆履带式装甲车辆上有两条履带，履带约占行走装置质量的一半。

履带主要由履带板和履带销等组成，如图 7.26 所示。

对履带的要求：

（1）具有较高的强度和较长的使用寿命。

（2）力求降低行动部分的动载荷和功率损失。

（3）有足够大的纵向刚度和扭转刚度。

（4）在纵向和横向上对地面有可靠的啮合力。

（5）便于排泥和尽可能减小对路面的破坏。

（6）结构和工艺应简单，成本低。

（7）组装、维修、保养和更换简便易行等。

按制造方法，履带可分为铸造式、锻造式和焊接式三种。

按相互连接形式，履带可分为单销式和双销式两种。

按铰链结构材料，履带可分为全金属式和挂橡胶式两种。全金属式具有结构简单、质量小、铰链磨损

图 7.26　履带及其组成

快、平均寿命较低等特点；挂橡胶式指部分或全部在底面、滚道、销耳中挂胶的履带，它具有使用寿命长、行驶噪声小、效率较高、传给传动装置动载荷小等特点。

按履带销结构，可分为金属铰链履带和橡胶金属铰链履带。

装甲车辆履带以金属铰链式为主，需要时也可以换装挂胶式履带。

2. 主动轮

主动轮，通过齿轮和履带啮合，卷绕履带使其与地面作用产生牵引力。其主要功用是，在驱动工况下，连续绕转履带并将发动机经传动装置传来的功率转换成履带的牵引力；在制动工况下，将履带的反作用力经主动轮传给传动装置和相应的制动器。每辆履带式装甲车辆上装有两个主动轮。

主动轮主要由齿圈、轮毂、轮盘和导向盘等组成，如图 7.27 所示。

图 7.27　主动轮结构

对主动轮的基本要求：

（1）能够可靠地、无冲击地传递牵引力和制动力。

（2）有较高的耐磨性，并且便于更换磨损元件（如齿圈）。

（3）使用寿命长。

（4）组装、分解简便。

（5）能够自清泥土。

（6）质量和尺寸较小。

对主动轮与履带啮合的要求：

（1）应保证各元件顺利地进入啮合和退出啮合。

（2）实现无冲击传递力。

（3）啮合面的滑动最小。

（4）啮合处的应力不大。

按啮合传递方式，主动轮可分为板齿啮合、齿啮合和板孔啮合。

按与履带的啮合副，主动轮可分为单销式啮合副和双销式啮合副。

3. 负重轮

负重轮支撑车重并把履带紧压在地面上，使履带与地面有较大的接触面积，以产生更大的附着力，同时把车体对履带的运动变为负重轮的滚动，提高行驶效率。每辆车每侧有 4~8 个负重轮。

负重轮主要由轮毂、轮盘、轮缘和橡胶减振件、护缘、密封装置等组成，如图 7.28
所示。

图 7.28　负重轮结构

对负重轮的要求：

（1）保证在履带上的滚动阻力最小。

（2）在各种条件下的使用寿命较长。

（3）负重轮在履带上滚动时的动负载和噪声较小。

（4）维修简便。

（5）尺寸质量小。

按减振程度，负重轮可分为无减振全金属型、橡胶内部减振型和橡胶外部减振型。

按轮缘数量，负重轮可划分为单排和双排两种。单排式结构简单，用于两栖车辆有增加
浮力功能，但会使履带增重，散热及排泥差，因此多用于轻型装甲车辆。双排结构多用于主
战坦克。为了避免负重轮上橡胶在战斗中起火，以色列在"梅卡瓦"MK4 主战坦克上采用
了全金属型负重轮。

4. 诱导轮与张紧机构

诱导轮及张紧机构的主要功用是支撑、引导上履带段运动，调节履带的松紧程度。每辆
车装两个诱导轮，安装在履带张紧机构轴上，结构原理如图 7.29 所示。

诱导轮主要由轮毂、轮盘和滚珠轴承等组成。张紧机
构主要由支架、曲臂和螺杆等组成，包括导向装置、张紧
装置、释荷或定位装置、传动装置、缓冲或补偿装置等。

按结构，诱导轮可分为单排和双排两类。

按减振程度，诱导轮可分为全金属、内部减振和外部
减振三种。

对诱导轮的基本要求与对负重轮的基本要求相同。

按诱导轮移动轨迹，张紧机构可分为曲臂式和直线导　图 7.29　诱导轮及张紧机构原理简图

轨式两种。曲臂式诱导轮轴沿圆弧移动，其结构比较简单、方便。直线导轨式已很少使用。

按诱导轮移动方式，张紧机构分可分为全手工式、手工机械式和自动式。自动式，属非人力的自动调节。多数车辆采用的是手工机械式张紧机构。

按执行机构的结构形式，张紧机构可以分为螺杆型、蜗杆型和液压传动型三种。螺杆型结构比较简单、工作可靠、有自锁能力，但其效率低、尺寸较大。蜗杆型结构最紧凑，易于布置，但由于仅有一个齿处于啮合状态而限制了其传递大载荷的能力。液压传动型调节轻便、快捷，容易用压力检查履带张紧力和实现远距离自动调节，但其占用空间较大。

5. 托带轮

托带轮的主要功用是托撑上部履带，限制上部履带的滑移，减小履带在行驶中的摆动，增大负重轮行程。每侧各装有 1~3 个托带轮。

按排数分类时，托带轮可划分为单排和双排两种。按减振状况，可划分为有减振和无减振两种。托带轮结构如图 7.30 所示。

(a)　　　　　　　　　　(b)　　　　　　　　　　(c)

图 7.30　托带轮结构

（a）内部减振式单排托带轮；（b）外部减振式单排托带轮（一）；
（c）外部减振式单排托带轮（二）

第 8 章

防护系统的配置与选型

8.1 防护系统概述

8.1.1 防护概念

1. 装甲车辆防护

防护，是为免受或减少伤害而采取的防备和保护方式、方法和措施。

防护分主动防护和被动防护。主动防护就是采取施放烟幕、诱骗、干扰或强行拦截等措施来免受被瞄准或被击中。被动防护就是采取一定保护措施来减轻伤害。

由于现代反装甲手段的威力和多样性，迫使装甲车辆要继续提高综合防护能力，以减小和降低反装甲武器对装甲车辆的损伤，以提高装甲车辆的战场生存力。

2. 装甲车辆的防护原则

（1）减少车辆可发现性和可识别性。

（2）一旦被发现要避免被击中。

（3）如果被击中，避免被击穿。

（4）防止车辆被摧毁。

3. 装甲车辆的防护形式

装甲车辆的防护形式主要有装甲防护、隐身与伪装防护、核生化"三防"防护、主动防护和综合防护等。

8.1.2 防护系统及其构成

装甲车辆的防护系统是装甲车辆上用于保护乘员及设备免遭或降低反装甲武器损伤的所有装置的总称。

装甲车辆诞生之初，其防护系统仅包括装甲防护一项内容，主要目的是对抗机枪弹的攻击。随后为了减少发动机经常起火造成的损失，又在车内增设了灭火器。核武器出现后，为了能在核条件下作战，装甲车辆上又安装了"三防"装置，不但具有在核条件下作战的能力，同时还具有对付生物武器、化学武器的手段。现代战争用于防护的设备和技术不断增加，例如迷彩涂料、隐身涂料、复合装甲、自动灭火抑爆装置、烟幕装置、红外干扰装置、反坦克导弹拦截装置等。这些防护的新装置、新技术的出现，极大地提高了装甲车辆的战场生存力。从某种意义上来说，正是防护促进了装甲车辆的诞生，又是防护的不断发展给装甲车辆注入了新的活力，使装甲车辆在不断出现的新型反装甲武器面前顽强地生存下来。

在现代高技术战争的战场上，装甲车辆会受到各种各样的威胁。这些威胁按方位划分有来自顶部、前部、后部、侧部、底部各个方向的，按弹药种类划分则有穿甲弹、破甲弹、航空炸弹、反装甲子母弹、精确制导炮弹、榴弹、反坦克导弹、反坦克火箭筒和反坦克地雷等。图 8.1 所示为这些威胁的种类和方位。

图 8.1　现代坦克所受反坦克弹药的威胁种类和方位

为使装甲车辆免遭或减少反装甲武器造成的损伤，装甲车辆可采取的措施有：减少被发现的概率；减少被命中的概率；依靠自身装甲抗击反装甲弹药的攻击，减少装甲被击穿的概率；减少弹药产生"二次效应"的概率；安装核辐射、生物武器、化学武器的防护装置（简称核生化防护装置或"三防"装置）。现代装甲车辆的防护就是按上述五个方面采取防护措施的。轻型装甲车辆由于作战使用要求不同，其防护性能与坦克相比有一定的差别，通常根据作战要求加以配置。

现代主战坦克的防护系统，由多种高新技术装置综合而成，是一个相对庞大和复杂的系统。它主要包括装甲防护、伪装与隐身防护、综合防御（或叫光电对抗）、二次效应防护和核生化"三防"防护。在这五大防护技术中，每一项又包含若干项具体内容。现代坦克防护系统的总体构架与各部分的具体内容如图 8.2 所示。

上述防护技术有各种分类方法，通常，除装甲防护技术外，其他防护技术通称为特种防护技术。也有人把其划分为两大类，即主动防护技术和被动防护技术。前者指综合防御技术，后者指其余几种防护技术。还有人把防护技术划分为硬防护技术和软防护技术。硬防护技术指装甲防护，其余则为软防护技术。上述划分方法虽不同，但防护技术的基本内容是完全一致的。

在坦克的火力、机动、防护三大性能中，防护具有重要的地位。就战场这一特定环境而言，坦克防护是其火力和机动的基础。没有防护，或减弱防护，坦克的威力必然大大降低。坦克上通常用于防护的质量，约占其总质量的 1/2。这个质量对坦克的机动性能又产生了较

图 8.2　现代坦克防护系统的总体构架与各部分内容

大影响。反坦克武器威力的增加，迫使新一代的坦克不断增加装甲的厚度。而坦克机动性和火力的提高，也必然导致坦克战斗全质量的增加。为了使坦克维持一个合适的质量，世界各主要坦克生产国都根据本国的战术思想，对三者进行平衡。这就产生了坦克火力、机动和防护的排序问题。

"厚装甲不如速度重要"，这是第二次世界大战时德国的观点。这个观点在战后被联邦德国继承了下来。法国的观点与此相同。所以这两个国家在 20 世纪 50 年代对坦克三大性能的排列顺序是"火力—机动—防护"。据此观点，联邦德国研制出了战斗全质量 40 t，最大速度 65 km/h，炮塔正面装甲厚 52 mm 的"豹"1 坦克；法国研制出了战斗全质量 36 t，最大速度 65 km/h，炮塔正面装甲厚 80.8 mm 的 AMX30 坦克。这两种坦克是重视机动性的代表。

英国和以色列一直是重视坦克防护的国家。他们认为，防护是士气的源泉。根据这种思想，他们对坦克三大性能的排序是"火力—防护—机动"。因而他们研制出了防护较强的坦克，如英国的"奇伏坦"坦克，战斗全质量 55 t，最大速度 48 km/h，车体首上装甲厚 150 mm；以色列研制出了重 61 t，最大速度为 55 km/h 的坦克。

对坦克三大性能排序的不同观点一直持续到第三代主战坦克的出现。中东战争大规模坦克战的经验教训，使世界各国的坦克专家们对防护的重要性有了新的认识。加之复合装甲的出现，使坦克具有了对付大口径反坦克武器的手段，因而世界各国纷纷研制出了防护力较强的第三代主战坦克。如美国的 M1、英国的"挑战者"、德国的"豹"2、法国的"勒克莱尔"、俄罗斯的 T-80 等主战坦克。

8.1.3 对防护系统的要求

装甲车辆防护系统担负着保护装甲车辆乘员及车内装置免遭或降低敌方武器损伤的功能。这种特殊的使命对防护系统提出了特殊的，有时甚至是苛刻的要求。归结起来，主要有以下四点要求。

1. 防护性能高

对防护系统性能总的要求是尽可能地提高装甲车辆的战场生存能力，减少被毁伤的概率。这种要求可分解为：伪装与隐身防护性能要求；综合防御系统性能要求；装甲防护性能要求；二次效应防护性能要求；"三防"装置性能要求。

对伪装与隐身防护性能的要求体现在被发现概率上；对干扰装置和导弹拦截装置的性能要求体现在被命中概率上；对装甲防护的性能要求体现在被击穿概率上；对二次效应防护及"三防"装置的性能要求体现在被击毁概率上。为了提高装甲车辆的防护能力，就需尽可能降低其被发现概率、被命中概率、被击穿概率和被击毁概率。

2. 质量小

装甲车辆的战斗全质量，受国情、战术思想、作战使命和技术发展水平的制约，其总质量有一定的限制。防护系统的质量也就因此受到了严格控制。

防护系统的质量，主要是装甲防护的质量。一般来说，现代主战坦克的战斗全质量为 $40 \sim 60$ t，用于装甲防护（即车体和炮塔）的质量约占战斗全质量的 50%，即 $20 \sim 30$ t。

第二次世界大战及其以前，坦克的防护几乎可以抗击战场上所有武器的攻击。以后随着反坦克武器威力的不断发展，虽然坦克装甲的厚度不断增加，用于防护的质量不断加大，但仍有一些反坦克武器可以穿透坦克的装用。据有关资料分析认为，现代坦克若想具有充分的防护，其质量需达到 100 t。这么重的坦克是无法用于作战的。在每个型号的坦克设计之初，设计人员根据总体性能的要求，统筹分配了坦克各系统的质量，包括防护系统的质量。因此，坦克防护系统所包括的各种技术装置必须在达到防护性能要求的前提下尽可能地降低装置的质量。

3. 防护装置体积小

防护系统的各种装置，有一些要放在车外，如烟幕抛射装置、红外干扰装置等；有一些要放在车内，如灭火装置、"三防"装置等；还有组成车辆的外壳，如均质装甲、复合装甲等。在车内的装置要占据一定的容积，而在车外的装置则可能直接影响车辆的宽度和高度。

车辆的容积与车重有着密切的关系。容积大则车体重，或者装甲防护能力弱，容积小则与之相反。根据现代主战坦克估算，平均每立方米容积占有质量约 3 t。可见，减小车内部件占据的空间，包括减少防护装置所占据的空间，对于减轻车重是十分重要的。

另一方面，在设计之初，也确定了车辆总的长度、宽度和高度，从而也就限定了各种技术装置的最大尺寸。因此，在防护装置的设计上，要根据总体的要求，尽力减小装置的尺寸，缩小体积。

4. 可靠性高和维修性好

装甲车辆的防护装置通常要在各种恶劣的条件下使用，包括高温、严寒、湿热、干燥、日晒、雨淋、强烈冲击振动、电磁、声响等环境，因而对其可靠性、维修性有较高的要求。

8.2 装甲防护系统的配置与选型

8.2.1 装甲防护及其发展

1. 装甲防护

装甲，是用于抵挡或削弱敌人的攻击，保护目标避免或减轻伤害的保护壳。

装甲防护，一般是指利用装甲抵抗破片、子弹、炮弹或导弹的袭击，保护内部的人员和设备，避免和减轻敌人火力的伤害。装甲防护是被动防护的主要形式。

装甲防护，是装甲车辆在战场上获得生存力的主要手段之一，是装甲车辆在现代及未来战场上生存的基础。装甲防护能力，取决于装甲的材料性能、厚度、结构、形状及其倾斜角度。其基本作用是降低各种反装甲武器击毁的概率，减小命中弹丸的杀伤破坏作用，保护车内部乘员、弹药、武器和各种机件设备免遭破坏。在现代战争的条件下，由于高新技术的发展，反装甲武器及其他形式的攻击趋于高效和复杂化，无论从种类、射距和空间范围上都对装甲车辆形成了全方位、立体的攻击，只有对现代反装甲武器具有足够的防护，装甲车辆在现代战场上才有生命力，从而使得装甲防护在现代武器系统中的作用显得更加重要。

2. 装甲防护的发展

随着钢铁材料的冶炼和铸造技术的发展，特别是汽车工业的迅速发展，为攻防兼备的装甲车辆制造提供了必要的物质和技术条件。20 世纪初，开始出现装甲汽车和装甲列车，但是装甲的厚度不超过 12 mm。

随着火炮技术的发展及穿甲弹的使用，到 20 世纪 30 年代，装甲厚度达到 60~80 mm。第二次世界大战为装甲车辆的发展提供了强烈的需求背景，也为装甲防护的发展提供了机遇。第二次世界大战的大量战例证明，具有强大的火力、坚固的装甲防护和灵活机动性的坦克在陆战中起着重要的快速突击作用。苏联卫国战争的胜利，从武器装备上看，很大程度上取决于装甲坦克的行动。这一时期坦克装甲厚度继续增加，炮塔装甲厚度达到 150 mm，车体装甲厚度也达到了 100 mm。第二次世界大战以后，世界处在相对平稳的冷战时期，但是军备竞赛不断，火力和装甲竞相发展。装甲的质和量也得到改善，除了提高钢装甲的合金化水平和冶金质量外，炮塔钢装甲的厚度推向 200 mm，重型坦克装甲厚度达到 270 mm。依赖增加装甲厚度和质量对付日益增强的火力的陈旧办法一直延续到 20 世纪 60 年代。

20 世纪 60 年代末，装甲防护出现了新的转机，陶瓷、玻璃钢等防弹材料的应用，掀起了世界性的复合装甲研制的热浪。著名的英国乔巴姆复合装甲采用陶瓷夹层材料，大幅度提高了抗弹性能。然后，苏联、美国、德国、法国等国家迅速发展成功间隙-复合装甲，并且在新一代坦克上广泛应用。中国也研制成功复合装甲。这些成就标志着装甲防护不再是单纯以质量的增加去适应火力的增强，而是开辟了新的技术途径。

在技术进步的推动下，虽然钢装甲、铝装甲和钛装甲的研究也取得了进展，但是令人惊叹的还是 20 世纪 70—80 年代的复合装甲。各种夹层和结构的应用，使复合装甲进入发展的鼎盛时期。然而，依靠复合装甲技术再进一步提高防弹性能的企图似乎没有大的突破，此时的反应装甲新技术已经走到成熟应用地步。在战场上，首先应用反应装甲的是以色列和俄罗斯。我国的反应装甲研究也得到迅速发展。

装甲防护是在和进攻武器的矛盾对抗中发展起来的。随着反坦克武器弹药威力的增加，装甲防护水平也不断提高。一代坦克装甲防护水平达到等效钢装甲防护厚度约 200 mm；二代坦克等效钢装甲防护厚度：防穿甲弹 300 mm，防破甲弹 500 mm；三代坦克等效钢装甲防护厚度：防穿甲弹 500~600 mm，防破甲弹 800~1 000 mm；预计四代坦克等效钢装甲防护厚度可达：防穿甲弹 900~1 000 mm，防破甲弹 1 300~1 400 mm。

20 世纪最后十年，新材料和微电子等高科技的发展，推动新概念装甲防护技术取得突破，为防护技术注入了新的活力。

装甲由均质到复合，由主装甲到披挂和组合结构已经走过了 80 多年的历程，装甲技术日新月异，装甲种类也层出不穷，由于采用不同的标准，得出的分类结果也不完全一样。

8.2.2　装甲防护的类型及其特点

从防护原理区分，可以把装甲分成主动装甲和被动装甲。主动装甲由自动化侦测、判别、攻击系统组成，通过对来袭弹头进行拦截起到防护作用。被动装甲，是通过提高装甲抗打击能力来达到防护目的的。

从组成的材质区分，可以分成金属装甲和非金属装甲。金属装甲是由金属材料制成的装甲，如钢装甲和铝合金装甲。非金属装甲是由非金属材料制成的装甲，如防弹玻璃等。

从材料力学性能特点区分，可以分成均质装甲和非均质装甲。均质装甲是用单一材料制成的，如钢装甲和铝合金装甲。非均质装甲不是用单一材料整体制成的，也称复合装甲，如钢多层装甲和间隙装甲等。

从具体的防护材料区分，可以分成钢装甲、铝装甲、钛装甲、贫铀装甲和陶瓷装甲等。钢装甲，也称普通装甲，是由高强度合金钢制成的。铝装甲，是由高强度铝合金制成的。钛装甲，是由高强度钛合金制成的。贫铀装甲，是掺杂了贫铀材料的装甲。所谓铀，是一种高密度元素，贫铀则是制造铀燃料过程中经燃烧后产生的铀杂质，其主要成分是不能作为裂变材料的铀238，故称"贫化铀"，简称"贫铀"。但纯贫铀的硬度和强度都不高，必须添加别的成分制成贫铀合金，再经过热处理。贫铀密度为 18.7 g/cm³，是钢铁密度的 2.5 倍。因为密度高，可有效减少装甲在应力波下的损伤，提高了装甲整体强度。至于它是否属于放射类物质，美国军方发言人曾这样介绍说：一辆坦克上的贫铀装甲重 2~3 t，即使坦克乘员连续在这样的坦克上待 3 天，所受到的照射剂量也不如做一次 X 光透视所受到的照射剂量大。陶瓷装甲，是掺杂了陶瓷材料的装甲。陶瓷材料具有硬度高、质量小的优点，其对动能弹和弹药破片的防御能力都很强，在弹头撞击陶瓷装甲的瞬间，撞击产生的超压冲击波沿着陶瓷装甲和弹头传播，造成两者损坏。有氧化铝陶瓷、碳化硼陶瓷、碳化硅陶瓷、氮化铝陶瓷、氮化硅陶瓷、碳化钨陶瓷和二硼化钛陶瓷等。

从具体的防护技术来区分，可以分成均质装甲、复合装甲和反应装甲等。

1. 均质装甲

钢装甲不仅是装甲车辆的"坚固防线"，也是构成装甲车辆壳体的刚性支撑架。

装甲钢，是用来制造钢装甲，满足特殊技术要求的合金结构钢。装甲钢是用来制造装甲车辆车体、炮塔和附加装甲的主要结构材料，构成车辆壳体，承受各种负荷和防护功能，因此，要求具有良好的强度（硬度）、韧性和抗弹性能（抗击穿、崩落、裂纹）、良好的工艺性能（轧制、铸造、热处理、切割、切削加工、焊接等）以及高的效费比。

装甲钢的种类较多，有多种分类方法，主要有以下几种。

按生产工艺，装甲钢分为轧制装甲钢和铸造装甲钢。轧制装甲钢广泛用于装甲车辆的车体装甲、附加装甲、复合装甲和靶板等。铸造装甲钢主要用于车辆的炮塔和炮框，目前铸造装甲钢的使用在逐渐减少。轧制装甲经过多次辊压变形，破坏了金属的一次晶粒和枝晶，改变了浇铸过程中内部组织的疏松结构，得到了高韧性的纤维组织，从而提高了装甲的机械性能，所以大多数装甲车辆的车体都是用轧制钢装甲板焊接而成的。铸造装甲是由装甲铸钢冶炼直接浇铸而成的，可以得到不同部位均匀过渡到不同壁厚和理想倾角以及可造成跳弹的流线型外表面。但是由于铸钢内部组织不够密实，如有柱状晶、偏析、缩孔和气孔等缺陷，所以铸造装甲抗弹性能一般略低于同类的轧制装甲的 10%。对于外形特殊、厚度不均匀的炮塔或装甲结构件，通常采用铸造装甲。

按截面成分和性能，装甲钢分为均质装甲钢和非均质装甲钢。同一截面上的化学成分、金相组织和性能基本相同的为均质装甲钢，否则为非均质装甲钢。现今国内生产、使用的装甲钢都是均质装甲钢。

按厚度规格，装甲钢分为薄装甲钢、中厚度装甲钢和厚装甲钢。薄装甲钢板厚度在 25 mm 以下，厚装甲钢板厚度在 45 mm 以上，厚度在 25~45 mm 为中厚度装甲钢板。薄装甲钢板主要抗枪弹用，中、厚装甲钢板抗炮弹用。

按硬度等级，装甲钢分为低硬度装甲钢（<270 HB）、中硬度装甲钢（270~380 HB）、高硬度装甲钢（388~514 HB）、超高硬度装甲钢（>514 HB）。高硬度、超高硬度装甲钢一般用作抗枪弹的薄装甲板，在轻型战车上得到广泛应用。复合装甲也使用高硬度的厚板。抗炮弹用中低硬度装甲钢板均为中、厚装甲钢板；铸造装甲钢均为中、低硬度的厚装甲。

装甲钢均为低、中碳低合金钢，其碳含量大都在 0.25%~0.32%。为保证获得需要的强度、硬度或特殊要求，少数钢种含碳量低到 0.19% 或高于 0.45%，合金元素总量在 5% 以下，采用多元合金系，主要有 Si-Mn-Ti-B，Si-Mn-Mo，Cr-Mo，Cr-Mn-Mo，Cr-Ni-Mo，Mn-Ni-Mo-Cu-B 和 Cr-Ni-Mo-V 系。加入合金元素是为增加钢的淬透性，使钢板得到均匀的全马氏体组织，使其具有适当的强度和韧性。装甲钢都在调质或淬火+低温回火状态下使用。

常用的装甲钢有 10 个牌号：GY4（28CrMo）、GY5（26SiMnMo）、616（22SiMn2TiB）、603（30CrMnMoRE）、617（30CrNiMnMoRE）、675（30CrNi3MoV）、685（30MnCrNiMo）、695（42CrNiMoV）、623（ZG30MnNiMoCuBXt）、601（28CrMnMoXt）。厚均质轧制装甲钢中硬度，主要用于各种主战坦克车体。617 装甲钢的常温与低温柔韧性均优于 603 装甲钢，特别是低温（−43 ℃）抗弹性能也优于 603 装甲钢，应推荐应用；而 601、623 为铸造型装甲钢，并满足标准要求，可用于制造装甲车辆炮塔、防御防护板和炮框。GY4 为中硬度、中厚度装甲钢，可用于制造装甲车辆顶部、底部和尾部装甲。616、GY5 为高硬度装甲钢，可用于制造装甲车辆车体，GY5 因其工艺性不好，抗弹性偏差，而多用作复合装甲和炮塔的面背板类层板。685、695 装甲钢为高硬度和超高硬度装甲钢，常用于制造新型坦克装甲车辆的复合装甲和披挂装甲。

选用装甲钢必须综合考虑实际应用和生产制造等方面因素。影响装甲钢选用的因素可归纳为抗弹性能、工艺性能（主要是焊接性能）和影响原材料成本的合金元素含量。目前世界上各国应用的装甲钢种类繁多，但基本上为中碳合金钢。随着近年来微合金钢技术和控制轧制−控制冷却工艺在冶金生产中的应用，根据装甲钢在工艺性能和材料成本上的要求，人们开始采用控轧−控冷工艺生产低碳低合金含量的装甲钢，如低碳低合金热轧装甲钢、30CrNiMnMoB 高强度装甲钢、Mn−Cr−Ni−Mo−B 高强度装甲钢等。

为了减小质量，有些轻型装甲战车的车体和炮塔以及坦克的部分复合装甲夹层材料选用铝合金装甲和钛合金装甲。

第一代铝合金装甲（Al−Mg）在美国 M113 装甲人员输送车上得到应用。到目前为止，美国、英国和意大利在轻型战车上均采用第二代铝合金装甲（Al−Zn−Mg），俄罗斯和法国也改用了铝合金装甲。第三代铝合金装甲（Al−Cu−Mg）也得到应用。

影响铝合金装甲性能的主要合金元素是镁（Mg）和锌（Zn）。锌含量直接影响铝合金装甲的强度。第二代铝合金中锌含量超过 3.5%，第一代铝合金装甲锌含量不到 0.25%，有的甚至不含锌。因此第二代铝合金装甲是铝锌镁合金，强度明显高于第一代。但是锌含量增加也带来了一些不利的影响，例如脆性增加，耐腐蚀性能差。为了提高耐腐蚀性能，第三代铝合金添加了铜元素。美国新型两栖突击车采用了第三代铝合金装甲，抗弹性能和抗海水腐蚀性能较好。在步兵战车和装甲输送车上，中国的铝合金装甲得到了应用。

铝合金装甲以减小质量为优势，在轻型战车上和钢装甲竞争。减小质量的主要技术途径有两条。第一，铝合金装甲的密度接近 $2.8\ g/cm^3$，同等质量的铝装甲厚度是钢装甲的 2.8 倍。抗弯曲变形的刚度和材料厚度的三次幂成正比，因此同样质量的铝装甲的刚度大大超过钢装甲。对于跨度较大的薄装甲车体的轻型战车，可以大量节省车内的加强筋，减少整车的结构质量。第二，合理利用铝装甲的有利抗弹角度，挖掘铝装甲的抗弹潜力，减小装甲的质量。铝装甲抗弹的特点之一是不同的布置角度抗弹性能是不一样的，根据对高强度铝合金抗枪弹试验，抗小口径穿甲枪弹性能高，抗普通枪弹性能低，得到的数据表明，法线角 0° 是铝装甲抗弹性能峰值的奇变点，而法线角 20°~40° 是铝装甲抗弹性能的低谷，因此，进行铝装甲布置时就应该优化选择。铝装甲抗弹特点之二是抗大口径枪弹和炮弹碎片比抗小口径枪弹性能高，有时可以提高 20%~40%，从根本上提高铝装甲的抗弹性能必须提高装甲表面的硬度，但是铝装甲的硬度无法与钢装甲和其他硬质材料相比，这样就必须走另一条道路，就是下面要介绍的双硬度复合装甲技术。铝装甲不能用常规电弧焊接方法焊接，只能用氩气保护的特种工艺焊接，这给装甲应用工艺提出了特殊的要求。另外焊接材料及焊接工艺也都有一些特殊要求，这就在一定程度上限制了铝装甲的大量应用。此外，铝装甲材料在核辐射时产生的感生辐射衰减速度极快，所以核爆炸后乘员就可以很快进入铝装甲车辆起动，抓住有利战机，而钢装甲车辆则望尘莫及。

钛合金具有质量小、综合性能良好的特点。钛合金材料目前在航空航天技术领域得到应用，在装甲车辆的复合装甲单元结构中局部应用。它的合金成分为 Ti−Al−V，其密度大约是 $4.6\ g/cm^3$，只有钢的 60%，但强度和通常应用的高强度钢装甲接近。因此抗弹性能和同样厚度的钢装甲相当，这样可以比钢装甲减重 40%。把钢装甲的厚度作为 1，要达到钢装甲的刚度时，钛装甲增厚 40%，质量不增加，抗弹性能提高了 40%。但是钛合金的高成本和特种焊接工艺阻碍了它的广泛应用。由于制造技术的改进，低成本的钛合金装甲成为可能，因而钛合金装甲的研究工作又活跃起来。据美国估算，如果 M1 坦克采用钛合金装甲，整车质量可以减少 4 t。

贫铀装甲的特性是塑性好、波阻抗大、密度大，因此抗穿甲和抗破甲的综合效益比较高。美国 M1A1-HA 重型装甲坦克就是采用了贫铀装甲，抗弹防护系数大约可以达到 1.1，厚度系数可以达到 2.0，所以对于减薄装甲结构有着特殊意义。这种贫铀装甲坦克正面防穿甲达到 600 mm 的轧制钢装甲水平。由于贫铀装甲的密度大约是钢的 2.5 倍，反应装甲和响应装甲的结构层背板使用这种材料可以大幅度提高抗穿甲和抗破甲的综合效益。贫铀装甲残留微量的放射性，给使用带来了一定困难。尽管有人测定放射性含量低，不会对人造成伤害，但是公众舆论的压力限制了它的使用。

2. 复合装甲

复合装甲，是由两层以上不同性能的防护材料组成的非均质装甲。一般来说，复合装甲是由一种或者几种物理性能不同的材料，按照一定的层次比例复合而成的，依靠各个层次之间物理性能的差异来干扰来袭弹丸（射流）的穿透，消耗其能量，并最终达到阻止弹丸（射流）穿透的目的。复合装甲可以是金属与金属复合装甲、金属与非金属复合装甲以及间隔装甲等，它们均具有较强的综合防护性能。复合装甲是随着反装甲武器弹药威力的增强而迅速发展起来的。复合装甲大幅度提高了抗破甲和抗穿甲能力，把碎甲弹送进了坟墓。如果追溯到 20 世纪 30 年代哈德尔德公司的 DU-PLEX 双硬度装甲，那么复合装甲已经有了 80 多年的历史，由于当时复合装甲的工艺成本太高而没有得到重视。复合装甲是 20 世纪 60 年代末和 70 年代初装甲防护技术发展阶段的一个新里程碑。到目前为止，所有的现代坦克的正面防护都无一例外地安装了复合装甲。

国外把复合装甲分成三类，第一类为表面硬化复合装甲；第二类为夹层复合装甲；第三类是归属结构异形装甲的形体装甲。

双硬度装甲是复合装甲的元老。从均质装甲抗穿甲弹破碎弹头的原理可以知道，装甲的表面越硬抗弹性能越好，但是硬必然带来脆，容易使装甲背面产生崩落，这些碎片将直接危及乘员和仪器设备的安全，为了强化表面装甲又要保持背面的韧性，人们想到了双层装甲。因此在 20 世纪 30 年代产生了表层高硬度、里层较软的塑性好的复合装甲。但是人们又发现了一个新的问题，法国的双硬度装甲在法线角 30°左右，巴西的双硬度装甲在法线角 24°左右抗弹性能出现滑坡，开始不如同样厚度的钢装甲。新工艺双硬度装甲已经克服了增大法线倾角而可能减小抗弹性能的弱点。

采用轧制复合工艺的双硬度装甲的中间界面有特殊要求，一种办法是在最后轧成装甲板前的两种板坯间加入特种黏结剂，另一种是焊接板坯后抽真空排空气，或者爆炸复合后进一步轧成复合板，保证层间的牢固结合，防止受到弹丸冲击时开裂。这是双硬度复合板的一项重要工艺技术。双硬度装甲还因工艺和成本困扰着推广使用，但是外挂高硬度装甲却得到了应用。钢铝复合装甲结合了双方的优点，得到满意的抗弹效果，美国的 M113 人员输送车是全铝装甲，但防护性能不足，采用外面固定高强度钢装甲的办法来提高抗弹性能；XM765 步兵战车、M2A2 步兵战车以及美英合作生产的 VFM5 轻型坦克，也都在铝装甲外面固定了高强度钢装甲。意大利 VCC-80 步兵战车也应用外挂钢装甲的技术。它们的抗弹性能都优于单纯的高硬度装甲，而且工艺简单，使用方便。此外美国也使用过抗弹性能高、硬度高，但较脆的 7039 铝合金和韧性较好、焊接性能好的 5083 铝合金双硬度铝复合装甲，这是另一种类型的双硬度装甲。

钢装甲的最高硬度也不会超过穿甲弹头的硬度，但陶瓷的硬度却大大超过穿甲弹头的硬度，所以在装甲表面贴上陶瓷是一种较为理想的抗枪弹材料。为了减小陶瓷表面的破碎面积，人们提出了种种改变陶瓷形状和固定方案，有平板小正方形、六角形、圆柱体和球体等。从破碎力学分析，密排的球形陶瓷，覆盖纤维增强材料，灌以胶黏剂，固定成预制板，可获得良好的抗弹和防破碎效果。此外陶瓷的品种不同，硬度和质量也有明显区别。抗弹试验证明，在表面硬质陶瓷背面贴一层软质过渡层橡胶材料或纤维复合材料，再和主体装甲（钢或铝）组成双硬度装甲，能够获得最佳的抗弹效果，美国 XM8 轻型坦克的铝装甲车体就采用这种方案，可以抗击小口径火炮和枪弹。

夹层复合装甲是内涵十分广义的复合装甲。多层装甲，是由两层以上不同性能的防护材料组成的非均质装甲，如图 8.3 所示。间隙装甲，是在比较薄的装甲板块与板块间留以间隙或灌注低密度材料，可以大幅度提高防御破甲弹的能力。模块装甲，将复合装甲制成组合件，可采用螺栓或铁筐盛装的办法将其固定在车体或炮塔的相应部件上，同时可根据敌方武器破甲威力的发展，随时增加或减少复合装甲组合件的挂装数量，另外在非战时可将其卸下（总质量一般在 2 t 以上）以降低油料的消耗，其主要优点是能降低炮塔和车体的制作成本。

复合装甲有多层，穿甲弹或破甲弹每穿透一层都要消耗一定的能量。由于各层材料硬度不同，可以使穿甲弹的弹芯或破甲弹的金属射流改变方向，甚至把穿甲弹的弹芯折断。因此，复合装甲的防穿透能力比均质装甲要高得多，如图 8.4 所示。在装甲的单位面积质量相同时，复合装甲抗破甲弹的能力比均质钢装甲提高两倍。复合装甲的夹层材料采用特殊的非金属材料，例如抗弹陶瓷，有机和无机纤维增强材料等。另外，为了进一步提高复合装甲的抗破甲性能，设置了间隙干扰结构。复合装甲夹层是由多层次多元材料组合而成的。由于陶瓷材料和高强度纤维材料的特殊性能，夹层复合材料首先选用这种材料，轰动一时的英国乔巴姆复合装甲就选用陶瓷夹层材料，以后美国、德国、日本也相继研究出各具特色的陶瓷型复合装甲。

图 8.3　T-80 炮塔多层装甲结构示意图　　　　图 8.4　复合装甲作用原理

通常把陶瓷复合装甲和高强度纤维材料复合使用，为了进一步提高抗破甲性能，在复合装甲内设置间隙，形成对射流的干扰，提高抗穿破甲综合性能。此外，复合装甲夹层中的弹性材料有特殊的作用，可以用它来吸收冲击能量，控制破坏隔层，起到缓冲垫的作用。弹性层中夹带了大量的碎片，吸收了穿甲弹的大量动能。如果夹层结构设计得好，穿甲弹和弹性层的上层钢装甲板撞击可以形成冲塞，它们在这一缓冲层中互相挤压形成更多的碎片，也使穿甲弹的能量得到释放。这些夹带了大量碎片的弹性层又进一步磨蚀阻止后续穿甲弹杆的前进，这一过程的分析可以称为提高防护性能的冲塞破碎效应，也是复合装甲抗穿甲弹的一项技术。

3. 反应装甲

装甲车辆受到反装甲武器攻击时，能针对攻击作出反应的装甲就叫反应装甲。最常见的是爆破反应装甲。

爆炸式反应装甲，是在主装甲板上安装相对安全的钝感装药（惰性炸药），惰性炸药对小一点的冲击不会作出反应（如子弹、小口径炮弹弹片），当有反坦克导弹和反坦克动能弹，尤其是聚能破甲弹这些可以击穿主装甲的武器攻击坦克时，一旦接触到了装甲上的惰性炸药块，惰性炸药就会向外爆炸，可以有效地降低这些反坦克武器的破坏效果，达到保全坦克的目的，如图 8.5 所示。当聚能破甲弹射流引爆炸药时，爆炸产物侧向干扰后续射流使之变形，这样提高了它的抗破甲性能。由于反应装甲背面金属板和射流相交时间相对较长，干扰射流的作用更大些。反应装甲主要防破甲弹，对于靠动能的穿甲弹的防护效果不明显。因此把两层夹板的厚度增加，同时，调整好炸药的冲击感度，保证一定撞击能量以上的大口径穿甲弹才能引爆反应装甲，这就是"双防"反应装甲。双防反应装甲既可以防破甲弹，对穿甲弹也有防护效果。例如俄罗斯在 T-80Y 坦克首上装甲安装的镶嵌式结构就是这种反应装甲使用的实例。

图 8.5 爆炸式反应装甲作用原理

串联破甲弹战斗部可以用前级射流引爆反应装甲，而后级射流正常侵彻主装甲。为此"三防"形式的反应装甲又研制成功。实际上"三防"反应装甲利用串联破甲弹的前级射流作为引爆能源，启动反应装甲的第一层装药，遮挡了第一级战斗部，反应装甲第二层主装药对付串联破甲弹战斗部第二级战斗部的破坏。但是这种双层反应装甲对付不了前级大口径装药的串联战斗部导弹，如美国的"海尔法"Ⅱ型机载 AGM-114K 反坦克导弹，前级串联战斗部口径为 100 mm。更有甚者，俄罗斯还研制出口径 125 mm 的 3BK37 型三级串联的战斗部弹药，则更难对付。因此人们改变了思路，想出以快制快的办法，利用串联弹的前级射流引爆预埋在反应装甲中的反击装置，提前击毁串联弹的后置主装药，从根本上动摇了串联弹的威胁作用，试验证明口径越大，威力越大的串联弹，越容易被这种新型反应装甲所破坏。

不难看出，在矛与盾的斗争中，装甲和反装甲技术都得到了发展。

动态物理响应装甲（反作用装甲）与爆炸式反应装甲相比较，外形结构上没有多大区别，其核心部分在于夹层材料，由炸药换成了非爆炸的惰性材料，经常用的有橡胶、高强度抗冲击复合材料等。虽然惰性材料在射流作用下也能突然膨胀，但对主装甲的破坏小得多，而使得夹层钢板穿孔边缘翘起移动，同样可使双板背向运动，射流在响应装甲背板上留下狭长的穿孔，孔越长，夹层板的利用率越高，防弹效果也越好。此外，高速射流冲击波在不同声阻抗的反应装甲层间振荡反射也侧向干扰后续射流。这种反应装甲镶嵌在组合装甲的内部，既安全又可靠。

4. 新概念装甲

为了提高装甲车辆的防护能力，除了提高装甲材料性能外，当前正在研究新概念装甲，应用新的抗弹机理来提高装甲的抗弹能力。

1）电装甲

电装甲的概念包括电磁装甲和电热装甲。

电磁装甲是一种利用电磁学原理而运行的防护装置，根据工作方式不同，可分为被动式电磁装甲与主动式电磁装甲两种。

被动式电磁装甲，是在主装甲外放置两块金属（钢）板，其间用绝缘子隔离开一定距离。通常最外边的钢板接高功率脉冲电源的低电压端（接地），靠近主装甲的钢板接电源（如电容器）的高电压端。当破甲弹射流接通两钢板时，相当于开关闭合而接通电容器电路，瞬时释放电能，则有大电流脉冲通过金属射流，将引起射流的磁流体力学的不稳定，使射流发散，降低了射流的侵彻能力，避免射流破坏坦克的主装甲，如图 8.6 所示。若不是破甲弹射流而是尾翼稳定的脱壳穿甲弹，当大电流流过穿甲弹弹芯时，也会引起穿甲弹弹芯振动和膨胀的不稳定性，从而使穿甲弹弹芯断裂，失去有效穿甲能力。

主动式电磁装甲，由探测系统、计算机控制系统、电源（电容器组）和钢板发射器等组成，预警距离至少 100 m。一旦传感器探测系统探测到入射弹丸，则计算机控制系统指令开关接通，使电容器组向钢板发射器的扁平线圈放电（类似电磁成形器或感应线圈炮原理），则钢板发射器向来袭的破（穿）甲弹入射路径发射出一高动能钢板块去迎击入射破（穿）甲弹，将来袭破（穿）甲弹撞断或撞偏，使其失去破坏装甲的能力，如图 8.7 所示。

图 8.6 被动式电磁装甲作用原理

图 8.7 主动式电磁装甲作用原理

电热装甲是在两块金属板之间夹有特殊的绝缘层，弹丸瞬间"激活"电热装甲，绝缘层受热迅速膨胀，形成高温等离子体，以此破坏来袭破（穿）甲弹，使其失去破坏装甲的能力。能量密度达到 20 MJ/m³时才能破坏弹丸。

要使装甲车辆携带强大的电磁场装置，其体积和质量过大，而且相应的绝缘层材料和结构正在广泛研究，目前在装甲车辆上还难以安装，这是目前应用上的最大障碍。

2）滑块装甲

最早在德国报道过，以后，俄罗斯 PT-5 坦克上也报道过安装了称为弹簧锁式装甲的主动装甲。这类滑块装甲，顾名思义就是在装甲夹层间设置高速滑动的装甲块或聚能切割器，以它来侧向撞击入射侵彻的穿甲弹杆，使之被切断或变形。滑动块可以是一块，也可以是两块，甚至是多块。有的双向滑动块用先进的陶瓷活动板或高强度装甲板，在导轨上迅速滑动，然后滑回原位，作用时间只有百分之几秒。当被穿甲弹击中时，外层钢板先使弹芯速度减慢，待弹芯碰到中间陶瓷活动板时，陶瓷板左右来回滑动，使弹芯运动方向发生改变，甚至可把弹芯剪成 3 段，受到损伤的弹芯动能急剧减小，残存的功能很快就被内层钢装甲板吸收。这种装甲可以防御贫铀弹攻击。滑块装甲的关键技术是迅速取得装置的启动信号和高速的推动力。弹丸撞击起爆，以导爆索传爆，引爆推动装置是一种比较简单而实用的方案。

3）灵敏装甲

灵敏装甲，融合当代的高新技术，更新了装甲防护的概念。从本质上讲，灵敏装甲还是一种被动式装甲，但和传统的被动式装甲有着本质的区别。灵敏装甲在受到弹药攻击时，通过传感器—控制器—微动力干扰装置共同协作，能动地改变弹丸或射流的运动方向。更先进的灵敏装甲还可以通过反馈系统进行自封和自愈修复。灵敏装甲的关键技术是传感器和微动力装置。一般认为，穿甲弹的着靶速度在 1 000~2 000 m/s 范围，要求传感器的反应时间至少提前 0.01 s，弹丸着靶时，在装甲材料内的弹性波传播速度高达 1 300 m/s，使用快速响应的传感器和灵敏的微动力干扰装置还有足够的时间对侵彻弹丸的威胁做出响应。例如，用压电陶瓷、形状记忆合金和陶瓷电致伸缩材料，可以制成微动力装置，其微型化和超常的作用力取得了重大进展。也有人在复合装甲层中预制出多个微型气泡，安装微型冲击波发生器，射流到达时，同时启动微型冲击波发生器，可以定向干扰射流。

8.2.3　装甲防护的配置与选型

1. 装甲防护的配置原则

在尽量减小装甲车辆质量的前提下，配置各部分装甲来提高防护力的一些基本原则如下：

（1）在不同部位采用不同的装甲材料。"好钢要用在刀刃上"，前装甲、侧装甲和炮塔应优先采用较好的或经过特殊处理而防护系数 K 值较高的材料。顶板，特别是底板可以用稍差一些的材料。有的底板甚至不用装甲钢，而采用一般碳钢。

（2）对不同方位采用不同厚度的装甲。防御也要集中兵力，不能分兵把守。同样，对容易受到攻击而且重要的方面，装甲要厚些；而不易受到敌人攻击的较次要方面，可以薄些。

（3）重要部位的装甲尽量倾斜设置。现代坦克前装甲对水平面的倾斜角都小于45°，通常在30°左右。S 型坦克前上装甲 11°~12°，前下装甲约 17°。有的坦克还使向前方的车体、炮塔装甲同时也向两侧倾斜，这也可以增加对重要方位的防护能力。

（4）装甲的上、下部位中弹机会是不同的。车体的前、后装甲可以采用上厚而较斜，下薄而较直的不同甲板。车体侧面形式允许时，上、下部分侧装甲也可采取不同的厚度。对于基本垂直的侧装甲板，由于轧制甲板是等厚度的，可以使底甲板向上弯起，代替侧装甲的下部分，即用所谓的"碗形底"，这一类措施可以较合理地分配防护能力和减小质量。铸造装甲无论厚度、倾斜角或形状都可以合理过渡，例如铸造炮塔从上到下可以圆弧过渡，厚度和倾斜角度也可得到合理的安排。

（5）随防护的重要性决定装甲的配置。侧重保护乘员和战斗部分空间，而减少动力传动部分空间的保护。例如，中轻坦克的驾驶和战斗部分的顶、底板采用了稍厚的装甲。

（6）尽量避免在前、侧方向装甲上开设门、窗、洞、孔，也不应具有使弹丸容易卡住或妨碍跳弹的不必要的突出物。例如，现代坦克都不在前装甲上开设驾驶窗。

（7）经常必须开启的窗和口应考虑适当的防护措施。例如，发动机散热器窗口设置百叶窗，排气管口适当弯曲，以防弹丸和破片直接进入。又如，尽量减小射击孔等。

2. 结构装甲

车体与炮塔制造要使用结构装甲，结构装甲的主要类型与性能如下：

1）屏蔽装甲

屏蔽装甲是最早应用的结构装甲。在车体侧面挂装裙板和炮塔安装各种护栏，这些都是为了提前引爆聚能装药战斗部，使破甲弹形成大炸高的失稳射流。另外，栅栏式屏蔽装甲以夹击方式破坏破甲弹药罩，使其不能形成射流。苏联的 T-72 坦克侧屏蔽装甲是一种独特的方案。它是用铰接式弹簧使橡胶屏蔽板张开一定角度的鱼鳃结构，这样就加大了对前方来袭弹药的屏蔽距离和对车体的屏蔽面积。屏蔽装甲也完全可以用复合装甲、爆炸式反应装甲和动态物理响应式装甲等特种装甲做成，这样就起到了叠加的双重防护效果，如图 8.8 所示。

图 8.8　屏蔽装甲

2）异形装甲

这种装甲通过改变装甲的外形获得良好的防护效果。对于合金钢穿甲弹头，直射法线角 65° 时就可能跳弹；对于钨合金杆式尾翼稳定脱壳穿甲弹，在法线角大于 70° 以后也能见效。这种倾斜布置的装甲使得弹丸受到不对称的阻力作用，容易使弹丸偏转、折断或跳弹。因此装甲车辆的正面装甲都是倾斜布置的，而铸造炮塔都做成弧形结构，如图 8.9 所示。苏联的 BMП-1 步兵战车的正面发动机盖板装甲是锯齿形的铝装甲，利用外

图 8.9　异形装甲

形的变化在弹道方向上局部增加了装甲的厚度，提高了防弹性能，相应减小了质量。T-72 坦克首上装甲有数条平行焊接的筋条，这也是一种改变弹丸角度的附加结构。当主装甲不能改变角度时，就利用附加的异形装甲来提高抗弹性能。美国的 XM8 轻型坦克动力舱两侧试装价格低廉的网形装甲是另一种异形装甲结构。以色列研制的附加装甲（EAAK）可以使垂直布置的主装甲得到抗弹强化，这种附加装甲结构是由侧向放置的"人"字形双层响应装甲板结构组成的，提高了抗穿甲和破甲的综合性能。

装甲外形的变化是一种结构装甲，内部结构的变化也是一种结构装甲。尤其火力的不断更新和发展，装甲也必须变化和提高。因此，新一代装甲车辆广泛采用可拆式组合结构装甲。美国、英国和德国采用改变装甲内外壁之间的夹层材料和结构，组装成新的组合装甲。焊接材料不再是传统的不锈钢焊条，而是一种容易切割的铁素体焊条。采用这样的构造，虽然基体装甲不能更换，但是可以更换损坏的复合夹层，更新复合材料。通过这种办法，在海湾战争中，美国把贫铀装甲换装在 M1A1 坦克上，成为 M1A1-HA 重型坦克，抗弹性能立刻提高到 2 000 m 距离上，防穿甲 600 mm 钢装甲的水平。结构装甲在结构和组合上采用新的合成技术。

防护装甲主要由车体和炮塔两部分组成。这两部分装甲的总质量和每部分质量，对于不同车型来说差别较大。

3. 车体

车体的装甲质量约占整车质量的 1/3。经测算，车高每降低 100 mm，车重就可减少 500 kg；而车长每缩短 100 mm，车重能减少 200 kg。目前，车体有两种成型方法：一种是以色列采用的整体铸造成型；另一种是多数国家采用的由多块装甲板焊接成型。

车体的防护功能，就是抵御各种反坦克弹药和方法的攻击，保护车内设备及人员。

车体主要由车首、两侧、后部、顶部和底部等几部分装甲，按盒型结构分别与相邻装甲焊接而成。焊接后车体通常分为驾驶室、战斗室和动力传动室等，如图 8.10 所示。

车首装甲，一般采用上下两块倾斜的均质装甲及复合装甲板安装焊接而成。轻型车辆主装甲板 10~12 mm，中型车辆 20~80 mm，重型车辆 100 mm 以上。上装甲板倾斜角 30°左右，下装甲板倾斜角 35°左右。

图 8.10　坦克车体

两侧装甲，由左右侧装甲板、护板、翼子板和屏蔽裙板组成。轻型车辆侧装甲板约厚 8 mm，中型车辆厚 10~40 mm，重型车辆厚 50 mm 以上。

轻型车辆后部装甲板约厚 8 mm，中型车辆厚 10~20 mm，重型车辆约厚 50 mm。

底部装甲，由多块钢板焊接而成。轻型车辆底部装甲板厚 5 mm 以下，中型车辆约厚 10 mm，重型车辆约厚 20 mm。

轻型车辆顶部装甲板约厚 8 mm，中型车辆厚 10~20 mm，重型车辆约厚 50 mm。

4. 炮塔

炮塔位于车体中部，通过炮塔座圈与车体相连，它可以相对车体进行圆周转动。炮塔由于结构、装甲形式的差别而使其质量差异较大。

一般采用装甲钢板焊接结构，优化设计炮塔外形。充分利用倾斜装甲，可以提高防护能力。倾斜为 60°的装甲，不仅使弹丸的穿透距离增加了一倍（假设弹丸沿水平线击中），而且还有可能引起跳弹。设计人员的目标是使炮塔装甲尽可能地倾斜。提高装甲防弹能力，对轻装甲防护，适于一般防护要求的轻型装甲车辆配置，一般要求炮塔正面装甲可防 12.7 mm 穿甲弹，侧面和后面装甲可防 7.62 mm 穿甲弹，顶装甲可防炮弹碎片。对中型装甲防护，适于防护要求较高的装甲车辆配置，一般要求炮塔前装甲可防 25 mm 穿甲弹，侧面和后面装甲可防 12.7 mm 穿甲弹，顶装甲可防炮弹碎片。特别是复合装甲的应用，既可减小炮塔的质量，又可大大提高炮塔整体的防护性能。

8.3 隐身防护系统的配置与选型

8.3.1 隐身技术

装甲车辆作为现代战争地面战场的主要突击兵器，是陆军战斗力的象征。但是随着无线电探测技术和探测手段的发展以及其他非可见光探测技术和各种反伪装技术的逐渐完善和应用，原有的各种机械式伪装方法已基本上丧失效能，特别是 20 世纪 70 年代以来，随着导弹技术水平的发展和先进反坦克武装直升机的发展，传统装甲车辆的生存受到严峻的挑战。因此，国外发达国家对装甲车辆用隐身技术的研究和发展给予了高度的重视。

1. 隐身与隐身技术

军事学中的隐身，是指控制目标的可观测性或控制目标特征信号的技巧和技术的结合。

隐身技术，也称隐形技术，准确的术语应该是"低可探测技术"或"目标特征控制技术"，是指通过研究利用各种不同的技术手段来改变己方武器装备等目标的可探测性信息特征，最大限度地降低被对方探测系统发现的概率，使敌方探测系统不易发现或发现距离缩短的技术。隐形技术是传统伪装技术的一种应用和延伸，它的出现，使伪装技术由防御性走向了进攻，由消极被动变成了积极主动，增强部队的生存能力，提高对敌人的威胁力。

隐身技术主要包括雷达隐身技术、红外隐身技术、可见光隐身技术和声波隐身技术等。

2. 隐身技术措施

目前主要从隐身材料、隐身结构、车辆外形总体隐身设计三个相关层面解决装甲车辆的隐身问题。发达国家已经在涵盖材料、结构、外形设计的装甲车辆总体隐身技术领域取得了关键性突破，采取的隐身技术途径有：采用多频谱隐身涂料或隐身器材；尽可能地改善装甲车辆的隐身结构形体；根据装甲车辆的目标特征信号及重点特征信号区域，改进现有结构材料的设计，有效抑制各种特征信号。

1）减小车辆的外形尺寸

降低车辆的高度和炮塔尺寸，以减小暴露给敌人的目标面积，缩短被敌人探测器发现的距离。由于传统的可旋转炮塔体积较大且位置较高，坦克被击中时，炮塔被击中的概率高达60%以上，故各国发展的新一代坦克开始考虑采用无炮塔结构。采用顶置式火炮的坦克，其车体以上部分的投影面积比传统的炮塔坦克减少一半以上。但是，在坦克传统结构形式下，要想使主战坦克的尺寸有较大幅度缩小是不可能的。只有突破坦克的传统结构形式，提出新的总体方案，才可能解决问题。如美国首先提出了先进整体式推进系统的研制规划。这种推进系统是将发动机、传动装置和其他辅助系统设计和制作成为一个整体，同时又满足原有推进系统的各种要求。采用该推进系统的主战坦克与采用普通推进系统的主战坦克相比，车长将缩短 1.5 m 以上，质量下降 4~5 t。可见，小型化是坦克的一个发展方向，也是隐身技术综合的需要。

2）降低车辆的红外辐射

车辆的红外辐射是其被红外探测器发现并被红外制导武器摧毁的根源，因此，降低车辆的红外辐射对提高车辆生存力具有重要作用。车辆自身的红外辐射主要是在 8~14 μm 波段，来源于发动机及其排出的废气、射击时的炮管、履带与地面摩擦以及受阳光照射而产生的热。减少其红外辐射的主要技术措施有：在车辆上安装效率高、热损耗小的发动机，如绝热陶瓷发动机；改进发动机燃烧室结构，减少排气中的红外辐射成分；在燃油中加入添加剂，使排气的红外频谱大部分处于大气窗口之外；改进通风和冷却系统，降低车辆温度；降低发动机排气的温度，在排气管附加挡板以改变红外辐射方向；在炮管上安装具有良好隔热作用的套筒等。合理布置发动机排烟口，或对排烟道进行冷却；降低排气温度，或在行动部分外侧挂装裙板，以减少热点数量及热辐射强度，从而降低红外特征。通过降低装甲战斗车辆的信号特征，可以减少灵巧反坦克导弹或弹药导引头上侦察传感器对战车的侦察范围。动力舱的顶部装甲板是主要的组外能量发射源，使装甲战车容易受到热寻的攻顶武器的攻击。乌克兰哈尔科夫莫罗佐夫机械制造设计局用来减少动力舱红外输出的计划包括：在动力舱顶部装甲板上安装绝热材料，用冷空气给动力舱通风。

3）降低噪声

车辆，尤其是履带式车辆，噪声主要来源于发动机、悬挂系统和履带板，其波幅大、频率低、传播距离较远，并能绕过山丘或障碍物传播，易被声波传感器探测到。降低噪声的主要技术措施有：采用低噪声发动机；结构设计引入隔声、消声材料或装置；采用挂胶负重轮和装橡胶垫的履带等。

4）利用复合材料制造车体和炮塔

复合材料不仅密度小、强度高、防弹性能好，而且目标特征信号弱，是制造车体和炮塔的理想材料。复合材料的隐身作用有：对雷达波的反射比金属弱，并可吸收部分雷达波；可塑性好，可制成最佳隐身结构外形；隔热性好，可减弱坦克的热辐射；有消声作用。美国研制的由高强度的 S-2 型玻璃纤维和强化聚酯树脂模压而成的复合材料，其外部又镶嵌了高硬度的陶瓷材料以提高防弹能力，不仅密度小、强度高、防弹性好，而且目标特征信号弱，可用以制造炮塔和车体。M2"布雷德利"步兵战车采用复合材料以后，其车内噪声可以比原来降低 5~10 dB。

5）应用隐身涂层

在车辆表面涂上特殊的涂层，尽量降低车辆自身的辐射能量，使车辆外形轮廓变得模糊，来达到减小和消除车辆目标信息的目的。吸波涂层主要有以下几种：第一种是吸收雷达波的涂层；第二种是热红外隐身涂层；第三种是激光隐身涂层；第四种是全波谱隐身涂层。在未来战场上，装甲车辆可能同时面临雷达、可见光、红外和激光多波段威胁，单一波长的隐身涂层已不能满足需要。因此，许多国家都在研制双波段、三波段乃至多波段隐身涂层。

3. 隐身材料

1）宽频带吸波材料

目前隐身吸波材料中多使用磁性吸波剂，这种吸收剂存在吸收频带窄、密度大、不易维护的缺点。各国竞相开发各种新型吸波剂，如美国开发的席夫碱基盐类吸收剂，在受到雷达波照射时，其分子结构会轻微而短暂地重新排列，从而吸收电磁能量，使雷达波衰减 80%，而且质量只有铁氧体材料的 10%；欧洲推出的多晶铁纤维吸收剂，是一种磁性雷达波吸收剂，质量较一般的雷达吸收涂层小 40% ~60%，可在很宽的频带内保持高吸收率，实现了雷达吸收材料薄、轻、宽频带的目标。这类隐身材料可用于坦克火力用弹箭或导弹的隐身。

2）高分子隐身材料

高分子隐身材料研制周期短、投资少、成本低、效益大，极具发展潜力。其中的结构导电聚合物品种多、密度低、物理化学性能独特，可发展成为一种新型的轻质、宽带微波吸收材料。高分子的光功能材料能够透射、吸收、转换光线，以及在光的作用下可以变色，它们将在未来武器装备红外和可见光隐身中大显身手。

3）纳米隐身材料

当材料的尺寸达到纳米级时，会出现小尺寸效应、量子效应、隧道效应、表面和界面效应，从而呈现出奇特的电、磁、光、热特性，使一些纳米材料具有极好的吸波性。如纳米级的氧化铝、碳化硅材料可以宽频带吸收红外光；某些纳米金属粉对于雷达波不仅不反射，反而具有很强的吸收能力。美国研制出的"超黑粉"纳米吸波材料，对雷达波的吸收率高达99%，可用这些纳米隐身材料制成吸波薄膜、涂层或复合材料用于武器装备隐身。

4）结构吸波材料

吸波性能优良的结构材料主要有层板型、蜂窝型与复合型，一般以树脂基体（如环氧树脂）与吸波剂混合，并用玻璃纤维、碳纤维、芳纶纤维、碳化硅纤维进行增强而成。新研制的结构型吸波材料不仅对雷达波、红外线有很高的吸收率，而且具有较好的承载能力，容易维护，发展潜力很大。采用碳纤维增强的复合材料结构吸波材料作为武器系统的主承力结构，不仅具有良好的透波、吸波性能，而且强度高、韧性大、质量小，可使武器减少自重，增强机动性能。

8.3.2　隐身防护的类型与特点

1. 可见光隐身防护

可见光隐身防护，就是减小目标与背景在可见光波段的散射或辐射特性上的差别，以隐蔽真实目标或降低目标的可探测性特征，为欺骗对方所采取的各种隐蔽措施。可见光隐身防护实质上可以看成视觉伪装，是通过覆盖物来使伪装者融入或非常接近周围环境，用以欺骗敌方肉眼的侦察，包括迷彩伪装、植物伪装和人工遮障伪装等。

1）迷彩伪装

目前世界各国的装甲车辆均在表面涂敷了迷彩。试验证明，用微光夜视仪观察 1 000 m 处坦克的发现概率，无迷彩时为 77.5%，有迷彩时只有 33%。现代迷彩兼有吸波作用，不仅可降低车辆的目视发现概率，还可减弱车辆的红外辐射，并且可随时更换以适应复杂多变的作战环境。典型的涂料是英国考陶尔兹航宇公司研制的"临时伪装涂料"（TCC）。它可以迅速喷涂、覆盖在现有油漆的上面，形成牢固的表面，一旦需要又可以借助与核生化洗消相同的方法，用核生化洗消液（如广泛应用的 DS-2）将它冲刷掉。不同的使用环境，需要涂敷不同的迷彩，如沙漠作战用车辆就涂敷像沙丘样的迷彩，一般<u>丛林和草原、田野等绿色环境</u>作战用车辆就涂敷绿色迷彩（见图 8.11），海军陆战队用车辆就涂敷蓝白色的迷彩。

2）挂伪装网

植物伪装，是利用周围环境中的植物进行伪装。人工遮障伪装，是通过人工模拟周围环境，形成遮挡进行伪装。往往植物伪装与人工遮障伪装结合使用。伪装网，可以是本身就是模拟周围环境，也可以是通过安插附件（如树枝）模拟周围环境。挂伪装网属临时性伪装，也可以取得较好的伪装效果，不但可以使对方看不清车辆的外形，还能遮蔽处于窗口的 0.3～1.1 μm、3～5 μm 和 8～14 μm 的红外辐射波，如图 8.12 所示。传统的伪装网基本上只适用于固定不动的静止车辆，对于运动中的装甲车辆只能用变形迷彩来伪装。目前新研制的伪装网使用范围已扩展至行进的车辆上。例如瑞典萨博公司制造的"移动性伪装系统"（MCS），可以明显地减小装甲车辆被发现的可能性。但是伪装网容易被树枝等障碍物刮破，其作用将受到很大影响。

图 8.11　迷彩伪装

图 8.12　挂伪装网

2. 红外隐身防护

红外隐身结构技术主要采用隔热、降温、目标热惯量控制等技术手段，可显著降低目标的表面温度和红外辐射强度，大大减小了目标与背景红外辐射特征的差异，是实现目标的红外隐身最有效的途径之一。对坦克装甲车辆而言，发动机特别是排气系统的高温辐射是其在红外波段的主要暴露特征，为将高温效应降到最低，世界各军事强国在其地面武器装备上均不同程度地使用了红外隐身结构技术。

1）动力装置结构隐身

红外辐射具有明显的可探测特征，热成像装置能探测周围与车辆的温差，其红外线（其波段探测范围为 3～5 μm 和 8～14 μm）随着车辆温度和辐射能量的变化而变化，因此，要合理改进装甲车辆动力装置结构，降低红外信号，从而使红外探测系统难以发现，达到隐身的目的。

（1）采用隐身动力舱。装甲车辆的最大红外辐射源主要是发动机及其排气系统排放的废气。因此，要降低车辆红外信号，主要是要减小发动机及其排放废气的红外辐射。为解决发动机辐射问题，可以在车辆上安装效率高、热损耗小的发动机，如绝热陶瓷发动机，这一方面提高了发动机的效率，另一方面也可以降低装甲车辆的红外辐射特征。改进发动机燃烧室结构，减少排气中的红外辐射成分。改进通风和冷却系统，降低坦克温度。采用双层结构的发动机，空气在中间循环，对车体起到冷却作用。另外，针对动力舱上部的热辐射问题，可以采用保温材料将动力舱罩住，将空气送入其中，用以吸收热量，这种方法对热源跟踪式炮弹的探寻器具有一定的遮蔽效果。

（2）合理布置发动机排气管。为减小废气给车辆带来的影响，一般发动机的排气口都设置在后部。例如英国GKN防务系统公司设计的"武士"2000装甲车辆，其废气排放系统设在车辆尾部，且装有消音器，炽热的发动机废气在进入消音器之前，先被吸入的外界凉空气冷却，然后才经消音器排出车外。但也有例外，如瑞典赫格隆公司制造的CV90步兵战车将排气管设置在前部，利用冷却发动机的空气冷却排气，从而降低动力舱的表面温度。

（3）降低排气的红外辐射特征。纯净的热空气本身并不会被热像仪探测到，当其中带有粉尘或有热辐射物存在时，热像仪中就会形成图像。柴油机的废气中含有大量杂质，容易被热像仪探测到。同时，行驶车辆扬起的粉尘被排气加热后落到地面，可使车辆的运行轨迹在热像仪中更加明显，因此应尽量减少排气中的杂质，降低排气的红外辐射特征。采用新型的雾化喷嘴，改善燃料的雾化状态，提高发动机的燃烧效率，提高燃油的燃尽率，一方面提高了发动机功率，另一方面降低了排气中的碳粒浓度等对红外辐射贡献大的成分，降低了排气红外辐射。在燃料中加入可提高燃烧效率的添加剂，使排气的红外频谱大部分处于大气窗口之外，改变排出气体的红外频谱分布，避开探测器的响应频谱。在排气管上附加挡板以改变红外辐射方向，降低发动机排气温度。另外，一种新的混流降温措施将发动机冷却空气掺入发动机废气中，以此来降低排放气体的温度。

2）应用对抗红外探测的隐形材料

英国"维克斯"F型主战坦克对抗被动红外探测的隐形材料有聚苯乙烯和聚氨酯泡沫塑料。这种泡沫塑料质量小，使用方便，隔热性能优良，而且易于着色。将泡沫塑料喷涂、刷涂或胶粘到车体表面，可使车体表面与背景的热辐射特性接近甚至一致。这种材料的隔热效果随其厚薄而变化，因此可根据各部位温度高低的不同而涂敷不同的厚度，在一般情况下为1~4 mm。另据报道，美国正在大力研究坦克装甲车辆防红外热像仪的红外低辐射材料，且在实验研究中取得了很大进展。

3）装甲车辆对热成像的红外隐身技术

红外辐射是装甲车辆被红外探测器发现并被红外制导武器摧毁的根源，因此减少热信号对于确保装甲车辆生存具有重要作用。可采用下述几种主要措施减少红外辐射：

（1）改变目标红外辐射特性。大部分红外线探测器的工作波段集中在大气窗口波段内，在大气窗口之外，大气对红外线辐射几乎是不透明的。通过改变己方的红外线辐射波段到对方的红外线探测器波段之外，使对方的红外线探测器探测不到己方的红外线辐射，该技术称为改变红外线辐射波段技术。对装甲车辆，可在燃油中加入可提高燃烧效率的添加剂，改变排出气体的红外光谱分布，使排气的红外频谱大部分处于大气窗口之外。模拟背景的红外线辐射背景特征技术，适用于常温坦克装甲车辆，对高温目标首先应使其变成常温目标，通过改变装甲车辆的红外辐射分布状态，使目标与背景的红外线辐射相协调，使装甲车辆的红外线图像成为背景红外线辐射图像的一部分，有效降低敌方探测系统发现目标的概率。通过改变目标各部分红外线辐射的相对值和相对位置来改变目标易被红外线成像系统所识别的特定红外线图像特征，从而使敌方难以识别，该技术称为红外线辐射变形技术，目前主要采用的是涂料。车辆等车体的面积大，但车体的温度并不高，可在车体表面涂敷特殊红外隐身涂料，以降低红外辐射，达到隐身目的。

（2）抑制目标的红外线辐射强度。降低目标红外线辐射强度也就是降低目标与背景的热对比度，使敌方红外线探测器接收不到足够的能量，减少目标被发现识别和跟踪的概率。热成像系统是利用目标与背景的温度差别来识别目标的，降低热源的温度可有效减小被发现的概率。由斯蒂芬-玻尔兹曼定律可以知道，目标辐射能量密度与其表面温度的四次方成正比，有效地降低目标的表面温度，会收到较好的隐身效果。抑制发动机和其他高温金属部件的红外辐射，可采用绝热复合柴油机，隔热程度可达到 $45\% \sim 65\%$；或使用热效率高的燃气轮机，可有效地降低装甲车等车辆上的金属零件的温度。采用对抗红外探测的隐身材料，降低装甲车辆的红外辐射率，减小与背景的对比度。

（3）调节红外线辐射的传输过程。在结构上改变红外线辐射的方向、调节红外线辐射的传输过程是指通过特定的结构部件，在传输过程中改变红外线辐射的辐射方向和辐射特征。抑制发动机排气口温度，可采用将装甲车等车辆的发动机废气导入发动机冷却空气排放口，或改变排气口的位置和形状，在排气管表面涂敷金属氧化物和非金属涂料，在排气管上附加挡板等方法来实现。

3. 雷达隐身防护

雷达隐身技术是采取多种措施降低目标对雷达电磁波的反射特性，使雷达接收到的目标回波信号能量大幅度减少，雷达对目标的探测距离大大缩短的技术。试验证明，通过多种减弱雷达信号的方法，坦克装甲车辆的雷达信号可减少 $90\% \sim 99\%$。

1）采用新的外形设计

通过减小装甲车辆的外形尺寸，降低车高和炮塔尺寸，可以减小暴露给敌人的目标面积，从而缩小被敌人探测器发现的距离，以此来实现雷达隐身。例如，博福斯公司为瑞典陆军生产的 S 坦克，车体呈船形，外形低矮，采用顶置式火炮，至车体顶部 1.9 m 高，至指挥塔顶部 2.14 m 高。这种设计使坦克正面面积减少 50% 以上，降低了中弹率，具有较高的战场生存能力。但是，在装甲车辆传统结构形式下，要使装甲车辆的尺寸有较大幅度缩小是非常困难的。只有突破装甲车辆的传统结构形式，提出新的总体方案才可能解决问题。

2）使用吸波材料

隐身外形设计只能散射 30% 左右的雷达波，要进一步提高雷达隐身效果，应在装甲车辆的设计制造中使用吸波材料。目前国外广泛应用的吸波材料主要有铁氧体、石墨和炭黑等。使用吸波材料可显著提高装甲车辆的雷达隐身效果。美国研制出的"超黑粉"纳米吸波材料对雷达波的吸收率高达 99%。正在开发的吸波材料有视黄基席夫碱盐、含氰酸盐、晶须和导电聚苯胺透明吸波材料、新型吸波塑料、等离子体吸波涂料等涂层型吸波材料。

4. 声波隐身防护

装甲车辆在运动中发出的噪声不仅强，而且波幅大、频率低、传播声较远，并可绕过山丘或障碍物传播，非常容易被对方的传感器探测到。研究表明，声级降低 6 dB，可使侦听距离缩短 1/2，所以降低装甲车辆的噪声对坦克装甲车辆的隐身具有非常重要的意义。

1）采用噪声小的发动机

燃气轮机的体积小、噪声小，可以在 −18~50 ℃的环境下正常工作。

2）采用先进的隔声、消声结构设计

结构设计采用先进的隔声、消声技术，如车体采用复合材料后，车内的噪声比原来降低 5~10 dB。

3）采用挂胶负重轮和装橡胶衬垫履带

采用挂胶负重轮和装橡胶衬垫履带固然能降低装甲车辆的噪声，但是随着与其他零件的摩擦，这些橡胶元件的温度会升高，从而成为重要的红外辐射源。

5. 多频谱隐身防护

目前，从总体上来说装甲车辆没有进行雷达隐身设计，即使有的涂装了隐身涂料，使装甲车辆有一定的隐身性能，但是远远不能满足未来战场的需求。

新一代装甲车辆的隐身需求主要在光、电、热信号特征降低幅度方面。防毫米波制导、防厘米波侦察及光学、红外成像，并有针对性实现激光隐身防护，在主要威胁角上的辐射（散射）强度减缩至与背景相一致。

装甲车辆的外形尺寸在 5 m 以上，结构复杂，强散射源和热辐射源分布在各威胁角内。车体四周大平面，上装部位的车长镜、车长门、动力舱、炮塔等部位形成的腔体，二面角和多面体，在电磁波威胁范围内均为强散射（辐射）源，目标特征显著，形成的 RCS（LCS）峰值及车体表面的高红外辐射强度，是光电探测系统发现并识别目标的主要特征信号。隐身材料是实现峰值抑制和改变红外辐射强度空间分布的有效技术途径。

英国 ATC 公司在多频谱隐身材料研究中，将材料电磁参数、频段、入射角、偏振、反射水平、质量、厚度、力学性能等作为优化参数，采用 AGATE、FE2D、EMMAFSS 和 1DRAM 多种隐身结构设计方法，通过网状结构、多层纤维织物结构和电磁复合吸收剂的一体化设计，形成 LAO/LA1&LA4 系列宽频隐身涂料和 Salisbury 吸波织物等。吸波频段覆盖 S、X、Ku、Ka 和 Wmm/cm 雷达波段，而密度在 1.5 kg/m² 以下，充分兼顾了材料的力学性能，达到宽频隐身性能下的良好使用性能。

国外隐身材料技术的先进性体现在多电磁波传输路径下的特殊功能结构设计和新型功能填料技术，通过单一频段下隐身性能的有效性和多频段下隐身性能的匹配性来实现宽频隐身功能，形成系列隐身材料产品和成套应用设计方法。

应用低红外发射率材料，将装备上的辐射传热通过反射，降低外表面温度，形成低的目标辐射特征信号与背景融和。

对于装备在作战状态由发热部位、灰尘、泥土和开火时的气浪形成的热辐射区域，采用低发射率涂层技术已达不到隐身效果，必须通过外形结构改进和隐身材料的综合应用，抑制目标在动态下的辐射强度。如采用橡胶裙板遮蔽负重轮，改变排烟管位置和实施冷却技术等。

美国 Brunswick 公司研制出一种多频谱超轻型隐身材料。这种新型材料为柔性复合材料，主要成分为聚合物，由面层和底层组成，经过多道工序制得。该材料很轻，其单位面积质量只有 131 g/m^2，并具有多种功能：可吸收雷达发射的、频率高达 140 GHz 的厘米波和毫米波，可防近红外（0.6~0.9 μm）、中红外（3~51 μm）、远红外（8~10 μm），还能防波长 0.3~0.7 μm 的可见光。

6. 纤维复合材料结构隐身防护

复合材料技术是一项使隐身车辆成为现实的最有前途的新技术。高强纤维增强的复合材料既可提高车辆的防护能力，又可赋予车辆一定的隐身能力。纤维增强复合材料本身不仅具有良好的吸收雷达波能力，还因它有良好的隔热性，起到改变目标热特征的作用，有良好的减振降噪性能，起到改变目标声特征的作用等。同时，复合材料可以按照设计要求加工成所需的外形，避免常规坦克用厚钢板制造而形成的尖锐棱角，可避免雷达探测。

按照制造工艺不同，这类复合材料可分为混杂增强、自动多向编织和夹层缠绕技术。它们都能使吸波复合材料具有更多遍布基体的导电网状纤维，并且使它含有的纤维量能按设计要求的特定角度铺叠、排布和取向。

上述三种材料技术在装甲车辆上都已有不同程度的应用，如美国 FMC 公司于 1985 年用 E-玻璃纤维复合材料层压板制成 M113 装甲输送车的车体。1987 年为美国陆军研制成 M2 "布雷德利"步兵战车复合材料炮塔。炮塔采用高强 S-2 玻璃纤维增强热固性聚酯树脂板材，经高温模压成型，用以代替原由 30 个铝合金件焊接的重为 450 kg 的炮塔，能减重 12.5%，一次成型还能节约成本 60%。另外也可采用上述的绕丝工艺，用计算机控制定位设备，使玻璃纤维围着模型绕制，然后灌注树脂聚合物，使纤维加固到预期的形状和坚固程度。该炮塔减少了对雷达波的反射和散射。1989 年又采用此复合材料研制成 M2 "布雷德利"步兵战车的车体。该车体与原步兵战车用的 5083 型铝合金车体相比，相同的防弹能力可使车体质量减小 27% 左右；车体隔热性好，热特征信号减弱，有利于红外隐身；噪声降低 5~10 dB。

另外，美国陆军 1983 年已研制成功用 E-玻璃纤维环氧复合材料制造 M1A1 主战坦克负重轮，可降噪、降低生热。英国普莱西公司研制的一种名叫 KRAM 的吸收雷达波的复合装甲已经问世。凯芙拉（Kevlar）纤维与聚酯、乙烯酯的酚醛树脂的复合材料亦可用作地面战车的轻质装甲，对坦克车辆的雷达波特征、声特征及热特征控制都具有明显的效果。

瑞典 Diab-Barraccuda 公司提出一种坦克用的隐身材料。该隐身材料为叠层复合结构，主要由面层和底层叠加复合而成，叠层由数种材料组成，主要构成材料是纤维，各种材料都具有优良的光谱吸收能力。最外层材料，可以大量减少可见光的反射，底层材料中，包括一个反射层，用铝箔或镀铝塑料薄膜制成，这主要是为了在产品设计时增强雷达波的反射能力。在底层上还制出网状结构或沟槽，其中有空气，这使隐身材料具有热绝缘或散热作用。这种复合结构，不仅在可见光、红外线波长范围内，而且在雷达发射的电磁波范围内都具有良好的隐身效果。

装甲车辆隐身除了对付探测器的工作波段，还必须考虑作战目标和背景的融合，德国普鲁克公司研制一种多频谱的伪装隐身网，基体材料由聚酯纤维编织而成，其中含有一定数量的金属纤维，基体材料表面涂有防火涂料、雷达吸波涂料和低反射率的红外涂料，它可以保证在产生部分反射时，其能量曲线不中断，使目标的信号特征和环境保持一致。网上开有小孔，当伪装隐身网工作时，能产生最佳热交换，红外探测器即使能得到热成像，也无法区别所隐蔽的目标和背景。

美国陆军部提出一种防紫外线隐身材料，能使军用车辆在多种地形条件下隐身，例如在积雪覆盖的地带、沙漠、森林地带，其隐身能力优于以前的同类材料。

7. 隐身防护总体设计

外形设计是减少视信号特征的重要措施，尽可能减弱装甲车辆受威胁主要方向上的电磁散射强度，并使允许的观测角度尽量宽是外形设计的主要要求，例如采用半无顶短舱结构、顶置火炮坦克、单人坦克等。

在诸多探测技术和精确制导武器中，红外/热成像技术将是装甲车辆生存的致命威胁。为了提高未来装甲车辆的生存力，北约组织 20 世纪 80 年代大力研究红外/热特性反监测技术，1991 年年底，北约军事委员会公布了"未来主战坦克红外/热特性反监测要求"的标准化协议（STAN-AG4319），该协议旨在使限制未来主战坦克被动反监测、伪装和隐蔽等项红外/热特性技术规范化，提出反监测的设计目标是将未来主战坦克与其局部背景的热特性差异降到最低程度，并制定了如下设计指南：

（1）发动机排气和冷却空气出口不得使气流指向可见表面或地面，只能指向后方而又不能直指地面，以防扬尘。从车辆前方沿纵轴线观察应不可见。

（2）发动机设计应使排气中粒子杂质含量最低，以减小其热辐射。

（3）垂直面及与垂直面成小角度平面的发射率应足够低，以使车辆热点视在温度降到最低。

（4）内部热耗散较低，朝向天空水平表面的应具有较高的发射率，以防止天空辐射（通常冷于背景）反射给威胁性传感器。

（5）使用红外表面涂层或反射技术等方法降低热点视在温度。

（6）避免车辆自身产生高热对比度，例如，冷空气入口不应接近热排气口，避免热容失配区等。

（7）避免大面积均匀视在温差分布，应利用热导和热发射率差异形成破碎视在温度表面。

（8）应将导向和悬挂部件的热特性降到最低限度并避免可能从前方和侧面暴露，可使用导向侧缘提供热屏蔽（同时提供装甲防护）。

（9）使车辆行驶留下的地面热迹降到最低限度。

（10）必要时设计伪装器材。

据报道，美国陆军坦克-机动车辆司令部研究、发展与工程中心（TARDEC）提出发展未来主战坦克计划中，这些未来新型坦克将大量采用先进的复合材料和多种隐身技术以及总体设计，车体质量可减小 1/3，坦克全重 40~50 t，乘员由目前的 4 人减到 2 人或 3 人，采用雷达吸波材料涂层、新车体或者车体的主要部分将重新设计，并可能采用轻质复合材料、采用复合材料底盘、较小的乘员室、先进的信号特征管理、命中回避和自动目标伺服等，这些都将大大提高坦克的生存能力。

未来装甲车辆总的热特性和局部热点均降至最低限度，最终实现非常接近未来红外/热谱探测器发现目标的最大视在温差，达到隐身的目的。

8.4 "三防"装置的配置与选型

8.4.1 "三防"概念

装甲车辆"三防"装置,是指防御核武器、生物武器、化学武器的攻击,保护车内乘员不受伤害、机件不受损坏、提高车辆战场生存能力,以及保持乘员战斗能力的一套防护装置。它是现代装甲车辆,尤其是主战坦克上必备的一套防护装置。除了车内集体防护措施之外,装置还包括乘员个人可以采用的防辐射背心、头盔、眼镜和滤毒罐等防护装备。

1. 对核武器的防护

在现代战争中,装甲车辆,尤其是主战坦克极有可能遭到战术核武器的攻击。从核武器的危害程度来划分,首先应具备防御冲击波和早期核辐射的能力。而对于防御光辐射和放射性沾染的方法与防生物武器、化学武器的措施是一致的,都是采用同一套密封、滤毒、通风系统。

1)防冲击波

(1)提高设计强度。加强车体与炮塔、炮塔与炮耳轴的连接与支撑强度,提高车外机件的可靠性。例如,行走系统、高射机枪、各种灯具及附件等。

(2)减少窗口,提高密封性。设计时应尽量减少门窗孔口,对必需的门窗应在冲击波到达前自动关闭,这样可减小冲击波压力80%~90%;无"三防"装置的坦克内仅能降低该值的30%左右。当车内压力小于25 kPa时,也不会击穿乘员的耳膜。

(3)对传感器的要求。安装在车上适当的部分,并且不受气候、烟雾和树木等干扰。应能采用强光或音响等方式报警,并能立即控制门窗关闭,保证车内密封。

2)防光辐射

由于光辐射半径比冲击波作用半径大,空气温度可达200~300 ℃,因此在防护时乘员应迅速躲避,光学设备应安装防闪光装置或采用特殊的变色玻璃。

3)防放射性沾染

主战坦克在门窗关闭的情况下可减少车内污染80%以上,装甲人员输送车可减少约50%,而汽车只能降低30%左右。另外可采用车内清洗设备及清洗液防护,但这种防护措施在实施中存在许多困难,只适宜用作防护的补充手段。

4)装甲防御核武器的作用

装甲车辆的车体和炮塔装甲主体,对核武器攻击具有一定的防护作用。试验表明,坦克是各种兵器中削弱早期核辐射较好的兵器。早期核辐射 γ 射线穿过各种物质时,辐射强度减弱至一半的厚度,如铅18 mm,铝70 mm,土壤140 mm,而装甲钢板为28 mm。

装甲防护核武器的能力有两个评价系数。一个称为防护系数 K,它以车外剂量与车内剂量的比值来表示,即 K =车外剂量/车内剂量。K 值越大,表明车内乘员受贯穿辐射的程度越小,乘员越安全。一般情况下,主战坦克 K =12~40,装甲车辆 K =2.0~3.5,在车辆的非主要部位 K 值较小。另一个称为穿透系数,e =1/K。该值越小,表明车辆的防护能力越强。

2. 对化学武器的防护

化学武器包括神经性、全身中毒性、糜烂性、失能性、刺激性、窒息性毒剂等。常用气态速杀性毒剂，主要破坏人的中枢神经。这些毒剂多为无色无味，如含磷的沙林毒剂等。

防护措施通常采用毒剂自动报警器，在进气风扇上安装吸附式滤毒设备，以及和 γ 射线报警器共同控制的一套紧急关闭系统。毒剂报警器可分别对不同的毒剂报警，其中一种性能较好的报警器，可在浓度为 0.005~0.050 μg/L 时，3 s 内报警。

3. 对生物武器的防护

生物武器所使用的细菌、立克次体、病毒，以及致毒力强、伤害途径多、传染力强、作用持久的真菌有 10 余种。通常利用昆虫或制成干粉、极细小颗粒进行散布。

因生物战剂粒子都比化学战剂粒子体积大，所以防毒装置也可同时用于防护生物战剂武器（配备生物武器探测仪自动报警、紧急关闭系统、过滤设备）。由于装甲车辆在行进中不易发现敌方已经使用生物武器，因此还需要地面防化、侦察、医疗部队的协同，以便能够及时采取防护动作。

4. 对中子弹的防护

由于中子弹属于增强辐射型武器，一枚千吨级中子弹爆炸后产生的中子辐射量比一枚万吨级普通核武器早期中子辐射量还要大几倍，它对车内乘员等有生力量的伤害极大。但装甲车辆对其防御十分困难，必须采用综合防护措施，才能达到较好的防护效果。

实施防护时，首先可在装甲板上刷涂防护层。涂层材料有氧化锌、硅酸镁、亚麻籽油和碱性硫酸锡等。也可以采用吸收中子的聚合材料聚氨酯、聚酰胺中加入硼、碳化硼、氮化硼等或采用硼酸聚乙烯，防护效果也不错。其次是采用含有硼、锂的复合装甲，以达到慢化快中子和吸收慢中子的效果。另外，也可在乘员室装甲内壁上安装对中子有防护作用的内衬层。例如，俄罗斯 T-72 主战坦克在乘员室装甲内壁上装有 30~60 mm 内衬，其材料为加有玻璃纤维、铅粉的聚酯树脂。还有人设想在装甲板间注入可吸收中子的化合物水溶液，如聚乙烯醇、聚丙烯酸和聚丙烯酰胺等作为防护措施。

8.4.2 "三防"装置的构成与配置

1. "三防"装置的构成与布置

"三防"装置具有在核武器、化学武器攻击时，自动进行检测报警、关闭门窗密封、显示车内超压数值、车内进气净化等功能，以及从电台或其他途径得到指令后，对生物武器进行密封防护的半自动集体防护功能。系统中还配有供下车或应急时使用的乘员个人防护器材。

核生化"三防"装置，一般采用集体"三防"方式。集体"三防"装置，由报警机构、控制机构、关闭机构和过滤通风装置等组成，其工作原理如图 8.13 所示，其各部分在坦克车上的安装位置如图 8.14 所示。一般"三防"和灭火控制盒放在驾驶舱，"三防"和灭火报警信号通过电旋连至炮长操控面板，通过告警灯指示给炮长。探测器和抑爆控制盒安装在炮塔上，抑爆灭火瓶放于底盘，通过电旋与抑爆控制盒相连，"三防"控制盒的风扇、毒剂报警和辐射报警信号线通过电旋与炮塔的排风扇关闭机和控制盒相连。

图 8.13　"三防"装置工作原理框图

图 8.14　"三防"装置布置

2. 报警机构

报警机构，是用物理方法或电子技术，自动探测装甲车辆环境有关核武器、化学武器和生物武器特征信息，产生报警信号，提示相关人员采取对策，或者形成操作指令，以便自动控制系统实施动作。

报警机构，主要包括射线报警器、毒剂报警器和闪光信号器等。

1）射线报警器

射线报警器一般安装在车辆内，核武器爆炸后，在冲击波到达之前，它能接收 γ 射线，自动发出灯光报警信号，同时输出电信号，使各关闭机动作，自动关闭观察孔和通风口，以减少、削弱冲击波、光辐射、早期核辐射和放射性沾染对乘员的杀伤。

2）毒剂报警器

毒剂报警器一般安装在炮塔右侧内壁上，其上部的进气口经一根特制的导气管与炮塔顶甲板上的进气口相连，利用电子捕获原理来检测毒剂。当污染空气由仪器的抽气泵经炮塔进气口、导气管和气路抽入检定器时，毒剂分子将使电流下降，电流下降的大小与空气中毒剂的浓度成正比。在电流变化的同时也将引起高电阻上电压的变化，这个电压信号经放大器放大后，可表示毒剂在空气中浓度的大小。当毒剂浓度达到一定值后，即可发出毒剂报警信号。报警灯可以发出 1.5~4.5 次/s 的黄色闪光，以便在战斗室向乘员显示该报警信号。同时，将报警信息传送给控制系统。仪器中还设有延时电路，用于接通电源后 60~90 s 内向反向器供电，以防止仪器受坦克电源接通瞬间和电起动发动机瞬间产生的电脉冲干扰而引起的错误报警。

3）闪光信号器

闪光信号器一般安装在驾驶员前方车体倾斜甲板上，用于接受来自毒剂报警器的电信号，发出红色或黄色闪光报警信号。

3. 控制机构

控制机构由计算机和序列继电控制盒组成。车体继电控制盒安装在驾驶员前方倾斜装甲板上，它接收到毒剂报警器或射线报警器送来的信号后，继电器动作，使车体风扇停转，并自动关闭该风扇和进排气百叶窗的关闭机。炮塔继电控制盒吊装在二炮手前方炮塔顶甲板上，它接收到毒剂报警器或射线报警器送来的信号后，继电器动作，使炮塔风扇停转，并自动关闭该风扇和瞄准镜的关闭机。车长继电控制盒装在车长门正后方，接受核子和化学报警信号、灭火系统中风扇控制信号，实现对各执行机构和增压风机的自动控制，建立起集体防护。

4. 关闭机构

它是"三防"装置的执行机构。关闭机构由炮塔（进气）风扇关闭机、车体（排气）风扇关闭机、瞄准镜孔关闭机和进排气百叶窗关闭机组成，用于关闭其窗孔，实现车体密封。它具有自动、半自动与手动关闭及手动开启功能。

1）风扇关闭机

车体风扇关闭机安装在车体风扇进风口，可以自动或手动关闭车体风扇进风口。炮塔风扇关闭机安装在炮塔风扇出风口，也可以自动或手动关闭炮塔风扇出风口。

手动开启关闭机的通风窗时，使挡板通风窗口与窗盖体通风口重合，将手柄锁住，这时关闭机为开启状态。当毒剂报警器或射线报警器进来的电信号引爆电爆管时，固定销轴被解脱，挡板在弹簧作用下顺时针旋转，窗盖体的通风口被挡板挡住，这时关闭机为关闭状态。电爆管每次引爆后需及时更换新的电爆管。每引爆 5 次应清洗电爆管室及其螺盖等。

手动关闭关闭机的通风窗时，只要拉出固定销拉环，使固定销轴解脱，挡板在弹簧作用下即可关闭通风口。

2）瞄准镜孔关闭机

瞄准镜孔关闭机安装在炮塔左前方瞄准镜观察孔处，用来密封瞄准镜观察孔。

当毒剂报警器或射线报警器送来的电信号引爆电爆管时，固定销也可以从控制杆的环形槽内脱出，转轴活门在扭簧作用下转至关闭位置，关闭机呈关闭状态。

3）进排气百叶窗关闭机

进排气百叶窗关闭机安装在左侧甲板内壁，它串接在百叶窗拉杆的中间，用来自动关闭进排气百叶窗。

驾驶员手动开启百叶窗关闭机时，向前推操纵手柄，当固定销对正后拉杆的环形槽时，固定销卡入槽内，排气百叶窗完全开启。当毒剂报警器或射线报警器送来的电信号引爆电爆管时，固定销脱出环形槽，在弹簧作用下推动后拉杆，使进排气百叶窗关闭。手动关闭百叶窗关闭机时，用力拉固定销手柄，即可关闭进排气百叶窗。

5. 过滤通风装置

过滤通风装置由除尘增压风机、过滤吸收器、进气管关闭机构和排尘口关闭机构以及密封部件等组成。

除尘增压风机，安装在二炮手后方车体侧甲板上，用来为战斗室提供不含灰尘的风量和建立超压。

过滤吸收器安装在二炮手后方动力室车体底甲板上，其进口与除尘增压风机的出气口用连接管相接。用来过滤吸附毒剂、空气中的放射性尘埃或生物战剂，为战斗室提供洁净空气。

进气管和排尘口关闭机构安装在除尘增压风机的进气管和排尘口的通道处，它们由安装在二炮手右侧体甲板上的手柄操纵，以开启或关闭进气口和排尘口。

密封部件包括炮塔座圈密封带、防盾密封套、门窗密封胶圈、拉杆密封垫圈、发动机隔板密封垫和扭力轴密封垫圈等，用来密封车辆缝隙，以保证战斗室能够建立超压。

8.5　主动防护系统的配置与选型

8.5.1　主动防护系统

1. 主动防护系统及其特点

现代战争中，装甲车辆面临来自各方面的威胁，其自身的装甲无法抵抗所有的打击，特别是各种反坦克导弹。如果采取主动措施，摧毁这些反坦克导弹，无疑对保护装甲车辆的安全、提高装甲车辆在战场上的生存能力具有重要意义。

主动防护系统，是装甲车辆主动采取探测和识别敌方来袭弹药，并拦截、摧毁或迷惑敌方来袭弹药的自卫系统。主动防护系统，可分为主动（或硬杀伤）型和对抗（或软杀伤）型以及两种混合使用的综合型三种。主动（或硬杀伤）系统是一种近距离反导防御系统，在车辆周围的安全距离上构成一道主动火力圈，在敌方导弹或炮弹击中车辆前对其进行拦截和摧毁。对抗（或软杀伤）系统则是利用烟幕弹、干扰机、诱饵及降低特征信号等多种手段迷惑和欺骗来袭的敌方导弹。

主动防护系统与传统的爆炸反应装甲和复合装甲相比，具有以下优点：

（1）减小武器的体积和质量，降低了成本。

（2）采用新的毫米波雷达发射信号对动目标进行精确测距和测速。

（3）实现"半球形"防御，且提出一种新设想，避免了毫米波雷达"盲区"。

（4）采用新型榴弹炮摧毁来袭导弹，极大地提高了摧毁概率。

必须承认，再完善的主动防护系统也无法为装甲车辆提供百分之百的防护。无论从战术层面还是从技术层面，主动防护系统都存在着不可忽视的弱点。例如，软杀伤主动防护系统只对某种制导类型的反坦克导弹有效，这就是其最大的弱点。硬杀伤主动防护系统探测跟踪目标、识别目标和攻击目标环节都存在弱点。

2. 主动防护系统的基本原理

根据防护机理的不同，主动防护系统分为软杀伤系统和硬杀伤系统。软杀伤系统主要是使反坦克导弹迷失方向，不能准确命中目标；硬杀伤系统则是在反装甲武器命中目标之前，就将其摧毁或减小其对装甲车辆的威胁。

1）软杀伤主动防护系统

软杀伤主动防护系统以"干扰"和"伪装"为主要技术手段，来实现对自身的防护，采用的技术途径主要有探测告警和诱骗干扰。

（1）探测告警。利用激光、红外或雷达探测系统探测战车面临的威胁并发出告警信号，战车乘员随之实施车辆机动或释放烟雾以影响敌方观测系统，从而实现对自身的防护。20世纪60年代，红外探测器在坦克上得到了应用，它在敌方夜视仪红外搜寻光束的照射下会发出告警信号。而后，20世纪70年代研制出激光告警接收器，能对激光测距仪和目标指示器的脉冲光束作出响应。该系统和烟幕弹发射器配合使用，可以对激光驾束制导的反坦克导弹进行有效的干扰。近年来，又出现了各种形式的雷达探测系统，使其探测告警能力不断提高。各种探测系统各有特点，红外探测器可以探测到逼近目标的导弹在高速飞行时摩擦生热的弹体；紫外探测器可以探测到导弹发射的闪光和火箭发动机的火焰，抗干扰能力强；脉冲多普勒雷达可以探测较大范围的威胁，但容易暴露坦克位置而遭到攻击。采用该技术途径的软杀伤主动防护系统的典型代表是俄罗斯的"窗帘"1光电干扰系统，它主要用于对半主动式激光制导导弹和瞄准线半自动制导导弹的预警和防护。当激光报警系统探测到敌方激光目标指示器或激光测距机发出的激光束后，3 s内可以在相距坦克 50～70 m 处形成范围为 15 m×20 m 的气溶胶烟幕（持续时间在 20 s 以上），对敌方激光目标指示器和激光测距机产生屏蔽，为自身提供防护。

（2）诱骗干扰。采用各种手段设置本车以外的假目标或干扰反坦克导弹的制导系统，使其偏离预定飞行轨迹，从而实现对自身的防护。从技术手段上可以分成红外诱骗干扰和激光诱骗干扰两大类。红外诱骗干扰系统可对有线半自动制导反坦克导弹的红外跟踪器进行诱骗，还可以通过对导弹控制部输送错误信号来避免导弹的命中。俄罗斯"施托拉"防护系统用在 T-80、T-90 坦克上，可使"陶"式之类的反坦克导弹的命中概率降低到 1/5～1/3。激光诱骗机用于探测来自导弹的激光驾束，对导弹的探测头设定本车以外的错误目标。为此，必须用与导弹指示器相同的波带和脉冲频率来进行操作，实现起来并不容易。激光致盲器主要用于对敌反坦克导弹系统操作者或光电传感器进行致盲，以躲避导弹的命中。激光致盲器主要为对付激光驾束制导导弹研制的，但是在致乱有线半自动制导导弹的波束测向器方面也有可能性。

2）硬杀伤主动防护系统

硬杀伤主动防护系统是以主动方式探测并摧毁攻击弹药，不使其战斗部接触车体装甲爆炸。通常情况下，主动防护系统由三部分构成：有一个或多个传感器组成能够探测威胁的探测系统；能够识别威胁并启动对抗措施的计算与数据处理装置的控制中心；能够摧毁或以其他方式使威胁失效的火力系统。

当探测系统探测到有弹药攻击车辆目标时，进行跟踪获取来袭弹药的攻击方向、速度等信息，并将此信息传送到控制中心，控制中心发送信号使相应的发射装置进入准备状态。当来袭弹药进入拦截范围时，控制中心根据来袭弹的信息计算合适的发射时刻，并发送射击控制信号，使发射系统发射拦截弹。当拦截弹和来袭弹药交汇时，拦截弹爆炸形成大量高速破片毁伤来袭弹药。根据交汇情况的不同，拦截弹可以对来袭弹药造成不同程度的毁伤，当距离较近时，同时有大量高速破片命中来袭弹药，可导致其战斗部内炸药燃烧或爆炸、威力的降低或者改变角度。

3. 主动防护系统的工作过程

某截获反坦克导弹的主动防护系统使用一种 Ka 波段的雷达传感器完成搜索和目标检测，用 W 波段精确跟踪来袭目标。它有 7 个发射装置，每一个都携带有传感器和防御弹药。整套系统包括 7 个可以覆盖全方位范围的发射器，总质量很小。该系统的反应时间只有 400 ms，车体四周的 6 个发射器在 140 ms 内可以旋转 90°，车辆顶部的发射器可以"半球形"方式旋转。主动防护系统的工作过程如图 8.15 所示，即当来袭的反坦克导弹达到炮塔前沿一定距离，微波天线发射的多斜率步进调频连续电磁波，碰到目标后产生回波信号，进入振荡器混频并产生差拍，形成多普勒增幅信号，随着探测距离的逼近，经处理过的信号越来越大，其幅值达到某一阀门电压，立即向安全起爆的点火电路输出一个执行信号，使电雷管的点火电路接通；点火电容立即产生瞬间放电，电雷管引爆后，通过传爆药柱起爆反击装置。

图 8.15　主动防护系统的工作过程

8.5.2　主动防护系统的构成与配置

主动防护系统一般由探测、控制和对抗三大分系统组成。探测分系统是主动防护系统的"眼睛"，用于探测反坦克导弹、火箭弹等来袭目标，主要有激光告警装置、雷达探测与跟踪装置、紫外线探测系统等。控制分系统是主动防护系统的"大脑"，用来筛选、判断来袭目标，并选择相应的命令，由计算机、控制软件、控制面板和指挥信号换流器等组成。对抗分系统是主动防护系统实现最后致命一击的"铁拳"，分硬、软杀伤两大类。硬杀伤系统主要是各种弹药发射器，软杀伤系统则主要有烟幕屏蔽、激光诱饵与红外干扰、水雾防护等。控制分系统通常与武器系统中火控分系统共用，以下主要介绍主动防护系统的探测和对抗两个分系统。

1. 主动防护系统的探测分系统

1）激光告警装置

激光告警装置用于感知敌坦克炮的激光测距机和半主动制导武器系统，并向乘员发出警告。

俄罗斯"窗帘"主动防护系统的激光告警装置最为典型。它由 4 个精测和粗测探测器组成，其中 2 个安装在主炮防盾顶部，2 个安装在炮塔两侧后部。每个探测器重 20 kg，水平覆盖范围 90°，高低覆盖范围 −5°~25°，可探测 0.6~1.1 μm 波段激光束的方位。

激光告警装置通常与计算机控制装置、烟幕弹对抗装置组合成为一个系统，有全自动和半自动两种工作方式。激光告警装置在探测到敌方激光目标指示器或激光测距机发出的激光束后向乘员告警，并命令车长（半自动）或计算机（全自动）选择发射相应的烟幕弹，在既定时间和空间内形成气溶胶烟幕，遮蔽敌方激光目标指示器和激光测距机的"视线"。

随着科技的发展，激光测距机探测到目标与坦克炮弹到达的时间间隔越来越短，以激光告警装置为耳目的主动防护系统很难有足够的时间做出反应，防护效果差强人意，但它擅长对付反应时间较长的激光制导导弹，有足够的时间做出判断并发射多谱线的烟幕弹，形成一定范围的烟幕。自 20 世纪 80 年代早期苏联推出"棱堡"9M117 式激光驾束制导炮射导弹后，探测驾束式导弹就成为激光告警装置面临的难题。激光驾束信号的能量不到激光测距机的 1%，这样微弱的信号令一般的激光告警装置无能为力，只有采用昂贵的高灵敏度激光告警装置。

2）雷达探测和跟踪装置

迄今为止，将毫米波雷达作为主动防护系统探测装置的佼佼者，仍然是苏联的"鸫"和俄罗斯的"竞技场"。

"竞技场"主动防护系统的毫米波雷达（探测装置）与弹药发射系统（对抗装置）以及控制装置组合成为一个系统。八角形雷达天线安装在战车炮塔顶部的桅杆上，可全方位探测、跟踪 50 m 范围内以 70~700 m/s 速度飞来的弹药。当雷达发现飞行物体的特征符合系统预设目标时，雷达自动转换为跟踪方式，并向控制系统提供目标弹道数据，以判断来袭目标能否命中战车。如果判定构成威胁，则雷达提供精确跟踪数据，计算机确定防御弹药的发射位置和时间，在来袭弹药距战车 7.8~10 m 时镇定目标，弹药发射后在距战车 1.3~3.9 m 处爆炸。爆炸产生的大量破片拦截来袭目标，使其在剧烈的冲击下提前爆炸或偏离飞行弹道，大大降低破甲效果。

3）紫外探测系统

雷达和红外探测传感器易受地面杂波的干扰，紫外探测系统就好得多。它除了用于战车主动防护系统，还被应用到飞机上，探测到来袭导弹的火箭发动机气流后发出警告。德国MBB 公司研制的 AN/AAR-60"导弹发射探测系统"（MILDS）是典型的紫外探测系统。它用于战车主动防护系统的改型 P-MILDS，是一种被动式紫外线成像系统，可对来袭导弹进行探测，角分辨率可达±2.5°。当 P-MILDS 探测到来袭导弹后，战车会激活烟幕迷惑器以阻断导弹寻的器对自身的锁定，或启动红外干扰器使导弹失去目标。

2. 主动防护系统的杀伤分系统

1）硬杀伤系统

所谓硬杀伤，是指主动防护系统利用火箭弹等反击弹药直接攻击来袭目标，使其提前爆炸或偏离预定弹道，从而达到保护自身的目的。目前世界上最成熟的主动防护硬杀伤系统仍然是苏联的"鸫"和俄罗斯"竞技场"。

"鸫"系统的对抗装置包括 4 个带装甲防护的双管火箭发射器，发射器口径为 107 mm，火箭弹质量 9 kg，能以 20°固定仰角向前发射，可形成一个 80°的弧形防护弹幕。"竞技场"系统由环绕炮塔的 22~26 个发射器组成，发射器呈平板状，以 30°倾角布置，可以与垂直方向成 25°~40°角向上发射，在炮塔正面形成一个 220°的防御区域。"竞技场"较之"鸫"有两个明显的优点："鸫"向水平方向抛射破片攻击目标，而"竞技场"首先向上向外抛出霰弹，然后引爆，令其向下崩射碎片击毁来袭弹药，大大减少了对战车附近 20~30 m 范围内友军的威胁；"竞技场"防护系统对抗装置发射出的弹药与来袭导弹的弹道相似，更能有效地对付目标。

德国的 AWISS 主动防护系统也颇具特色。它采用的榴弹发射器可高速旋转 180°、上仰

60°，形成半球形防护区域。榴弹头部有一个盒式高爆战斗部，可对其他杀伤榴弹和火箭弹无能为力的高速动能弹（包括长杆式圆锥形尾翼稳定脱壳穿甲弹）形成相当大的破坏——爆炸冲击波使长杆倾斜，从而偏离预定航道，大大降低穿甲效果。1999 年，该系统用"米兰"反坦克导弹进行了试验，效果十分理想。目前法、德两国还在联合探索一种全新的对抗动能弹的方法，利用电磁加速后的高速物体撞击动能弹，使其断裂或改变飞行轨迹。

2）软杀伤系统

所谓软杀伤，是指利用烟幕弹、激光诱饵与红外干扰、水雾防护等手段，使来袭弹药误入歧途，偏离预定攻击目标。

烟幕弹是最常用、经济、方便的防护措施。自从被各种战车装备以来立下了赫赫战功，在科学技术高度发达的今天仍然受到青睐，得到不断发展。由瑞士 RUAG 等公司研制的 MASKE 烟幕发射器，是最新型的多谱段烟幕弹发射器。该型烟幕弹可在 1 s 内，由燃烧的红磷及伴随的浓厚白烟形成一道热辐射屏蔽帘。除了遮蔽敌人视线，还可以吸纳激光指示器的光束，使热像仪和红外寻的器失灵，而且对人体没有毒副作用。人们也在不断改进烟幕弹及其发射装置：为了使烟幕弹充分、快速地发挥作用，改变在地面爆炸的方式，采用在距战车 25~45 m、离地 4~9 m 范围内起爆；改变类似迫击炮弹的弯曲弹道（发射器与水平面成 45°固定），采用更快速的平直弹道。一般烟幕弹发射器按一定仰角固定在战车炮塔侧边，当目标来袭时，战车旋转炮塔使烟幕弹发射器对准目标，要使炮塔在非常短的时间内旋转到发射位置十分困难。对于炮塔正面 120°范围内的来袭目标，可以选择一组距离目标最近的烟幕弹发射器，但最好的方法是把发射器设计成可移动的，当目标来袭时快速移动到来袭方向，对准目标射出烟幕弹。这种方法已应用到德国 AWISS 和法国 SPATEM 主动防护系统上。战车空间位置有限，一般最多配置 12~16 具烟幕弹发射器，而且使用后还需要从外面手工装填烟幕弹。对此，到目前为止还没有好的解决办法。

激光诱饵与红外干扰也是一个办法。可以利用战车的激光装置照射附近地上，"制造"出一个假目标引诱敌方上当。但为了诱骗对方，战车的激光装置不得不以与被"锁定"目标相同的波段和频率持续工作。虽然如此，原美国"未来作战系统"的防护系统仍计划安装激光诱骗系统。通常情况下，一辆主战坦克配备 2 台红外干扰机，安装在主炮两侧。在战斗过程中一直处于开机状态，对敌方的红外制导武器进行干扰。

水雾防护是一种独特的方法。瑞典 FOA 防护研究所研制的多谱段水雾防护系统具有良好的应用前景。该系统在战车周围设置一排与车内水箱相连的水管喷嘴，当目标来袭时，水在高压作用下从喷嘴高速喷出，在 2 s 内形成一道水雾防护墙。水雾的雾滴比自然界形成的要大，可有效对付可见光和红外波段探测，对 94 GHz 毫米波雷达也有一定程度的影响。该水雾防护系统已被安装到 CV90 战车上，并成功地进行了演示试验。

第 9 章

电气、电子与信息系统的配置与选型

9.1 车载电气系统的配置与选型

9.1.1 车载电气系统

1. 车载电气系统及其构成

装甲车辆的电气系统，通常是指电源装置、用电设备、检测仪表和辅助器件的总称。

进入 20 世纪 70 年代，装甲车辆领域广泛应用微电子技术，进入 90 年代后，采用数据总线技术的现代装甲车辆，将全车的电气、电子系统和部件接到总线的公用设备总线上，通过计算机实施控制，形成了现代装甲车辆电气系统。该系统是指由产生、输送、分配和使用电能，并能使其完成和运行的所有设备、分系统按一定要求进行电气连接而组成的系统。

车载电气系统，主要由电源及其控制、用电设备及其管理、动力传动工况显示和故障诊断等分系统组成。现代装甲车辆电气系统组成简图如图 9.1 所示。

图 9.1 现代装甲车辆电气系统组成简图

2. 电气系统特性要求

装甲车辆电气系统特性要求，国内外均以军用标准的形式作出了明确而具体的规定，并作为装甲车辆研制和使用的依据。如美国军用标准 MIL-STD-1275A（AT），中国 GJB 298—1987《军用车辆 28 V 直流电气系统特性》。具体要求内容如下：

（1）电源系统和用电设备应满足国家军用标准 GJB 151A—1997 军用设备和分系统电磁发射和敏感度要求规定的电磁干扰要求。

（2）发电机与蓄电池并联工作时，电气系统稳态电压 25~30 V，纹波电压的上峰值和下峰值均应小于 2 V，浪涌电压应小于 40 V，尖峰电压应在 ±250 V 范围以内，起动发动机时电压扰动过程中电压最低值应大于 6 V，扰动过程持续时间应小于 1 s，起动期间电压应大于 16 V。

（3）蓄电池单独工作时稳态电压为 20~27 V，纹波电压、浪涌电压、尖峰电压、起动扰动电压要求与上述规定相同。

（4）发电机单独工作时稳态电压为 23~33 V，纹波电压的上、下峰值均应小于 7 V，浪涌电压应小于 100 V。尖峰电压应在 ±250 V 范围以内，持续时间小于 1 ms。

（5）电源系统与用电设备运行过程中具有兼容性。

（6）系统工作的温度范围为 −40~50 ℃，设备适应性应能承受幅值 ±250 V 的尖峰脉冲电压，直流电压的负极在车辆的金属结构上接地。

9.1.2　车载电气系统的配置与选型

1. 电源装置及其控制

现代坦克装甲车辆的电源由主电源、辅助电源和备用电源三部分组成。主电源由发电机和电压调节器组成。辅助电源由小型发动机、发电机和电控装置组成。备用电源是指蓄电池组。蓄电池用于在发电机不工作或其电能不能满足电气装置负荷需要时，与发电机一起向电气装置供电；发电机是坦克的主供电装置，它可以在发动机正常运转时间内，向各电器负载供电和向蓄电池充电；为发电机配备的专用电压调节器，可使发电机输出的端电压被控制在规定范围内。

电源分系统的控制由总线系统中公用设备总线控制器来完成。电源分系统用于对全车电源分配并根据各系统用电情况实施管理和监测。电源分系统的工作状况可直接显示在乘员操纵台上。对电源分系统的人工控制可用操纵台上的控制开关切换，也可按预定的程序自动转换。

1）蓄电池

装甲车辆等军用车辆目前太多采用蓄电池作为辅助电源，它与发电机并联连接，构成军用车辆电气系统的电源。它的主要作用有三个，一是在起动发动机时供给起动电动机电能；二是在车辆停放或发动机转速低至发电机不能向外供电时，蓄电池向全车用电设备供电；三是当发动机工作时，如果用电超过发电机额定功率，则由蓄电池和发电机共同供电。

根据起动电动机的要求，蓄电池必须具备能提供大电流和小内阻的特点，保证在大电流放电时，蓄电池内压降不致过大。例如起动电动机额定电压为 24 V，要求工作电流在 800 A 时的电压不低于 18 V，则蓄电池内阻和连接导线电阻之和应不大于：（24−18）V/800 A = 7.5×10^{-3} Ω。目前，能满足上述要求的主要是起动型铅酸蓄电池。

铅酸蓄电池经历了一百多年的变化和发展，在这期间，铅酸蓄电池的结构、生产工艺和材料都有了很大改进，至今仍在二次电池的生产和应用中保持着领先地位。其主要特点是：

（1）具有较宽的使用温度和电流范围。

（2）能充、放电几百次，使用寿命较长。

（3）储存性能好，尤其适于干式荷电状态储存。

（4）测试其放电程度简单。

（5）原材料丰富而价廉，易加工。

某主战坦克配备有 4 块 6-TKA-180 型蓄电池，每块重 46 kg，加装电解液后重 65 kg。其额定工作电压为 12 V。蓄电池由 6 个电压为 2 V 的单体蓄电池串联组成，装在内有 6 个相同格架的整体式壳体内。额定容量大（为 180 A·h），放电能力强，起动时能量大和速度快，电压高。低温起动性能好，可在-40 ℃气温条件下顺利起动车辆。壳体为高强度阻燃塑料注塑成型，并经热封成全埋式结构，具有强度高、耐振动、耐低温、抗冲击能力强、阻燃性较好、不易冻裂等特点。蓄电池极板采用耐腐蚀合金制成，使用寿命长。

2）发电机

发电机是把机械能转换为电能的装置。装甲车辆发电机在工作时间向用电装置供电，同时向蓄电池充电。发电机的电压要随发动机转速和负载的变化而变化，并受环境温度和振动等各种因素的影响，而用电装置往往需要稳定的电压才能正常工作，因此发电机必须和电压调节器配合工作以使输出电压稳定。

电压调节器对发电机电压调节其本质是一个自镇定系统。电压调节器调节框图如图 9.2 所示。发电机输出电压的稳定性是供电系统的一项重要指标，通常用电压精度来表示，其定义为：电压稳定精度=稳态时调节点上的最大偏差电压/额定电压。

图 9.2　电压调节器调节框图

按转换的电能方式，发电机可分为交流发电机和直流发电机两大类。目前，装甲车辆上广泛使用交流发电机。交流发电机又分为同步发电机和异步发电机两种。现代装甲车辆上广泛使用的是同步发电机。

装甲车辆上的发电机在原理上和普通发电机没有区别，由于工作条件不同，装甲车辆发电机在结构、要求和性能等方面有一定的特殊性。

装甲车辆上发电机一般安装在发动机的侧面，由发动机带动旋转。由于装甲车辆发动机区域内只有有限的空间安装发电机，因此在保证功率的条件下，必须将发电机的轴向和径向尺寸尽量缩小。发电机的这一结构性能可用比功率来表示：

$$P_{\mathrm{m}} = \frac{P}{M}$$

式中，P_{m} 为比功率，W/kg；P 为发电机功率，W；M 为发电机质量，kg。

装甲车辆上发电机的比功率比普通发电机大得多。例如，一般 3 kW 直流发电机的质量约 80 kg，而同功率的坦克直流发电机的质量为 40 kg，比功率约大一倍。随着装甲车辆发电机功率的增长和其结构的不断改进，比功率也会不断增大。

根据发电机的计算公式，电枢尺寸（即代表整个发电机的体积和质量）可用公式表示：

$$D^2L = \frac{6.1P}{n_e B_\delta A\alpha} \times 10^8$$

式中，D，L 为电枢的计算直径和长度，cm；P 为发电机的电磁功率，W；n_e 为发电机的额定转速，r/min；B_δ 为气隙磁感应强度，T；A 为线负荷，A·cm；α 为极弧系数。由此可知，提高发电机比功率的途径如下：

（1）提高转速。提高发电机的额定转速 n_e，质量尺寸可减小。坦克上发电机的旋转轴是由发动机通过齿轮带动的，而发动机的曲轴转速是变化的，因此坦克发电机不同于普通发电机的只有额定转速。它的发电机电压达到额定值时的最小转速称为发电机的最小转速 n_{min}；发电机输出功率达到额定值的最小转速称为发电机的额定转速 n_e；对应发动机最大转速时的发电机转速称为发电机的最大转速 n_{max}。

（2）增大励磁电流。发电机励磁电流 I_{jc} 的增大使磁感应强度 B_δ 增大，因而质量、尺寸减小。随着发电机功率的增大，而坦克上安装空间有限，励磁电流将相应增大。为了适应励磁电流的增大，与发电机配合工作的电压调节器的容量也不断增大，控制的励磁电流从几安培甚至到几十安培。

（3）提高线负荷。线负荷是指导线单位长度内允许通过的电流值。坦克发电机的线负荷较一般发电机的线负荷大一倍。由于线负荷增加，发电机的热负荷增加，允许升温指标将相应提高，坦克发电机除采用耐热性较好的绝缘材料和有效的冷却方法外，在使用寿命上将降低要求。因此提高线负荷是以降低发电机的使用寿命作为代价的。普通发电机的使用寿命是以年计算的，坦克发电机的保用期一般定为 500 h。

某坦克使用的 WGFT10K 无刷硅整流发电机，由三相交流低压发电机和风冷三相桥式整流器两部分组成。它必须与 LTD6 型电压调节器配合使用，同时与蓄电池采用并联连接方式配套工作。发电机安装在发动机曲轴箱左侧，由曲轴经齿轮和液力偶合器带动运转。其额定工作电压为 28 V，额定电流为 357 A，额定功率为 10 kW，工作转速为 4 000~6 000 r/min。

当发动机驱动发电机转子转动时，转子磁极中的剩余磁场也相应旋转，并在三组定子绕组中产生三相感应电势。其输出再经三相桥式全波整流器变为直流电。该电流除供给各用电装置外，还能为蓄电池充电。其中的整流器是二极管硅整流元件，它具有效率高、体积小、质量小、维护简便以及超载能力高等特点。另外，由于硅整流器的单向导电性，当发电机电压低于蓄电池组电压时，蓄电池也不能向发电机放电。

LTD6 电压调节器具有调节电压、瞬间及故障时过压保护功能。在正常工况下，它可借助发电机的剩磁建压工作。当发电机转速或负载变化时，电压调节器自动调节发电机的激磁电流，使发电机输出的端电压保持在规定的范围内；当回路中产生瞬间过电压时，调节器能使过电压的幅值和持续时间限制在规定范围内，并可在过电压消失后恢复正常工作；因系统故障或调节器元件损坏而产生的故障过电压时，调节器又能使电压幅值和持续时间限制在规定范围内。

2. 用电设备及其管理

电气系统的用电设备主要包括：发动机的起动电动机、炮塔驱动装置、空气调节装置，以及加温、照明、信号显示、报警等部件。

关于对电气系统其他电气设备的管理，通过总线集成方式，在车长、炮长和驾驶员操纵台上形成三个控制分系统。将车辆起动、加温、空气调节、灯光控制、车外驾驶环境、动力传动工作状况等要素的传感器，与乘员操纵台上的显示器和控制器相连，显示器可显示用电设备工作的信号和数据，控制器可方便地对各用电设备实施控制和管理职能。

1）发动机起动装置

起动装置，是用来带动发动机曲轴转动，使发动机进入连续运转工作状态的动力装置。按照所用动力不同，起动装置一般包括人力起动、起动电动机起动、压缩空气起动和起动发动机起动几种形式。电动机起动装置，是用电作动力来驱动发动机曲轴转动，使之进入连续运转工作状态的动力装置。电动机起动装置具有操作简便、起动迅速、消耗功率小、可多次连续起动、工作可靠等特点。

起动电动机的选型主要由被起动发动机类型、阻力矩和转速等参数确定。

装甲车辆上用的起动电动机一般为直流电动机。直流电动机的励磁方式一般可分为他励、并励、串励和复励四种。装甲车辆上用的起动电动机一般采用串励励磁方式。串励电动机在制动时（$n=0$）的转矩比并励电动机大很多，而起动瞬间相当于电动机制动情况。电动机的制动转矩越大，曲轴加速越快，越能保证发动机可靠起动，缩短起动时间。串励电动机的起动电流，即制动电流比并励电动机小，这对蓄电池工作很有利。串励电动机具有软的机械特性，这使它在负载转矩很大范围内变化时，功率和电流的变化范围小，因而保证在不同温度条件下，起动发动机时能顺利地工作。串励电动机由于在起动时磁路系统饱和程度很大，可以认为磁通是常数，所以其起动转矩与电压的一次方成正比；并励电动机的磁通随电压而变化，其起动转矩则与电压的二次方成正比，所以起动时，蓄电池大幅度的电压降对串励电动机的影响将小于并励。

为了保证发动机迅速起动，起动电动机应有足够的功率，应能克服阻碍曲轴转动的起动阻力矩，而且能在较短时间内使发电机曲轴达到一定的起动转速。

起动转速是保证发动机正常工作所需的最低转速。柴油机的起动转速取决于气体压缩时能否达到自燃温度和燃油的雾化状况，一般要求转速为 $80 \sim 150$ r/min。如果转速过低，空气在压缩过程中将有较长时间，经气缸壁的传导而冷却，不能达到燃油自燃所需要的温度。此外，转速过低，高压油泵的压力不够大，柴油雾化不好。发动机的起动转速与气温条件有关。夏季气温高，发动机阻转矩小，起动过程中曲轴转速高。由于温度越高越容易起动，因此所要求的起动转速也就越低。起动转速还与发动机的使用条件有关。例如，新发动机气缸密封性较好，起动转速可低一些；而接近大修的发动机，活塞环与气缸壁的磨损增大，封闭性下降，漏气增多，压缩终了时的压力、温度就低，起动转速要相应高一些。

起动装置有一定的起动转矩，并且这个转矩应大于阻碍曲轴转动的起动阻转矩。起动阻转矩有摩擦阻转矩、压缩阻转矩和运动部分的惯性阻转矩。摩擦阻转矩主要来自活塞与气缸壁的摩擦阻力以及轴承中的摩擦力，其大小随摩擦表面上润滑油的黏度而异。低温度时润滑油黏度增大，摩擦转矩也增大。据实测，12150L 型四冲程高速柴油机的阻转矩，在温度为 5 ℃时约为 1 220 N·m；当气温降低到 −15 ℃时，阻转矩增大到 2 350 N·m。若气温继续降低，起动阻转矩将可能超过发动机所允许的工作转矩。在这种情况下，即使起动装置能够带动曲轴旋转，也可能损坏发动机。因此，冬季要换用黏度小的润滑油，起动前要加温。压缩阻转矩是压缩行程活塞受到压缩气体的阻力而形成的，在接近压缩行程上止点阻力最大。在膨胀的时候，压缩气体所消耗的功几乎全部用来推动曲轴旋转，此时压缩阻力为负值。压缩阻力与发动机曲轴所在位置有关，而与发动机的温度无关。多气缸发动机的各气缸压缩行程彼此错开，总的压缩阻力变化不大，可认为压缩阻转矩是全部阻转矩中不变的部分。运动部分包括曲轴、连杆、活塞以及和曲轴相连系统的各种辅助机构，如油泵、风扇和发电机等。惯性阻转矩取决于它们在加速过程中的惯性力，随它们的惯性矩和加速度而异。柴油发动机压缩比达 15～20，压缩阻转矩的影响显著增大，其起动阻转矩比汽油发动机大一倍左右。

起动电动机的功率必须使发动机转动达到稳定阻转矩时具有足够的起动转速。起动装置的功率与发动机稳定阻转矩和起动转速成正比。

某坦克电动机起动装置由 QD24-15T 同轴式起动电动机、QKH-2 起动控制盒等组成。QD24-15T 起动电动机，是一种将串激电动机、起动继电器和传动装置均配置在电枢上的同轴式起动电动机，采用单线制工作方式，其负极与机体相连，额定功率为 11 kW，工作电压为 24 V，额定功率时转速为 1 100 r/min。

2）炮控系统

火炮控制系统，简称炮控系统，是装甲车辆武器系统的一个重要组成部分。以前炮控系统独立于火控系统，现在将炮控系统作为火控系统的一部分。炮控系统，主要用于控制火炮瞄准和射击。

车载火炮在行进间射击时，由于车体（包括火炮）随地形的起伏而振动，影响炮长对目标进行瞄准和射击，使得行进间的射击命中率降低。为了实现行进间车载火炮的稳定和操纵，提高车载火炮行进间的射击命中率，近代装甲车辆都安装了火炮稳定装置。这是一种对车载火炮射角和方向角的驱动和稳定系统。仅使火炮射角稳定的装置，称为单向稳定器，或垂直（高低）稳定器。能使火炮射角和方向角都得以稳定的稳定装置，则称为双向稳定器。这种带稳定装置的炮控系统，除了在一定的精度范围内稳定火炮外，还具有优良的控制性能，能实施对火炮高质量的控制。

炮控系统主要包括高低向稳定器、水平向稳定器和炮塔电力传动装置，是对火炮实施驱动和稳定的自动控制系统。它同时受稳像火控系统控制，使得火炮自动跟踪瞄准线并赋予火炮射击提前量。其具体功能是：行驶时自动地将火炮稳定在高低瞄准角和水平方向角；按炮长给定的调炮指令，在稳定（自动）状态下和非稳定（半自动）状态下以平稳的速度调转火炮跟踪目标；按车长给定的指令超越炮长控制而实现高低、水平向目标指示；按火炮计算机给出的射击诸元自动赋予火炮射角。炮控系统可分为垂直向炮控系统和水平向炮控系统。

垂直向炮控系统是一个电液式伺服系统，它能实现对火炮垂直向射击角度的稳定和瞄准。垂直向炮控系统的速度陀螺传感器在安装时，其框架轴线与火炮身管轴线平行，面转子轴线与火炮耳轴轴线垂直，基座与火炮摇架固连。这样高低向速度传感器就能测量火炮垂直向运动的角速度，并将其转换成电信号，一部分电信号在系统中起阻尼作用，另一部分电信号经积分处理，在系统中充当角度信号。垂直向炮控系统的工作原理如图 9.3所示。

水平向炮控系统是一个全电式复合控制系统，即一个按偏差控制的闭环系统和一个按扰动控制的开环系统的复合。闭环系统应用的速度陀螺与垂直向炮控系统的一样，只是安装方向不同：方向速度陀螺仪的框架轴线与火炮身管轴线相垂直，陀螺转子轴线与火炮耳轴轴线

图 9.3 垂直向炮控系统原理框图

相平行，基座与火炮摇架固定。这样安装就实现了火炮水平向的稳定和瞄准。水平向炮控系统的工作原理如图 9.4 所示。

图 9.4 水平向炮控系统原理框图

车长指示目标装置可分为垂直向调炮和水平向调炮。垂直向调炮是当车长接通目标指示装置的电源开关后，车长按下握把上的调炮按钮（右握把上端按钮为仰角调炮按钮，下端的按钮为俯角调炮按钮），则装在炮控箱内的调炮继电器工作，将炮长控制的垂直向瞄准电路断开，并转换成车长控制。此时垂直向炮控系统以最大速度调炮。当车长松开调炮按钮时，则调炮继电器断电，调炮停止，此时垂直向炮控系统的瞄准电路又恢复到炮长控制。水平向调炮是车长首先解脱指挥塔的固定，然后转动指挥塔，通过车长指挥潜望镜搜索发现目标。车长瞄准目标后，同时按下车长左握把上的目标指示按钮，则炮控箱内的目标指示继电器工作，将炮长控制的水平向瞄准电路（或炮塔电传动调炮电路）切断，并转换成车长控制，此时炮塔以最大速度向目标方向转动，当炮塔转到使火炮轴线对准目标方向时，车长控制电路便自动被切断，炮塔停止转动，同时恢复炮长控制瞄准电路，从而实现了车长给炮长指示目标，即水平向调炮。

炮控系统主要由炮长操纵台、陀螺仪组、变流机、炮控系统控制箱、起动配电盒、电机扩大机、扩大机控制盒、线加速度计、车体陀螺仪、液压放大器、动力油缸、补油箱、高压油管组、角度限制器、调炮器、炮塔电动机、电磁离合器、测速崩离析发电机、车长目标指示器、驾驶窗闭锁开关、炮塔固定器闭锁开关、炮控电缆等部件组成，如图 9.5 所示。

图 9.5　某坦克炮控系统的主要部件

炮长操纵台，为炮控系统的控制部件，它是电气和机械的合成机构，供炮长用来操纵火炮瞄准、机枪及火炮击发、激光测距和自动装弹等。

陀螺仪组，由速率陀螺和放大器板组成，用来产生高低和水平方向的稳定和瞄准信号。火炮扰动的测量部件皆采用陀螺仪传感器。

变流机，由同轴的电动机-发电机组和稳频装置两部分组成。电动机部分为直流复励电动机，发电机部分为永磁式交流发电机，变流机用于将 26 V 直流电压变换为三相、频率为 400 Hz 的 36 V 交流电压，供火控系统使用。通过控制和调节电动机的励磁来稳定电动机的转速，以稳定发电机输出电压的频率。

炮控系统控制箱为炮控系统的综合控制部件，它通过电缆与其他部件相连，主要是完成炮控系统的起动、控制、调整和工况转换等工作。炮控系统控制箱内部安装有电源电路板、放大器电路板、开关电路板等。外部有插座、计时器、精度显示转换开关、精度显示水平和垂直调零电位器、显示窗口、调整窗、检查窗、保险丝和检测插座等。

起动配电盒主要由接触器、起动电阻以及用于元器件安装的支架和紧固件等组成，通过插座和专用接线座与外部电路连接。起动配电盒与火炮控制系统的其他机械、电气部件共同完成整个系统的控制过程。起动配电盒可以关断电机扩大机电源，使其停止运行。

电机扩大机为水平向系统的功率驱动部件，为炮塔电动机提供不同极性和不同大小的电压。电机扩大机的驱动电机一般采用永磁式，可降低静态功耗。

扩大机控制盒，可以在自动和半自动工况下，接受来自炮控系统控制箱的控制信号和反馈信号，通过调整电机扩大机发电机励磁绕组的电流以调整发电机的电压，达到调节炮塔电动机转速的目的。

线加速度计是一种敏感线加速度的惯性器件，它在炮控系统中用以传感炮塔横向运动时的加速度，并将信号送入水平稳定器，以提高火炮水平向的稳定精度。

车体陀螺仪是用来测量车体在炮塔旋转平面内振动角速度的大小和方向的，并将其转变成方向稳定的前馈信号，从而提高方向稳定器的稳定精度。

炮塔方向机固定在一炮手座位左前方的炮塔壁和上座圈上，用以转动炮塔并赋予火炮的水平射角。方向机有电驱动和手驱动两种功能。在使用双向稳定器或电传动时，方向机由炮塔电动机驱动，方向机可以各种速度调转炮塔，实现搜索目标和精确瞄准或稳定炮塔。方向机由炮塔电动机、电磁离合器、测速电机、保险离合器、手轮及蜗轮蜗杆机构、清除空回机构和方位指示器、固定器手柄、箱体等部件组成。

垂直向稳定器电液伺服系统，主要由液压放大器、动力油缸、补油箱和油管组成，用来将陀螺仪组或稳像式瞄准镜陀螺仪输出的电信号，经中间前置放大器放大后进行电液转换和功率放大，并形成相应的力矩作用到火炮上，拖动火炮作相应的俯仰运动，以完成对火炮的瞄准和稳定。

调炮器是一个机械电气装置，通过齿轮传动完成火炮的机械角度与电气信号的测量和转换。它测量出火炮相对于自动装弹机装填线的位置，炮控系统根据位置信号进行调炮，当火炮进入装填线后，自动装弹机根据该信号将火炮机械闭锁。

角度限制器，固定在高低机支架上，用以当火炮达到最大仰角或最大俯角时切断瞄准电路，同时为接通闭锁电磁铁电路做好准备。角度限制器是利用杠杆机构相互作用，将输入的机械转角转变成相应的开关动作，实现系统极限的自我保护，以减少不必要零部件的损坏。

3）电路旋转连接器

电路旋转连接器，又称汇流环，主要用于将车体中的电能和电信号输送到旋转炮塔上。它与外部连接所采用的密封插头座能满足大功率、多支路、防水密封的传输性能要求。同时，通信支路还有防干扰的屏蔽措施。

电路旋转连接器，一般采用层叠电刷片和导电环的传递结构，由上部旋转和下部固定的两部分组成，如图9.6所示。

图9.6 TLS-43型电路旋转连接器

电路旋转连接器是通过一个导电元件对另一个导电元件的多点接触来实现两个相对旋转导电元件之间的导通。当炮塔旋转时，带动电路旋转连接器上壳体、主回路导电拨叉、Y形拨叉柱及其上的内活动导电环相对六方电刷片旋转。而电源电能及电信号由下壳体插座通过导电片引出线、导电焊接片传至六方导电片，再通过滑动接触传给内活动导电环及引出线至上壳体插座，从而实现了电能及信号由固定的车体向旋转炮塔上的传送。其中导电支路的结构如图 9.7 所示。

4）灯具

转向灯，安装在车体左右前灯及尾灯外侧，其闪光信号由装在驾驶室前上装甲板上的转弯灯控制盒控制。要求具有适应范围大、闪光频率稳定（40~60 次/min）、耐冲击振动、工作寿命长等特点。

编码灯，又称号码灯，安装在炮塔外左后侧，由炮塔内车长后方的扳钮开关控制。其功

图 9.7　导电支路的结构

用为：在夜间显示车辆编号；代替标高灯使用；按指挥员设想编号而作为指挥战斗时车辆的专用标志、代号、灯光信号等。

前灯，安装在车首上装甲板两侧，供夜间行驶时使用。为保证路面照明效果和避免使迎面行车驾驶员因强光而产生视力迷茫现象，一般采用了双灯丝灯泡，其中"大光"（远光）为 28 V、80 W，"小光"（近光）为 28 V、35 W，灯光的转换由驾驶室配电盒上的"前灯开关"控制。

为防止驾驶员制动坦克时后面车辆发生追尾事故，在车尾两侧和驾驶员左仪表板上装有制动指示灯。

5）报警装置

空气滤清器阻力报警装置，当空气滤清器进气阻力增加到一定数值时，装置内阻力传感器触点接通电路并以灯光报警，提醒乘员为保证发动机安全运行应及时清洗（或更换）滤清器。某坦克空气滤清器阻力报警装置报警阻力为 7.8 kPa，工作电压为 22~30 V。

要求：灵敏度高，参数易于调整，测量迅速可靠，结构简单，使用方便。

电警报器，当发生火灾、发动机机油压力失压时，会自动发出音响报警信号。

3. 工况显示和故障诊断

传统的装甲车辆的工况显示，是用指针式电气仪表和传感器，将机油压力、水温、油温、发动机转速等显示在仪表板上。在现代装甲车辆上，被数字式自动控制装置取代。

数字式自动控制装置由各种传感器、控制单元和执行机构组成。在驾驶员综合显示器上显示动力传动工作的水温、油温、机油压力、发动机转速等状况参数。驾驶员可适时地通过控制喷油时机和喷油量，适应路面状况和坡度实现自动调整发动机的动力输出，以充分发挥发动机的最佳效能，并能保护动力传动装置的部件不受损坏。

数字式自动控制装置还具有自检和故障诊断能力，开车前可对系统工况进行自检。行车中对出现的故障可显示故障部位和损坏程度，并能根据故障程度实施控制，有效地发挥发动机的功能并对发动机加以保护。

9.2　车载通信系统的配置与选型

9.2.1　车载通信系统及其特点

装甲车辆装有通信系统，具有通信能力，这是车辆自身及作战指挥的需要。车辆通信

包括车际通信和车内通信。车际通信是指车与车之间的通信以及车与地面指挥所之间的通信；车内通信是指车内乘员之间，也包括车内乘员与车外搭载兵之间的通信联络，还包括停止时车辆之间的有线通信联络。车际通信是车辆通信的主体，是战场战术通信的一部分。

车辆通信系统包括车载式无线电台和车内通话器。车载式无线电台用于车际通信，车内通话器供车内乘员之间通话联络。车载电台由收发信机、天线及调谐器等组成。车辆通信中应用的某些终端设备，如传真机、汉字终端等设备，是通用终端设备，不属于车辆通信系统。车内通话器主要由各种控制盒、工作帽（音频终端）和连接电缆等组成。电台和车内通话器在车内总是配置成系统使用。图 9.8 所示为车辆通信系统示意图。

图 9.8　车辆通信系统示意图

与其他军事通信相比，车辆通信有如下特点：

1. 话音通信为主

车辆通信发展是以话音通信开始的，传统上话音通信一直占主要地位。在战场上，尤其是在战斗中，由于直接、方便和快速等特点，话音通信更是车辆通信的主要方式。随着现代通信技术的发展，目前部分车辆通信系统已经具备了话音、文件、数据和图像等通信能力，但通信系统的硬件与软件保证在任何情况下，话音通信具有优先权，以满足作战指挥的需要。

2. 运动中通信为主

装甲车辆是机动性很高的武器装备，在战场上，车辆经常处于运动状态，这就决定了车辆通信经常需要在运动中进行。尤其是在越野行驶时，颠簸、振动十分厉害，只有话音通信能继续进行，且通信效果受影响，其他通信方式无法正常进行。

3. 存在同台多机问题

装甲车辆中有一部分车辆负有指挥任务，如指挥坦克、各种装甲指挥车等，这类车辆中装有多部电台，而且这些电台往往需要同时开机工作。由于车辆顶甲板面积有限，电台天线之间的距离拉不开，车内几部电台同时工作时就可能产生大信号阻塞现象，造成车内几部电台之间的互相干扰，这就是车辆通信中特有的"同台多机"问题。正是这个问题限制了非正交跳频通信技术在车辆通信中的应用。

4. 通信环境恶劣

由于车内空间狭小，通信设备的安装位置受到限制，乘员操作使用不方便。车辆内噪声高达 120 dB，高噪声环境不仅会伤害乘员的听力，而且严重影响通信效果。车辆内部配备有强电设备，脉冲干扰源多，车内电磁环境十分复杂，车辆通信易受车辆自身干扰。

5. 通信效果易受地理环境影响

无线电波的传播与其波长和地理自然环境有密切关系，地面固定（定点）通信可以选择有利地形、架设高增益定向天线等措施来改善通信条件，车辆通信则不具备这种条件。

9.2.2　对车载通信系统的要求

对于车载通信系统，除了满足一般军用通信装备的要求以外，还有以下特殊要求。

1. 通信性能好

装甲车辆的通信性能基本上取决于车载通信设备的性能，对装甲车辆通信性能的要求指标众多，习惯上仅选其中最重要的"通信距离"这一项来表示车辆的主要通信性能，这是因为通信距离反映的是指挥员在战场上实施指挥的有效控制范围。在装甲车辆通信中，通信可靠度习惯上用可通率来表示，可通率指通信双方均可通的信道数与通话试验的信道总数之比值。把可通率为 70% 时的通信距离定义为车辆的"通信距离"，可通率为 50% 时的通信距离定义为"极限通信距离"。

2. 通信系统在车内的布置与安装合理

为保证车辆的通信性能，通信系统在车内布置与安装应科学合理，如果通信系统在车内的布置位置不妥或安装不牢，电缆走向、捆扎不合理，接地点选择不恰当或接地不良等均可能使通信系统应有的功能与性能得不到发挥，造成车辆通信性能下降。例如，某坦克由于电台安装位置不当导致 50% 信道受计算机干扰，接地不良造成车内通话受干扰等。又如，移动组网通信要求电台的天线在水平面应具有无方向性，现在使用的车载鞭状天线本身是无方向性的，装到车上后会出现不同程度的方向性，即在某个方向上通信效果较好，而在别的方向上通信效果变差。这是因为车辆顶甲板不是理想地网，而且天线安装位置要综合考虑多种因素，不可能安装到顶甲板的几何中心。

3. 车内电磁环境好

车载通信系统对车内电磁环境要求比较高。由于车辆中应用的电子设备不断增多，车内电磁兼容性问题日益突出。十分复杂的车内电磁环境不同程度地影响了通信性能。

4. 系统抗振性能好

要求系统内的主要设备有坚实的机箱和减振防松措施，所有的模件、插件及电路板均需设置有防松脱的紧固装置，以便能承受高强度的冲击和振动。

5. 系统抗噪性能好

要求系统具有抗噪声通信能力。为此要求系统的音频输出电平较高，采用隔音耳罩、静噪与主动降噪等技术措施，以保证系统在高噪声环境下仍能进行正常的通信联络。

6. 系统操作性能好

要求系统操作简便，更换频道快速准确，不寻找、不微调。

9.2.3 车载通信技术

1. 调幅通信技术

无线电通信是把高频（又称射频）正弦信号作为信息载体的一种通信方式。将需要传输的信息附加到载体上去的过程称为调制。

调幅，即幅度调制（AM），就是用信息信号，如话音信号，去控制并改变高频正弦波（载体）的振幅，使之随话音信号的变化而变化，调制后的高频信号已经带有话音信息，称为调幅波，工作原理如图 9.9 所示。不带信息的高频正弦波称为载波，用于调制的信息信号称为调制信号。调幅系数 $m = \Delta I_c / I_{cm}$ 是反映调幅波调制深浅程度的一个重要参数，这里 I_{cm} 是载波的振幅，ΔI_c 是振幅变化的最大增量。

图 9.9 调幅原理
（a）信息波形；（b）载波波形；
（c）调幅波形

调幅波具有以下特点：

（1）调幅系数 m 不应大于 1。虽然调幅系数 m 增大，有用信号能量随之增大，通信效果也会好一些，但是当 $m > 1$ 时就会产生调制失真，所以在理论上，任何情况下 m 的值都不应大于 1。但实际上 m 的大小是随调制信号（如话音）的大小而变化的。为了高保真地传输信息，平均调幅系数必须控制在远小于 1 的数值上，通常话音通信 m 平均值取 0.3。

（2）调幅波存在上下一对边带。从频谱分析可知，理想载波（高频正弦波）只有一个频率成分，即载频 f_0。而一个由正弦信号调制的调幅波含有三个频率分量：载频 f_0、下边频 $f_0 - f_\Omega$、上边频 $f_0 + f_\Omega$，其中 f_Ω 为调制信号的频率。这样一个调幅波所占据的带宽 $B = (f_0 + f_\Omega) - (f_0 - f_\Omega) = 2f_\Omega$，即调制信号频率的 2 倍。实际上调制信号，如话音信号，一般不是正弦波，它有无限个频率成分，其有效的部分集中在 300~3 000 Hz 范围，所以话音调制的调幅波存在上下一对边带。

（3）效率低。在调幅波的三个频率分量中，只有上、下两个边频分量带有信息成分，载频分量不带有信息，载波所占的无用功率达 75%（$m = 1$）以上，而且与调幅系数 m 有关，当 $m = 0.3$ 时，载波所占无用功率达 95% 以上。两边频分量所带的信息是相同的，也分散了功率，因此调幅波的功率利用率很低。调幅通信效率低的另一个原因是调幅发射机的效率低。为了减小失真和保证放大器件的安全，不得不提高放大管的安全系数，从而降低了效率。

（4）抗干扰性差。由于工业、电气干扰和雷电等自然干扰都反映到无线电信号的幅度特征上，这种干扰与有用信号混在一起，很难给予区分并消除。与调频和单边带通信比较，调幅通信的抗干扰能力最差。

调幅是无线电通信中最早使用的一种调制方式，为早期车载电台所采用。目前调幅只在无线电广播中仍被应用，在军事通信中已被调频和单边带调制所取代。在车辆通信中，由于效率低、抗干扰性差，调幅电台早已被淘汰。

2. 调频通信技术

调频，即频率调制（FM），就是用信息信号，如话音信号，去控制并改变高频振荡器的振荡频率，使之随调制信号的强弱作相应的变化。由于频率控制只能用振荡器实现，通常主振器就是频率调制器，工作原理如图 9.10 所示。调频系数 $m_f = \Delta f / f_\Omega$，是反映调频波调制深度的重要参数，其中 Δf 表示频偏，即载波中心频率 f_0 的最大偏离增量，f_Ω 为调制频率。与调幅波不同，调频波的调制系数 m_f 可以大于 1。当 $m_f \leqslant 2$ 时称窄带调频，主要用于军事通信。车载电台用的就是这种窄带调频技术。当 $m_f > 2$ 时称为宽带调频，主要用于高保真调频广播。

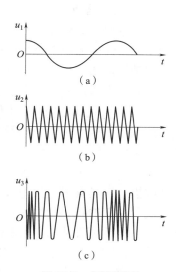

图 9.10　调频原理
（a）信息波形；（b）载波波形；
（c）调频波形

调频波具有以下特点：

（1）在一定的条件下，m_f 值大，通信效果好，抗干扰性强。这一点与调幅波相似。

（2）抗干扰性优于调幅波。由于调频波在解调之前可用限幅器来消除寄生调幅（干扰），具有一定的抗干扰能力，且 m_f 越大，抗干扰能力越强。

（3）调频波的带宽为频偏的两倍。理论分析结果表明，任何一个调频波的频谱是无限的，即占有无限宽的频带。但其有效能量总是集中在载频附近的有限带宽之内。而且其有限带宽与调频系数 m_f 有关，当 $m_f < 1$ 时，调频波只有一对有效边频，这时其有效带宽为 $2f_\Omega$。与调幅波带宽相同；当 $m_f = 1 \sim 2$ 时，第二对边频分量就相当大了，因此就有两对有效边频，此时其有效带宽为 $4f_\Omega$；当 $m_f > 2$ 时，有效边频对数恰好等于 m_f 值，这时调频波带宽 $2m_f f_\Omega = 2(\Delta f / f_\Omega) f_\Omega = 2\Delta f$，即频偏的两倍，调频通信中，总是尽可能保持调制信号的稳定，以保持相对稳定的频偏。

（4）调频发射机效率高。由于调频信号是等幅波，放大管可以得到充分利用，在直流消耗相同的情况下，可以获得较大的射频输出功率，或者说，为了获得相同的射频输出功率，放大调频波可以用较小功放管，从而可以缩小发射机的体积和减轻质量。这对小型军用电台具有重要意义。

调频是广泛用于广播和军事通信的另一种调制技术，也是当前车辆通信中最主要的一种调制方式。

3. 单边带（SSB）通信技术

单边带调制技术是由调幅演变而来的。目前军用短波电台几乎全部采用单边带调制技术，如 TRC342、RF280、TCR99、CWT-176 等电台。

在调幅波中，载频是不带信息的，需要传输的信息只隐含在上、下两个边带中，而且上、下边带所含的是同一个信息，因此只需要传送一个边带信号就可以实现信息传输。这就是单边带调制的原理。对调幅信号进行滤波是获得单边带信号的最简单方法。

与调幅比较，单边带信号的带宽只有调幅波的一半。射频功率利用率提高约 9 dB，这是单边带通信具有一定的抗干扰能力的主要原因。

4. 跳频通信技术

无线电通信的双方必须同时使用同一个信道频率，否则就无法联络。在传统的无线电通信中，电台的信道频率总是保持相对稳定，故称为定频通信或单频通信，这种通信方式最大的问题是信道频率很容易暴露，只要通信任何一方发信，就很容易被敌方截收、测向及干扰，这对军事通信来说是个致命的缺陷。

跳频技术是 20 世纪 70 年代末发展起来的一种有效的通信保护措施，它是一种具备抗测向、抗截收和抗干扰能力的新型通信体制。跳频通信，就是在通信过程中信道频率不是固定的，而是快捷跳变的一种通信方式。收发双方从这个频率跳到另一个频率是自动、同步地进行，无须人为干预。频率跳变规律遵循一种十分复杂的伪随机码，对于未掌握编码规律的敌方截收极难，具有很好的隐蔽性。

跳频通信的抗干扰性是牺牲了频谱利用率获得的。定频通信时一个信道所占的带宽约 15 kHz，跳频通信时工作频率范围可以达到几十兆赫兹甚至更宽。通常把频率跳变范围称为跳频跨度，定义跳频增益或扩频增益 G 为跳频跨度与信道带宽之比。增益越高，抗干扰性越强。信道带宽取决于收发信机，使用时无法改变，而跳频跨度是可以改变的。在条件允许的情况下，应尽可能使用大跨度跳频，这样跳频增益高，抗干扰能力强。

非正交跳频，是指同一个网群中各个跳频网之间没有任何制约关系，各自按自己的规律独立跳频。这就有可能两网跳到同一个频道上通信，即发生频率碰撞，这样两个网之间就产生相互干扰。如果是三个网同时工作，则发生频率碰撞的机会（概率）就更多，干扰也就越严重。理论与实践表明，非正交跳频网间存在干扰，信道利用率只有 30%。相对应的正交跳频网可以避免网间干扰，这是因为同一网群中的各个网之间互相有制约关系，确保在任何时刻，各网都不会跳到同一个信道上工作，因而不会发生互相干扰。这种网间存在的相互制约关系又称为同步，所以正交网又称为同步网，非正交网又称为异步网。通常具有正交跳频能力的电台都能组成异步网通信，反之则不能。

由于大信号阻塞引起的同台多机问题是车辆通信中的一个特殊问题。在定频通信中，同车几部电台工作频率的选择，只要保证彼此间隔大于电台的阻塞带，就可以避免互相干扰。在正交跳频组网通信时，只要跳频跨度足够大，合理选择同车电台的网号，也可以避免同车电台之间的互相干扰。但是对于非正交跳频通信，由于大信号阻塞带的存在，网间干扰不仅发生在频率碰撞时，而且只要落入阻塞带内就产生干扰，且后者的概率远大于前者。假如电台的大信号阻塞带宽为 5 MHz，在某个时刻某个跳频网工作在 f 频道，另一个网只要跳到 $f \pm 5$ MHz 范围内就会对 f 频道产生干扰。这就是非正交跳频不适用于车辆通信的原因所在。

5. 保密通信技术

保密通信是指信息在发送前进行技术加密处理，传到对方后再进行解密处理。例如话音保密通信是随时可以直接讲话，在发送出去之前首先把话音信号变成听不懂的信息，然后才用无线电波发出去，对方收到后首先进行解密处理，将加密信号变成可懂话音信号。对信息进行技术加密处理的方法有很多种，其中保密度高、最不易被破密的是数字加密法。

数字加密法首先要求被加密的信息必须是只有"0"和"1"两种状态的二进制数字信号，这里"0"可以认为是低电平，而"1"为高电平，反之亦可。假如信息不是数字信号，而是模拟信号，例如话音信号，则首先把模拟话音信号变成数字的话音信号。这种模拟变成数字的过程称为调制。数字加密的基本原理是利用一种十分复杂的伪随机码（也是二进制数字码），作为密码对原始数字信息进行处理（实际上是作模二加法），即可获得加密信息。例如，a 为增量调制所得二进制正弦数字信号（000010101111101010000），b 为伪随机码，作为密码（10110011100110100110）；将 a 与 b 进行模二相加得加密的数字正弦信号 c（10111001011011110110）；比较 a 与 c，显然 a≠c，如把 c 直接解调是不可能得到正弦信号的。收信方收到加密信号 c 以后，首先要进行解密，即从 c 解出 a 来，只有知道密码 b，才能从 c 解得 a。显然只有通信双方才知道密码 b，收信方只要将 c 与 b 进行模二加法得解密信号 d（00001010111101010000）。比较 a 和 d，看出 a=d。解密完成，将 d 解调就得到正弦信号了。

数字加密最大的特点是保密度高。这是由于用现代技术产生的伪随机码的周期长达 2 125 位，且随机性特别好。在战场上只要密钥不丢，硬件（如已清除了密钥的电台）丢失并不可怕。

6. 主动降噪技术

现代装甲车辆内部噪声高达 120 dB，这对车辆通信是个很大的威胁，而且极易损坏乘员听力。传统上采用带隔音耳罩的工作帽（或头盔），这种无源隔音耳罩的隔音能力有限，尤其对低频的隔间能力更差。即使戴上工作帽，乘员听到的噪声仍然超过安全门限值 85 dB。乘员为了听清通信话音，被迫加大通信设备的音量输出，其结果又加大了听力负担，这是恶性循环，严重影响通信效果。

主动降噪又称有源降噪。其基本原理是在耳罩中设置一个传声器（功能与话筒相似），用来采集初始噪声，然后对此作复杂处理，产生一个相位相反的所谓反噪声信号并通过耳机发出来，用以抵消初始噪声，其结果是进入人耳的噪声降低了。根据传声器在耳罩中的位置不同，有源降噪可分为两类：一是采集环境噪声的前馈式有源降噪；二是采集剩余噪声的回输式有源降噪。有资料说前者性能稳定且效果好，但从原理分析看，后者更有吸引力。目前由于高速运算和处理能力的可编程数字信号处理器（DSP）和自适应技术在有源降噪中的应用，降噪效果可达 35 dB。在车辆运行中使用有源降噪头盔通信，话音可懂度提高 35%。

9.2.4 车载通信系统的配置与选型

1. 车内通信系统

车内通信是指车内乘员之间，也包括车内乘员与车外搭载兵之间的通信联络，还包括停止时车辆之间的有线通信联络。

车内通信系统，也称车内通话器，简称车通，是用于装甲车辆车内乘员之间相互通话，以及车内乘员通过车载电台与外接进行通信联络的装置总称。车内通信系统的主要功能：供乘员进行车内通话；使用电台进行无线通信；在车辆停止或慢行时，车内外人员可通过灯光信号相互联络或双工通话，车外人员也可使用车内电台；车外远地两部电台可经车内两部电台进行自动转信。

车内通信系统主要由各种控制盒、工作帽和连接电缆等组成，如图 9.11 所示。一号盒是车内通信系统的主要部分，用于放大乘员话音信号和电台收信机监听放大器的输出信号。

图 9.11　车内通信系统连接图

多个二号盒分别供车长、一炮手、二炮手等使用，用它既可以进行车内通话，也可以使用电台通话。三号盒为驾驶员专用，具有车内通话与利用电台通话功能，同时它还控制着搭载人员使用电台或进行车内通话的时机。四号盒供搭载人员通过三号盒进行车内通话或使用电台通信。五号盒通过车内安装的转信台，可与车外远距离的通信台自动通信。工作帽是车内乘员的音频终端。因为车内空间狭小，车辆内噪声高，高噪声环境不仅会伤害乘员的听力，而且严重影响通信效果，为了避免通信干扰，车内乘员采用独立的带音频终端的工作帽。野战电话机，也称手握受话送话器，简称手机，是战场条件下使用的有线通信终端设备，主要供搭载人员使用。

2. 车际通信系统

车际通信系统，是指用于装甲车辆之间的通信以及车与地面指挥所之间的通信设备的总称。车际通信系统是车载通信系统的主体。

车际通信系统，主要由电台、保密单元和跳频单元等部分组成。系统中电台具有频段宽、波道多、可预制信道等特点，并可在移动指挥所（如装甲指挥车）中同时开通多部电台进行多方向通信工作。电台在装设电子反干扰和保密机单元后，能提高系统在电子战条件下的抗干扰、反窃密和反侦察能力。当系统中电台配接数据终端、电子计算机、传真机等终端设备后，通过 VHF/FM 无线电通信网能够建立数据、文电、战场态势图等野战数据信息网。由于系统多处采用了微处理器，因而实现了电子记忆预置信道、天线自动匹配、自动调谐与检测、遥控、自动转信等多项功能，使得整个系统便于使用和野战维护，通信传输稳定可靠。系统设计中采用了积木式与模块式紧凑结构，而且具有"三防"

性能。

1）电台

电台是无线电台的通称，是指一种用于进行无线电通信的技术设备。电台由发射机、接收机、天线、电源等组成。从应用角度出发，电台可分为话音传输的对讲电台（如对讲机、车载台等）和数据传输的数传电台。

装甲车辆车载电台，一般是甚高频、调频式战术电台，可实现信道预置、自测、自动调谐、遥控、自动转信等功能控制，并具有良好的电磁兼容性和同车多机工作能力。电台可预置多个信道，工作可采用值班收听、单工收发、转信、遥控、轻声通信、数据通信等方式。在中等起伏地形条件下，采用大功率通信距离为 35 km，中功率通信距离为 15~20 km，小功率通信距离为 8~10 km。

2）保密单元

保密单元，是一种数字式语音加密/解密装置。该装置采用信息保密技术，可以对原始信息进行数字加密处理。在通信过程中，既可以用明语也可以用密语工作，还能够与跳频单元连用而组成跳频加密通信方式。因此，该机在战术通信中有很高的保密性能。

保密单元一般由微处理器单元（MC）、音频单元（AU）、控制单元（CONT）和接口单元（INFC）等组成。微处理器单元用于产生各种控制保密单元的控制信号，它由微处理器、ROM、RAM、微处理控制器（CC）和中断控制组成。音频单元可以进行信号的模/数转换，并对发送信号进行加密以及对加密后的信号进行检查和监视。控制单元提供整机工作的定时信号及同步信号处理。接口单元用于处理保密单元与电台之间的状态。微机通过该单元发送保密单元状态数据或读入系统状态数据。同时该单元使保密单元内部时钟与数据单元时钟进行位同步。

3）跳频单元

跳频单元，是在通信过程中可以使信道频率快捷跳变的装置，是一种战术语言通信用、采用全同步信道频率快捷跳变的载波保护装置，与电台配合使用，既可以进行模拟通信也可以进行数字通信。同时，在数字通信时电台可在全频段范围内采用正交跳频方式，按照一个长而复杂的伪随机序列进行跳频工作。在保密通信时，还可以把保密单元和跳频单元接入电台系统中，使战术电台具有很高的保密性和抗干扰性。工作采用明语、密语、密钥加注、存放抹除共四种方式。

跳频单元主要由微机单元、基带单元、接口单元、同步单元和定时单元等组成。微机单元由低功耗微处理器产生的各种信号控制跳频单元工作。基带单元的作用是跳频单元与电台连用时，能使来自电台的信号通过跳频单元中的基带单元处理后，再返回上述两种电台以完成跳频信号的处理。接口单元可使电台获得跳频单元的面板功能，也可以通过电台键盘显示器来检测跳频单元的工作状态。同步单元可译出同步数据并提供同步的定时信号。同步数据译码同时被送往微机单元。定时单元提供跳频单元使用的各种定时信号。

3. 车际通信指挥系统

车际通信指挥系统依托于装甲车辆的通信设备，而通信设备则是车辆综合电子系统的重要组成部分，是车际通信指挥系统的基础硬件环节。车际通信是车辆自身多种关键信息的重要沟通渠道，只有将车际通信与车内通信有机地融合或者建立密切的连接，车际通信系统才能扩展出各种各样的功能、手段。

装甲兵的通信指挥系统如图 9.12 所示，车际通信指挥系统主要是以不同的频率来组成不同的指控网，实施团到营、连、排、单车的指挥。未来战场，大多为多兵种联合作战，装甲兵的通信指挥系统甚至可以将单兵通信指挥控制网纳入其中。

图 9.12　装甲兵的通信指挥系统

未来的车际通信系统将以一个排或连为一个网络单元，不同的单元之间再组成网络，从而可以实现不同网络之间的通信，模式如图 9.13 所示。

由于采用超短波通信机制，数据传输率在理论上可达到 16 Kb/s，但在实际应用中最高也就是 9.6 Kb/s，即使是在 16 Kb/s 的条件下，也无法进行实时图像的传输。因此，如何发展宽带高速的数据传输系统应予以重点研究。

从通信组网的角度，以一个团为基本作战单元，其内部各要素节点诸如作战指挥、情报侦察、后勤保障等都涵盖在内，那么，一个简化的信息化指挥网络体系可以是图 9.14 所示的结构。

图 9.13　无线通信指挥网

图 9.14　简化的信息化指挥网络体系

9.3　车载综合电子信息系统

9.3.1　综合电子信息系统

1. 装甲车辆综合电子系统及其构成

随着电子技术与车辆技术的发展，在一些国家的第三代和新一代主战坦克，如美国 M1A2 坦克、法国的"勒克莱尔"坦克、英国"挑战者"2 坦克中出现了装甲车辆综合电子系统。装甲车辆综合电子系统是当今武器装甲车辆的重要技术，是把电子信息技术与传统的装甲车辆技术相融合，是当前世界各国竞相开展的一项重要工作，是未来装甲车辆提高综合效能，实现数字化战场的基础。

装甲车辆综合电子系统，是以计算机为核心，以数据总线为纽带，把乘员、车辆各子系统及整个战场指挥控制系统有机联系在一起的综合体系。装甲车辆综合电子系统是将车内原有的电子、电气系统和新增的指挥、控制、计算机、情报监视、侦察等设备或子系统综合而成的一个大系统。装甲车辆综合电子系统把战场情报和侦察与指挥控制系统、自动目标探测和目标跟踪的火控系统、炮控系统、车辆辅助防御系统、通信和定位导航系统、车辆状况（油料、弹药储备、故障、火灾等）监测、故障诊断系统、人机接口装置、自动化管理模块等系统综合成有机的整体。

装甲车辆综合电子系统是应用现代计算机数字集散控制、分布式系统控制和管理、系统优化设计、总线通信控制等高新技术，对现代装甲车辆中的信息采集、处理、传输与显示系统，目标探测与跟踪系统，稳定瞄准系统，操瞄系统，炮控系统，火控解算系统及车辆行驶控制系统（传行操系统），定位与导航系统，防护系统，电源分配与管理系统等，实施集中管理、分散控制，分配与协调各分系统的功能，进行全系统工况监控及故障定位、故障隔离，保证车辆电子、电气系统始终处于最佳的工作状态，提高战车的总体作战效能，并通过车际指控系统提高装甲车辆在集成作战环境中的协同作战能力。装甲车辆电子综合系统是通过信息共享达到功能综合，使车内的子系统性能提高，从而使坦克的总体性能和作战效能倍增。除了提高传统的火力、防护和机动性能外，它还加强了车内的指挥控制能力。图 9.15所示为"勒克莱尔"坦克综合电子系统的示意图。

图 9.15 "勒克莱尔"坦克综合电子系统的示意图

在装甲车辆综合电子系统中，计算机、显示系统加上人构成车辆的"大脑"，数据总线构成车辆的"神经"，其他各功能系统构成车辆的"器官"，由此使装甲车辆成为一个功能完备、协调的智能化整体，从而实现装甲车辆的综合化、数字化与智能化。

装甲车辆综合电子系统按功能分为五个部分：

（1）数据控制和分配分系统，也称为数据总线，负责车内信息调度与传输。

（2）乘员控制和显示分系统，为系统的人-机接口部分。

（3）计算机资源分系统，为车辆各功能分系统提供智能资源、数据和信号处理及控制功能。

（4）电源管理和分配分系统，负责将电能分配给车辆上所有分系统，并对其进行开关控制。

（5）车载电子信息功能分系统，车内外信息获取与应用等功能设备或子系统，包括车内电气、车内通信、定位定向、火控、指挥与控制、情报监视、侦察等设备或子系统。

2. 功能要求

（1）采用先进的多路传输数据总线和数字传输技术，构成车内信息高速公路。指令响应式多路传输数据总线系统，能在车辆综合电子信息系统中起着神经中枢的作用，将全车连接成一个完整的信息网络。

（2）具有数字式数据输出能力，以便能够构成全车信息系统，这些主要车载功能系统和部件包括武器系统、推进系统、防护系统、通信系统、电气系统和定位导航系统等。

（3）可实时采集本车位置、车辆状态、敌方目标攻击信息和位置信息等，实时在车长显示器上显示并传输给上级指挥机构，接收上级网络传输的战场态势、导航等各种信息，从而可大大提高战场透明度。

（4）通过大范围的数据共享的多媒体手段，能够适时地实施指挥与协同，以单车为基点实现指挥自动化，大幅度提高部（分）队的整体作战能力。

（5）采用具有数字传输能力的电台，这是实现网络信息传输能力必不可少的条件。

（6）在条件具备时，系统中应增加自动故障诊断和检测子系统，使装甲车辆的综合电子系统具有故障诊断和检测功能，电子部件采用模块结构便于换件修理。

（7）车载射击模拟训练子系统，可使乘员随时在车上进行模拟训练，并可通过网络系统与友邻车辆进行联合模拟训练。

9.3.2　综合电子信息系统的配置

1. 多路传输数据总线

装甲车辆综合电子系统中的总线有多路传输数据总线、电源管理分配总线、视频总线、车内通话总线等多种。装甲车辆综合电子系统中，多路传输数据总线是必不可少的，它负责装甲车辆综合电子系统内部的信息管理，是综合电子系统的"脊梁"。电源管理分配总线负责车辆电源系统管理，视频总线用于热成像或电视图像传输，车内通话总线负责车内话音通信。

多路传输数据总线是一种军用总线型集中管理的分布式计算机网络。多路传输数据总线的功能是实现车内各系统之间信息的传输和调度。多路传输数据总线按传输介质分为电总线和光总线，目前装甲车辆上多采用电总线。

美国军用标准 MIL-STD-1553B 是目前国际公认的多路传输数据总线标准，在世界上得到广泛应用。中国的军用标准 GJB 289—1987 也以其为蓝本。为适应采用光纤作为总线传输介质的发展，在 1553B 的基础上又定出 MIL-STD-1773 和 MIL-STD-1773A（高速光总线）。1773 和 1553 通信协议基本相同，除传输介质和传输速率外，其余部分无明显差别。

总线中有若干个远程终端（RT）与各子系统相连。按 1553B 规定 RT 最多可有 32 个。1553B 总线的工作频率为 1 MHz，总线上数据传输顺序由总线控制器控制，总线控制器不断地发出控制指令，控制数据的存取。各远程终端按照总线控制器的指令变换发送或接收状态，进行数据传输。1553B 数据总线系统中还有一个总线监控器对总线工作状况进行监控。

1553B 标准详细规定了整个总线的技术要求，包括总线控制器（BC）、远程终端（RT）、总线监控器（MT）和总线的技术要求，同时确定了多路传输数据总线的工作原理和总线上的信息格式。1553B 规定总线系统以指令/响应方式异步运行，半双工方式传输，总线上信息传输控制权归总线控制器（BC）。

信息的传输方式为时分制多路传输，在此方式中通信系统对来自不同信号源的不同信号在时间上错开，形成一个组合的脉冲序列。

2. 指挥控制与显示子系统

装甲车辆指挥控制与显示子系统主要用于指挥员进行指挥及乘员操作与控制车内各主要设备，并用于观察和显示车内外有关战术、技术状况，是保证装甲车辆完成作战、机动、防护与通信的主要系统之一，也是车辆综合电子系统的重要组成部分。

指挥控制与显示子系统一般分为三部分，即车长、炮长和驾驶员的控制与显示系统。车长控制与显示系统主要由三块控制面板、一台监视器、一个键盘、信号处理装置及操纵台和电台等组成。一块面板用于总线控制和监控装置，面板上装有控制炮塔、火控系统、瞄准镜、热像仪和自动装弹机的总开关。另一块面板用于控制数据传输系统，该传输系统可用于组成表格化信息，并可利用键盘进行修改，面板上电源控制开关可控制电源系统正常工作或控制耗电量，使其在低功耗情况下工作。还有一块面板包括辅助武器控制系统、传感器输入系统、综合防御系统的控制器，车长显示系统与总线接口，采用菜单方式，为车长显示各种信息，并供车长检查故障、手工输入参数及传送信息之用。炮长控制与显示系统主要包括两块控制面板、监视器、键盘、信号处理装置及操纵台等。驾驶员控制与显示系统装在驾驶舱内，所显示的主要信息和信号有里程数、燃油量、发动机转速、蓄电池电压、使用排挡、工作状态以及有关辅助系统、分配系统或发动机组可能出现的故障等。

3. 定位导航子系统

定位导航子系统可为指挥员和驾驶员实时提供定位、导航、航迹等信息。例如 M1A2 主战坦克采用的一种航空电子导航系统，该系统采用位置导航技术，车长通过显示器了解本车所处位置和行驶方向，驾驶员综合显示器能显示全部导航资料及车长下达的导航命令。采用新型的数字式控制单元，可根据不同的行驶速度有效控制燃油消耗，并与内部自检系统沟通，及时向驾驶员提供可能出现故障的信息，以预防故障。车辆行驶里程，可由一个里程计根据驱动车轮或履带的输出轴转数计算出来，或由惯性加速表测量。

定位导航系统还能输入准确的地域边界数据。划定安全区域，一旦车辆驶出安全区，即发出告警信号，提醒停止前进，并示出返回安全区域的路线。必要时可与卫星全球定位系统配合使用。

英国 GEC 费伦蒂公司生产的 FIN1155 型惯性定位导航系统，由三个主要部分组成，一是惯性测量装置（IMU），主要包括惯性平台、电子装置、电源组件和车辆接口板（VIP）等；二是里程计传感器，主要用于向系统提供速度信息，提供的信息通过卡尔曼滤波器形式与来自惯性测量装置的数据相结合；三是内部电缆装置，既可与乘员控制的显示系统接口，也可与火控计算机等其他系统接口，数据通过串联数据链传输。惯性测量装置与提供角度输出基准的安装板严格对齐。安装板相对于车辆轴线的角度是预先调整好的，并永久固定，从而简化了惯性测量装置的安装和程序交换。FIN1155 系统主要用于连续输出与导航和定位有关的位置、方向及姿态等信息，其速度和姿态变化也可供其他系统使用，如坦克主炮的瞄准和稳定系统。系统有两种工作形式，即定位和导航。系统启动后自动进入定位工作方式。此时系统自动显示分辨率为 1 m 的坐标图格位置、分辨率为 1 弧秒的方位（纬度和经度）、方向、纵摇和俯仰等数据信息，以及坐标会聚角。FIN1155 系统能减少惯性定位时间。也可能由于存储或输入的方向等原因，需要很短的启动时间，因此，在某些战术条件下，允许车辆有很短的响应时间。该系统可实现陀螺半罗盘在静止和运动车辆上的精确装定。这种状态的校准能力具有显著优点，即无论在车辆处于静态还是动态时，车辆的运动都不会影响罗盘的装定，因而大大提高了方位精度。在临时停车时，其优势更为突出，因为无论在运动还是在静止时，该系统都能接收不断变化的位置信息。该系统还具有预置坐标的能力，可用于快速校正已知道路和地点。FIN1155 系统能接收或输出坐标网格格式或地理格式数据，还能提供可全球使用的地图坐标网格/球体。为了提高使用效能，该系统还备有已知地点的位置信息综合数据库。

4. 火控子系统

装甲车辆的火控子系统一般是一个独立的系统。现在已将火控子系统作为车辆综合电子系统的组成部分，火控计算机同时也是多路传输数据总线系统中的主计算机，负责总线中信息的调度，同时火控子系统内各部件也通过数据总线相连。即火控子系统已与多路传输数据总线紧密结合在一起。

数字式综合型火控子系统主要由车长瞄准镜、炮长瞄准镜、火控计算机、CCD 摄像机、激光测距仪、热像仪、陀螺稳定器、动态炮口基准系统、车/炮长视频监视器、操纵台、操作键盘及各种传感器等组成，通过数据总线将各种设备连接在一起，以使其相互之间进行对话，发挥综合作用，以实现对多目标的搜索、识别和定位；保证坦克主要武器在运动中和在停止间，在昼夜全天候条件下，对固定目标和运动目标进行射击，并保证其具有对多目标作战的能力，提高火炮的命中率。

火控计算机用于该综合电子系统的管理和为火控子系统提供必要的计算能力。在瞄准功能中，火控计算机保证对瞄准镜的控制，以及根据乘员操作确定伺服方式；管理炮/车长的射击优先权，并向伺服计算机提供用于瞄准的基准和射击修正值；负责记录时间和已完成的作战任务；同时对数据总线进行管理，并通过总线系统管理坦克内各主要设备之间的信息交换，如炮长瞄准镜、车长瞄准镜、伪装武器、自动装弹机、驾驶员控制与显示系统、外部数据传输系统、动态炮口基准系统、气象中心、车/炮长对话设备、电台等，因此成为综合电子系统的"大脑"，是炮塔系统的"乐队指挥"。

5. 综合防御子系统

近年来，激光、红外、雷达等光电对抗装备的发展，使得能迅速探测威胁源的存在并指出它的方位，选择最佳对抗措施的综合防御子系统成为车辆综合电子系统的一个主要子系统。

综合防御子系统一般包括自动探测报警系统和多弹种发射系统。自动探测报警系统由多种传感器、数据处理系统和指挥与控制显示系统组成。传感器安装在炮塔外部，探测范围为360°；数据处理系统用于将经过处理的数据输入火控计算机；指挥与控制显示系统安装在炮塔内车长位置上，系统配有电源开关、音频静默开关、昼/夜亮度开关和检测按钮等，通过数字或表盘式灯光信号显示来袭方向、种类以及系统故障等信息，并可向乘员发出声响报警。计算机数据处理接收来自多个威胁探测器的信息，对威胁进行分析，选择实施最佳对抗措施，使车辆防御系统能智能化自行工作。报警系统与多弹种发射系统相连。多弹种发射系统根据所探测到的威胁，自动发射对抗弹药，增强车辆对制导武器和其他反坦克武器的防护能力。当探测到威胁方位时，系统的动力驱动底座可自动迅速地将弹药发射系统调整对准敌来袭方向，并根据威胁种类选择发射烟幕弹、箔条诱饵、照明弹、杀伤榴弹或其他特种弹药，对坦克实行屏蔽或对敌实施干扰。

6. 电源分配和管理子系统

为了更有效地发挥综合电子系统的效能，电源分配和管理子系统负责将电能分配给车辆上所有的分系统，并用于监视和控制各功能装置的电源消耗、车长有计划用电、低功耗操作等。电源分配和管理子系统可自动检测系统内部故障、隔离故障部分并自动重组配电网络，以保证最基本的功能。

7. 车辆动力、传动电控子系统

发动机电控子系统由各种传感器、控制单元和执行机构组成，能对燃油喷射时机、喷油量、点火时间和怠速进行控制调节；可提高发动机的性能和降低油耗；能通过总线在驾驶员综合显示器上显示动力传动装置的工况检查和功能故障等信息；根据发动机的故障程度实施控制，有效地发挥发动机的功能。

变速器电控子系统对变速器进行自动控制，可根据车辆行驶速度和油门开度选择最佳排挡，同时可进行功能和故障检测，并可通过总线向驾驶员提供有关信息。

8. 自动装弹子系统

自动装弹子系统有机电式和机器人式等多种类型，都可用计算机进行管理，通过装甲车辆综合电子系统可对弹种选择、自动装弹及弹药消耗等进行自动管理。

9. 通信子系统

通信子系统一般包括电台及电台数字化接口装置，可构成无线分组数据网，可传输语言、数据、文电和静态图像。通信子系统与总线系统相连构成完整的车内、车际信息系统，实现车内各系统与乘员之间、乘员与乘员之间以及装甲车辆与邻车之间的信息交换与共享。

10. 自动诊断子系统

由于装甲车辆各系统结构日趋复杂，部件的可接近性降低，给故障诊断带来很大困难。这就要求故障的检测/诊断由敞开式向封闭式发展。由采用先进的微处理机、传感器、报警显示装置构成的故障检测/诊断子系统，具有故障感知、逻辑判断等人工智能。

M1A2 主战坦克的故障检测/诊断系统能对车长热像仪和车体/炮塔电子设备等进行系统故障诊断。车长独立热像仪采用模块结构设计，分为两组可在前线更换的组件，即传感器单元和电子总线。热像仪的故障检测分为自检、内部测试和故障诊断三级。自检功能实现了对系统的不间断检查；内部测试功能则对系统的自检情况进行鉴别，并对整个系统进行测试；故障诊断则能准确查明故障原因。车体/炮塔电子设备采用初级的"嵌入式"故障测试、诊断装置，可供车长、炮长和驾驶员对大多数故障现象进行分析，采取适宜的维修措施。该装置以"摩托罗拉"68020 微处理机为核心，采用专用内部测试、诊断软件，提高了故障检测的准确性。按 DOD-STD-2167A 标准研制的故障检测软件为模块化设计，采用计算机辅助软件程序，内部测试采用 Ada 语言，其他软件采用"摩托罗拉"68020 系统语言编制。其工作原理是，当 1553 模块接到操作人员的测试指令时，即对所有可更换件进行内部测试，所有以处理器为基础的模块如 1553 模块、系统处理器模块和应用处理器模块分别执行各自的全部测试功能。

参 考 文 献

［1］潘玉田，郭保全. 轮式自行火炮总体技术［M］. 北京：国防工业出版社，2009.

［2］冯益柏. 坦克装甲车辆设计——总体设计卷［M］. 北京：化学工业出版社，2014.

［3］闫清东，张连第，赵玉芹. 坦克构造与设计（上、下册）［M］. 北京：北京理工大学出版社，2006.

［4］郑慕侨，等. 坦克装甲车辆［M］. 北京：北京理工大学出版社，2003.

［5］冯益柏. 坦克装甲车辆设计——履带式步兵战车卷［M］. 北京：化学工业出版社，2015.

［6］武瑞文，等. 现代自行火炮武器系统顶层规划和总体设计［M］. 北京：国防工业出版社，2006.

［7］谈乐斌. 火炮人机工程学［M］. 北京：兵器工业出版社，1999.

［8］曾毅. 新型坦克设计概论［M］. 北京：化学工业出版社，2013.

［9］张相炎. 武器发射系统设计理论［M］. 北京：国防工业出版社，2015.

［10］薄玉成. 武器系统设计理论［M］. 北京：北京理工大学出版社，2010.

［11］冯益柏. 坦克装甲车辆设计——武器系统卷［M］. 北京：化学工业出版社，2015.

［12］张相炎，等. 火炮设计理论［M］. 北京：北京理工大学出版社，2014.

［13］毛保全，等. 车载武器技术概论［M］. 北京：国防工业出版社，2009.

［14］侯保林，等. 火炮自动装填［M］. 北京：兵器工业出版社，2010.

［15］毛保全，等. 车载武器发射动力学［M］. 北京：国防工业出版社，2010.

［16］周启煌，等. 坦克火力控制系统［M］. 北京：国防工业出版社，1997.

［17］张彦斌. 火炮控制系统及原理［M］. 北京：北京理工大学出版社，2009.

［18］周启煌，等. 战车火控系统与指控系统［M］. 北京：国防工业出版社，2003.

［19］冯益柏. 坦克装甲车辆设计——动力系统卷［M］. 北京：化学工业出版社，2015.

［20］张均享. 高机动性运载车辆动力系统［M］. 北京：中国科学技术出版社，2000.

［21］冯益柏. 坦克装甲车辆设计——传动系统卷［M］. 北京：化学工业出版社，2015.

［22］刘修骥，等. 车辆传动系统分析［M］. 北京：国防工业出版社，1998.

［23］朱经昌，等. 车辆液力传动［M］. 北京：国防工业出版社，1982.

［24］毕小平，等. 坦克——动力装置性能匹配与优化［M］. 北京：国防工业出版社，2004.

［25］冯益柏. 坦克装甲车辆设计——防护系统卷［M］. 北京：化学工业出版社，2015.

［26］曹贺全，等. 装甲防护技术［M］. 北京：兵器工业出版社，2012.

［27］冯益柏. 坦克装甲车辆设计——电子信息系统卷［M］. 北京：化学工业出版社，2015.

［28］宋小庆. 军用车辆综合电子系统总线网络［M］. 北京：国防工业出版社，2010.

[29] 郭宇飞. 不确定弹药自动装填系统动力学与控制研究 [D]. 南京：南京理工大学，2015.

[30] 陈溪. 车辆传动装置供油系统设计方法研究 [D]. 大连：大连海事大学，2016.

[31] 杨兆铭. 轮式车辆混合动力传动系统设计分析及应用 [D]. 重庆：重庆大学，2015.

[32] 熊珊珊. 履带车辆机电复合传动随机动态规划控制策略研究 [D]. 北京：北京理工大学，2015.

[33] 唐治. 履带车辆综合传动装置电液比例控制系统及其控制方法 [D]. 北京：北京理工大学，2015.

[34] 高晓东. 履带车辆肘内式主动悬挂研究 [D]. 北京：北京理工大学，2014.

[35] 张延平. 基于磁流变阻尼器自行火炮半主动悬挂技术研究 [D]. 太原：中北大学，2016.

[36] 李传才. 履带式装甲车辆悬挂性能研究与仿真 [D]. 太原：中北大学，2013.

[37] 杨海舟. 坦克主动防护系统的研究与实现 [D]. 西安：西安电子科技大学，2014.

[38] 陈来，黄春芳. 世界主战坦克发展动向 [J]. 国外坦克，2013 (8)：7-14.

[39] 朱念斌，于宝林. 未来坦克解析 [J]. 国外坦克，2014 (3)：7-16.

[40] 刘川，等. 国外坦克装甲车辆以乘员为中心的现代设计方法综述 [J]. 车辆与动力技术，2014 (1)：58-64.

[41] 李建平，等. 装甲目标毁伤概率计算方法 [J]. 四川兵工学报，2015，36 (11)：45-48

[42] 郑翔玉，等. 两栖装甲车辆机动生存能力评估指标体系分析 [J]. 国防科技，2015，36 (2)：53-56.

[43] 徐志伟. 坦克武器系统百年发展纵横谈 [J]. 国外坦克，2015 (6)：22-26.

[44] 韦佳辉，等. 现代自行火炮系统的特点与发展展望 [J]. 机械工程与自动化，2015 (2)：223-224.

[45] 毛保全，等. 车载顶置武器站发展综述 [J]. 装甲兵工程学院学报，2013，27 (5)：1-7.

[46] 张均享，李新敏. 坦克百年动力概论 [J]. 国外坦克，2015 (6)：41-51.

[47] 张均享，李新敏. 坦克发动机 [J]. 国外坦克，2013 (11)：40-47.

[48] 张均享，李新敏. 俄罗斯（苏联）坦克涡轮增压发动机 [J]. 国外坦克，2014 (12)：34-38.

[49] 刘斌，王志福. 履带车辆动力系统发展综述 [J]. 四川兵工学报，2014，1 (1)：68-83.

[50] 贾小平，等. 履带车辆机电复合传动技术分类及研究现状 [J]. 四川兵工学报，2015，36 (10)：1-4.

[51] 吴斌，等. 装甲车辆传动箱齿轮健康监测与诊断方法 [J]. 兵器装备工程学报，2016，37 (3)：54-58.

[52] 徐国英，等. 坦克扭杆悬挂布局形式研究 [J]. 装甲兵工程学院学报，2013，27 (6)：36-40.

[53] 刘向平. 坦克防护系统百年发展脉络 [J]. 国外坦克，2015 (6)：33-40.

[54] 李向荣，赵海龙. 装甲战车防护技术研究 [J]. 四川兵工学报，2013，34 (5)：1-4.

[55] 陈忠，等. 通指车辆综合防护系统设计 [J]. 现代防御技术，2016，44 (1)：79-89.

［56］邱健，王耀刚. 装甲防护技术研究新进展［J］. 兵器装备工程学报，2016，37（3）：15-19.

［57］房凌晖，等. 坦克装甲车辆装甲防护发展研究［J］. 四川兵工学报，2014，35（2）：23-26.

［58］白天，王秀兰. 隐身材料的现状及发展趋势［J］. 宇航材料工艺，2015（6）：8-11.

［59］周平，等. 现代坦克主动防护系统发展现状与趋势分析［J］. 指挥控制与仿真，2016，38（2）：132-136.

［60］马捷，马燕. 世界陆军装甲车辆主动防护系统最新进展［J］. 现代军事，2015（10）：86-89.

［61］房凌晖，等. 坦克装甲车辆主动防护系统发展研究［J］. 装备环境工程，2014，11（2）：63-67.

［62］梁计春. 坦克指挥控制系统发展综述［J］. 国外坦克，2015（6）：52-56.

［63］赵媛媛，等. 国外装甲车辆电子体系结构的最新发展［J］. 四川兵工学报，2015，36（5）：1-6.

［64］李补莲，李春海. 美军坦克装甲车辆火控系统及部件［J］. 国外坦克，2014（5）：24-32.

［65］李春海. 俄罗斯坦克装甲车辆火控系统［J］. 国外坦克，2014（5）：35-38.

［66］郝玉生，等. 坦克网络化火控系统［J］. 电脑开发与应用，2013，26（12）：7-11.

［67］朱元武，卢志刚. 陆军武器平台网络化火控系统发展思路［J］. 火力与指挥控制，2013，38（10）：114-118.

［68］梁中堂，等. 未来装甲装备信息化发展趋势［C］. 2013第一届中国指挥控制大会论文集，2013-08-05，1054-1057.